本书大型交互式、专业级、同步教学演示多媒体DVD说明

本光盘主要包括基本覆盖全书的48集（总计103节，为了与书同步，将集分散为节）大型交互式、专业级、同步多媒体教学演示，还可跟着视频做练习。260页交互式数字图书，数字阅读过程中，单击相关按钮，可观看相应操作的多媒体演示。多方位辅助学习资料，各章节的实例素材、相关的海量多媒体教学演示、应用技巧等。

光盘各界面和使用方法如下：

1.将光盘放入电脑的DVD光驱中，双击光驱盘符，双击Autorun.exe文件，即进入主播放界面。（注意：CD光驱或者家用DVD机不能播放此光盘）

主界面

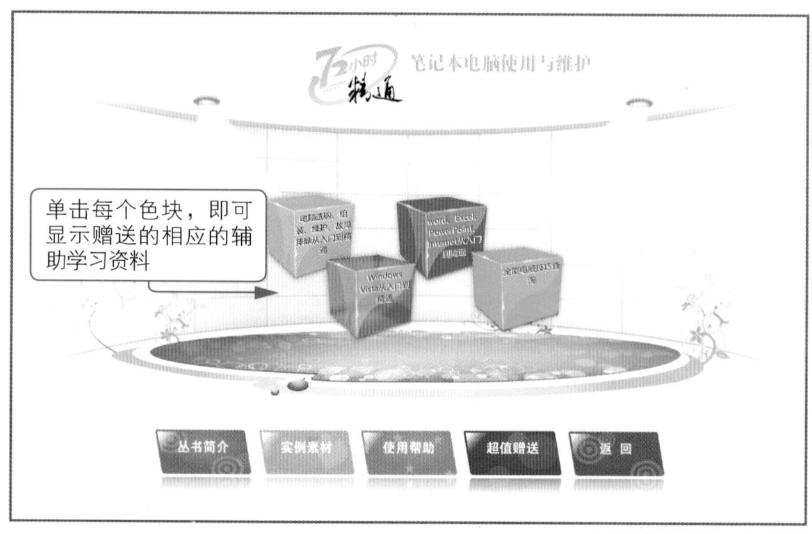

辅助学习资料界面

多媒体光盘使用说明

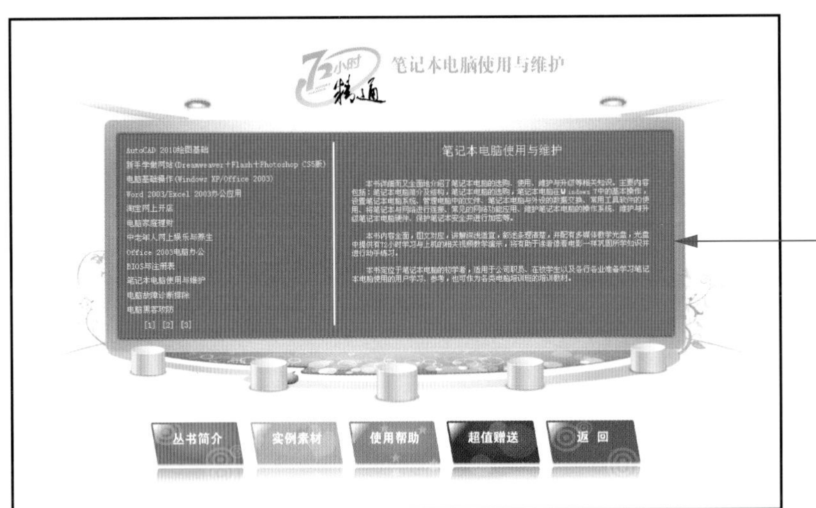

“丛书简介”显示了本丛书的各个品种的相关介绍，左侧是丛书每个种类的名称，共计28种，右侧则是对应的内容简介。

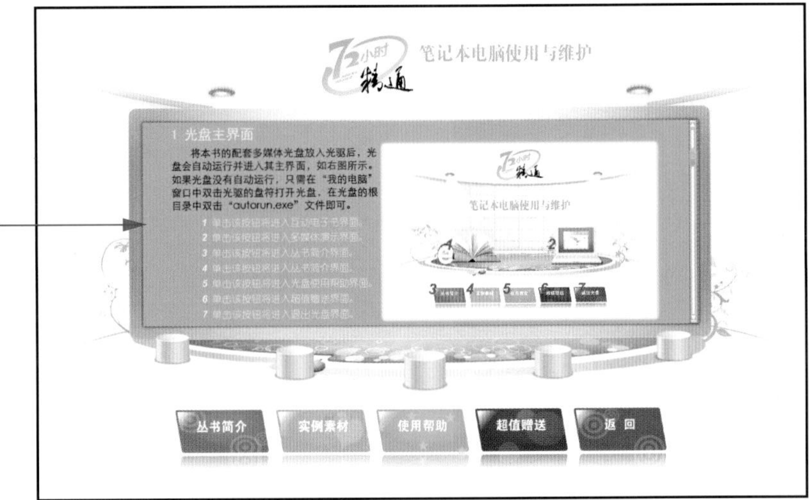

“使用帮助”是本多媒体光盘的帮助文档，详细介绍了光盘的内容和各个按钮的用途。

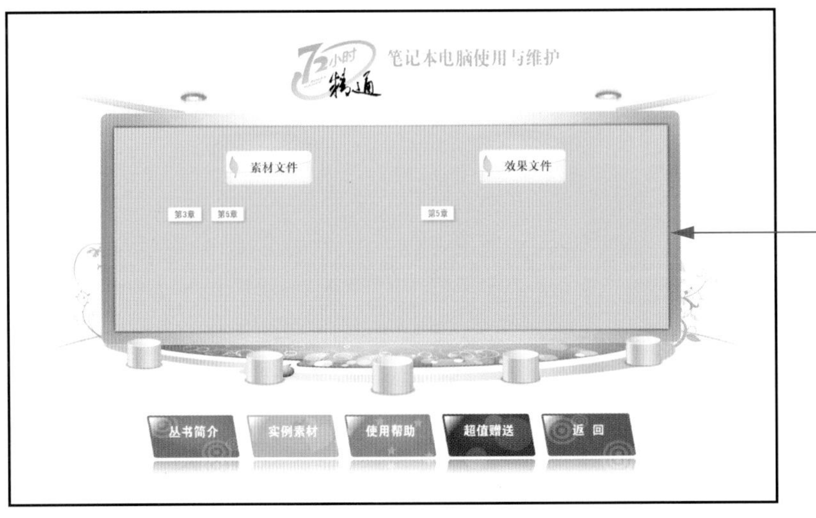

“实例素材”界面图中是各章节实例的素材、源文件或者效果图。读者在阅读过程中可按相应的操作打开，并根据书中的实例步骤进行操作。

2.单击“阅读互动电子书”按钮进入互动电子书界面。

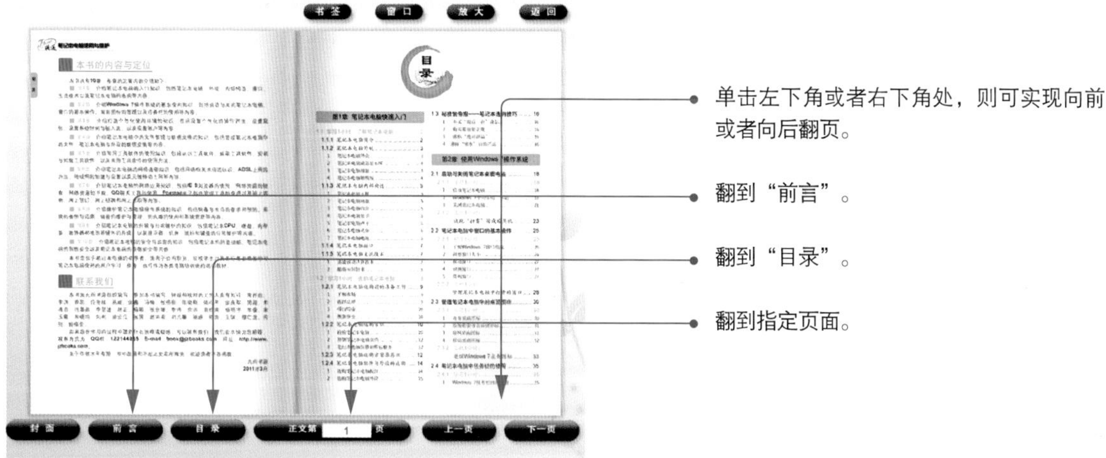

单击左下角或者右下角处，则可实现向前或者向后翻页。

翻到“前言”。

翻到“目录”。

翻到指定页面。

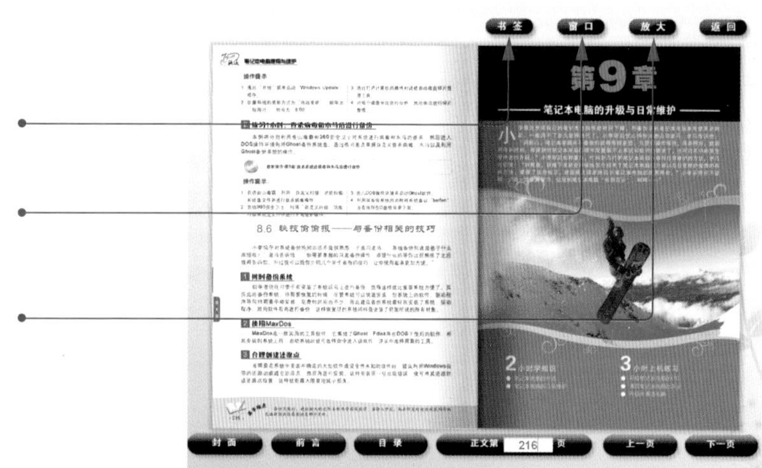

设置“书签”标记，以方便下次使用。

“窗口/全屏”按钮切换中，“窗口”状态方便读者在窗口看书，不掩盖其他窗口。

“放大”按钮则电子书放大，看起来更清晰。

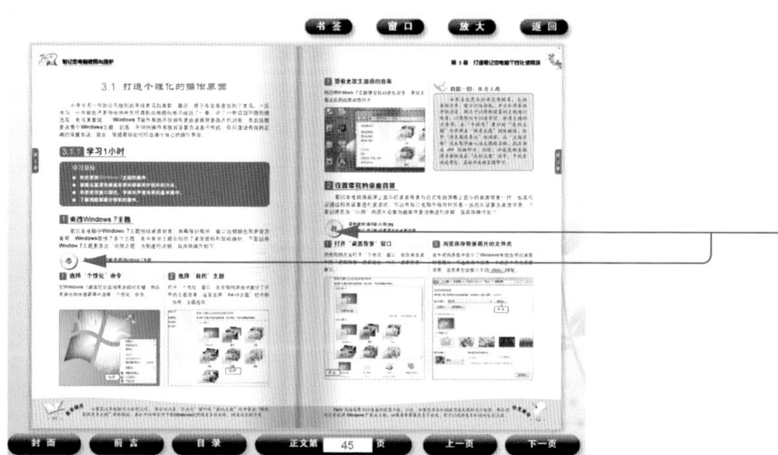

单击电子书上的“光盘”按钮，光盘将“转动”起来，并进入以下步骤的相关演示。

3.在主界面中，单击“多媒体教学演示”图标，可进入多媒体演示界面。

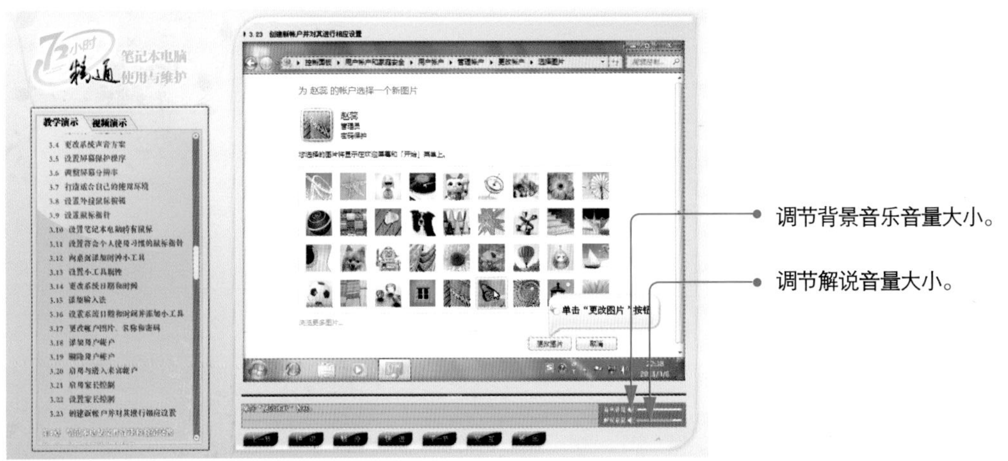

单击视频演示并进入交互模式，可跟着视频进行练习。

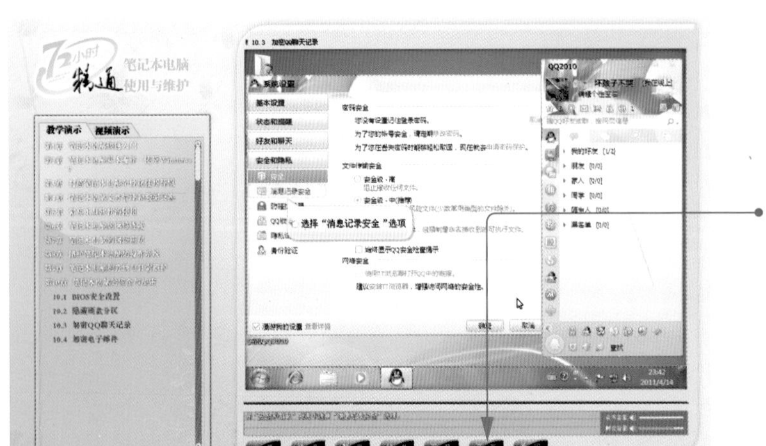

单击“交互“按钮后，进入模拟操作，读者须跟着光标指示操作，才能向下进行。

电脑基础

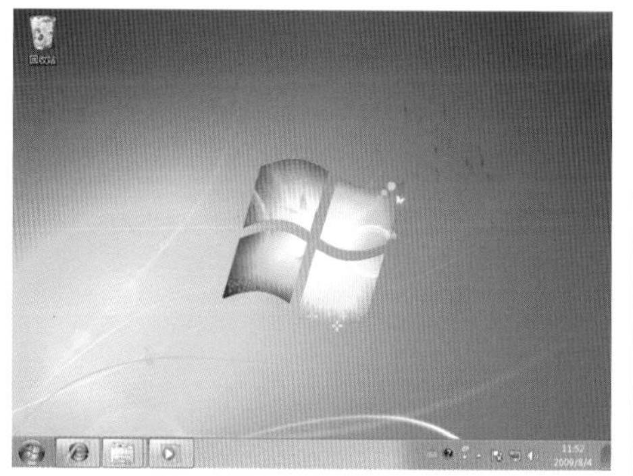

Windows 7桌面

开始菜单

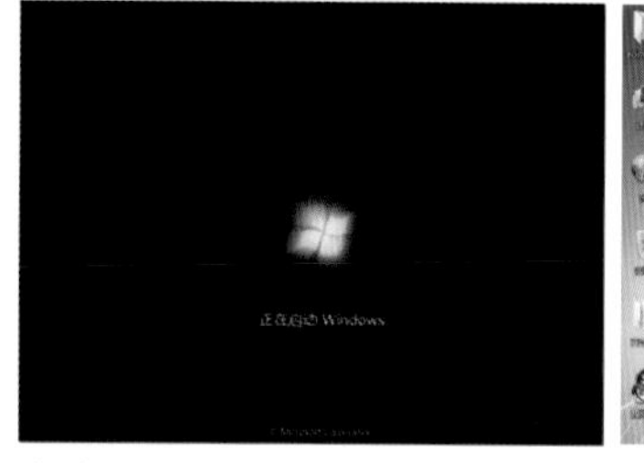

启动电脑

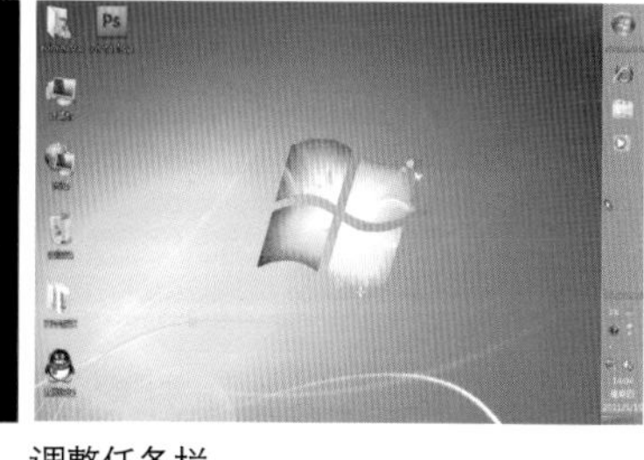

调整任务栏

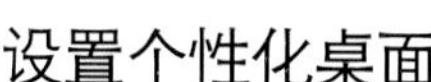

设置个性化桌面

本书部分实例

笔记本电脑配件

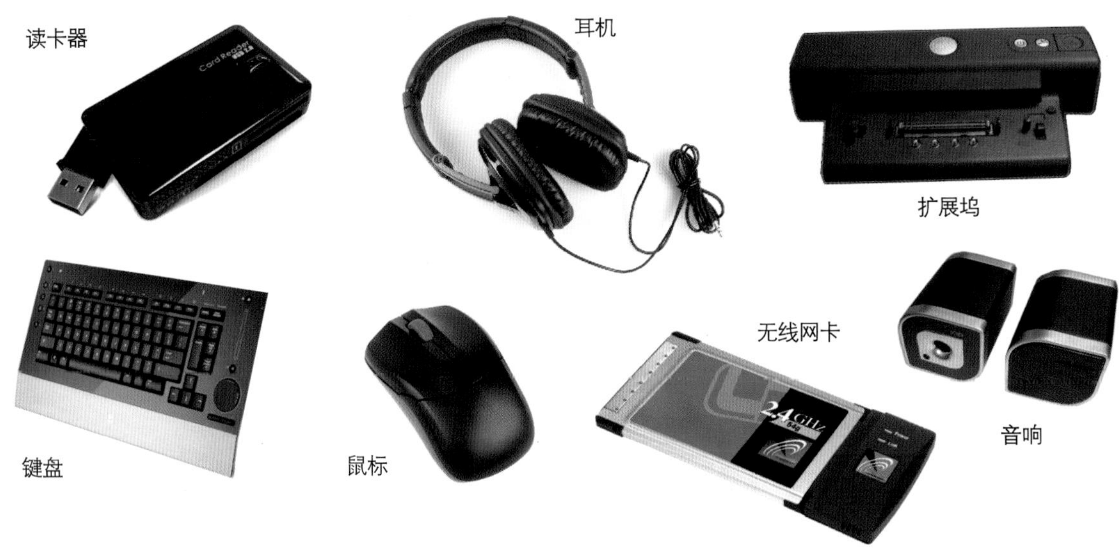

笔记本内部构造

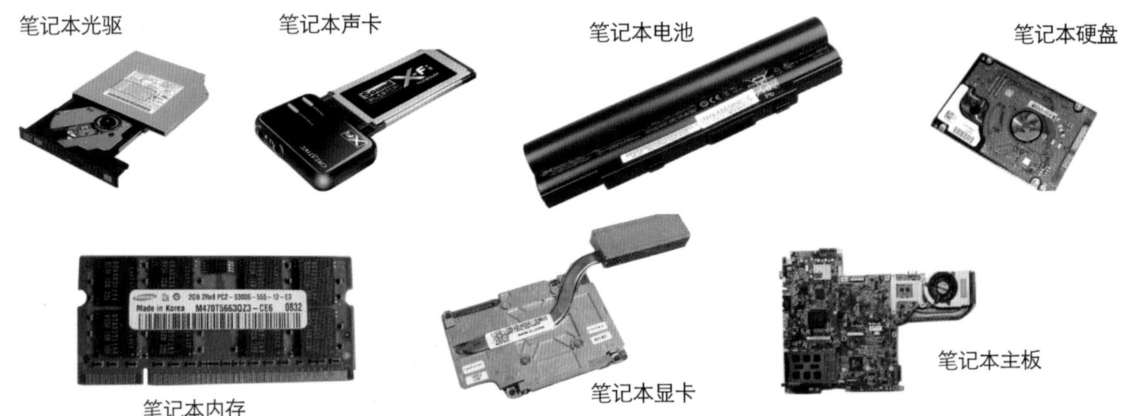

笔记本与数码设备的数据交换

连接数码相机

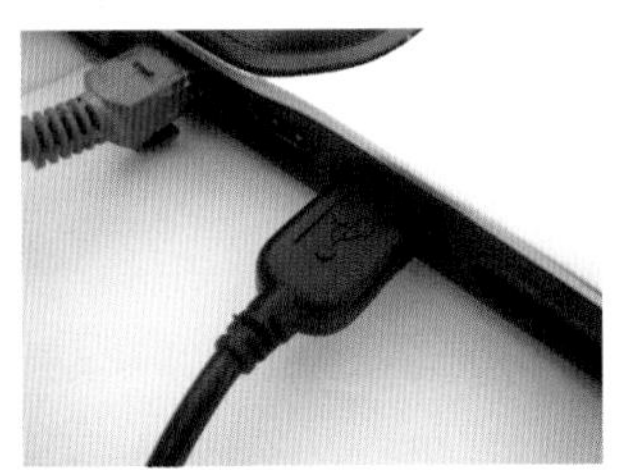
连接笔记本电脑

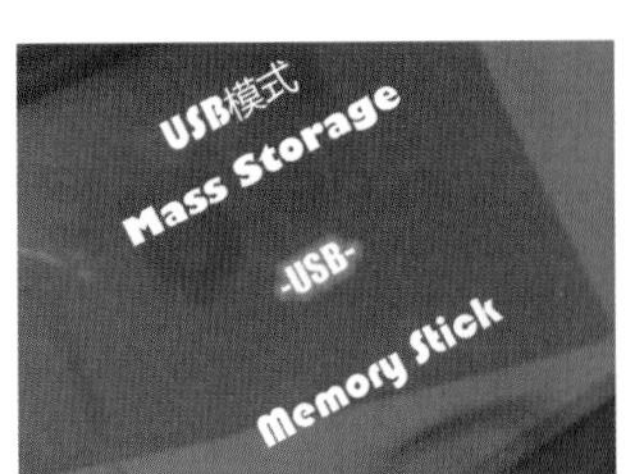

开启数码相机

Best Design
Digital communications, the digital era

备份注册表

备份或还原向导
欢迎使用备份或还原向导
这个工具帮助您备份或还原计算机上的文件。
要继续，请单击“下一步”。

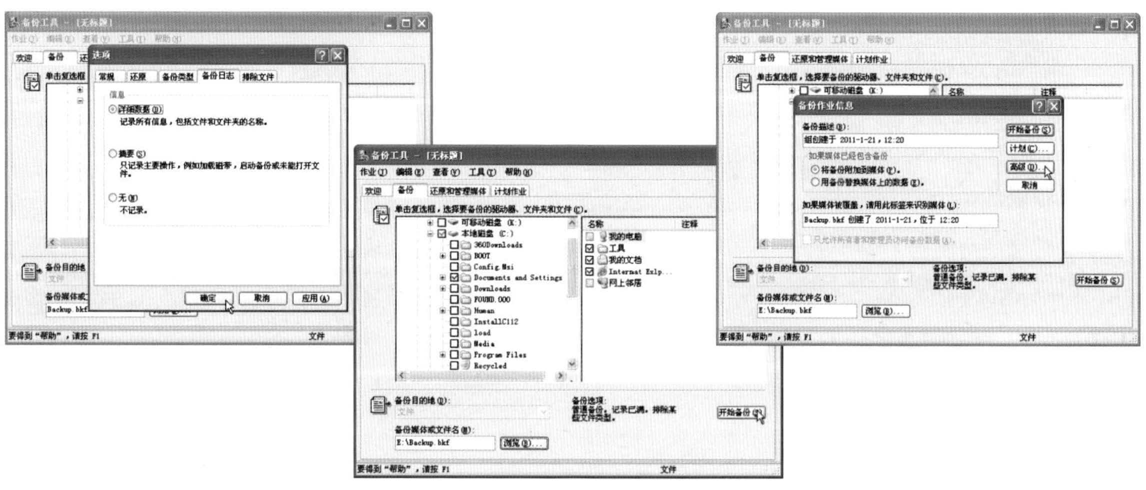

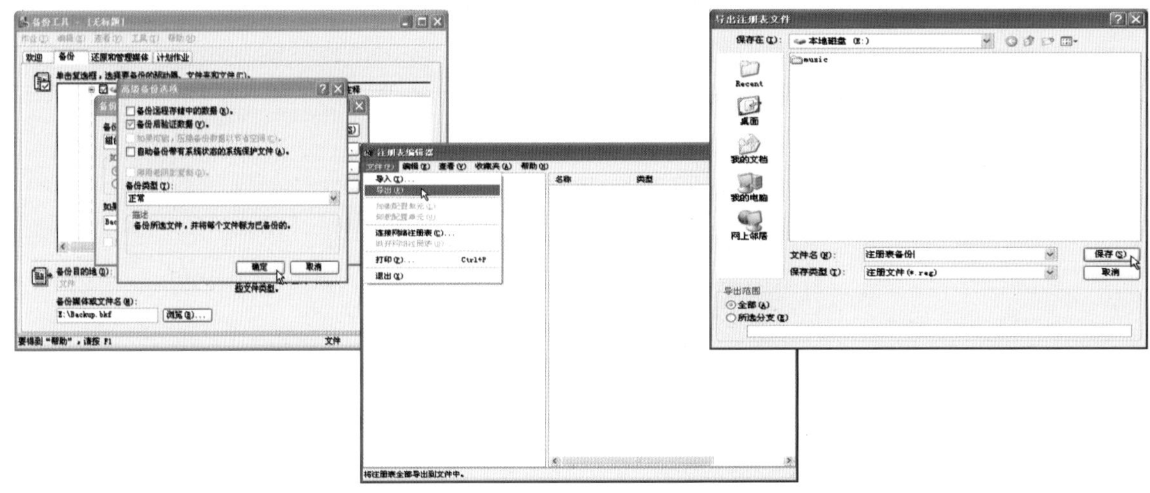

登录并添加好友

QQ2010

QQ2010
在线精彩 生活更精彩

帐号: 1731608894 注册新帐号

密码: ●●●●●●●●●● 找回密码

状态: 记住密码 自动登录

设置 登录

查找联系人/群/企业

查找联系人 查找群 查找企业

查找方式

精确查找

按条件查找

帐号:

1134473008

昵称:

请输入对方昵称

当前在线人数:131,188,073

查找 取消

查找联系人/群/企业

查找联系人 查找群 查找企业

以下是为您查找到的用户:

帐号	昵称	来自
1134473008	老马的学生	四川

查看资料 全部 上页 下页

上一步 添加好友 关闭

添加好友

您的好友添加请求已经发送成功，正在等待对方确认。

关闭

QQ2010

商务部—小李 [我在线上]

编辑个性签名

搜QQ好友或群，搜网页信息

我的好友 [0/0]

朋友 [0/0]

家人 [0/0]

同学 [0/0]

陌生人 [0/0]

黑名单 [0/0]

查找

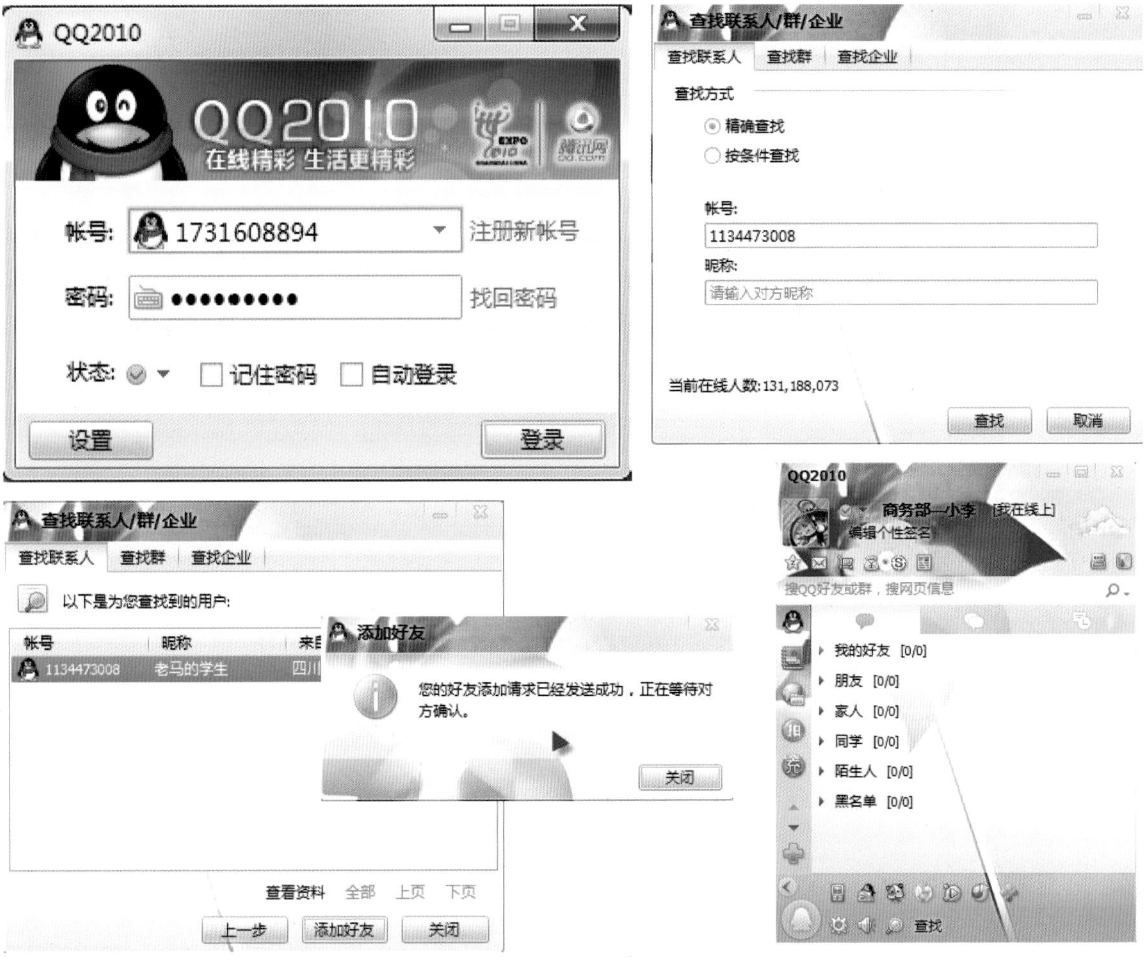

切换窗口

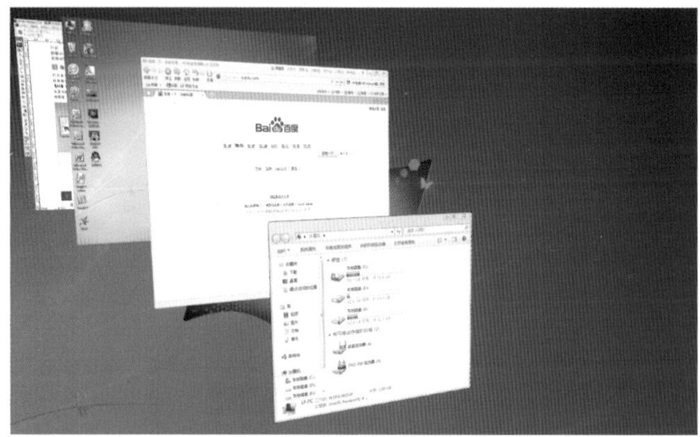

桌面

设置局域网

系统属性
计算机名/域更改
可以更改这台计算机的名称和成员身份。更改可能会影响对网络资源的访问。详细信息
计算机名(C):
note
计算机全名:
note
隶属于
域(D):
工作组(W):
WORKGROUP
确定
取消
应用(A)
与运行 Windows 7 的其他家庭计算机共享
创建家庭组
您的计算机可以与运行 Windows 7 的其他计算机共享文件和打印机，并且可以使用家庭组将媒体输出到设备。家庭组受密码保护，您可以随时选择要与该组共享的内容。
有关家庭组的详细信息
选择您要共享的内容:
图片
文档
音乐
打印机
视频
下一步(N)
取消

创建家庭组
使用此密码向您的家庭组添加其他计算机
在您可以访问其他计算机上的文件和打印机之前，需要将这些计算机添加到您的家庭组。您需要以下密码。
写下此密码:
kF1E8sf3Bg
打印密码和说明
如果您忘记了家庭组密码，可以通过打开控制面板的"家庭组"查看或更改它。
其他计算机如何加入我的家庭组?
完成(F)

加入家庭组
您已加入该家庭组
您可以开始访问家庭组中其他用户共享的文件和打印机。
我如何访问其他计算机上的文件和打印机?

本书部分实例

申请QQ号

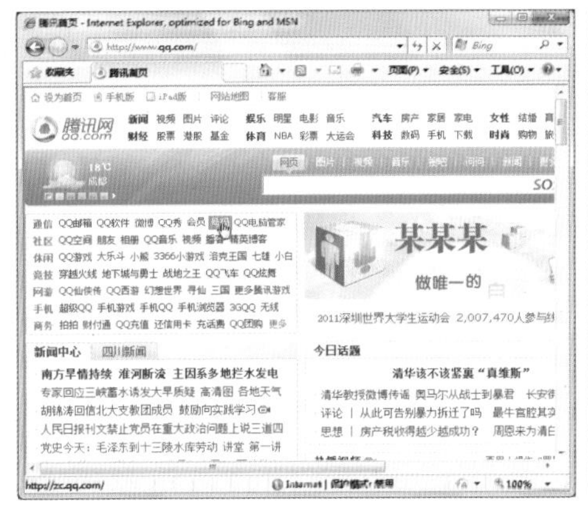

升级笔记本的CPU

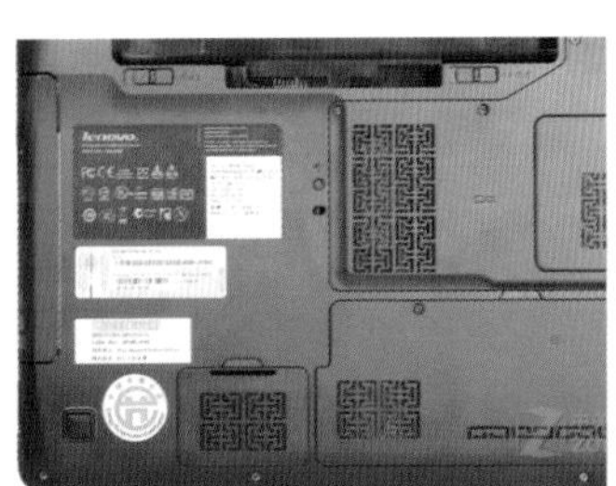

拆卸笔记本电脑

拆卸键盘

拆卸CPU

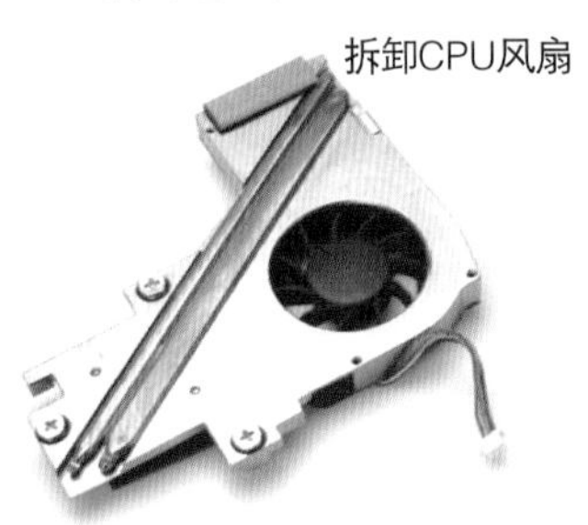

拆卸CPU风扇

更换CPU

插入新CPU

使用Ghost备份系统盘

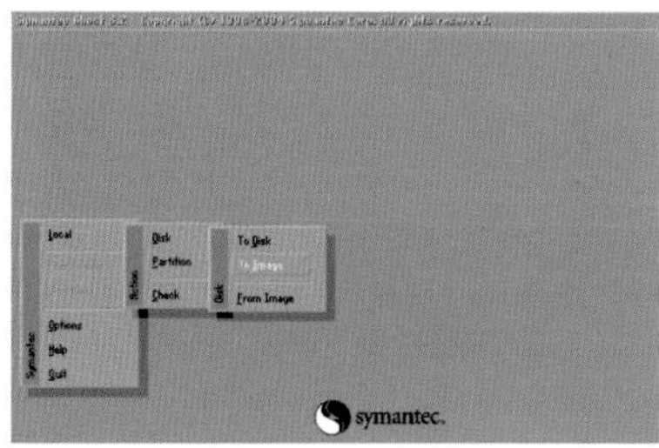

选择命令

选择硬盘

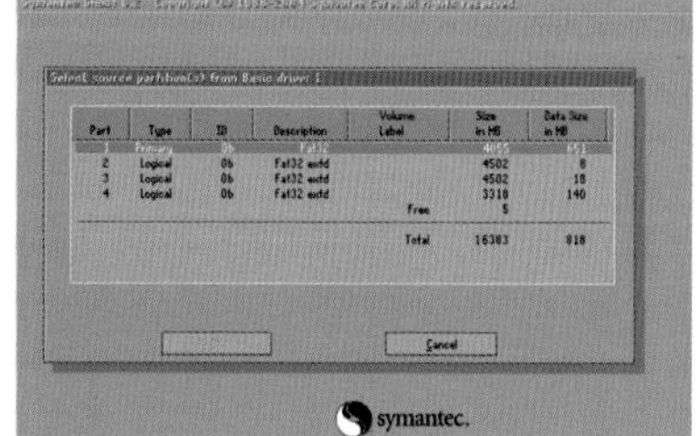

选择分区

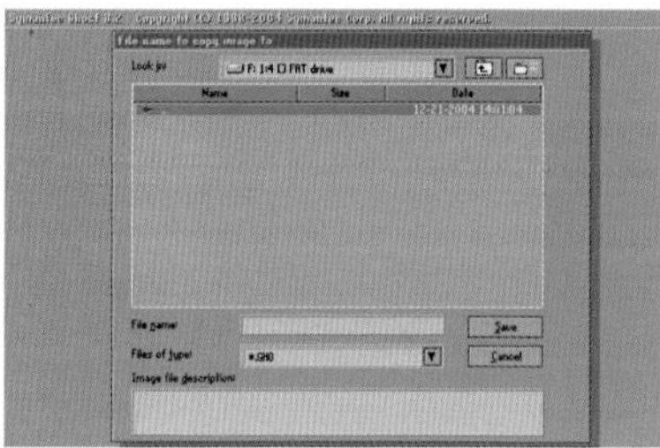

设置保存位置和名称

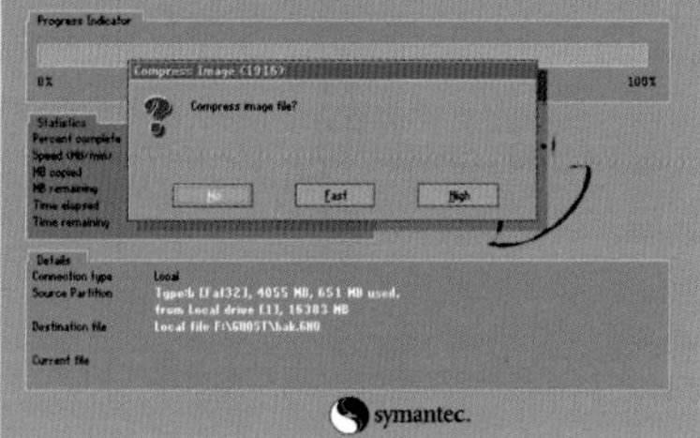

选择备份方式

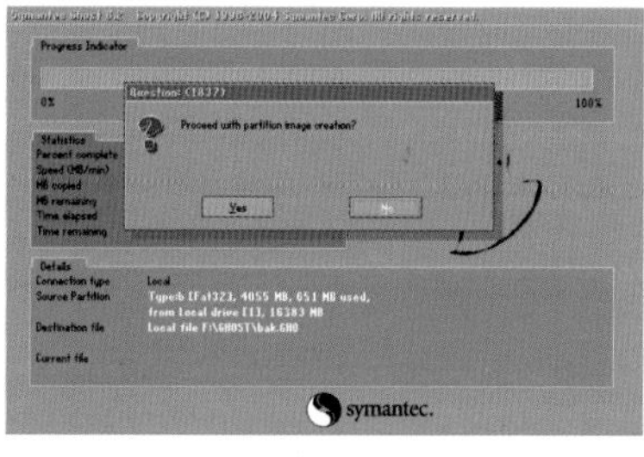

确认备份

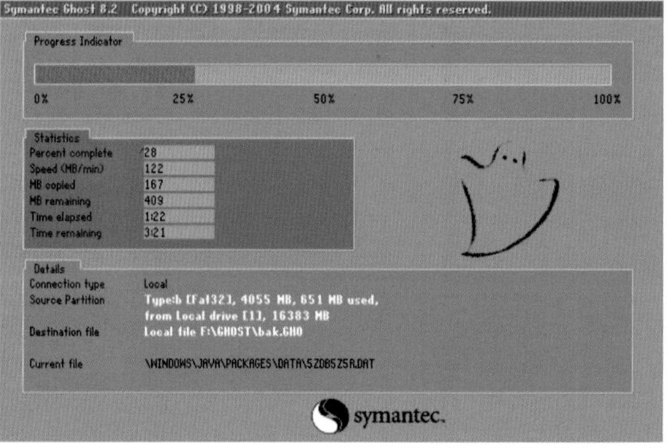

开始备份

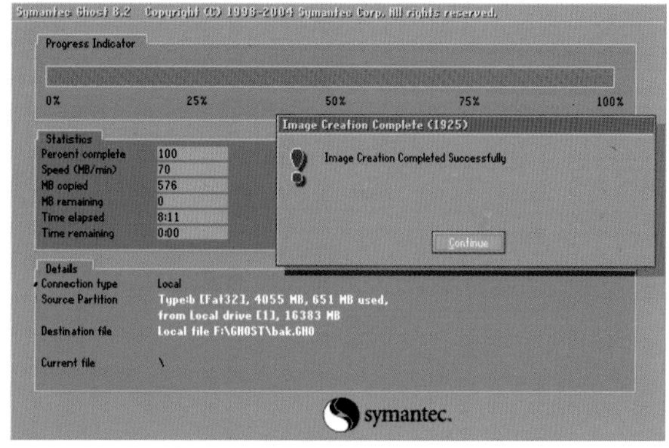

完成备份

使用QQ聊天

Best Design
Digital communications, the digital era

使用金山毒霸查毒

金山毒霸 2011 SP5.2
病毒查杀
监控防御
系统清理
安全百宝箱
问题反馈
金山毒霸2011
www.duba.net
永久免费
会员特权
产品动态
您的电脑处于安全状态!
金山毒霸正在保护您的电脑，上次扫描时间是 今天
最新功能
强力查杀模式
U盘深度扫描
金山安全沙箱
官方资讯
论坛热贴
全盘扫描
快速扫描
自定义扫描
U盘深度扫描
隔离与恢复
强力查杀模式
已接入金山云安全中心，昨日至今共拦截病毒木马总数：376.27 万
主程序版本：2011.SP5.2.030212
病毒库版本：2011.03.06.19
立即升级
在线客服

金山毒霸 2011 SP5.2
发现威胁，请立即处理！
扫描总用时 00:01:24
扫描速率：109 个文件/秒
已扫描文件数 8178
发现威胁数 4
扫描状态
扫描结果
云引擎已启动
蓝芯II引擎已启动
系统修复引擎已启动
文件
病毒名
类型
处理方式
注册表残留文件
残留文件
清除
IE搜索引擎被劫持
异常项
修复
加载系统最后一次正确配置存在异常
异常项
修复
HTTP关联存在异常
异常项
修复
全选所有威胁
立即处理
返回
主程序版本：2011.SP5.2.030212
病毒库版本：2011.03.06.19
立即升级
在线客服

金山毒霸 2011 SP5.2
所有威胁已全部处理，共处理4项。
扫描总用时 00:01:24
扫描速率：109 个文件/秒
已扫描文件数 8178
发现威胁数 4
扫描状态
扫描结果
云引擎已启动
蓝芯II引擎已启动
系统修复引擎已启动
已处理完成！
如果感觉系统仍有异常，可尝试使用强力查杀模式
立即查杀
如果您有疑问，请反馈给我们。
立即反馈
返回
主程序版本：2011.SP5.2.030212
病毒库版本：2011.03.06.19
立即升级
在线客服

金山毒霸 2011 SP5.2
监控防御没有全部开启，您的电脑存在风险
开启全部防护，能更快发现威胁！
一键开启
已保护您的电脑：
0 天 0 小时 20 分 38 秒
文件实时防毒
程序行为防护
云安全防御
上网安全防护
U盘实时保护
下载与聊天保护
自我保护
下载与聊天保护
详细设置
下载与聊天保护可保护浏览器、下载软件和聊天工具，下载及接收文件的安全性。防止从网上下载或接收文件时感染病毒。
主程序版本：2011.SP5.2.030212
病毒库版本：2011.03.06.19
立即升级
在线客服

金山毒霸 2011 SP5.2
您的电脑处于安全状态!
金山毒霸在线升级程序
升级程序将帮助您把金山毒霸升级到最新版本
快速升级
自定义升级
已接入金山云安全中心，昨日至今共拦截病毒木马总数：376.27 万
主程序版本：2011.SP5.2.030212
病毒库版本：2011.03.06.19
立即升级
在线客服

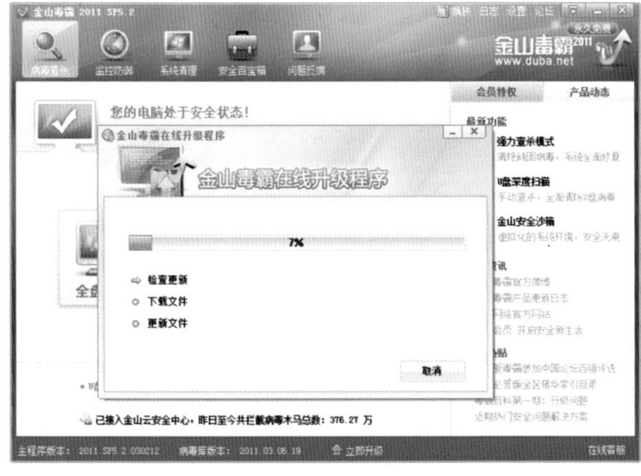
金山毒霸 2011 SP5.2
您的电脑处于安全状态!
金山毒霸在线升级程序
7%
检查更新
下载文件
更新文件
取消
已接入金山云安全中心，昨日至今共拦截病毒木马总数：376.27 万
主程序版本：2011.SP5.2.030212
病毒库版本：2011.03.06.19
立即升级
在线客服

搜索有用的网络资源

添加桌面小工具

下载网络资源

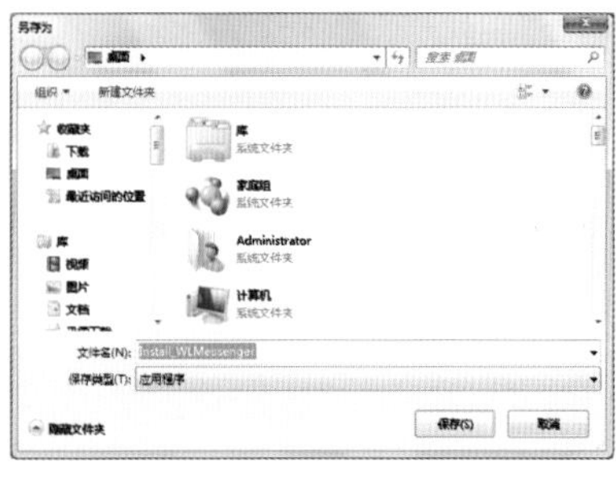

优化电脑并清理系统盘

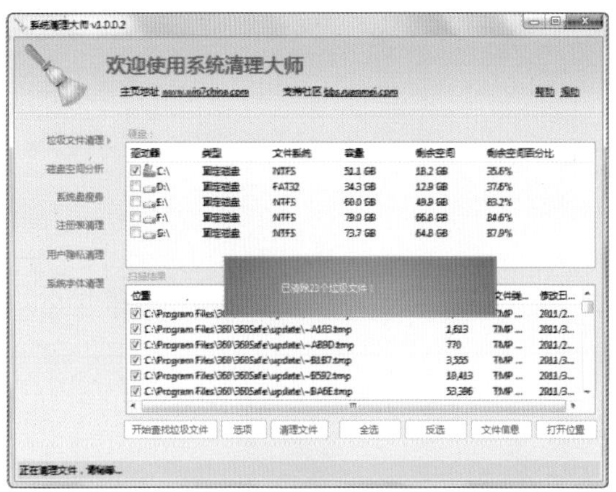

开始清理

系统清理

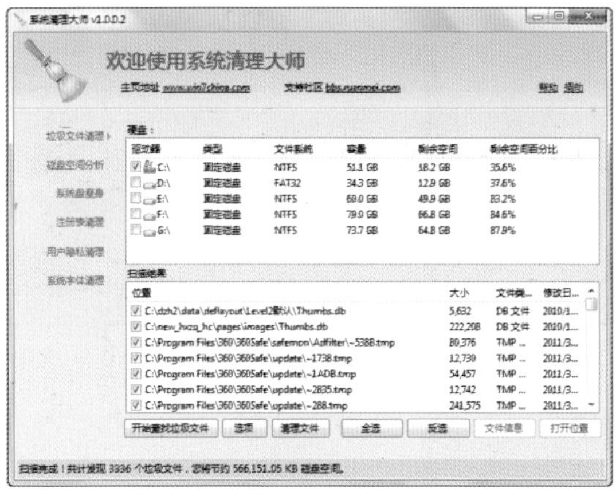

清理垃圾文件

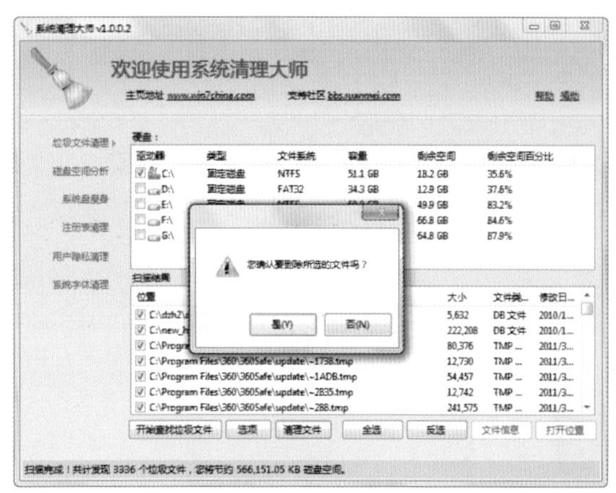

确定清理

优化系统

设置优化对象

BIOS基础

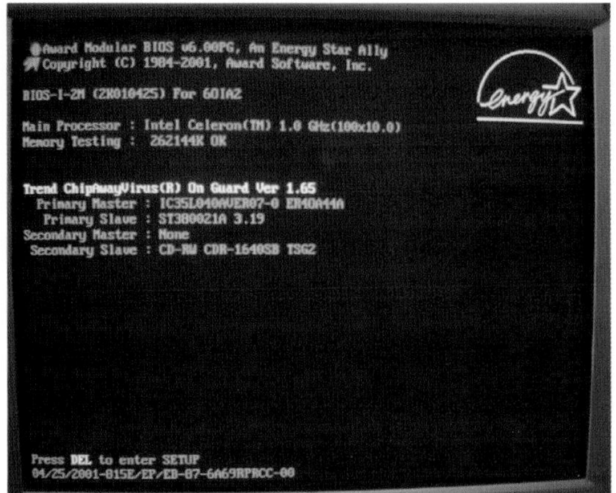

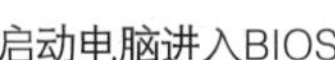
启动电脑进入BIOS

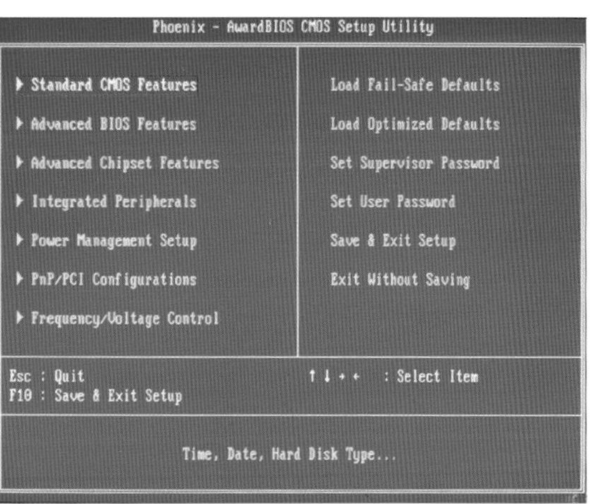

BIOS设置主界面

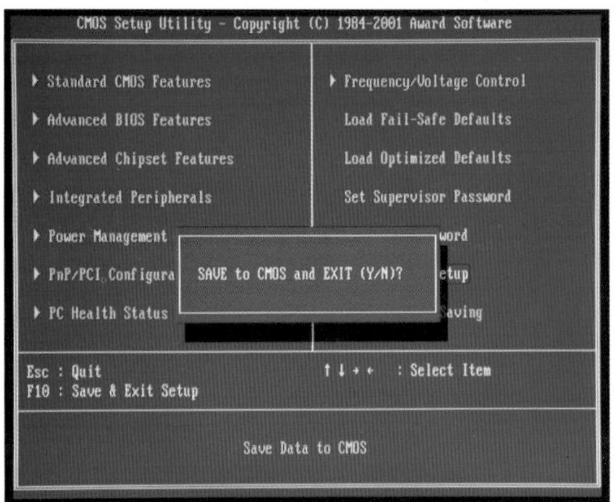

保存并退出

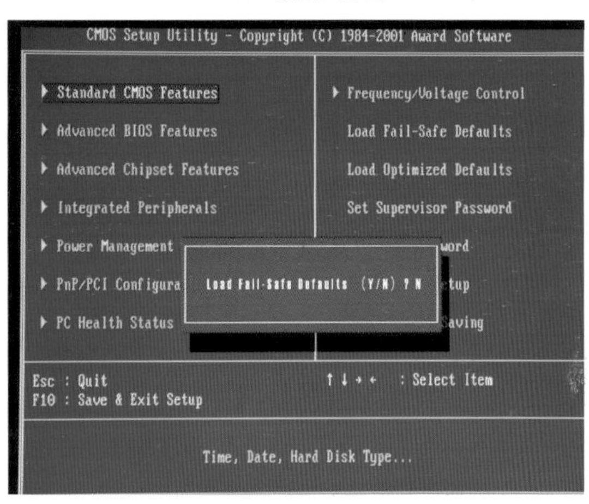

还原到安全缺省设置

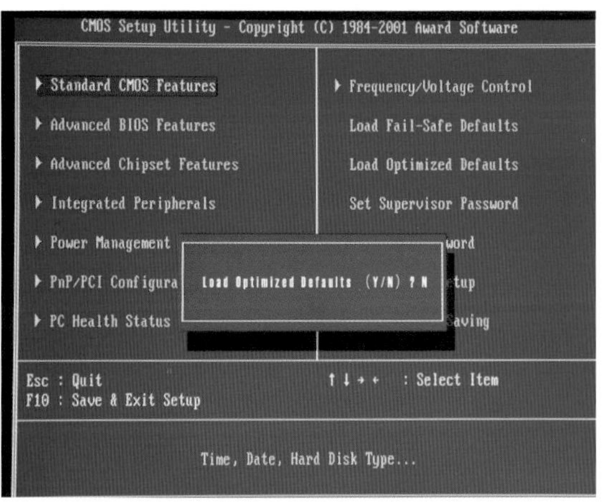

还原到最优缺省设置

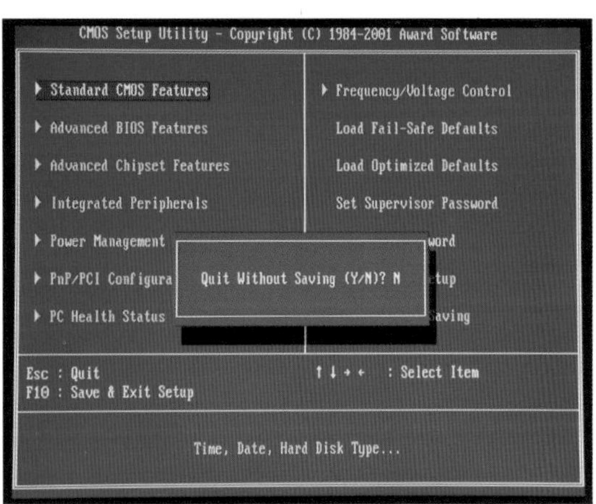

退出BIOS

升级BIOS

```
FLASH MEMORY WRITER V7.52C
(C)Award Software 1999 All Rights Reserved
For 694X-686A-2A6LJPA9C-0      DATE: 03/03/2000
Flash Type - WINBOND 29C020 /5V
File Name to Program : 3vca.bin
BIOS芯片
型号
Error Message: Do You Want To Save Bios (Y/N)
```

```
FLASH MEMORY WRITER V7.52C
(C)Award Software 1999 All Rights Reserved
For 694X-686A-2A6LJPA9C-0      DATE: 03/03/2000
Flash Type - WINBOND 29C020 /5V
File Name to Program : 3vca.bin
File Name to Save    : 3vca1.bin
Error Message:
```

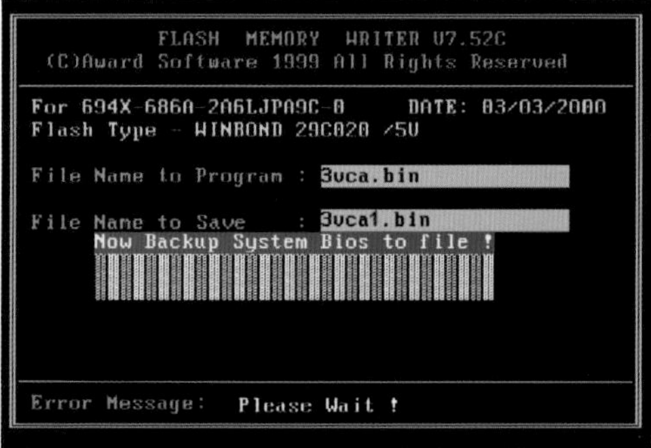


```
FLASH MEMORY WRITER V7.52C
(C)Award Software 1999 All Rights Reserved
For 694X-686A-2A6LJPA9C-0      DATE: 03/03/2000
Flash Type - WINBOND 29C020 /5V
File Name to Program : 3vca.bin
Checksum : A244h
File Name to Name    : 3vca1.bin
Error Message: Are you sure to program (y/n)
```

笔记本电脑使用与维护

48集（103节）大型交互式、专业级多媒体演示+260页交互式数字图书+全彩印刷

九州书源　编著

清华大学出版社

北　京

内容简介

本书详细全面地介绍了笔记本电脑的选购、使用、维护与升级等相关知识，主要内容包括笔记本电脑简介及结构、笔记本电脑的选购、笔记本电脑在Windows 7中的基本操作、设置笔记本电脑系统、管理笔记本电脑中的文件、笔记本电脑与外设的数据交换、常用工具软件的使用、将笔记本电脑与网络进行连接、常见的网络功能应用、维护笔记本电脑的操作系统、维护与升级笔记本电脑硬件、保护笔记本电脑安全并进行加密等。

本书内容全面，图文并茂，讲解深浅适宜，叙述条理清晰，并配有多媒体教学光盘。光盘中提供有72小时学习与上机的相关视频教学演示，有助于读者像看电影一样巩固所学知识并进行动手练习。

本书面向笔记本电脑的初学者，适用于公司职员、在校学生以及各行各业准备学习笔记本电脑使用的用户学习、参考，也可作为各类电脑培训班的培训教材。

本书显著特点：

48集（总计103节）大型交互式、专业级、同步多媒体教学演示，还可跟着视频做练习。

260页交互式数字图书，数字阅读过程中，单击相关按钮，可观看相应操作的多媒体演示。

全彩印刷，像电视一样，摈弃“黑白”，进入“全彩”新时代。

多方位辅助学习资料，赠与本书相关的海量多媒体教学演示、各类素材、应用技巧等。

图书在版编目（CIP）数据

笔记本电脑使用与维护/九州书源编著. —北京：清华大学出版社，2011.8

（72小时精通：全彩版）

ISBN 978-7-302-25797-4

I. ①笔… II. ①九… III. ①笔记本计算机-基本知识 IV. ①TP368.32

中国版本图书馆CIP数据核字（2011）第113468号

责任编辑：赵洛育
版式设计：文森时代
责任校对：王国星
责任印制：杨　艳

出版发行：清华大学出版社　　**地　址**：北京清华大学学研大厦A座
http://www.tup.com.cn　　**邮　编**：100084
社　总　机：010-62770175　　**邮　购**：010-62786544
投稿与读者服务：010-62776969，c-service@tup.tsinghua.edu.cn
质　量　反　馈：010-62772015，zhiliang@tup.tsinghua.edu.cn

印 装 者：北京嘉实印刷有限公司
经　销：全国新华书店
开　本：185×260　**印　张**：16　**插　页**：8　**字　数**：370千字
（附交互式DVD光盘1张）
版　次：2011年8月第1版　　**印　次**：2011年8月第1次印刷
印　数：1～6500
定　价：45.80元

产品编号：039113-01

前 言

Preface

本书的写作背景

随着IT业的不断发展以及人们生活水平的提高，一般的台式电脑已经无法满足人们对于舒适和便携的要求了。越来越多的用户在购买电脑时把目光放在了笔记本电脑上，而笔记本电脑到底与台式电脑有什么区别以及在使用上又该怎样操作等问题就成为了大家急需解决的难题。《笔记本电脑使用与维护》一书便是考虑到初次使用或对笔记本电脑不熟悉的用户，针对他们需要在短时间内学会并掌握笔记本电脑使用与维护特意编写的一本书，希望本书为广大读者带来最大、最快的帮助。

本书的特点

本书具有以下一些写作特点。

■ 32小时学知识，40小时上机：本书以实用功能讲解为核心，每小节下面分为学习和上机两个部分，学习部分以操作为主，讲解每个知识点的操作和用法，操作步骤详细、目标明确，上机部分相当于一个学习任务或案例制作，同时在每章最后提供有视频上机任务，书中给出操作要求和关键步骤，具体操作过程放在光盘演示中。

■ 书与光盘演示相结合：本书的操作部分均在光盘中提供了视频演示，并在书中指出了相对应的路径和视频文件名称，可以打开视频文件对某一个知识点进行学习。

■ 简单、易学、易用：书中讲解由浅入深，操作步骤目标明确，并分小步讲解，与图中的操作图示相对应，并穿插了“教你一招”和“操作提示”等小栏目。

■ 轻松、愉快的学习环境：全书以人物小李的学习与工作过程为线索，采用情景方式叙述不断遇到的问题及怎样解决，将前后知识联系起来，一本书的内容就像一个故事，使读者在听故事的同时轻松学会笔记本电脑的使用与维护。

■ 技巧总结与提高：每章最后一部分均安排了技巧总结与提高，这些技巧来源于编者多年的经验总结。同时有效地利用了页脚区域，扩大了读者的知识面。

■ 排版美观，全彩印刷：采用双栏图解排版，一步一图，图文对应，并在图中添加了操作提示标注，以便于读者快速学习。

■ 配超值多媒体教学光盘：本书配有一张多媒体教学光盘，提供有书中操作所需素材、效果和视频演示文件，同时光盘中还赠送了大量相关的教学教程。

■ 赠电子版阅读图书：本书制作有实用、精美的电子版放置在光盘中，在光盘主界面中双击“电子书”按钮便可阅读电子图书。单击电子图书中的光盘图标，可以打开光盘中相对应的视频演示，也可一边阅读一边进行其他上机操作。

前言

本书的内容与定位

本书共有10章，各章的主要内容介绍如下。

■ 第1章：介绍笔记本电脑的入门知识，包括笔记本电脑的外观、内部构造、接口、主流技术以及笔记本电脑的选购等内容。

■ 第2章：介绍Windows 7操作系统的基本使用知识，包括启动与关闭笔记本电脑、窗口的基本操作、桌面图标的管理以及任务栏的使用等内容。

■ 第3章：介绍打造个性化使用环境的知识，包括设置个性化的操作界面、设置鼠标、设置系统时间与输入法以及设置账户等内容。

■ 第4章：介绍笔记本电脑中文件管理与数据交换的知识，包括管理笔记本电脑中的文件、笔记本电脑与外设的数据交换等内容。

■ 第5章：介绍常用工具软件的使用知识，包括认识工具软件、获取工具软件、安装与卸载工具软件以及常用工具软件的使用方法。

■ 第6章：介绍笔记本电脑的网络连接知识，包括网络相关术语的认识、ADSL上网的方法、局域网的组建与设置以及无线移动上网等内容。

■ 第7章：介绍笔记本电脑的网络应用知识，包括IE 8浏览器的使用、网络资源的搜索、网络资源的下载、QQ聊天工具的使用、Foxmail电子邮件管理工具的使用以及网上购物、网上预订、网上招聘和网上求职等内容。

■ 第8章：介绍维护笔记本电脑操作系统的知识，包括病毒与木马的查杀和预防、系统的备份与还原、磁盘的维护与管理、防火墙的使用和系统更新等内容。

■ 第9章：介绍笔记本电脑的升级与日常维护的知识，包括笔记本CPU、硬盘、内存条、散热器和电池等硬件的升级，以及显示器、机身、鼠标和键盘的日常维护等内容。

■ 第10章：介绍笔记本电脑的安全与加密的知识，包括笔记本电脑的防盗措施、笔记本电脑的系统安全以及笔记本电脑的数据安全等内容。

本书面向笔记本电脑的初学者，适用于公司职员、在校学生以及各行各业准备学习笔记本电脑使用的用户学习、参考，也可作为各类电脑培训班的培训教材。

联系我们

本书由九州书源组织编写，参加本书编写、排版和校对的工作人员有刘可、常开忠、李洪、薛凯、任亚炫、丛威、张鑫、冯梅、张丽丽、陈晓颖、陆小平、张良军、简超、羊清忠、范晶晶、李显进、赵云、杨颖、张永雄、李伟、余洪、袁松涛、杨明宇、牟俊、宋玉霞、宋晓均、向利、徐云江、张笑、赵华君、刘凡馨、骆源、陈良、王琪、穆仁龙、何周、曾福全。

如果您在学习的过程中遇到什么困难或疑惑，可以联系我们，我们会尽快为您解答，联系方式为QQ群：122144955，E-mail：book@jzbooks.com，网址：http://www.jzbooks.com。

由于作者水平有限，书中疏漏和不足之处在所难免，欢迎读者不吝赐教。

九州书源

第1章　笔记本电脑快速入门

1.1　学习1小时：了解笔记本电脑 2

1.1.1　笔记本电脑简介 2

1.1.2　笔记本电脑外观 3

1. 笔记本电脑外壳 3
2. 笔记本电脑液晶显示屏 4
3. 笔记本电脑键盘 4
4. 笔记本电脑触摸板 4

1.1.3　笔记本电脑内部构造 5

1. 笔记本电脑主板 5
2. 笔记本电脑硬盘 5
3. 笔记本电脑内存 5
4. 笔记本电脑显卡 6
5. 笔记本电脑声卡 6
6. 笔记本电脑光驱 6
7. 笔记本电脑电池 6

1.1.4　笔记本电脑接口 7

1.1.5　笔记本电脑主流技术 7

1. 迅驰移动计算技术 7
2. 酷睿双核技术 8

1.2　学习1小时：选购笔记本电脑 8

1.2.1　笔记本电脑选购前的准备工作 9

1. 了解市场 9
2. 选择品牌 9
3. 明白用途 10
4. 预算资金 10

1.2.2　笔记本电脑选购常识 10

1. 检验笔记本电脑 10
2. 辨别笔记本电脑真伪 12
3. 笔记本电脑保修和售后服务 12

1.2.3　笔记本电脑选购方案推荐 12

1.2.4　笔记本电脑配件与外设的选购 14

1. 选购笔记本电脑配件 14
2. 选购笔记本电脑外设 15

1.3　秘技偷偷报——笔记本选购技巧 16

1. 不买“最后一台”商品 16
2. 购买渠道要正规 16
3. 慎购“绝对新品” 16
4. 谨防“缩水”后的产品 16

第2章　使用Windows 7操作系统

2.1　启动与关闭笔记本电脑 18

2.1.1　学习1小时 18

1. 启动笔记本电脑 18
2. Windows 7中的常用“术语” 18
3. 关闭笔记本电脑 21

2.1.2　上机1小时：试玩“扫雷”游戏后关机 23

2.2　笔记本电脑中窗口的基本操作 25

2.2.1　学习1小时 25

1. 了解Windows 7窗口组成 26
2. 调整窗口大小 26
3. 移动窗口 27
4. 切换窗口 27
5. 排列窗口 27

2.2.2　上机1小时：管理笔记本电脑中打开的窗口 28

2.3　管理笔记本电脑中的桌面图标 30

2.3.1　学习1小时 30

1. 查看桌面图标 30
2. 添加和重命名桌面图标 31
3. 排列桌面图标 31
4. 移动桌面图标 32

2.3.2　上机1小时：整理Windows 7桌面图标 33

2.4　笔记本电脑中任务栏的使用 35

2.4.1　学习1小时 35

1. Windows 7任务栏的新功能 35
2. 自定义任务栏 36

2.4.2 上机1小时：定制Windows 7任务栏............37

2.5 跟着视频做练习1小时............39

1. 排列Windows 7桌面图标............40
2. 设置窗口和任务栏............40

2.6 秘技偷偷报——Windows 7使用技巧............41

1. 通过键盘管理窗口............41
2. 更改资源管理器默认打开的窗口............42
3. 快速打开新窗口............42
4. 重新排列任务栏中的图标............42
5. 浏览任务栏............42

第3章 打造笔记本电脑个性化使用环境

3.1 打造个性化的操作界面............44

3.1.1 学习1小时............44

1. 更改Windows 7主题............44
2. 设置漂亮的桌面背景............45
3. 更改窗口颜色和字体............46
4. 设置系统声音效果............48
5. 设置屏幕保护程序............50
6. 调整屏幕分辨率............51

3.1.2 上机1小时：打造适合自己的使用环境............52

3.2 设置笔记本电脑的鼠标............55

3.2.1 学习1小时............56

1. 设置笔记本电脑外接鼠标............56
2. 设置笔记本电脑特有鼠标............59

3.2.2 上机1小时：设置符合个人使用习惯的鼠标指针............61

3.3 管理笔记本电脑中的系统时间和输入法............63

3.3.1 学习1小时............63

1. 向桌面添加时钟小工具............64
2. 设置小工具属性............64
3. 更改系统日期和时间............66
4. 添加和删除输入法............66

3.3.2 上机1小时：设置系统日期和时间并添加小工具............68

3.4 安全防护——账户设置............70

3.4.1 学习1小时............70

1. 更改账户图片、名称和密码............70
2. 添加或删除用户账户............72
3. 更改账户类型............74
4. 启用与进入来宾账户............74
5. 启用家长控制............75
6. 设置家长控制............76

3.4.2 上机1小时：创建新账户并对其进行相应设置............78

3.5 跟着视频做练习............82

1. 练习1小时：更改Windows 7主题、系统时间和鼠标属性............82
2. 练习1小时：设置小工具属性和标准用户家长控制功能............83

3.6 秘技偷偷报——Windows 7使用技巧............83

1. 习惯单击鼠标右键............84
2. 显示器亮度自动调整............84
3. 巧用便笺不怕忘事............84
4. 活用数据处理工具............84

第4章 笔记本电脑文件管理和数据交换

4.1 管理笔记本电脑中的文件............86

4.1.1 学习1小时............86

1. 文件和文件夹究竟是什么............86
2. 查看文件和文件夹............87
3. 排列文件和文件夹............88
4. 文件和文件夹的常见操作............89

4.1.2 上机1小时：创建“工作”文件夹体系............94

4.2 笔记本电脑与外设的数据交换............97

4.2.1 学习1小时............97

1. 笔记本电脑与U盘、移动硬盘的数据交换............97
2. 笔记本电脑与数码设备的数据交换............97

4.2.2 上机1小时：笔记本电脑与移动硬盘交换数据............99

4.3 跟着视频做练习1小时：管理文件夹 101
4.4 秘技偷偷报——轻松管理文件的小技巧 102
1. 批量重命名文件 102
2. 格式化磁盘 103
3. 快速访问常用文件夹 103
4. 为常用文件夹创建桌面快捷启动图标 103
5. 利用菜单命令管理文件资源 103
6. 巧用预览窗格 103

第5章 常用工具软件的使用

5.1 使用工具软件前的准备 106
5.1.1 学习1小时 106
1. 工具软件的特点与分类 106
2. 获取工具软件的途径 107
3. 工具软件的安装与卸载 108
4. 工具软件的启动与关闭 111
5.1.2 上机1小时：安装并浏览迅雷下载软件界面 112
5.2 图片管理工具——ACDSee 114
5.2.1 学习1小时 114
1. 认识ACDSee的操作界面 114
2. 浏览和播放图片 115
3. 编辑图片 118
4. 管理图片 120
5. 转换图片格式 122
5.2.2 上机1小时：利用ACDSee处理图片 123
5.3 系统优化工具——Windows 7优化大师 126
5.3.1 学习1小时 126
1. 优化向导的使用 126
2. 系统优化 128
3. 系统清理 129
5.3.2 上机1小时：优化开机速度并清理系统盘 129
5.4 压缩软件——WinRAR 132
5.4.1 学习1小时 132
1. 解压文件 132
2. 压缩文件 132
5.4.2 上机1小时：压缩文件夹并解压其中一个文件 133
5.5 全能播放工具——暴风影音 135
5.5.1 学习1小时 135
1. 播放音/视频文件 135
2. 播放控制 136
5.5.2 上机1小时：播放视频文件 137
5.6 跟着视频做练习 139
1. 练习1小时：解压图片并进行编辑 139
2. 练习1小时：优化笔记本电脑操作系统 139
5.7 秘技偷偷报——工具软件的使用技巧 139
1. 利用向导压缩或解压文件 140
2. 美化系统 140
3. 导入图片 140
4. 加密压缩文件 140
5. Windows 7优化大师的实用工具 140

第6章 笔记本电脑的网络连接

6.1 学习1小时：笔记本电脑有线上网方案 142
6.1.1 认识相关网络术语 142
6.1.2 ADSL上网 142
6.1.3 小区宽带上网 143
6.1.4 局域网上网 143
1. 组建局域网 143
2. 设置局域网 144
3. 设置路由器 147
6.2 学习1小时：笔记本电脑无线上网方案 148
6.2.1 无线局域网上网 148
6.2.2 无线移动上网 149
6.3 跟着视频做练习1小时：组建并设置局域网 149
6.4 秘技偷偷报——丰富连接网络的

知识 150
1. 重启路由器 150
2. 退出家庭组 150
3. 认识交换机 150
4. 了解无线网卡 150

第7章 笔记本电脑的网络应用

7.1 使用IE浏览器畅游Internet 152
7.1.1 学习1小时 152
1. 启动并认识IE 8浏览器 152
2. 浏览网页内容 153
3. 搜索有用的网络资源 154
4. 将网上资源“据为己有” 155
7.1.2 上机1小时：搜索并下载腾讯QQ2011 157
7.2 使用QQ进行网上交流 159
7.2.1 学习1小时 159
1. 申请QQ账号 159
2. 登录并添加好友 160
3. 与好友进行文字聊天 162
4. 与好友进行音/视频聊天 163
7.2.2 上机1小时：添加QQ好友并进行文字聊天 164
7.3 用Foxmail收/发电子邮件 166
7.3.1 学习1小时 167
1. 什么是电子邮件 167
2. 添加和配置账号 167
3. 电子邮件的收取与发送 169
4. 电子邮件的查看与回复 170
5. 电子邮件的管理 172
7.3.2 上机1小时：利用Foxmail回复并管理电子邮件 174
7.4 通过网络进行电子商务 176
7.4.1 学习1小时 176
1. 网上购物 176
2. 网上预订 179
3. 网上招聘 181
4. 网上求职 183
7.4.2 上机1小时：在网上购买打印机 184
7.5 跟着视频做练习 186
1. 练习1小时：保存图片并利用Foxmail发送 186
2. 练习1小时：通过QQ与客户交流并下载资料 187
3. 练习1小时：在网上预订酒店并发送求职信 188
7.6 秘技偷偷报——网上搜索技巧 188
1. 关键词的输入技巧 188
2. 专业报告的搜索技巧 189
3. 办公范文的搜索技巧 189
4. 下载办公软件的搜索技巧 189
5. 企业或机构官方网站的搜索技巧 189

第8章 维护笔记本电脑的操作系统

8.1 查杀病毒和木马 192
8.1.1 学习1小时 192
1. 认识病毒和木马 192
2. 使用金山毒霸查杀病毒 193
3. 使用360安全卫士查杀木马 195
4. 预防病毒和木马的攻击 196
8.1.2 上机1小时：查杀笔记本电脑中的木马 196
8.2 系统备份与还原 198
8.2.1 学习1小时 198
1. 笔记本电脑自带的系统恢复功能 198
2. Windows 7自带的系统还原功能 199
3. 使用Ghost备份与还原系统 201
8.2.2 上机1小时：利用Ghost备份系统盘 202
8.3 磁盘维护与管理 204
8.3.1 学习1小时 204
1. 格式化磁盘 204
2. 磁盘扫描 205
3. 磁盘清理 206
4. 磁盘碎片整理 206
8.3.2 上机1小时：清理系统盘并进行碎片整理 206
8.4 Windows防火墙及自动更新 209
8.4.1 学习1小时 209
1. 开启与关闭Windows防火墙 209

2. 启用访问规则并设置入站连接......209
3. 自动更新系统......212
4. 手动更新系统......212
5. 管理更新......212

8.4.2 上机1小时：
开启防火墙并手动更新系统......213

8.5 跟着视频做练习......215

1. 练习1小时：开启自动更新并整理磁盘碎片......215
2. 练习1小时：查杀病毒和木马后进行备份......216

8.6 秘技偷偷报——与备份相关的技巧......216

1. 何时备份系统......216
2. 使用MaxDos......216
3. 合理创建还原点......216

第9章 笔记本电脑的升级与日常维护

9.1 笔记本电脑的升级......218

9.1.1 学习1小时......218

1. 升级CPU......218
2. 升级硬盘......218
3. 升级内存条......219
4. 升级光驱......219
5. 升级散热器......219
6. 升级电池......220
7. 升级鼠标......220
8. 升级键盘......221
9. 升级音箱......221

9.1.2 上机1小时：
升级笔记本电脑的CPU......221

9.2 笔记本电脑的日常维护......223

9.2.1 学习1小时......223

1. 显示屏的日常维护......223
2. 笔记本电脑机身的日常维护......224
3. 鼠标的日常维护......225
4. 键盘的日常维护......225
5. 建立良好的使用习惯......226

9.2.2 上机1小时：
清理笔记本电脑的灰尘......228

9.3 跟着视频做练习1小时：升级并清洁电脑......229

9.4 秘技偷偷报——笔记本电脑硬件组成......230

1. 外壳......230
2. CPU......230
3. 显示屏......230
4. 硬盘......230
5. 内存条......230

第10章 笔记本电脑的安全与加密

10.1 学习1小时：笔记本电脑的防盗措施......232

10.1.1 使用防盗锁......232
10.1.2 使用指纹锁......232
10.1.3 使用报警器......233
10.1.4 使用防盗卡......233
10.1.5 使用保险箱......233

10.2 学习1小时：笔记本电脑的系统安全......234

10.2.1 BIOS安全设置......234
10.2.2 Windows密码安全设置......235
10.2.3 Windows系统安全设置......236

10.3 学习1小时：笔记本电脑的数据安全......237

10.3.1 隐藏硬盘分区......238
10.3.2 显示硬盘分区......239
10.3.3 加密QQ聊天记录......239
10.3.4 加密电子邮件......241

10.4 跟着视频做练习......242

1. 练习1小时：设置开机密码并更改系统安全级别......242
2. 练习 1 小时： 加密重要邮件并隐藏所在硬盘分区......242

10.5 秘技偷偷报——保护Windows系统技巧......243

1. 禁用“开始”菜单......243
2. 禁止对桌面进行某些设置......244
3. 使用Windows BitLocker......244

第1章

笔记本电脑快速入门

老马发现小李最近很关心笔记本电脑方面的信息，便好奇地问小李：“怎么，你打算购买一台笔记本电脑？”小李笑着说：“哪里是我要购买呀，是我的小侄女，她刚高中毕业，打算让我帮她推荐一款适合她使用的笔记本电脑。可是，我在网上溜达了一上午，看得我眼睛都花了，还是没有选出一款适合她使用的笔记本电脑，真是头疼。”老马长叹了一口气说：“哪有人像你这么选的呀，在选购电脑之前，你应该先做一定的准备工作才行，如了解市场行情、认识各种笔记本电脑品牌、资金预算以及使用用途等，只有做足了充分的准备后，才能选购出自己所需的笔记本电脑。”小李听了老马的话后，顿时明白过来，说：“老马，你真是一语点醒梦中人呀，太感谢了，我这就打电话问我侄女具体的购买需求。”

2小时学知识

- 了解笔记本电脑
- 选购笔记本电脑

1.1 学习1小时：了解笔记本电脑

老马对小李说："你不要着急嘛！为了在选购过程中防止买到假冒伪劣产品，我还是先告诉你一些笔记本电脑的相关知识，如笔记本电脑外观、内部构造、接口以及主流技术等。"小李说："老马，你想得真是太周全了，那我们现在就来了解一下笔记本电脑吧。"

学习目标

- **认识什么是笔记本电脑。**
- **了解笔记本电脑外观、内部构造和接口。**
- **熟悉笔记本电脑的主流技术。**

1.1.1 笔记本电脑简介

笔记本电脑是一种小巧、便携式的个人电脑，又称为手提电脑，其英文名称为NoteBoo。笔记本电脑普遍重量约为1~3千克，但随着科学技术的不断发展和创新，其体积越来越小、重量越来越轻，但功能却越来越强大。从目前的笔记本电脑产品来看，笔记本电脑具体有如下几项优点。

携带方便

笔记本电脑的便携性是其最大的优点之一，它基本上不受地域和时间限制，可以把工作和娱乐带到任何想去的地方，对于那些经常进行移动办公的商务人士来说，笔记本电脑便是其工作中必不可少的"合作"伙伴。

体积更小

笔记本电脑的体积小、重量轻也是其优点之一。实际上从某种角度来说，笔记本电脑占用的使用空间可以忽略不计，而且"超轻"、"超薄"是目前笔记本电脑的主要发展方向。

更加健康

笔记本电脑与台式机相比，辐射量要小很多。现在市面上提供的"绿色"笔记本电脑，可以通过对屏幕高度、倾斜度和旋转性等设置，来达到人体所需的最佳视角和舒适性。这样，不仅可以减少操作疲劳，而且还可以减少职业病的发病率。

性能卓越

目前，笔记本电脑在性能上已不再输给台式机，部分笔记本电脑在性能上甚至超越了台式机。如笔记本电脑的高效性、安全性、多任务处理、虚拟化、移动性、可管理性、可靠性以及灵活性等方面都远远超过了台式机。

影音娱乐

利用笔记本电脑除了可以实现各种娱乐操作外，还可以在外出游玩时随时将数码相机或数码摄像机中存储的数据及时转移到笔记本电脑中，以便即时查看拍摄效果。

更加安全

笔记本电脑的安全性对于从事商务活动的用户来说尤为重要，如今，安全性的不断提高也是笔记本电脑发展的主要特征。如国内品牌笔记本电脑——Lenovo昭阳A820在移动安全方面即应用了当前的最新技术，使广大用户在安全保证的前提下最大程度地享受移动办公的乐趣。

高手指点　并不是每台笔记本电脑都适合每一个人使用，通常将笔记本电脑按类别分为主流型、轻薄型、超便携型、迷你型和平板电脑（Tablet PC）5类。

1.1.2 笔记本电脑外观

笔记本电脑看上去虽然体积小，但其中也集成了各种各样的硬件设备，如外壳、液晶屏、键盘和触摸板等。这些硬件都各自发挥着它们应有的作用，下面便逐一介绍这些硬件设备的作用。

1 笔记本电脑外壳

目前市场上笔记本电脑产品琳琅满目，不同品牌的笔记本电脑其外壳所使用的材料也不尽相同。最常见的笔记本电脑外壳的材质主要包括合金外壳、塑料外壳和ABS工程塑料外壳3种，它们的优缺点分别列举如下。

笔记本电脑外壳材质列表

外壳材质	优点	缺点	产品举例
铝镁合金	密度低、散热性较好、抗压性较强，其硬度是传统塑料机壳的数倍，但重量却仅为后者的1/3	成本较高、比较昂贵，而且耐磨性也很差	
碳纤维	其强韧性是铝镁合金的2倍，而且散热效果非常好	成本较高、成型较难，而且碳纤维机壳的接地效果不好，有时会有轻微的漏电感	
ABS工程塑料	成本低，具有优良的耐热耐寒性、耐冲击性和加工流动性	质量重、导热性能差	

补充两句

笔记本电脑的外壳除了具有保护和美化笔记本电脑的功能外，同时还会影响其散热效果。例如，笔记本电脑在工作时会产生很多热量，如果不能及时散发出去，则会导致死机现象。

2 笔记本电脑液晶显示屏

显示屏是笔记本电脑的关键硬件之一，它主要分为LCD与LED两大类。其中LCD是目前市场上比较流行的液晶显示屏，而LED显示屏由于目前还没普及，因此这里不再详细介绍。

LCD液晶显示屏通常采用TFT模式，它有效地提高了播放动态画面的能力，并且具有出色的色彩饱和度、还原能力和对比度，但其缺点是与STN模式相比更为耗电，且成本较高。为了满足不同用户的需求，笔记本电脑液晶显示屏也在普通液晶显示器的基础上推出了高亮液晶显示器，如右图所示为华硕14英寸液晶显示屏。

3 笔记本电脑键盘

笔记本电脑的输入设置是靠“特有”鼠标和键盘来完成的。由于笔记本电脑体积的特殊性，因此键盘上各键位之间的距离和键位数量都做了相应处理，如右图所示。每一个品牌笔记本电脑的键盘都有不同的特点，其中ThinkPad笔记本电脑键盘的按键力度和布局堪称经典，它最大的特色便是键盘中间有一个小红点，又称指点杆。通过扭摆指点杆可实现台式电脑的鼠标功能，不过现在的指点杆基本上都被触摸板替代了。

4 笔记本电脑触摸板

触摸板是笔记本电脑“特有”的鼠标，它代替了台式机中的光电鼠标。通过触摸板同样可以实现鼠标的移动、定位和选择等功能，并且在触摸板上方或下方会添加两个按键，相当于鼠标的左键和右键，如右图所示。对于长时间使用鼠标操作电脑的用户而言，马上改用触摸板会很不适应，从而导致工作效率低下。但是，对于长期进行移动办公的用户来说，触摸板的熟练使用是必不可少的，只需多加练习便能得心应手。

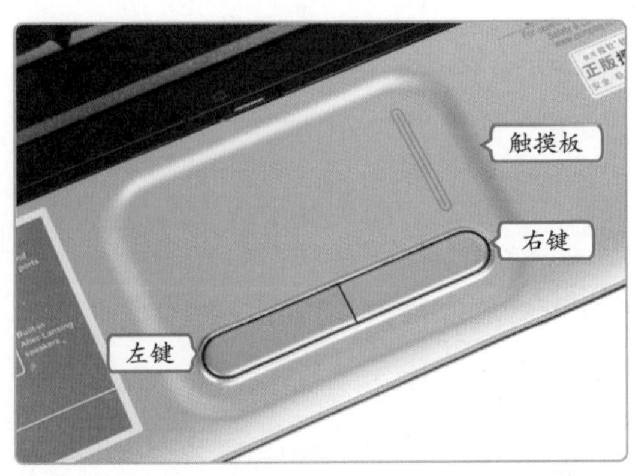

高手指点 LED显示屏与LCD显示屏相比，LED在亮度、功耗、可视角度和刷新速率等方面都更具优势，但是价格相对而言也更高。

1.1.3 笔记本电脑内部构造

笔记本电脑的内部硬件主要包括主板、硬盘、内存、显卡、声卡和电池等，下面分别对这些硬件进行介绍。

1 笔记本电脑主板

主板是笔记本电脑的核心配件，不同机型的笔记本电脑使用的主板也有所不同。笔记本电脑主板上集成了各种各样的电子元件和动力系统，包括BIOS芯片、I/O控制芯片和插槽等，并且它连接整合了显卡、内存和CPU等各种硬件，使其相互独立又有机地结合在一起，各司其职，共同维持电脑的正常运行。主板的好坏决定着整个笔记本电脑的性能，它将直接影响其他硬件的工作性能。如右图所示为笔记本电脑主板的外观。

2 笔记本电脑硬盘

硬盘是笔记本电脑的存储设备，它可以存放大量的数据，并且存取数据的速度较快。由于笔记本电脑硬盘是专门为笔记本电脑而设计的，因此它具有体积小、耗能低和防震等特点。目前主流的笔记本电脑所使用的硬盘一般是2.5英寸，硬盘空间至少有160GB，而随着用户对硬盘存储空间的更高要求，笔记本电脑硬盘的大小还会越来越大。如右图所示为笔记本电脑硬盘的内部结构。

3 笔记本电脑内存

笔记本电脑内存分为EDO、SDRAM和DDR 3种。它是CPU与其他硬件设备沟通的桥梁，用于临时存放数据。内存越大，笔记本电脑处理数据的能力就越强，速度也越快。例如，如果用户使用的是Windows XP操作系统，那么内存的单位容量至少为256MB。由于笔记本电脑的内存扩展槽很有限，因此单位容量大一些的内存会显得尤为重要。目前笔记本电脑的内存都以2GB为标准，甚至有4GB、8GB的内存，如右图所示为内存的外观。

补充两句

其实笔记本电脑内部硬件的功能与台式电脑中相应硬件的功能是相同的，只是鉴于笔记本电脑本身体积小的原因，才将各硬件的大小设计得更小、更薄。

第1章

4 笔记本电脑显卡

显卡又称为显示适配器，它将笔记本电脑系统需要显示的信息进行转换驱动，并向液晶屏提供扫描信号，是连接液晶屏与电脑主板的重要元件。显卡承担着输出显示图形的任务，同时也是显示性能的保证，显卡性能越好，在液晶屏中显示出来的画面就越逼真，其色彩饱和度和还原度也更好。对于专业从事图形设计的人群来说，选择一个性能较好的显卡是非常重要的，如右图所示即为笔记本电脑显卡的外观。

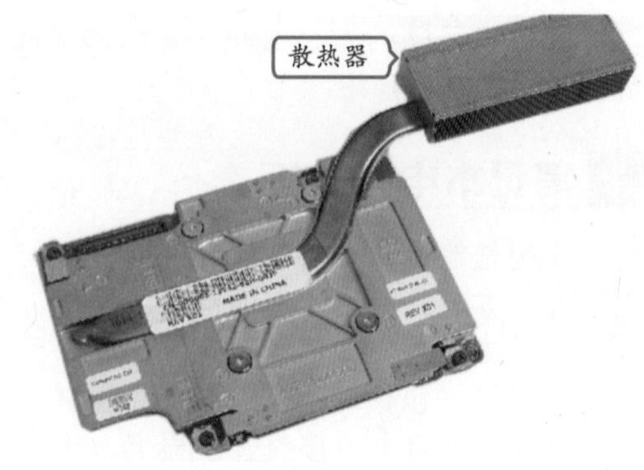

5 笔记本电脑声卡

声卡是实现声波或数据信息相互转换的一种硬件，大部分的笔记本电脑都带有声卡或是在主板上集成了声音处理芯片，并且配备小型内置音箱。如右图所示即为笔记本电脑声卡外观，与台式电脑的声卡还是有所区别的。

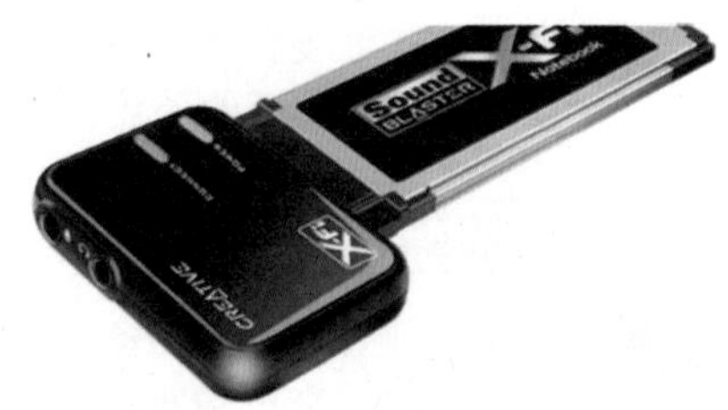

6 笔记本电脑光驱

光驱是光盘驱动器的简称，它是笔记本电脑中较常见的配件之一。通过光驱可以读取光盘中的数据信息，并在笔记本电脑的液晶屏中将其显示出来，以便于用户使用光盘中的各种数据。笔记本电脑光驱分为弹出式和吸入式两种，如右图所示为弹出式光驱。

7 笔记本电脑电池

笔记本电脑的电池由外壳、电路板和电芯组成，质量好的电池不仅一次性使用时间（即续航）长，而且长期使用后性能下降也不十分明显。目前笔记本电脑使用的电池主要分为镍镉电池、镍氢电池和锂电池3种，其中锂电池是当前笔记本电脑的标准电池，它不但重量轻，而且使用寿命也长。如右图所示为笔记本电脑的电池外观。

高手指点 散热效果不是很理想的笔记本电脑，可以为其添加一个小装置——散热器。笔记本电脑散热器直接对着笔记本电脑底部吹散热量，可以增加底部的空气流动，从而有效保持内部的低温工作环境。

1.1.4 笔记本电脑接口

笔记本电脑上的接口有很多，不同笔记本电脑的接口数量和位置是不同的。一款较好的笔记本电脑，其接口数量相对来说要多一些，同时接口设计也是非常讲究的。下面以惠普笔记本电脑为例介绍笔记本电脑的常见接口和作用，以便更好地使用它们。

VGA接口

它是一种D型接口，上面共有15针分3排，是显卡上输出模拟信号的接口。VGA接口常用于连接其他显示器或投影仪，在进行会议时非常有用。

网线接口

现在的笔记本电脑中基本上都内置了网卡，用户只需通过网线接口即可连接宽带上网的网线。

读卡器接口

将读卡器插入读卡器接口后，笔记本电脑即可读取该储存卡中的内容，如数码相机中的SD卡。

音频输入接口

一般在笔记本电脑上显示为话筒图标的接口，主要用于连接麦克风等音频输入设备。

防盗锁接口

防盗锁孔常用于公共使用的笔记本电脑，可通过链锁将笔记本电脑固定到展示台上以防被盗。

HDMI高清接口

它是新一代多媒体接口标准，统一并简化用户终端接线，从而提供更高带宽的数据传输速度和数字化无损传送音/视频信号。

USB接口

USB接口分为USB 1.1接口和USB 2.0接口，现在大多数笔记本电脑都使用USB 2.0接口。它可连接所有使用USB接口的外接设备，如打印机、鼠标、U盘以及移动硬盘等，并且支持热插拔，即可在笔记本电脑正常运行的情况下插入或拔出外接设备，而不会影响笔记本电脑的正常运行。

音频输出接口

一般在笔记本电脑上显示为耳机图标的接口，主要用于连接耳机等音频输出设备。

电源接口

它是连接电源适配器的枢纽，为笔记本电脑提供工作“能源”。

1.1.5 笔记本电脑主流技术

笔记本电脑的主流技术包括迅驰移动计算技术和酷睿双核技术等。了解这些主流技术后，更有利于购买到自己所需的笔记本电脑。下面便分别对这些技术进行介绍。

1 迅驰移动计算技术

迅驰技术中包括处理器、移动芯片组和无线网卡模块3个部分，而且缺一不可。迅驰技术的出现，使笔记本电脑的集成无线局域网能力、卓越的移动计算性能和支持耐久的电池使用时间等方面达到了最完美的体现。

补充两句

每一种设备的端口与笔记本电脑中相应接口是一一对应的，使用时只需稍稍用力便能轻易进行插拔操作，如果感觉很费力却还是无法插拔时，则可能没有找到对应的接口。

迅驰移动计算技术旨在以最低的能耗提供最快的指令执行速度，从而全面满足新兴和未来应用的需求。英特尔迅驰移动技术能支持从轻薄型到全尺寸型等最新的笔记本电脑设计，为了将高性能处理器集成到最新的纤巧和超纤巧的笔记本电脑、平板电脑及其他领先的电脑设计中，迅驰移动技术采用低压和超低压技术，能使处理器以更低的电压运行，从而降低平板和超纤巧设计笔记本电脑的散热量，进而降低了笔记本电脑的能耗。

2 酷睿双核技术

酷睿是Internet公司最新的处理器，它取代了之前家喻户晓的奔腾处理器，成为Internet公司全新一代的处理器。酷睿双核技术实际上包含了两个CPU的酷睿处理器，专为多线程应用和多任务处理进行优化。“酷睿”是一款领先节能的新型微架构，设计的出发点是提供超强性能和超低能耗，并提高每瓦特性能，也就是所谓的能效比。早期的酷睿是基于笔记本电脑处理器的，而酷睿2其英文为Core 2 Duo，是Internet公司推出的新一代基于Core微架构的产品，目前主流的笔记本电脑中配置的处理器以“酷睿2双核”居多，如右图所示，甚至有的笔记本电脑为酷睿2四核处理器。

1.2 学习1小时：选购笔记本电脑

小李对老马说：“你看，现在我也学习了许多关于笔记本电脑的基础知识，那么替我的侄女选购一台笔记本电脑应该不会有问题了吧！”老马说：“你还是太心急了，要想选购一台满意的电脑，仅了解笔记本电脑的基础知识是远远不够的，在选购前还应该了解一些选购技巧和原则，这样才能确保万无一失。”小李不由地感叹道：“原来购买笔记本电脑还是一门学问呀，那就请老马再给我指点指点。”

学习目标

- 了解笔记本电脑选购前的准备工作。
- 掌握笔记本电脑的选购常识。
- 熟悉笔记本电脑的选购推荐方案。
- 掌握笔记本电脑配件与外设的选购方法

高手指点　迅驰技术从2003年诞生开始，经历了迅驰一代Carmel、Sonoma、Napa、Santa Rosa、迅驰二代Montevina和迅驰三代Calpella等更新换代的过程。

1.2.1 笔记本电脑选购前的准备工作

目前市场上琳琅满目的笔记本电脑，让用户在购买时不知如何下手。其实只要在购买前做足了所有的准备工作，那么挑选起来就会得心应手，不至于被各种各样的广告诱惑冲昏了头脑。因此，在购买笔记本电脑之前应该进行如下准备：了解市场、选择品牌、明白用途以及预算资金等。

1 了解市场

认真了解笔记本电脑的市场行情，对于选择自己所需的笔记本电脑是至关重要的。了解市场除了可以通过在卖场中根据导购人员的推荐总结一些信息外，还可以在网络中专业的网站上进行全面了解，并注意搜集和了解笔记本电脑市场上的新兴技术和发展趋势等。

2 选择品牌

笔记本电脑的品牌有很多种，无论国际品牌还是国内品牌，都要认真进行比较。通过网络或朋友等各种渠道，了解各个品牌的优劣，以找到适合自己的品牌笔记本电脑。不同品牌的笔记本电脑追求的市场定位各不相同，如有的主打高端笔记本电脑领域、有的主打最优性价比笔记本电脑领域，这些都要结合自身的购买计划而有目的地进行选择。这里将一些知名的或受到用户好评的国际和国内笔记本电脑品牌列举如下，以便在购买笔记本电脑时有所参考。

国际和国内品牌笔记本电脑举例

	品牌名称	产品简介	产品图片
国际	ThinkPad	ThinkPad笔记本电脑性能优越、散热性能极佳、键盘手感舒适，其整体外观结构也是它独特的象征之一	
	苹果	苹果笔记本电脑性能强大，有令人心醉的外观设计。其最大的特点是预装有专属于自己的苹果操作系统	
	惠普	惠普是全球最大的笔记本电脑厂商之一，其性能良好、外观大方、价格实惠，是市场上的主流品牌之一	

补充两句

一些主流资讯网站专门收集了较为全面和准确的关于电子产品的信息，这对于有购买需求的用户来说，在这类网站上了解笔记本电脑是一个不错的选择，如http://www.it168.com网页。

续表

	品牌名称	产品简介	产品图片
国内	联想	联想是国内最大的笔记本电脑生产商和销售商，联想笔记本电脑具有指纹识别技术、人脸识别技术和一键恢复技术等特色	
	华硕	华硕笔记本电脑除了外观大方、质量可靠、配置合理等优点之外，其最大的一个特点是具有优秀的售后服务	
	清华同方	清华同方笔记本电脑是国内品牌较早的知名品牌之一，其设计简洁、时尚，价位较低，是学生用户最理想的选择	

3 明白用途

笔记本电脑的功能强大，可广泛应用于各个领域。当购买笔记本电脑时，应该根据自己的需求来买，不要一味地追求高配置、好品牌。即明确自己购买后的主要用途，例如，用于移动办公，则应考虑笔记本电脑的移动和扩展性能；如果用于游戏娱乐，则应考虑笔记本电脑的多媒体影音娱乐功能，并对显卡和内存有更高的要求；如果用于日常办公，则可以考虑笔记本电脑的性价比等。

4 预算资金

笔记本电脑的价格从最低的3000元左右到最高达几万元，价格差距较大。当明确了选购品牌和用途后，可以根据市场行情初步预算一个购买资金，并在实施购买计划时严格根据这个预算资金进行选购，这样才可能在同等价位下购买到称心如意的笔记本电脑。

1.2.2 笔记本电脑选购常识

为了避免买到冒牌伪劣产品或二手笔记本电脑等情况的发生，在购买笔记本电脑时，应具备一定的购买常识，包括检验笔记本电脑、辨别笔记本电脑的真伪以及查看品牌笔记本电脑的质保和售后服务等方法，下面便分别对其进行介绍。

1 检验笔记本电脑

在笔记本电脑市场上也有很多以次充好的产品，下面便介绍几种检验笔记本电脑的方法以供参考。

笔记本电脑的散热性能与厂商的售后服务这两个方面是权衡是否购买到不错的笔记本电脑的重要标准之一。

检查外包装

新的笔记本电脑的外包装是完整无损的，而且密封性很好，如下图所示。如果不符合上述情况，就有可能商家给的并不是新产品。

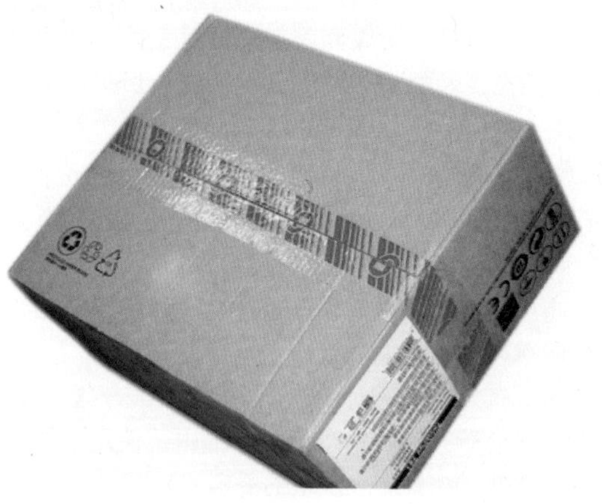

检查机身

新机的机身光滑干净，没有任何磨损、划伤或掉漆等迹象，其次检查转轴有没有出现裂痕与松动的情况。检查时应注意对笔记本电脑机身易出现磨损的位置，如电脑的4个角仔细进行检查，以确认是否为新机。

检查配件

对照笔记本电脑说明书中详细列出的该产品的所有配件，如笔记本电脑配套光盘、电源适配器和配套鼠标等。购买时应仔细对照检查，新产品的配件都是齐全的，如果不齐全需向商家进行索要。

检查序列号

任何厂家生产的笔记本电脑都有唯一的出厂序列号，这些序列号可能会出现在产品外包装、机身和电池等地方，对比这些序列号，如果出现序列号不一致的情况，则有可能是水货。

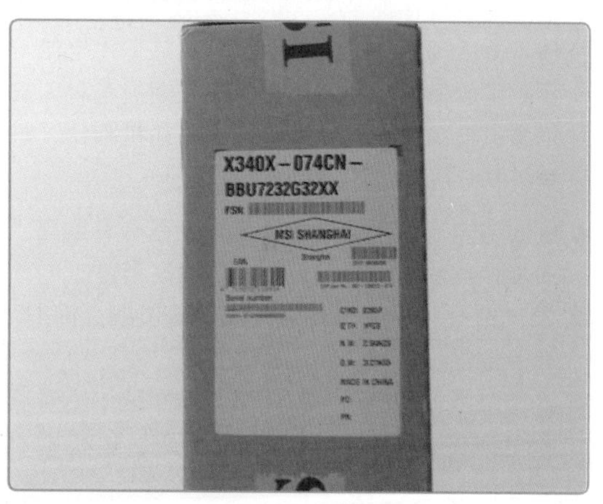

检查液晶屏

液晶屏的检测主要集中在有无坏点上，一般品牌笔记本电脑都预装有操作系统，且电池也有一定的电量，此时便可启动电脑进入其操作系统，然后仔细观察液晶屏各个位置有无亮点或黑点，并且可以看看液晶屏上有无划痕等迹象。

检查硬件

在拿到笔记本电脑后，可通过检查硬件的方法来确认这些硬件是否与商家承诺的一致。这里以Windows操作系统为例，其具体操作为：按键盘上的【Win+R】组合键，在打开的“运行”对话框中输入“dxdiag”，然后按【Enter】键即可查看笔记本电脑中CPU以及内存等硬件的信息。

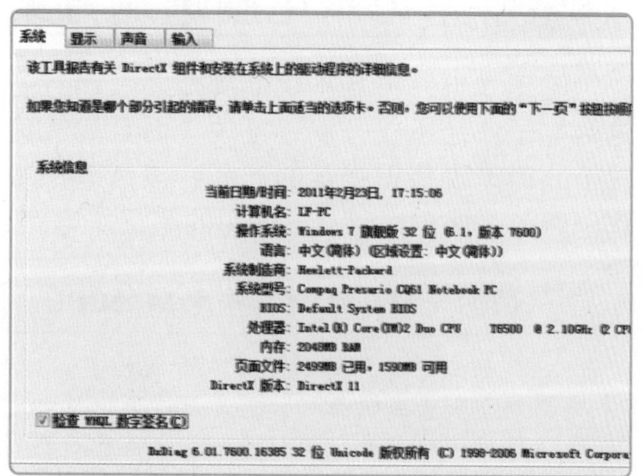

补充两句

笔记本电脑卖场的导购人员所说的话也不要全信，对于自己想要了解的产品信息，可以通过多次询问不同的导购人员来辨别真伪。

第1章

2 辨别笔记本电脑真伪

日前的笔记本电脑市场充斥着许多假冒伪劣产品，其中以样机和翻新机最为泛滥。若能具备辨别这两类产品的能力，则可大大降低购买到假冒伪劣产品的几率。

辨别样机

样机是指摆放在柜台上，供购买用户临时试用或工作人员试用的笔记本电脑。这类笔记本电脑可能会被摆放很长时间，而且由于长期被各种人群使用或胡乱操作，使其性能无法与新机相比。辨别样机的方法有如下几种。

- 检查键盘键帽：查看键盘键帽上是否有磨损，长期使用的键盘表面还会出现油亮痕迹。
- 检查键位：仔细观察键位和屏幕边框之间4个角等位置是否有灰尘。
- 检查电池：将电池从笔记本电脑中取下，查看被电池遮住的位置是否有手指印，新机则不会有。
- 检查操作系统：启动笔记本电脑进入操作系统，原厂的操作系统一般都处于未解包状态，开机后会自动进入注册界面或要求输入注册码的界面。

辨别翻新机

翻新机是指厂商将使用过一段时间的笔记本电脑经过重新打磨、上漆和固定螺丝等手段处理后，把它们充当新机销售的笔记本电脑，但是经常与人体接触的地方是很难翻新的。辨别这类笔记本电脑的方法有如下几种。

- 序列号标签：检查产品序列号标签是否被重新标贴过。
- 随机附件：检查附件是否齐全，特别是产品说明书质量是否太过粗糙。
- 表面气味：刚开封的笔记本电脑气味一般不太好闻，而翻新后的笔记本电脑由于使用了民用清洁剂，会有一股淡淡的香味。
- 螺丝：商家要进行维护和翻新笔记本电脑就必须进行拆卸操作。检查笔记本电脑的一些螺丝是否有划痕，翻新机一般经过拆装过程，有时会造成螺丝出现划痕的迹象。

3 笔记本电脑保修和售后服务

笔记本电脑的质保和售后服务也是购买电脑的关键部分之一，由于笔记本电脑自身的特殊性，所以异地保修和跨国联保都是十分必要的售后服务，而具体保修时限和服务内容也不能马虎。一般来说，根据笔记本电脑的不同硬件，商家会给出不同的质保时限。购买时应仔细与商家确认这一细节问题，最重要的一点是要主动向商家索要正规发票。虽然有些品牌的维修点不需要出示发票，只要序列号通过审查即可进行免费维修，但这并不代表在所有情况下都可以保证自己的保修权利。不要为了节约一定的购买费用而放弃发票，如果放弃发票，就等于放弃了未来维修笔记本电脑的权利。

1.2.3 笔记本电脑选购方案推荐

笔记本电脑市场不仅品牌众多，而且各品牌生产的型号也不胜枚举，并且笔记本电脑这类电子产品不仅开发速度快，而且淘汰速度也很快。所以下面推荐的笔记本电脑也是相对于此时来说值得推荐的产品，按照笔记本电脑的实际用途，分别推荐一些适合学习、工作、商务、娱乐以及女性使用的笔记本电脑选购方案，以供参考。

教你一招：检测二手电脑的CPU

购买二手电脑时最好要求开机检查，以防止商家将CPU进行超频处理。另外，CPU还分为移动型和台式机两种，前者耗能低、发热量小，适用于笔记本电脑，而后者耗能高、发热量大，适用于台式机，购买时一定要注意不要买到了CPU属于台式机使用的二手笔记本电脑。

高手指点 有些商家会将旧的笔记本电脑重新上漆来冒充新机，用户在购买时要仔细观察整个机身表面的漆是否平整、光滑以及成色是否全新，以此来鉴别是否为新机。

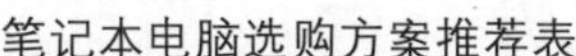
笔记本电脑选购方案推荐表

用　途	推 荐 产 品	产品详细参数	参 考 价
学习使用	联想 G460AL-ITH	屏幕尺寸：14英寸 16:9 处理器型：Intel 酷睿i3 380M 内存容量：2GB DDR3 硬盘容量：320GB 5400转，SATA 显卡芯片：NVIDIA Geforce 310M 光驱类型：DVD刻录机 支持DVD S 无线网卡：支持802.11b/g/n无线	￥4150
日常办公	华硕 X42EI38JZ-SL	屏幕尺寸：14英寸 16:9 处理器型：Intel 酷睿i3 380M 内存容量：2GB DDR3 1066MHz 硬盘容量：320GB 5400转，SATA 显卡芯片：ATI Mobility Radeon 光驱类型：DVD刻录机 支持DVD S 无线网卡：支持802.11b/g/n无线 网卡：1000Mbps以太网卡	￥4050
商务办公	联想 V360A-IFI	屏幕尺寸：13.3英寸 16:9 处理器型：Intel 酷睿i5 480M 内存容量：2GB DDR3 1066MHz 硬盘容量：500GB 7200转，SATA 显卡芯片：NVIDIA Geforce 305M 摄像头：集成130万像素摄像头 无线网卡：支持802.11b/g/n无线	￥4550
娱乐使用	三星 R590-JS02	屏幕尺寸：15.6英寸 16:9 处理器型：Intel 酷睿i3 350M 内存容量：2GB DDR3 硬盘容量：500GB，SATA 显卡芯片：NVIDIA Geforce GT 33 光驱类型：DVD刻录机 支持DVD S 摄像头：集成130万像素摄像头 无线网卡：支持802.11b/g/n无线	￥6899
女性使用	东芝 T230（05R）	屏幕尺寸：13.3英寸 16:9 处理器型：Intel 奔腾双核 U5400 内存容量：2GB DDR3 1066MHz 硬盘容量：320GB 5400转，SATA 显卡芯片：Intel GMA HD（集成） 光驱类型：无内置光驱 摄像头：集成摄像头 无线网卡：支持802.11b/g/n无线	￥4688

补充两句

上述表格中列举的参数只是购买笔记本电脑时相对来说比较重要的部分参数，实际上一台笔记本电脑的参数远远不止这些。

1.2.4 笔记本电脑配件与外设的选购

当拿到自己心仪的笔记本电脑并通过验机测试后，就需要选购相应的配件和外部设备了，下面将简单介绍一些选购笔记本电脑配件与外设的方法。

1 选购笔记本电脑配件

笔记本电脑配件主要有扩展坞、电源适配器、鼠标以及电脑包等，其中鼠标和电脑包在购买电脑时大部分商家都会免费赠送，但某些品牌笔记本电脑则不会赠送鼠标。因此，掌握笔记本电脑配件的挑选方法是非常有必要的，下面便详细介绍电脑配件的选购方法。

扩展坞的选购

扩展坞是笔记本电脑的一种外接底座，通过接口和插槽来扩展笔记本电脑的功能，这样就能弥补轻薄型笔记本电脑本身携带接口较少的缺陷。用户在购买扩展坞时，一定要选择与自身笔记本电脑相匹配的，且接口能满足实际需求的产品。

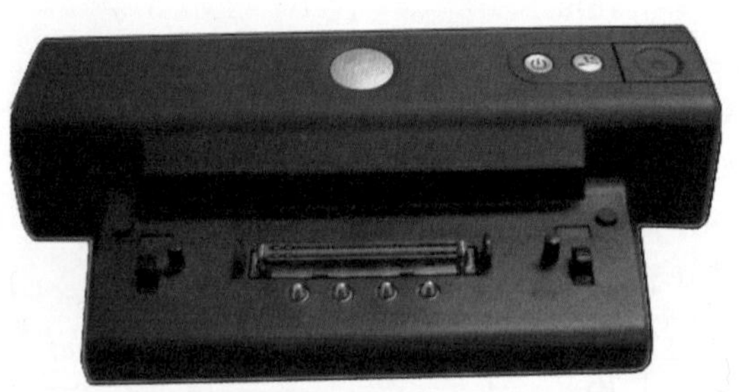

电脑包的选购

在购买笔记本电脑时商家都会赠送电脑包，在移动办公的过程中，电脑包可以方便且完全地放置笔记本电脑，以使其不受损伤。但是，商家赠送的电脑包质量一般，如果想要自行购买的话，要注意电脑包抵抗冲击的能力、电脑包的防水和坚韧性、电脑包配件质量等几点。

鼠标的选购

虽然笔记本电脑都有触摸板，但对于习惯使用鼠标的用户，为笔记本电脑连接外接鼠标是常有的事。有些知名厂商还专门为笔记本电脑设计了相应的鼠标，用户在选购时，除了遵循台式机鼠标的选择方法外，还要熟悉笔记本电脑鼠标的独特之处，如笔记本无线鼠标、3D光电鼠标。

外接键盘的选购

在使用笔记本电脑的过程中，键盘是最容易磨损的部件，如果键盘出现了问题，就只有更换一个。在选购外接键盘时，一定要考虑到便携性，能够收纳到装电脑的电脑包里面。此外，还应根据自己的情况来确定键盘的款式、试下按键的舒适程度和键盘的重量等。

高手指点 笔记本电脑的外接鼠标可以选用滑轮式的，它可以根据笔记本电脑的接口灵活调节数据线的长短，当然，如果选购的是无线鼠标就不存在这个问题。不过，无线鼠标相对来说价格更贵。

2 选购笔记本电脑外设

笔记本电脑外设主要包括耳机、音箱、读卡器以及无线网卡等，这些都是日常操作中最常见和使用频率较高的设备，因此，掌握其挑选方法是非常有用的，下面便详细介绍笔记本电脑外设的选购方法。

耳机的选购

耳机是最常见的音频输出设备，虽然大多数笔记本电脑都有内置音箱，但通过耳机收听声音不仅可以得到更好的音频效果，而且还不会影响别人。耳机虽小，但对制作工艺的要求相当高，购买时可以从耳机结构、灵敏度、波形失真以及产品质量等指标来衡量耳机的好坏，注意，不一定越贵越好，只有适合自己的才是最好的。

音箱的选购

随着娱乐功能在电脑中的作用日趋重要，购买笔记本电脑时为自己选购一套音箱系统已逐渐成为一种流行趋势。所以，在选购音箱时可以通过眼看、耳听和手摸3种方式来为自己做出正确的判断。此外，其中音箱扬声器与功放的搭配是很重要的，一般要求功放的最大输出功率应是扬声器额定功率的1~2倍即可。

无线网卡的选购

无线网络可以真正摆脱各种线缆对网络的束缚，做到随时随地畅游Internet网络，但是连入Internet还需要无线网卡作为“桥梁”，因此，选择一款无线网卡对于经常进行移动办公的人群来说是必不可少的。无线网卡的选购和普通有线网卡的选购是有区别的，应该从价格与品牌、接口类型、标准与速率以及最大传输距离这几方面去考虑购买适合自己需求的无线网卡。

读卡器的选购

读卡器是一种数据识别设备，通过它可以使笔记本电脑识别数码相机以及其他数码产品中的各种存储卡，其使用频率是非常高的。实际上很多情况下，读卡器的质量直接决定着数据安全，因此，选购一款做工精细、价格合理的读卡器是非常重要的。选购读卡器时要从外包装、读卡器外壳、卡槽、测试读卡速度以及售后服务等方面着手。

补充两句

U盘、移动硬盘、摄像头以及蓝牙等移动存储设备也是笔记本电脑中常用的外设，它们为移动办公提供了方便，但同时也是将病毒带入电脑的主要途径之一，因此要定期进行病毒查杀操作。

1.3 秘技偷偷报——笔记本选购技巧

通过几个小时的学习后，小李不由地感叹道：“原来想要购买一台适合自己的笔记本电脑也不是件容易的事情，看来我还需要多多了解这方面的知识，只有这样才能以最公正的价格买到称心如意的笔记本电脑。”老马说：“嗯，熟能生巧嘛，凡事都要慢慢来，不能着急。这样吧，为了让你不受欺骗，我再教你几招选购笔记本电脑的技巧，让你在选购笔记本电脑时事半功倍。”小李说：“那真是再好不过了，事不宜迟，现在你就教教我吧！我能否给我侄女选到合适的笔记本电脑就全靠你了。”老马说：“那我们现在就开始吧！”

1 不买“最后一台”商品

商家所谓的“最后一台”商品，最常见的情况就是真正卖到还剩最后一台或是最后所剩的“样机”，当然还有可能是商家的一种销售策略。一般情况下，在选购笔记本电脑产品时，看完“样机”后商家拿给你新的未拆封产品，这就是出示“样机”销售方式，否则就是卖出一台再摆一台卖的销售策略。当然，这里所说的不买“最后一台”样机，并不是绝对的不，假如产品的外观没有任何的破损、各种配件齐全且价格又优惠，倒可以考虑。

2 购买渠道要正规

随着厂商们销售渠道的多元化，能够买到笔记本电脑的渠道也是越来越多，其中最常见的销售渠道有电子卖场、家电卖场或者超市百货商场等。除此之外，还有一些销售电子产品的“小柜台”也在卖，相对于正规渠道来说，这些“小柜台”里所售的产品可能价格上会便宜一些，但基本上都不会开具发票，面对这样的情况就要特别谨慎了。众所周知，正规的笔记本电脑销售渠道都会开具发票，特别是那些正规的笔记本电脑销售代理专柜，那里才是我们应该选择去购买笔记本电脑的主要渠道。去正规渠道购买产品的最大好处就是：产品售后有保障，让维权过程最简便化。

3 慎购“绝对新品”

在笔记本电脑市场上，每天都会有所谓的新品推出，可在这些新产品中究竟有多少是真正的新产品那就不好说了。但是，新品笔记本电脑有一个显著特点那就是高价格，所以在面对这种新品时，普通的消费者还需慎重考虑。面对“品牌新品”时，我们首先应该学会从配置方面进行对比筛选，看看在其他品牌之下有没有与之相似或相同配置的产品，如果有，则再进一步对比产品外观所用的用料和做工等方面的细节；其次就是在价格上进行对比，尤其是当找到配置和做工等方面几乎相同的产品时，产品价格就可以考虑为选购的第一要素了。需要注意的是，笔记本电脑的“绝对新品”也是相对而言的，所以不要盲从。

4 谨防“缩水”后的产品

目前市场上的笔记本电脑产品，相当一部分都存在配置用料上缩水的现象，如对显卡显存的缩水、使用低频率内存或者配置低容量电池等。所以在选购之前最好从以下几方面着手进行防范，首先是不买“生僻产品”，其次是对自己心仪的产品进行反复对比，最后就是在实际选购时逐一询问商家该产品的配置情况和各个配件的具体参数情况。

高手指点 笔记本电脑的显示屏是最重要的部件之一，其尺寸直接影响了笔记本电脑体积的大小，目前的笔记本电脑类型可分为8.9寸的迷你型、10.6寸的超轻薄型、12.1寸的轻薄型和14.1 寸的全尺寸型。

第2章

使用Windows 7操作系统

时间过得真快，不知不觉小李已经从一名普通的职员晋升为了部门主管。小李想趁今天这个机会请老马吃顿饭，主要是想感谢老马这段时间来对自己的照顾和帮侄女选购笔记本电脑。可是，今天一天都没见着老马的身影，于是拨通了老马的电话，并向他说明了原由，老马说："用不着这么客气，这些都是举手之劳，不用放在心上，再说，我今天晚上还要加班整理一些关于Windows 7操作系统的资料。"小李听后激动地说："Windows 7不是现在最流行的操作系统吗？我只是听说过，但不太会使用。老马，我有一个请求，不知你能否答应？"老马说："什么请求呀？"小李说："我也想学学Windows 7这个新的操作系统，不知你是否愿意教教我呢？"老马听后说："没问题，今天晚上来我家吧，我可以当你的免费老师。"小李听后，立即挂了电话向老马家飞奔而去。

4小时学知识

- 启动与关闭笔记本电脑
- 笔记本电脑中窗口的基本操作
- 管理笔记本电脑中的桌面图标
- 笔记本电脑中任务栏的使用

5小时上机练习

- 试玩"扫雷"游戏后关机
- 管理笔记本电脑中打开的窗口
- 整理Windows 7桌面图标
- 定制Windows 7任务栏
- 排列Windows 7桌面图标

设置窗口和任务栏

2.1 启动与关闭笔记本电脑

老马说：“平时公司里面所用的都是台式电脑，现在让你使用笔记本电脑是不是不习惯呀。”小李说：“你说得太对了，不瞒你说，我现在还真有点摸不着头脑，甚至连开机这个最简单的操作都不会！”老马笑了笑说：“笔记本电脑和台式电脑的开机操作是有所差别的，看你一脸茫然的样子，我现在就从启动与关闭笔记本电脑开始教你！”

2.1.1 学习1小时

学习目标

- **掌握启动笔记本电脑的正确方法。**
- **认识Windows 7中的常用“术语”。**
- **掌握关闭笔记本电脑的操作方法。**

1 启动笔记本电脑

正确启动笔记本电脑是成功进入操作系统的必要过程。其实，启动笔记本电脑的方法很简单，具体操作方法为：首先检查笔记本电脑中是否安装有电池且处于正常供电状态，然后轻轻地打开笔记本电脑的液晶屏，并将其调整至适合自己的视角，接着按下笔记本电脑中的“电源”按钮，此时笔记本电脑便开始启动并进入自检模式，稍后就能成功进入安装的Windows 7操作系统了，如右图所示。若在安装操作系统时设置了用户名和密码，则在电脑启动过程中会要求输入正确的用户名和密码，这些操作将在本书的第3章中进行介绍。

 **操作提示：电源适配器的使用**

每一台笔记本电脑都配备有相应的电源适配器，它是一种小型便携式的电子设备，能为笔记本电脑提供能源。当笔记本电脑的电池没电时，可以直接通过电源适配器提供电源。其操作方法为：首先将电源适配器进行正确连接，然后再将电源适配器的一端接入笔记本电脑中“电源”接口，另一端接到电压为220V的电源插座上即可。

2 Windows 7中的常用“术语”

Windows 7中的常用“术语”包括桌面、任务栏、菜单和对话框，了解这些常用“术语”的组成和使用方法后，有助于快速掌握Windows 7系统的基本操作。

高手指点 为了延长笔记本电脑中电池的使用寿命，第一次对其进行充电时，一定要充足8~12个小时，并且尽量将电池中的电量耗完后再进行充电操作。

（1）Windows 7桌面

启动笔记本电脑进入Windows 7操作系统之后，首先映入眼帘的是一个以蓝色为基调的画面，也就是常说的Windows 7桌面，它主要由桌面图标、桌面背景和任务栏等部分组成。下面便分别对桌面图标、桌面背景和任务栏这3个部分进行详细介绍。

桌面背景

桌面背景是指显示在液晶屏上以蓝色为主色调的一幅图画，即指桌面上除图标和下方的任务栏以外的所有区域。Windows 7默认的桌面背景在实际操作中是可以根据自己的喜好随意进行更改的。如下图所示为Windows 7默认的桌面背景。

桌面图标

桌面图标一般由图标图像和图标名称组成，它分为系统图标和快捷图标两种类型。其中系统图标是指安装了Windows 7操作系统后自动生成的，通过它们可以进行与系统相关的操作；而快捷图标则是指安装各种软件后自动生成的快速启动方式图标，双击它们便可启动相应的软件。

任务栏

任务栏位于桌面最下方，它主要由“开始”按钮、任务按钮区、系统提示区和“显示桌面”按钮4部分组成。

- “开始”按钮：单击该按钮将打开“开始”菜单，通过该菜单可以打开或启动Windows 7中的各种窗口和用户自己安装到笔记本电脑中的各种程序。
- 任务按钮区：该区域主要用于显示已打开的各种窗口或启动的应用软件按钮所对应的缩略图，通过该区域不仅可以查看已经打开的对象，而且还可以切换到要使用的对象，待完成所有操作后，则可进行关闭操作。
- 系统提示区：该区域由语言栏、通知区域和日期/时间区域等组成。主要用于管理系统输入法、系统日期/时间、管理当前已启动的程序以及控制系统网络连接等操作。
- “显示桌面”按钮：将鼠标指针移至该按钮上，当前打开的所有窗口将以半透明显示状态显示在桌面上。单击该按钮可将所有打开的窗口最小化到任务栏中的任务按钮区，再次单击便可重新显示缩小的窗口。

系统图标和快捷图标最明显的区别在于快捷图标左下角会出现↗图标。

补充两句

（2）Windows 7菜单

菜单主要用于存放各种操作的命令，要执行菜单上的某个命令，只需单击相应的菜单项，然后在弹出的菜单中选择需执行的命令即可。如右图所示即为单击共享▾按钮后弹出的下拉菜单。在Windows 7中除了下拉菜单之外，常用的菜单还包括快捷菜单和“开始”菜单，下面便详细介绍这两种菜单的使用方法。

“开始”菜单

“开始”菜单是Windows 7操作系统的重要操作对象，单击任务栏中的“开始”按钮即可将其打开。该菜单主要由常用程序区、“所有程序”列表、搜索栏、账户头像、系统区和关机按钮6部分组成。其使用方法很简单，只需选择所需对象即可将其打开或启动。对于各部分的作用分别介绍如下。

- 常用程序区：其中显示的始终都是用户平时使用频率最高的程序。
- “所有程序”列表：显示的是系统中“所有程序”命令，选择该命令后，可在弹出的子菜单中启动已安装的各种程序。
- 搜索栏：通过在文本框中输入需要的关键字即可快速找到需打开或启动的对象。
- 账户头像：单击该头像，即可打开“用户账户”窗口，在其中可对系统账户进行更改图片、账户名称、账户类型以及管理其他账户等各种操作。
- 系统区：主要用于管理操作系统提供的各种操作，如查看系统文件、设置系统软件或硬件和获取帮助信息等。
- 关机按钮：单击该按钮可关闭笔记本电脑，单击其右侧的下拉按钮，可在弹出的菜单中对电脑进行切换用户和注销等各种操作。

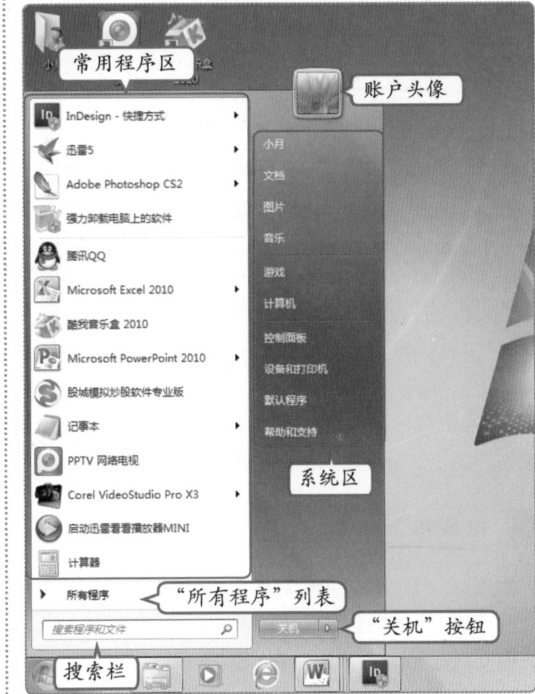

操作提示：自定义常用程序区

常用程序区中显示的程序是可以根据需要进行自定义的。其方法为：打开“所有程序”列表，并在其中某个程序启动命令上单击鼠标右键，然后在弹出的快捷菜单中选择“附到「开始」菜单”命令即可。

快捷菜单

Windows 7中的快捷菜单是指在某个位置或对象上单击鼠标右键后弹出的菜单，它主要用于快速对当前选择的对象进行各种操作，其显示内容会因选择的对象不同而不同。如右图所示为在桌面空白区域单击鼠标右键后弹出的快捷菜单。

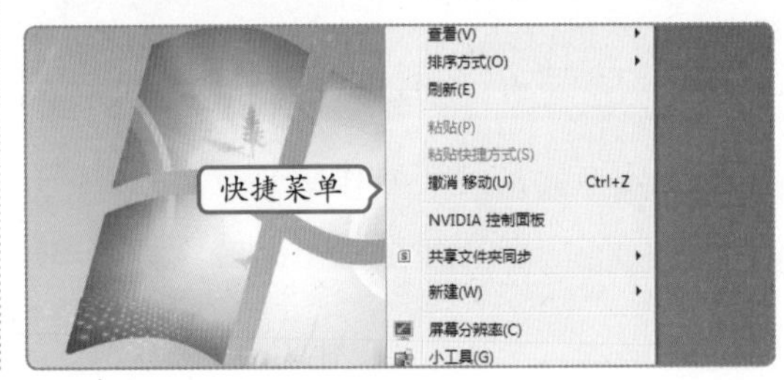

高手指点 在常用程序区中某个程序启动命令上单击鼠标右键，然后在弹出的快捷菜单中选择“从列表中删除”命令，即可将该程序从常用程序区中删除。

（3）Windows 7对话框

对话框是指选择了某个命令后，打开的用于对该命令或操作进行进一步设置的对象。在其中可以通过选择某个选项或输入相应文本来达到设置效果。与菜单相同，选择不同命令后将会打开不同的对话框，尽管Windows 7中对话框的显示内容不同，但其中包含的设置参数与下图所显示的基本相同。学会参数设置方法，就能掌握对话框的使用方法了。

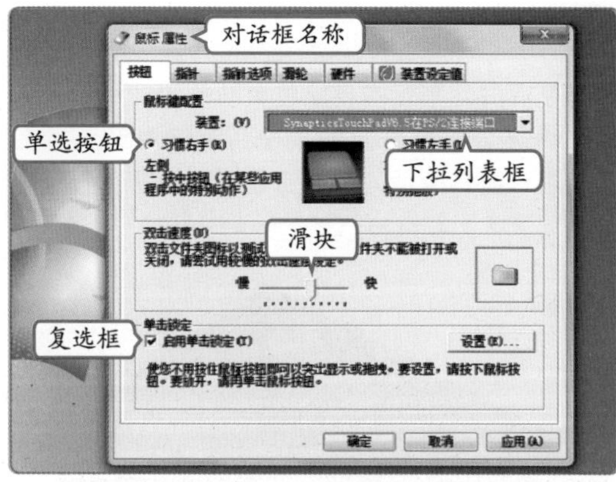

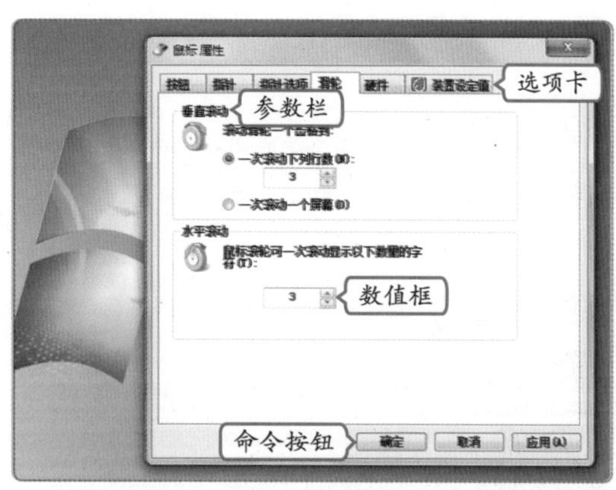

- 对话框名称：显示在对话框标题栏的左侧。
- 命令按钮：一般情况下，命令按钮都是一个圆角矩形块，并在其上显示了该命令按钮的名称，单击按钮即可执行相应操作。若命令按钮的名称后面带有省略号，如设置(E)...按钮，则表示单击该按钮后会打开另一个对话框。
- 下拉列表框：下拉列表框的右侧有一个“下拉”按钮▾，单击该按钮，将弹出一个下拉列表，从中可以选择所需的选项。
- 单选按钮：单选按钮左侧有一个小圆圈，单击它即可选中该单选按钮，并且小圆圈将由○状态变为◉状态。有时某些对话框中会成组出现单选按钮，此时，若选中该组中的其他单选按钮后，之前选中的单选按钮将自动变为取消选中状态。
- 参数栏：它将选项卡中用于设置某一效果的参数放在同一位置，方便用户操作。如“滑轮”选项卡中的“垂直滚动”栏。
- 复选框：复选框与单选按钮的操作方法类似，此外，在复选框的左侧有一个小方框□，单击该方框，表示选中该复选框，且小方框变为☑状态；再次单击即可取消选中该复选框，且小方框重新变为□状态。与单选按钮不同的是，在对话框中可以同时选中多个复选框。
- 滑块：主要用于调整对话框中的某一参数。其使用方法为：将鼠标指针移至需设置的滑块上，然后按住鼠标左键不放进行拖动即可。
- 选项卡：当对话框中参数较多时，Windows 7将按参数功能，把多个参数整合到几个不同的选项卡中，并为每个选项卡分配对应的名称，然后将这些选项卡依次排列在对话框中标题栏的下方。
- 数值框：数值框的右侧一般都有“微调”按钮⬍，用户可以直接在数值框中输入数值，也可通过单击右侧的“微调”按钮来逐步设置。

3 关闭笔记本电脑

笔记本电脑的关闭操作需要一定的流程，而不是像关闭其他家用电器一样直接拔除电源插座即可。下面便详细介绍正确关闭笔记本电脑的操作方法，并简单介绍切换用户、注销、重新启动以及锁定笔记本电脑等知识。

对话框中的常用参数，除了上述的几种外，还包括文本框、超链接和列表框等。

补充两句

第2章

（1）正常关闭笔记本电脑

当完成对笔记本电脑的使用操作后，应该即时将其关闭并合上笔记本电脑的液晶屏。下面以正确关闭笔记本电脑的流程为例进行讲解，其具体操作如下。

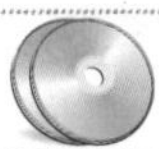

教学演示\第2章\正常关闭笔记本电脑

1 关闭正在运行的程序

关闭笔记本电脑之前，首先应该关闭正在运行的程序或所有打开的窗口。这里在Windows 7任务栏中的应用程序缩略图标上单击鼠标右键，在弹出的快捷菜单中选择“关闭窗口”命令。

2 关闭笔记本电脑

1. 单击任务栏中的“开始”按钮。
2. 在弹出的“开始”菜单中单击“关机”按钮 关机 。

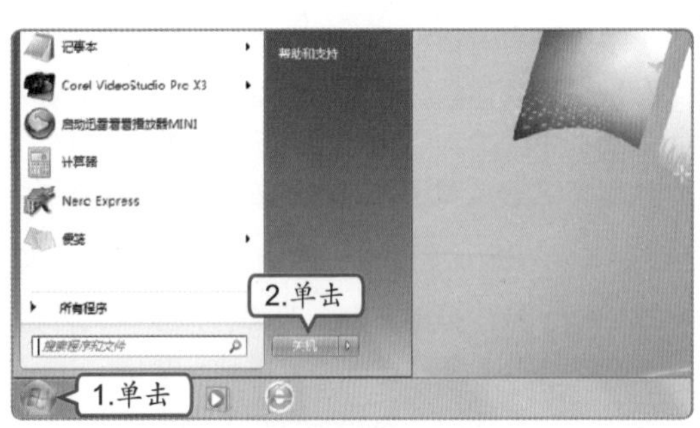

3 关闭液晶屏

稍作等待后，笔记本电脑将自动关闭，然后轻轻将液晶屏合拢即可。如果使用笔记本电脑时在“电源”接口中插入了电源适配器，那么此时应该将电源适配器拔掉。

教你一招：使用帮助中心

Windows 7提供的帮助中心可以适时地帮助用户解决一些使用过程中遇到的问题。Windows 7帮助中心的使用方法很简单，即在“开始”菜单中选择“帮助和支持”命令，打开“Windows帮助和支持”窗口。在“搜索帮助”文本框中输入需要查找的内容，然后单击文本框右侧的“搜索”按钮或直接按【Enter】键，系统将自动搜索相关的内容，并将搜索结果显示在“搜索帮助”文本框下方。此时，单击搜索结果中相应的超链接即可查看具体的帮助信息。

（2）其他常用操作

在掌握了笔记本电脑的正确关机操作后，还应该了解一些常用的其他操作，如注销、重新启动、锁定以及休眠等。执行这些操作的方法很简单，即单击桌面左下角的“开始”按钮，打开“开始”菜单，然后在其中单击“关闭”按钮右侧的按钮，在弹出的菜单中便可选择各种管理笔记本电脑的命令，其中各命令的含义如下。

高手指点 如果为操作系统设置了登录密码，那么将笔记本电脑锁定后，要想再次登录到Windows 7操作系统就需要输入正确的密码。

- 切换用户：当笔记本电脑中创建了多个用户账户时，才能进行切换操作。切换用户可以在不注销当前用户或不关闭当前用户中已启动程序的前提下，切换到其他用户账户。
- 注销：注销是指系统释放当前用户所使用的全部资源。注销后可以关闭一些当前不用的却在执行的任务，这对于多个用户使用同一台笔记本电脑是非常有意义的。
- 锁定：当用户需要离开电脑一段时间去做其他事情，但又不想关闭笔记本电脑时，就可以利用锁定命令来防止其他用户查看屏幕和使用笔记本电脑。
- 休眠：它是一种专门针对笔记本电脑设计的电源节能模式。在该模式下，所有打开的文档和程序都保存到硬盘中，然后关闭电脑。这种模式比睡眠模式消耗的电能更少。
- 睡眠：将系统切换到睡眠状态后，系统的所有工作都会保存在硬盘下的一个系统文件中，同时关闭除内存外所有设备的供电，最大限度地减少电能的损耗。
- 重新启动：重新启动是指关闭所有打开的程序后退出操作系统，然后重新启动笔记本电脑的过程。当笔记本电脑遇到死机等故障时，可以尝试使用重新启动操作来修复。

2.1.2 上机1小时：试玩“扫雷”游戏后关机

本例将试玩Windows 7操作系统自带的“扫雷”游戏，结束游戏后关闭笔记本电脑。通过练习巩固Windows菜单和关闭笔记本电脑的操作方法，完成后的效果如下图所示。

上机目标

- **巩固利用“开始”菜单启动程序的操作方法。**
- **进一步理解菜单的使用方法。**
- **进一步掌握正确关闭笔记本电脑的操作。**

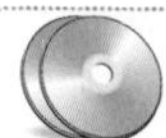

教学演示\第2章\试玩“扫雷”游戏后关机

由于 Windows 不会自动保存打开的文件，因此在进行切换用户操作之前需对所有打开的文件进行保存。

补充两句

1 打开“所有程序”列表

1. 单击Windows 7桌面左下角的“开始”按钮。
2. 在打开的“开始”菜单中，将鼠标指针移至“所有程序”选项上，稍后将会弹出“所有程序”列表。

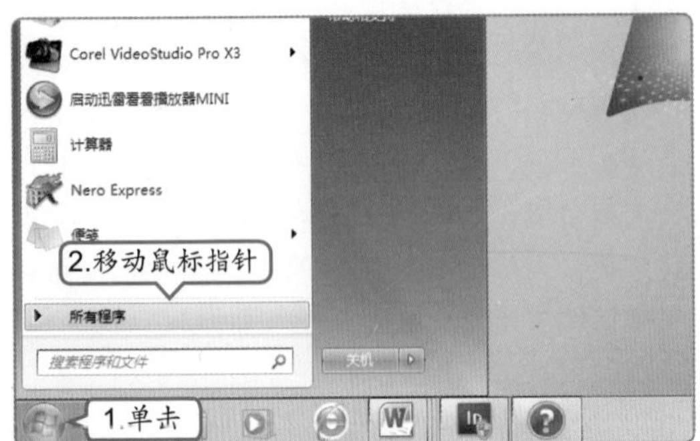

2 启动“扫雷”游戏

1. 将鼠标指针移至“游戏”文件夹上，并单击鼠标。
2. 此时“游戏”文件夹将会展开并显示该文件夹中包含的所有程序，这里单击“扫雷”程序。

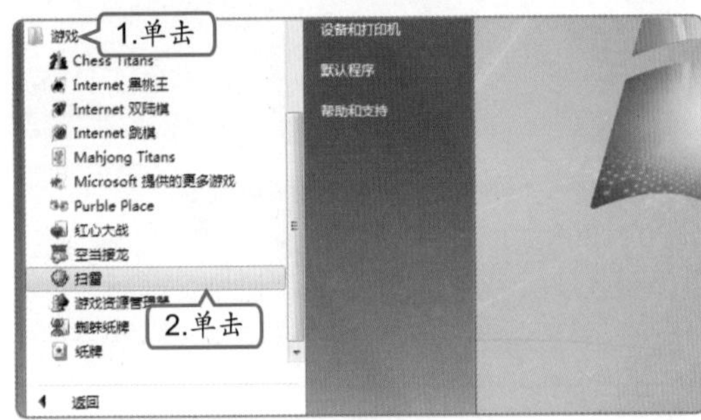

3 使用菜单命令

1. 此时笔记本电脑桌面上将会显示“扫雷”窗口，单击其中的“游戏”按钮。
2. 在弹出的下拉菜单中选择“更改外观”命令。

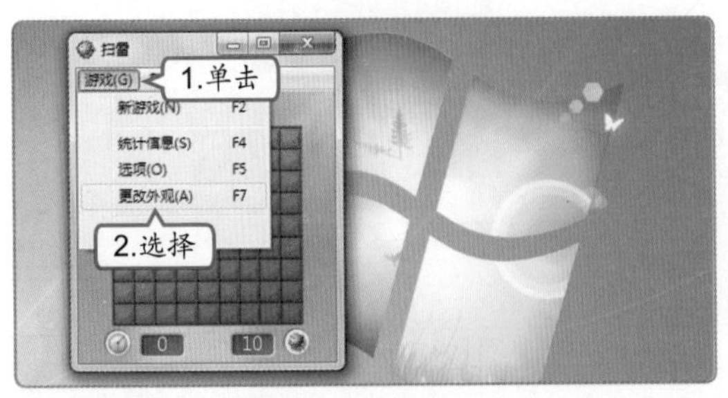

4 设置棋盘和游戏样式

1. 打开“更改外观”对话框，在“选择游戏样式”栏中选择“花园”选项。
2. 在“选择棋盘”栏中选择“绿色”选项。
3. 单击 确定 按钮。

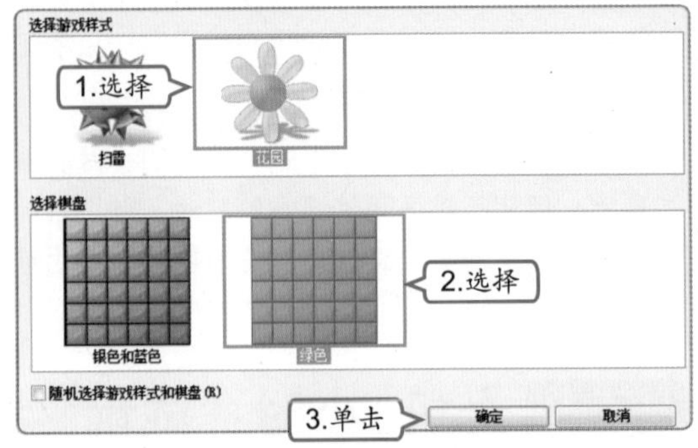

5 打开“Windows 帮助和支持”窗口

1. 此时“扫雷”窗口将会发生相应的改变，再次单击桌面左下角的“开始”按钮。
2. 在打开的“开始”菜单中选择“帮助和支持”命令，打开“Windows帮助和支持”窗口。

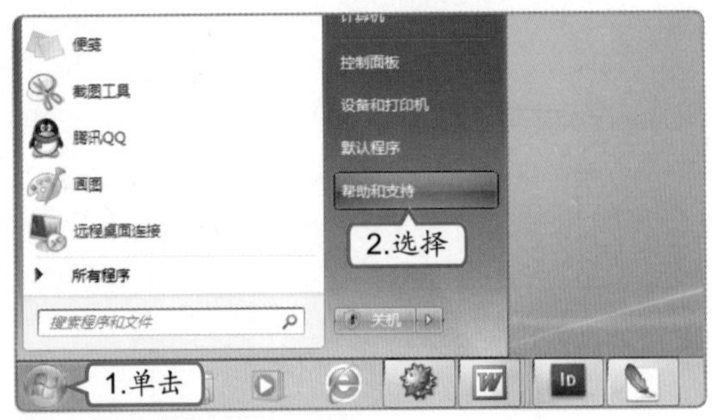

6 查看游戏规则

1. 在“搜索帮助”文本框中输入“扫雷”关键字。
2. 单击文本框右侧的“搜索”按钮。
3. 在文本框下方的搜索结果中单击“扫雷：游戏规则”选项，查看扫雷游戏的相关玩法。

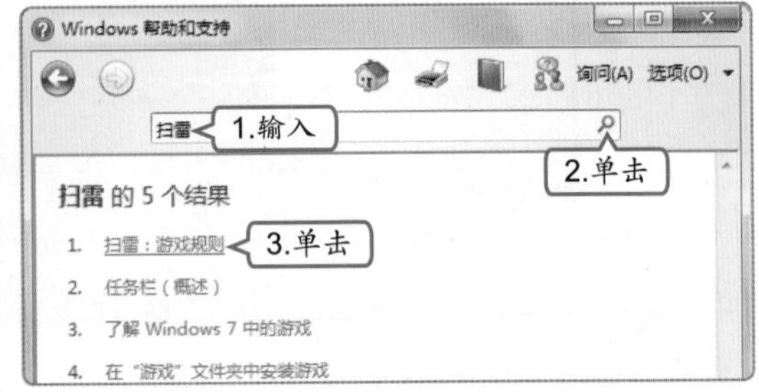

高手指点 在打开的“扫雷”窗口中单击帮助(H)按钮，然后在弹出的下拉菜单中选择“查看帮助”命令，也可以打开“Windows帮助和支持”窗口。

7 开始玩游戏

在“扫雷”窗口中任意单击鼠标，即可开始玩游戏。若挖开地雷，则游戏宣告结束；若挖开空方块，则表示可以继续玩；若挖开数字，则表示在其周围的8个方块中共有多少个雷，可以利用该信息来推断应该单击该方块四周的哪一个方块。

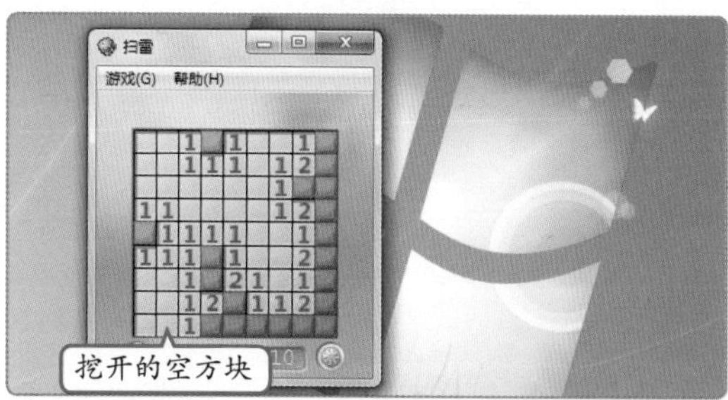

8 退出游戏

成功排除系统设置的10个地雷后，会弹出一个“游戏胜利”窗口，单击其中的退出(X)按钮即可在结束游戏的同时退出“扫雷”游戏程序。

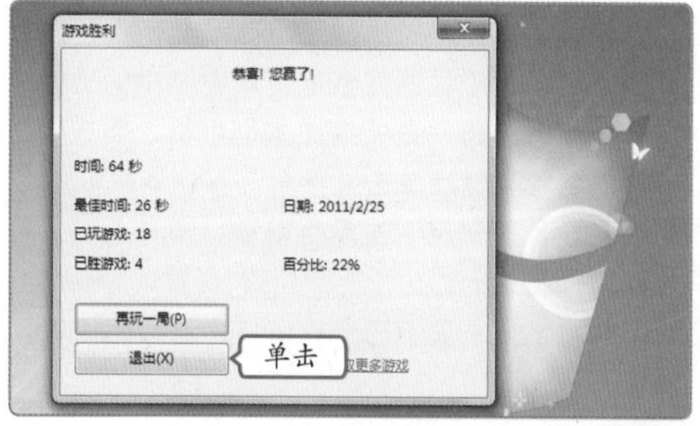

9 关闭笔记本电脑

用相同的方法，再次打开“开始”菜单，然后单击其中的关机按钮，此时笔记本电脑将自动进入关闭状态。

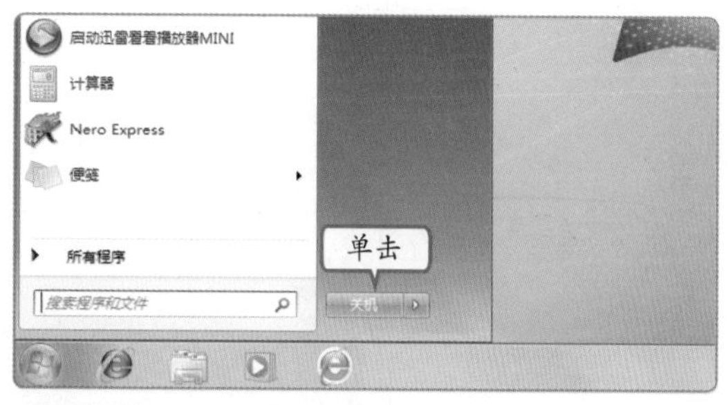

10 切断所有电源

成功关闭笔记本电脑后，轻轻合上笔记本电脑的液晶屏，然后拔掉连接在“电源”接口上的电源适配器即可。

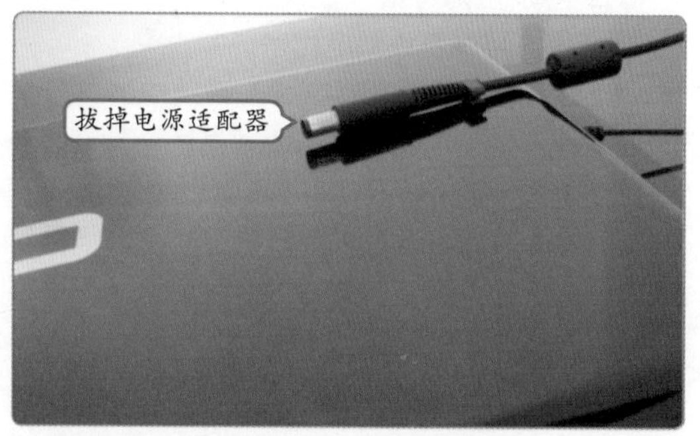

2.2 笔记本电脑中窗口的基本操作

小李通过上机练习基本掌握了关闭笔记本电脑的正确操作，同时在练习过程中也对Windows 7中的常用“术语”有了进一步的了解。不过，老马告诉小李：“在Windows 7中除了前面介绍的几种‘术语’外，还有另一个常用对象——Windows窗口。熟悉了对窗口的操作后，就基本上熟悉了对Windows 7的基本操作。”小李忙说：“那我可要认真做好笔记，争取在最短的时间内学会使用Windows 7操作系统。”

2.2.1 学习1小时

学习目标

- **了解Windows 7窗口的组成。**
- **掌握调整窗口大小、排列窗口和移动与切换窗口的操作方法。**

补充两句

第一次玩“扫雷”游戏时，系统会自动弹出“选择难度”提示对话框，在其中提供了初级、中级和高级3种模式供用户选择。

1 了解Windows 7窗口组成

在Windows中选择不同的程序或命令后将会打开各种各样的窗口，但其组成部分是大致相同的，这里以“文档”窗口为例对Windows 7窗口的组成进行简单介绍。首先在“开始”菜单中选择“计算机”命令，打开“计算机”窗口，然后选择左侧列表框中的“文档”选项，即可打开如下图所示的“文档”窗口，该窗口中各组成部分的作用如下。

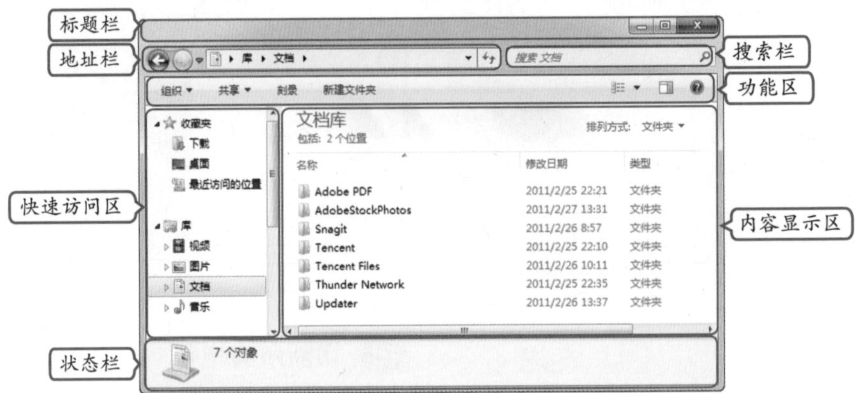

- 标题栏：位于窗口顶部，主要用于控制窗口大小，在其中单击按钮可关闭当前窗口；单击按钮则将窗口以最大化方式显示；单击按钮可将窗口最小化到任务栏中。
- 地址栏：显示当前窗口文件在系统中的位置。通过单击地址栏左侧显示的“返回”按钮和“前进”按钮，可以打开最近浏览过的窗口。另外，还可以单击地址栏中的文本框，然后在其中输入需查找文件的保存位置，最后按【Enter】键即可打开对应的窗口。
- 快速访问区：用于快速切换或打开其他窗口。
- 功能区：该区会根据窗口中显示或选择的对象同步发生改变，以便于用户进行相应操作。单击其中的按钮，可在弹出的下拉菜单中选择各种文件管理操作。
- 搜索栏：用于快速搜索笔记本电脑中的文件。其操作方法为：在搜索文本框中输入需查找文件的名称，然后单击“搜索”按钮即可。
- 内容显示区：用于显示当前窗口中存放的文件和文件夹。
- 状态栏：用于显示已选择窗口中对象的信息。

2 调整窗口大小

除了前面介绍的利用标题栏中的按钮来调整窗口大小外，还可以利用拖动鼠标的操作来实现调整窗口大小的目的。下面便详细介绍利用拖动鼠标调整窗口大小的几种常见方法。

- 调整窗口宽度：将鼠标指针移至打开窗口的左边框或右边框上，当其变为⇔形状时，按住鼠标左键不放向左或向右拖动，至适当位置后再释放鼠标即可改变当前窗口的宽度。
- 调整窗口高度：将鼠标指针移至打开窗口的上边框或下边框上，当其变为⇕形状时，按住鼠标不放向上或向下拖动，至目标位置后再释放鼠标，即可改变当前窗口的高度。

操作提示：等比例调整窗口

将鼠标指针移至打开窗口的任意一个角上，当其变为⤡或⤢形状时，按住鼠标左键不放进行斜向上或斜向下拖动。此时，可沿对角线同时调整窗口的高度和宽度，保持窗口等比例放大或缩小。

高手指点

通过标题栏还能实现还原窗口操作。还原窗口是指当窗口处于最大化显示状态时，通过单击标题栏右侧的“还原”按钮，可使当前窗口还原为最大化之前的大小。

3 移动窗口

当窗口未呈最大化或最小化状态显示时，将鼠标指针移至该窗口标题栏中的空白区域，然后按住鼠标左键不放，可在Windows 7桌面上任意位置移动窗口。若将窗口移至液晶屏的顶部时，则窗口会以最大化状态显示；若将窗口移至液晶屏的最左侧或最右侧时，则窗口会以半屏状态显示在桌面的最左侧或最右侧。

4 切换窗口

在Windows 7中打开多个窗口后，只允许有且仅有一个当前窗口。因此当打开多个窗口后，就会涉及切换窗口的操作。切换窗口最简单的操作就是：利用鼠标直接单击相应的窗口或直接单击任务栏中的任务按钮，即可实现切换窗口的目的。此外，利用组合键也可实现在Windows 7中切换窗口操作，下面便介绍利用组合键切换窗口的方法。

通过【Alt+Tab】组合键切换

打开多个窗口后，按【Alt+Tab】组合键，此时将弹出已打开的多个窗口的缩略界面，保持【Alt】键呈按下状态，依次按【Tab】键可循环切换至显示窗口的缩略界面，切换至要打开的窗口后再释放【Alt】键即可。

通过【⊞+Tab】组合键切换

打开多个窗口后，按【⊞+Tab】组合键，此时将以3D立体形式显示已打开的多个窗口，保持【⊞】键呈按下状态，依次按【Tab】键可循环切换至需显示的窗口，此时再释放【⊞】键即可打开所选窗口。

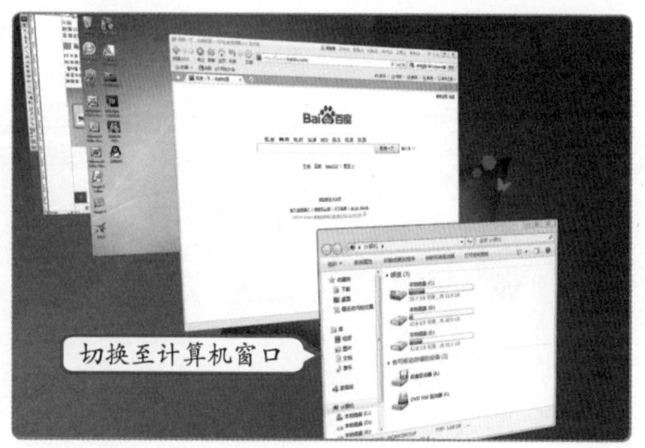

5 排列窗口

在Windows 7中打开多个窗口后，为了方便查看各个窗口中显示的内容，可以对打开的窗口进行排列。需要注意的是：进行排列的多个窗口不能以最小化的状态显示在任务栏中。排列窗口的方法为：在任务栏的空白区域单击鼠标右键，然后在弹出的快捷菜单中选择相应命令可对多个窗口进行排列设置。其中各命令的作用介绍如下。

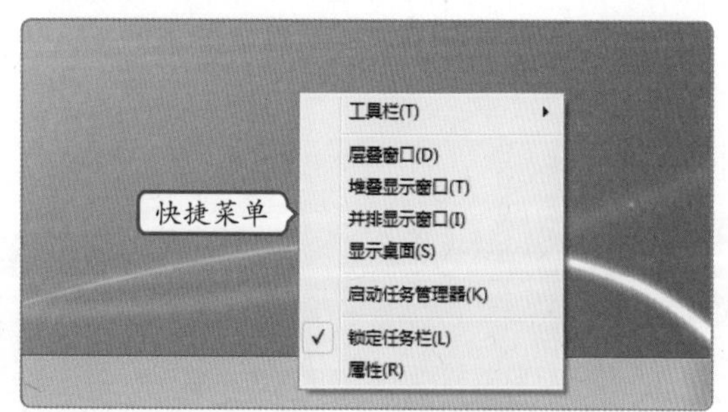

补充两句：窗口的操作虽然简单，但练习时也不能忽视。只有熟练掌握了窗口的各种操作后，才能学会使用Windows 7操作系统。

- 层叠窗口：以错位重叠的方式同时在桌面上显示打开的多个窗口。
- 并排显示窗口：以纵向的方式同时在桌面上显示已打开的多个窗口。
- 堆叠显示窗口：以横向的方式同时在桌面上显示已打开的多个窗口。
- 显示桌面：将所有打开的窗口最小化到任务栏中，该功能与“显示桌面”按钮▌功能相同。

2.2.2 上机1小时：管理笔记本电脑中打开的窗口

本例将对笔记本电脑中打开的多个窗口进行排列、调整大小和移动等操作，使整理后的窗口使用起来更加方便，完成后的效果如下图所示。

上机目标

- 巩固打开与关闭窗口的方法，进一步理解调整窗口大小的操作。
- 进一步掌握移动窗口的方法，灵活运用排列窗口功能。

教学演示\第2章\管理笔记本电脑中打开的窗口

1 重新在桌面上显示窗口

在Windows 7任务栏中单击“Windows帮助和支持”窗口对应的按钮，重新在桌面上显示该窗口。

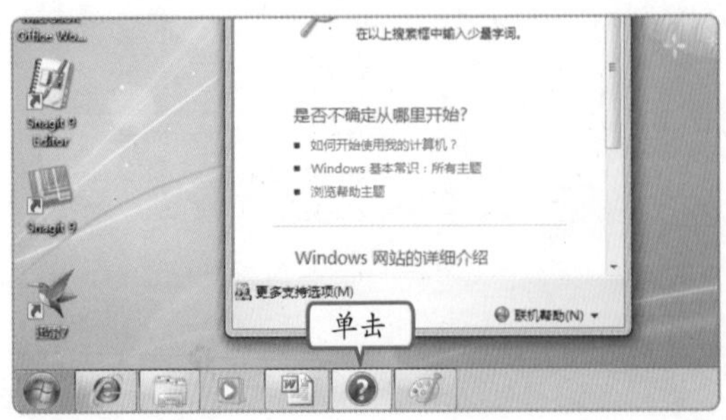

2 将其他窗口显示在桌面上

用相同的方法，将最小化到任务栏中的其他窗口重新显示在Windows 7桌面上。

高手指点 以层叠方式显示打开的窗口时，当前窗口将会显示在最上面。因此，如果想要将某个窗口排列在所有窗口的最上面时，只需在进行排列之前将该窗口设置为当前窗口即可。

3 切换至“计算机”窗口

按【⊞+Tab】组合键，然后保持【⊞】键呈按下状态，依次按【Tab】键切换至“计算机”窗口后再释放【⊞】键。

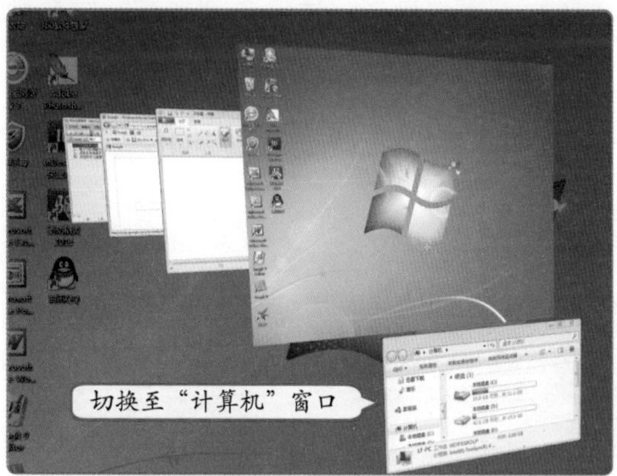

4 关闭“计算机”窗口

在打开的“计算机”窗口的标题栏中单击“关闭”按钮 ✕ 关闭当前窗口。

5 移动“Windows帮助和支持”窗口

将鼠标指针移至“Windows帮助和支持”窗口标题栏的空白区域，然后按住鼠标左键不放，拖动至液晶屏最左侧时释放鼠标。

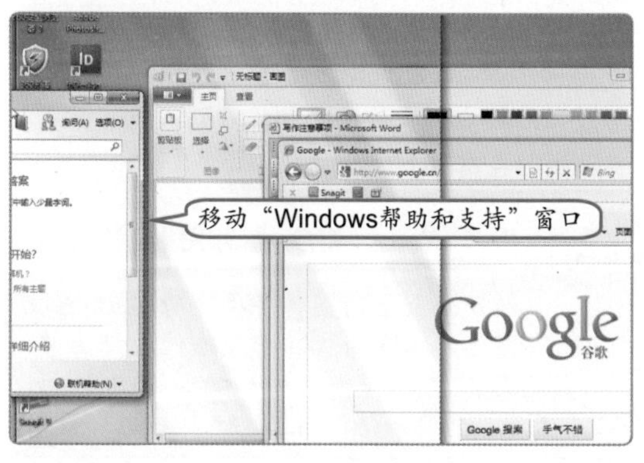

6 移动“IE 8浏览器”窗口

用相同的方法，利用鼠标将“IE 8浏览器”窗口移动至液晶屏最右侧。

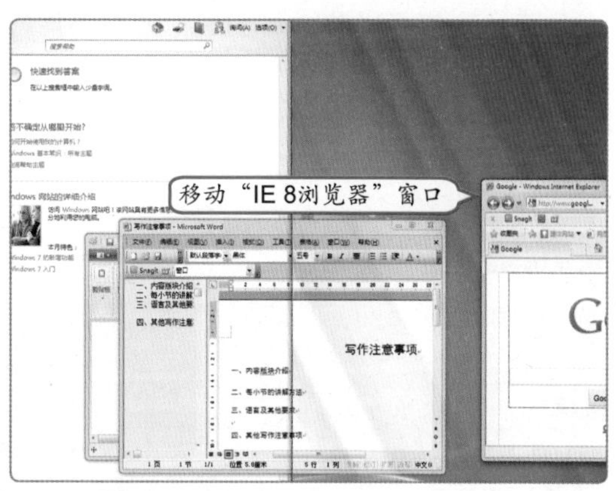

7 排列窗口

在Windows 7任务栏中单击鼠标右键，在弹出的快捷菜单中选择“并排显示窗口”命令。

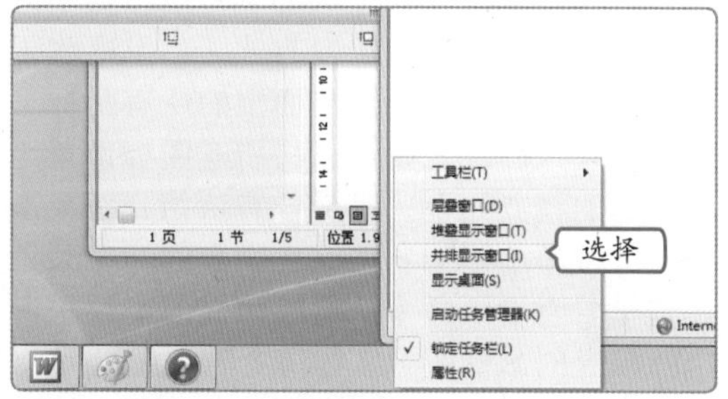

8 查看窗口排列效果

此时，打开的多个窗口将以纵向排列方式同时显示在桌面上，效果如下图所示。

补充两句

3D窗口切换是Windows 7操作系统中 Aero 体验的一部分。如果笔记本电脑不支持 Aero或正在使用非 Windows 7 主题的主题，则可通过按【Alt+Tab】组合键来查看打开的程序或窗口。

2.3 管理笔记本电脑中的桌面图标

老马发现小李今天的精神状态不太好，便对小李说："怎么回事呀？昨天晚上没有休息好？"小李说："别提了，昨天晚上我想把Windows桌面上的图标重新进行排序，可是不管我怎么移动，那些图标就是不能按照我的意愿进行排列，搞得我是既费时又费神呀！"老马听后说："那是因为你没有'取消自动图标'命令的原因，要不我现在就再传授点整理桌面图标的知识给你，让你不用再变熊猫眼了。"小李笑着说："那我真是求之不得，咱们现在就开始吧！"

2.3.1 学习1小时

学习目标

- **了解查看桌面图标的各种命令。**
- **熟悉排列桌面图标的各种操作。**
- **掌握移动、添加和重命名桌面图标的操作方法。**

1 查看桌面图标

Windows 7桌面上的图标可以根据不同的使用情况来更改其查看方式。如果喜欢干净的桌面，则可以隐藏桌面上的所有图标。如果喜欢大图标，则可以将所有图标设置为大图标的模式显示。其操作方法为：在桌面空白区域单击鼠标右键，在弹出的快捷菜单中选择"查看"命令，再在弹出的子菜单中选择相应的命令即可，各命令的作用如下。

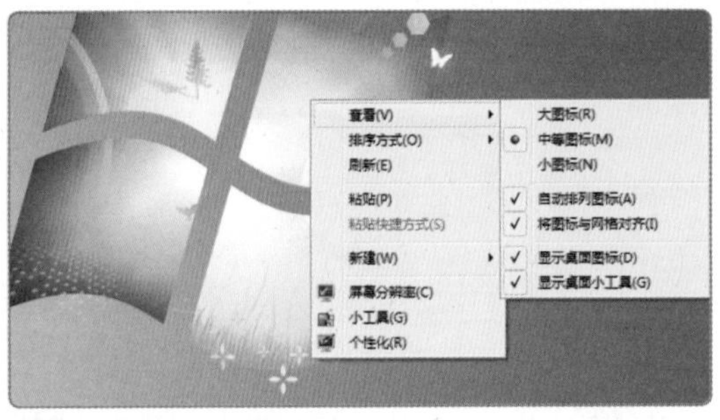

调整桌面图标大小

Windows 7提供了大图标、中等图标和小图标3种模式，默认情况下显示中等图标。若要调整图标大小，只需选择相应的命令即可，此时该命令左侧将出现●标记。

自动排列图标

将桌面上的所有图标自动排列到液晶屏左侧，以后每添加一个图标到桌面上，系统都会自动对图标进行排列，不用再进行手动排列了。

显示桌面小工具

与显示桌面图标的含义相同，若向Windows 7桌面中添加了小工具，则要确保"显示桌面小工具"命令左侧出现✓标记，才能将其显示在桌面上。

显示桌面图标

顾名思义就是将桌面上的图标都显示出来，此时"显示桌面图标"命令左侧将出现✓标记。再次选择"显示桌面图标"命令后，该标记将消失，同时桌面上的所有图标便会隐藏起来。

将图标与网格对齐

将Windows桌面上的所有图标按网格对齐方式整齐地排列在桌面上。

操作提示：删除桌面图标

隐藏桌面上的图标并不会将其删除，删除图标的方法为：在需删除的图标上单击鼠标右键，在弹出的快捷菜单中选择"删除"命令，然后单击 是(Y) 按钮即可。

高手指点 如果笔记本电脑连接了外接鼠标，则可使用鼠标滚轮来调整图标大小。其方法为：在桌面上滚动鼠标滚轮的同时按住【Ctrl】键可任意放大或缩小桌面显示的图标。

2 添加和重命名桌面图标

桌面上的图标是实现快速访问方式的重要途径，因此向桌面添加常用工具对象对应的图标是非常有必要的，而对图标进行重命名操作则可以增加图标的识别率。下面将以向桌面添加图标并对图标进行命名操作为例进行讲解，其具体操作如下。

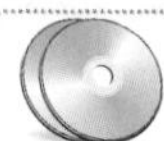

教学演示\第2章\添加和重命名桌面图标

1 将Photoshop程序添加到桌面

1. 打开“所有程序”列表，并在需要创建图标的对象上单击鼠标右键，这里在Photoshop程序上单击鼠标右键。
2. 在弹出的快捷菜单中选择【发送到】/【桌面快捷方式】命令。

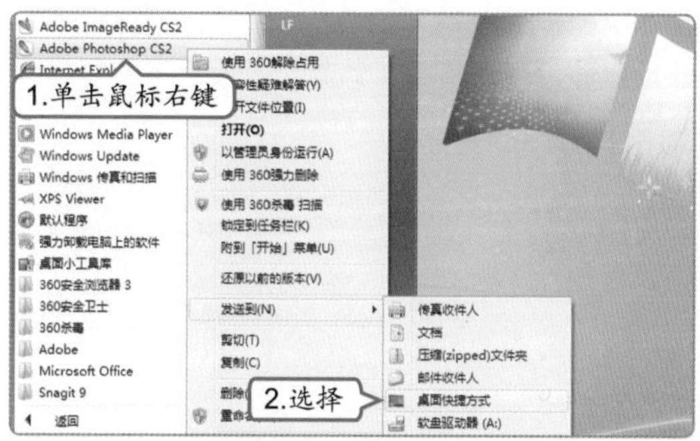

2 对图标进行重命名

1. 在新添加的桌面图标上单击鼠标右键。
2. 在弹出的快捷菜单中选择“重命名”命令。

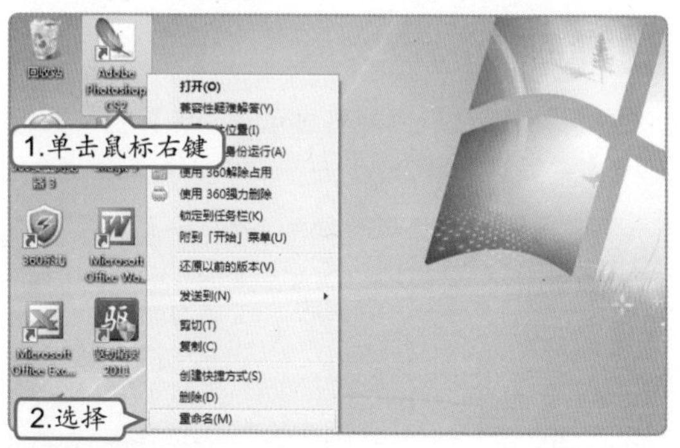

3 输入名称

1. 此时图标名称呈可编辑状态，在其中输入新名称，这里输入“图像处理工具”。
2. 单击桌面上的空白区域确认输入，完成对图标的重命名操作。

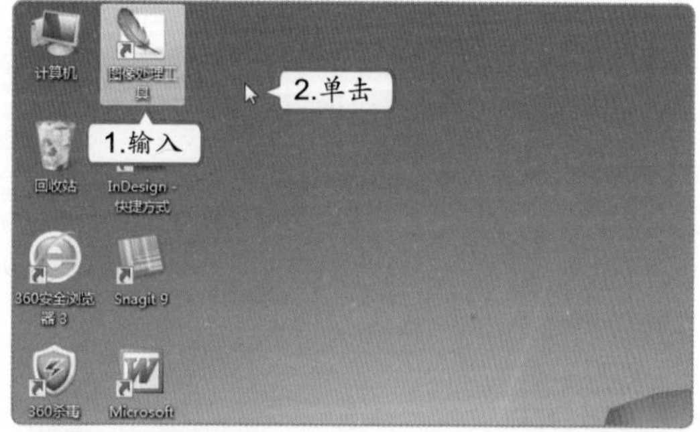

4 放大图标

在桌面空白区域单击鼠标右键，在弹出的快捷菜单中选择【查看】/【大图标】命令。

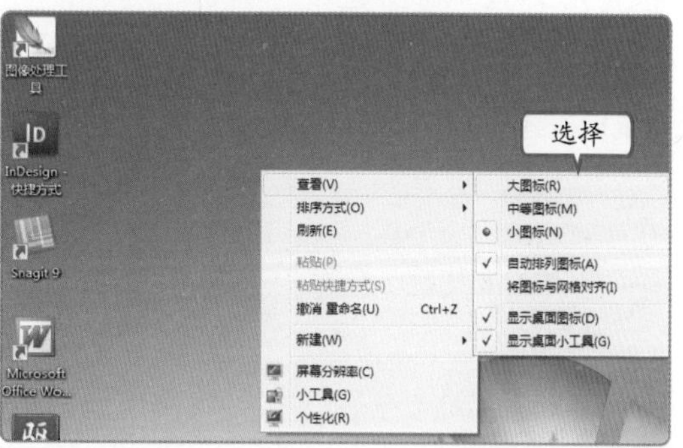

3 排列桌面图标

Windows 7除了提供自动排列图标功能外，还提供了多种排列方式供用户针对不同的办公环境选择使用。在桌面空白区域单击鼠标右键，在弹出的快捷菜单中选择“排序方式”命令，然后再在弹出的子菜单中选择相应的命令，其中各命令的作用如下。

补充两句

桌面上显示的大部分图标都允许对其进行重命名操作，但是如“用户的文件”图标、“网络”图标和“控制面板”图标这些系统图标除外。

- 名称：将桌面图标按名称首字母的英文顺序进行排列。
- 项目类型：将桌面图标按同一类型顺序进行排列。
- 大小：将桌面图标按图标文件大小的顺序进行排列。
- 修改日期：将桌面图标按修改日期的先后顺序进行排列。

4 移动桌面图标

Windows 7桌面图标默认状态下是按自动排列图标模式显示在桌面左侧的，不过用户可以根据实际需求移动桌面图标的位置。下面将以把"回收站"图标移至"计算机"图标下方为例进行讲解，其具体操作如下。

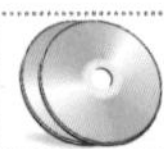

教学演示\第2章\移动桌面图标

1 取消自动排列图标方式

在桌面空白区域单击鼠标右键，在弹出的快捷菜单中选择【查看】/【自动排列图标】命令，使"自动排列图标"命令左侧的✓标记消失。

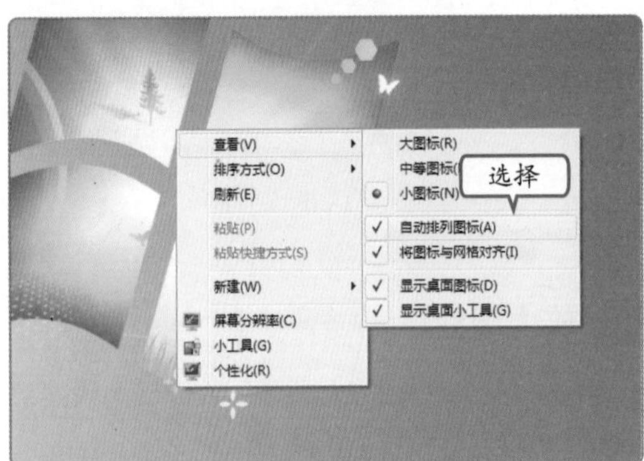

2 单击需移动的图标

用鼠标指针单击需移动的图标，这里单击"回收站"图标。

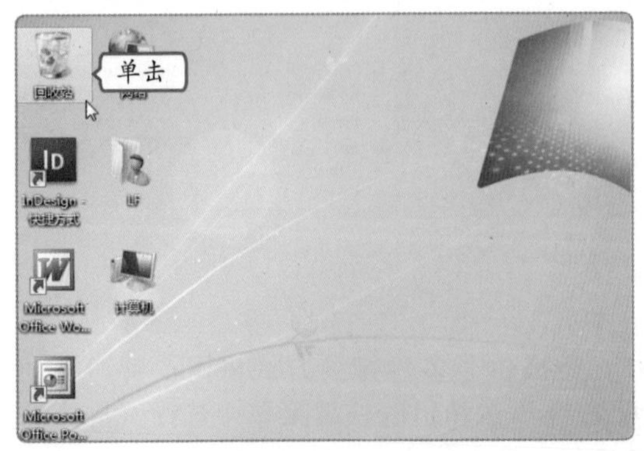

3 移动"回收站"图标

在选中的"回收站"图标上按住鼠标左键不放进行拖动，直到移至"计算机"图标下方后再释放鼠标。

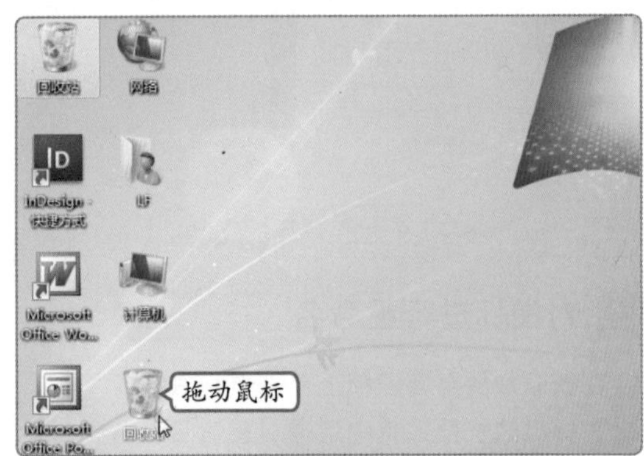

4 查看移动后的效果

此时，"回收站"图标将显示在"计算机"图标的下方并呈选择状态。

高手指点 当系统安装各个应用程序之后，在桌面上会布满各式各样的快捷图标，定期对笔记本电脑中的桌面图标进行管理，不仅能快速运行所需应用程序，而且还有利于笔记本电脑的正常运行。

2.3.2 上机1小时：整理Windows 7桌面图标

本例将对Windows 7桌面上的图标进行整理，使整理后的桌面看起来更加干净、有序，从而方便用户快速找到并打开某个程序或窗口。完成后的效果如下图所示。

上机目标

- 巩固查看桌面图标的方法，掌握添加和重命名桌面图标的操作。
- 进一步掌握排列桌面图标的方法，灵活运用移动桌面图标功能。

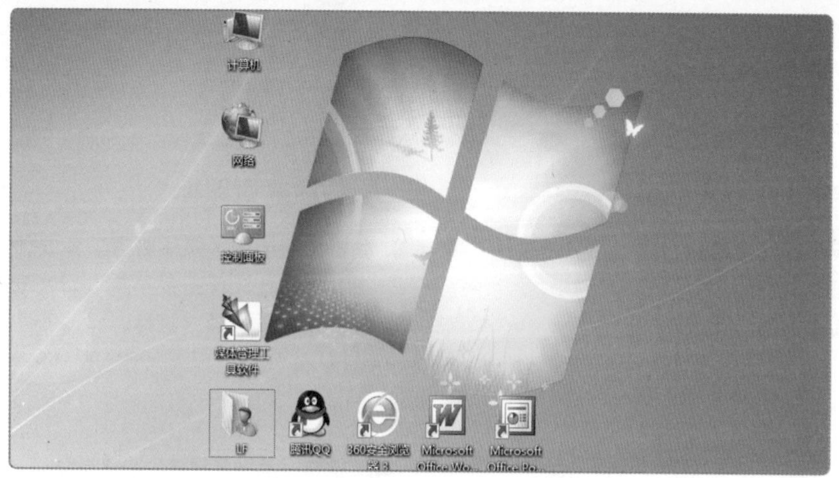

教学演示\第2章\整理Windows 7桌面图标

1 打开“所有程序”列表

1. 单击桌面左下角的“开始”按钮。
2. 在打开的“开始”菜单中，将鼠标指针移至“所有程序”命令上。

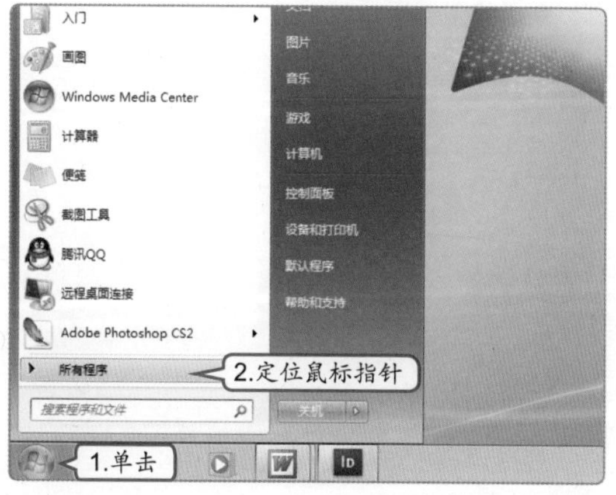

2 创建程序桌面快捷图标

1. 在“所有程序”列表中的Adobe Bridge程序上单击鼠标右键。
2. 在弹出的快捷菜单中选择【发送到】/【桌面快捷方式】命令。

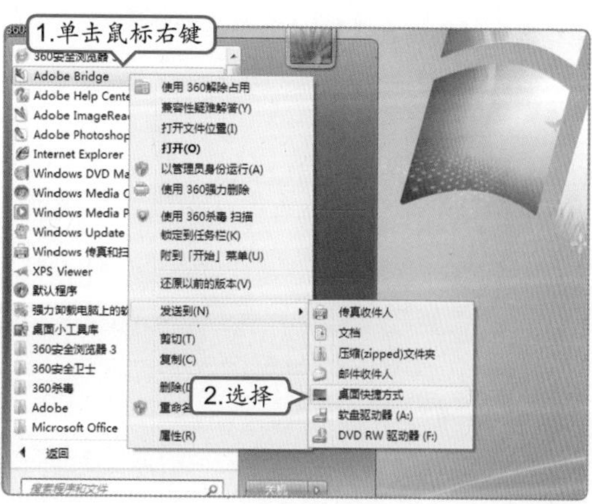

在弹出的快捷菜单中除了可以选择相应命令将所选程序对应的图标添加到桌面上外，还可以直接选择“打开”命令打开所选程序。

补充两句

第2章

3 对新添加的图标重命名

在桌面上新添加的图标上单击鼠标右键，在弹出的快捷菜单中选择“重命名”命令。

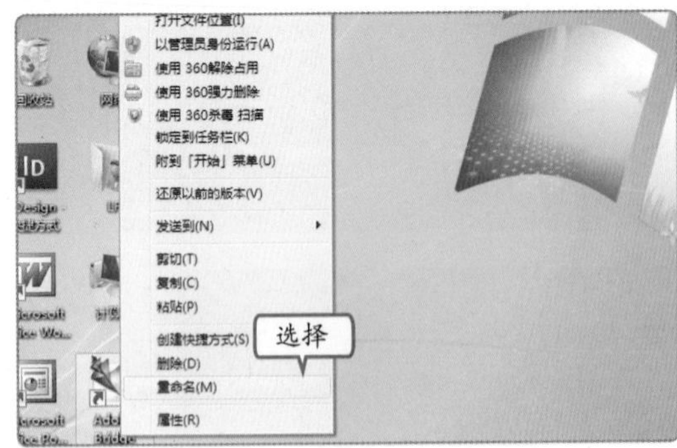

4 输入新名称

1. 此时图标名称呈可编辑状态，在其中输入“媒体管理工具软件”文本。
2. 单击桌面上的空白区域确认输入。

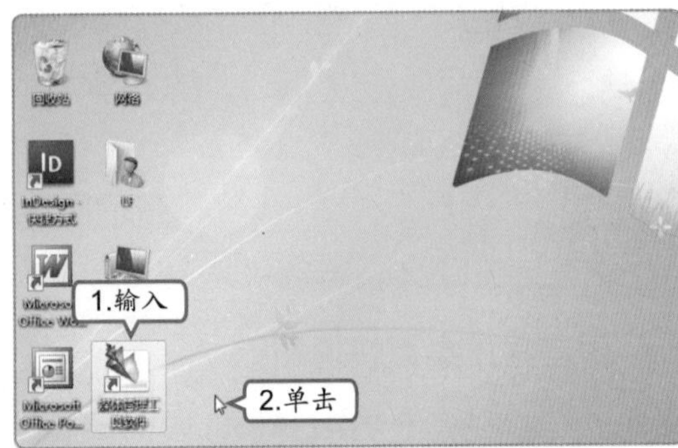

5 排列桌面图标

在桌面空白区域单击鼠标右键，在弹出的快捷菜单中选择【排序方式】/【项目类型】命令。

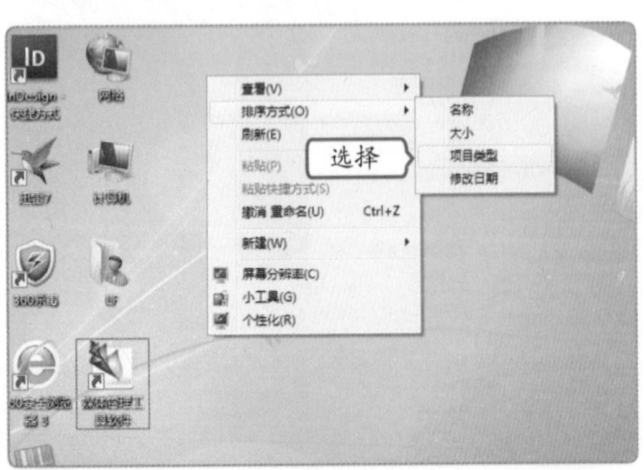

6 取消自动排列图标方式

在桌面空白区域单击鼠标右键，然后在弹出的快捷菜单中选择【查看】/【自动排列图标】命令，使“自动排列图标”命令左侧的✓标记消失。

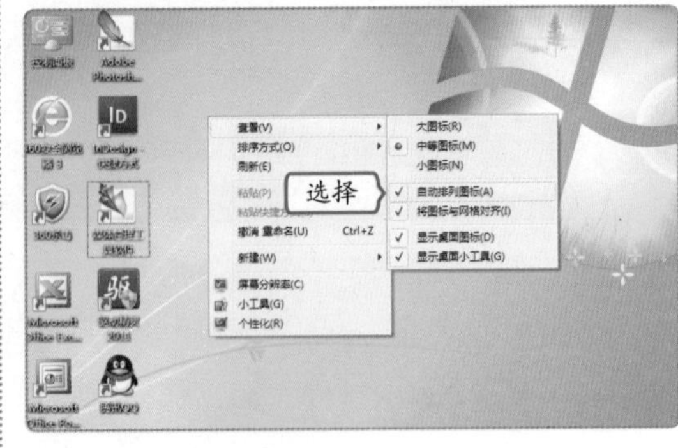

7 移动桌面图标

1. 单击桌面上的“媒体管理工具软件”图标。
2. 在其上按住鼠标左键不放进行拖动，直到移至目标位置后再释放鼠标。

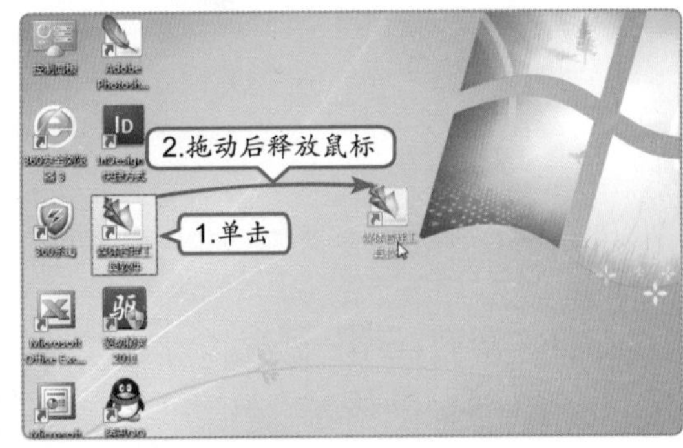

8 查看图标排列效果

用相同的方法，将桌面上的其他图标进行重新排列，效果如下图所示。

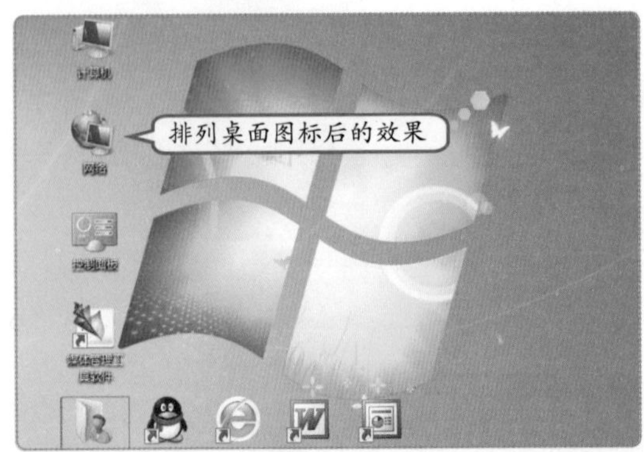

高手指点

单击桌面上的快捷图标后，再次单击该图标的名称，此时图标名称将会变为可编辑状态，在其中输入所需文本后按【Enter】键也可完成重命名图标的操作。

2.4　笔记本电脑中任务栏的使用

老马问小李：“你一个人在偷着乐什么呀，这都到午饭时间了还不赶紧去吃饭？”小李拉着老马说：“不急，你先看看我的电脑与平时有何不同。”老马认真看后很不解地说：“没什么不同呀？”小李忙说：“任务栏上方有很多缩小版的相应窗口你没注意到吗？而且在其中显示了正在播放的视频或动画，这是我新发现的功能，使用起来真是太方便了。”老马笑着说：“原来是发现新功能了，难怪这么高兴。这样吧，为了让你的快乐翻倍，我再给你讲讲Windows 7任务栏中新增加的其他功能。”

2.4.1 学习1小时

学习目标

- 熟悉Windows 7任务栏的新功能。
- 掌握自定义任务栏的操作方法。

1 Windows 7任务栏的新功能

与Windows XP相比，Windows 7 中的任务栏已经过重新设计，它不仅能让用户更轻松地管理和访问最常用的文件和程序，而且还更加人性化，更符合用户的使用习惯。Windows 7的任务栏增加了许多新功能，下面仅从几个主要的方面对任务栏的新增功能进行简单介绍。

任务栏按钮

在Windows 7操作系统中，为了获得干净整洁的外观效果，当打开一个程序的多个项目时，在任务栏中也只会显示一个该程序的图标按钮。此时，将鼠标指针移至Windows 7的任务按钮上，会在该按钮上方以缩略图的形式显示所有打开的该类文件，并可大致浏览各个文件的内容，如下图所示为将鼠标指针移至Word文档任务按钮上后显示的所有打开的文档缩略图。

Aero桌面透视功能

当在桌面上打开多个窗口后，有时需要查看某个窗口或在这些窗口之间进行切换，操作起来就比较麻烦。此时，便可使用Aero桌面透视功能来快速查看打开窗口中的内容，无须在当前正在使用的窗口外单击鼠标。所谓Aero桌面透视，是指将鼠标指针移至任务按钮展开的某个缩略图上时，其他同时打开的窗口自动变为透明状态。如果希望打开正在预览的窗口，只需单击该窗口的缩略图即可。

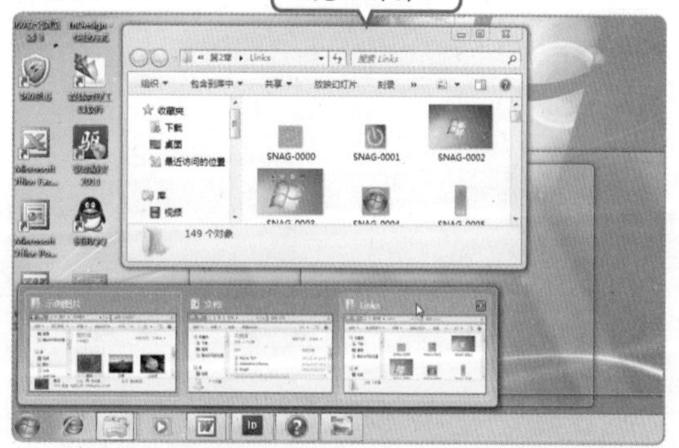

使用Aero桌面透视功能可使操作系统表现出更加炫丽的效果，但其对笔记本电脑的性能要求更高，同时占用的电脑资源也更多。 补充两句

固定任务栏按钮中的项目

将任务栏按钮中常用的项目固定之后，就可以一直在任务栏按钮中显示这些已固定的项目，等到使用时，只需单击相应的按钮便可对其进行访问。其方法为：在某个任务按钮上单击鼠标右键，在弹出的快捷菜单中将显示经常打开的该类型的文件，以便于用户可以快速打开这些文件，然后在快捷菜单中将鼠标指针移至某个常用文件上，当其右侧出现按钮时，单击该按钮即可将相应的文件固定显示在右键菜单中的“已固定”栏中。

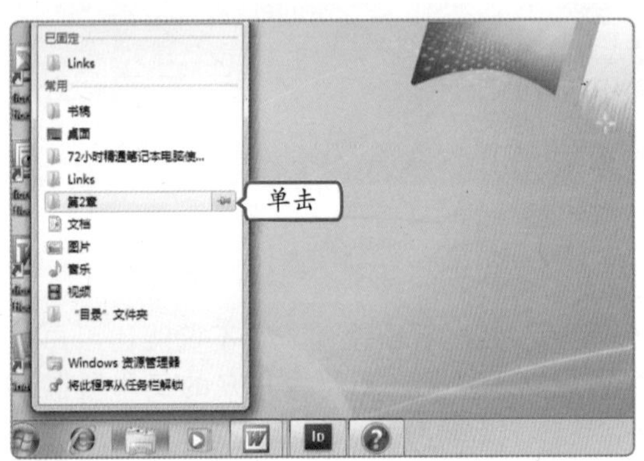

自定义通知区域

在Windows 7中启动某些程序后，会在任务栏的系统提示区中显示该程序的后台运行图标，不过，这些图标不会全部显示在任务栏中。Windows 7允许对这些后台程序图标进行管理，其方法为：单击系统提示区中的按钮，在弹出的菜单中选择“自定义”命令，打开“通知区域图标”窗口，在中间列表框中显示了系统所运行的程序，然后单击需显示或隐藏的图标所对应的下拉列表框右侧的按钮，在弹出的下拉列表中选择所需选项后，单击确定按钮即可。

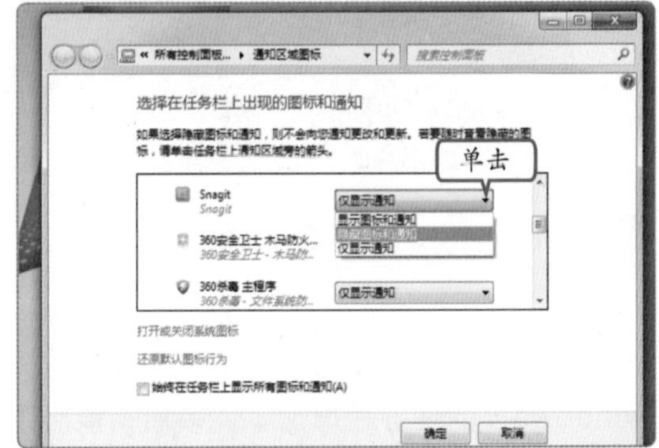

2 自定义任务栏

为了满足不同用户的喜好，Windows 7操作系统还允许对任务栏进行自定义操作。例如，解锁任务栏、移动任务栏、调整任务栏大小以及设置任务栏属性等。下面便分别介绍各种设置的操作方法。

解锁任务栏

Windows 7中默认情况下任务栏呈锁定状态，若要移动任务栏，则首先需要解除任务栏的锁定状态。其方法为：在任务栏的空白区域单击鼠标右键，在弹出的快捷菜单中，如果“锁定任务栏”命令左侧有✓标记，则表示任务栏已锁定。此时，只需选择“锁定任务栏”命令即可解除任务栏的锁定状态。

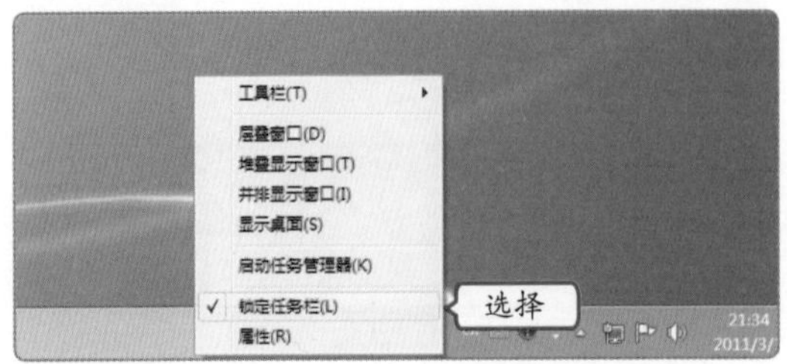

移动任务栏

任务栏默认显示在桌面最下方，在实际使用时，可根据个人的操作习惯移动任务栏的位置。若是手动移动任务栏，则首先需要解除任务栏的锁定状态，解锁后的任务栏中会出现标记。此时，在任务栏的空白区域按住鼠标左键不放，拖动任务栏至Windows桌面的顶部、左侧或右侧均可更改任务栏的显示位置。

高手指点 若要锁定任务栏，则在任务栏的空白区域单击鼠标右键，在弹出的快捷菜单中选择“锁定任务栏”命令即可。锁定任务栏后可避免无意中移动任务栏或调整任务栏的情况。

调整任务栏大小

在调整任务栏大小之前，需要解除任务栏的锁定状态。解锁任务栏的具体操作方法这里不再重述，按照前面介绍的方法进行操作即可。解锁任务栏后，将鼠标指针移至任务栏边框上方，然后按住鼠标左键不放，拖动鼠标即可调整任务栏的大小。

设置任务栏属性

在任务栏的空白区域单击鼠标右键，在弹出的快捷菜单中选择"属性"命令，可在打开的"任务栏和「开始」菜单属性"对话框的"任务栏"选项卡中对任务栏的外观、按钮和Aero Peek效果等更多的属性进行设置。

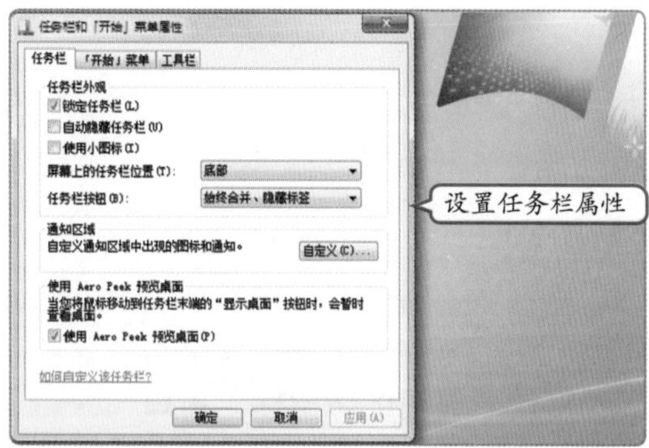

2.4.2 上机1小时：定制Windows 7任务栏

本例将通过定制Windows 7任务栏来练习固定任务栏按钮中的项目、自定义通知区域、调整任务栏位置以及设置任务栏属性等操作，完成后的效果如下图所示。

上机目标

- 进一步掌握固定任务栏按钮中的项目和自定义通知区域的方法。
- 进一步掌握设置任务栏属性的方法，巩固结合解锁任务栏来调整任务栏大小的操作。
- 进一步理解调整任务栏位置的操作方法。

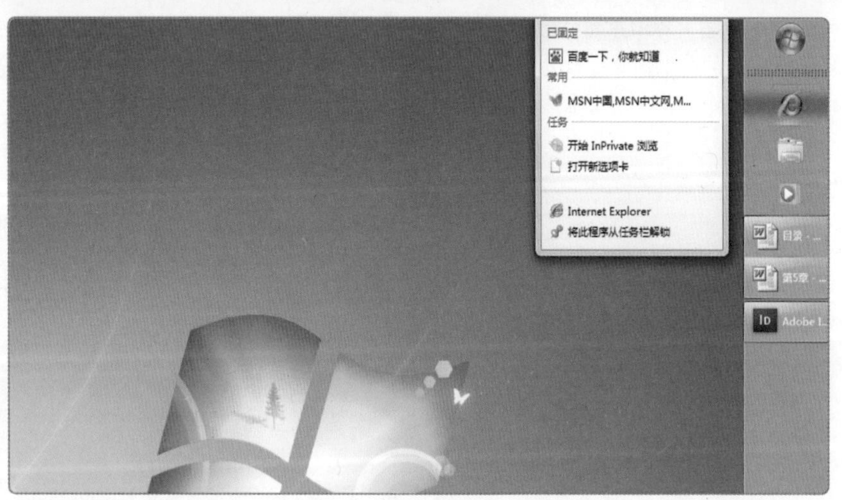

补充两句

通过"任务栏和「开始」菜单属性"对话框除了可以设置Windows任务栏的属性外，还可以对"开始"菜单的属性进行设置。

教学演示\第2章\定制Windows 7任务栏

1 锁定任务栏中常用的网址

1. 在Windows 7任务栏的IE 8浏览器按钮上单击鼠标右键。
2. 将鼠标指针移至快捷菜单中的“百度一下，你就知道”网址上，当其右侧出现按钮时单击它。

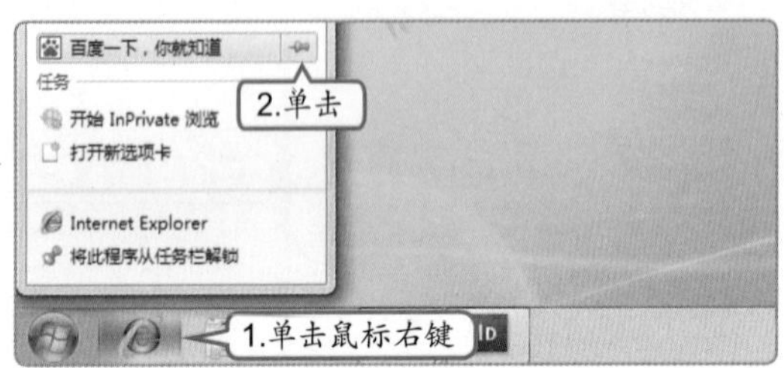

2 打开“通知区域图标”窗口

1. 在任务栏的系统提示区中单击按钮。
2. 在弹出的菜单中选择“自定义”命令，打开“通知区域图标”窗口。

3 选择要显示的图标按钮

1. 在中间列表框中单击“360杀毒”程序所对应的下拉列表框右侧的按钮。
2. 在弹出的下拉列表中选择“显示图标和通知”选项。
3. 单击 确定 按钮。

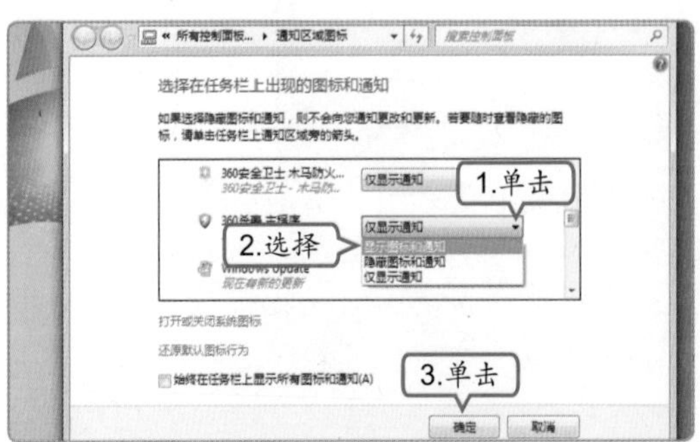

4 解锁任务栏

在任务栏的空白区域单击鼠标右键，在弹出的快捷菜单中选择“锁定任务栏”命令，此时，“锁定任务栏”命令左侧的标记将会消失，表示任务栏的锁定状态已解除。

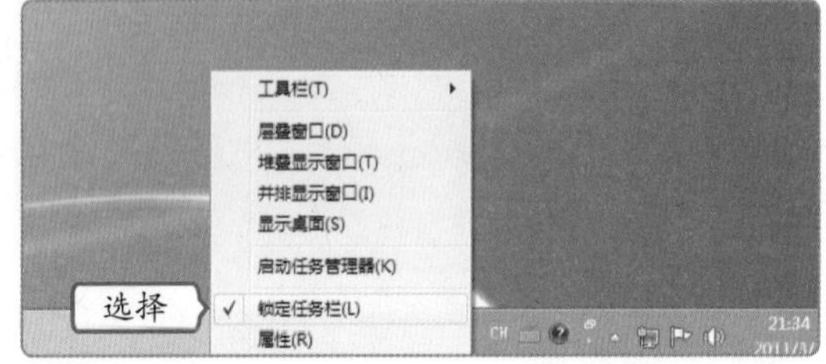

5 调整任务栏大小

解锁任务栏后，将鼠标指针移至任务栏边框上方，然后按住鼠标左键不放，向上拖动鼠标直至目标位置后释放鼠标。

6 打开属性对话框

在任务栏的空白区域单击鼠标右键，在弹出的快捷菜单中选择“属性”命令，打开“任务栏和「开始」菜单属性”对话框。

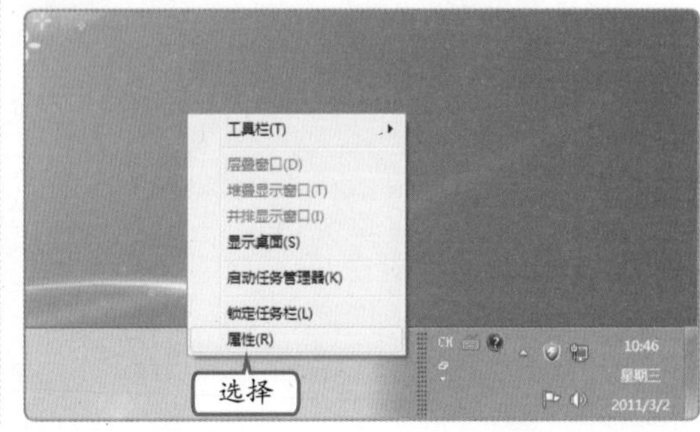

高手指点 将某个项目固定到任务栏按钮的右键菜单后，再次打开右键快捷菜单，在其中的“已固定”栏中单击按钮，可将固定的项目变为活动状态。

7 调整任务栏显示位置

1. 在“任务栏”选项卡中单击“屏幕上的任务栏位置”下拉列表框右侧的▼按钮。
2. 在弹出的下拉列表中选择“右侧”选项。

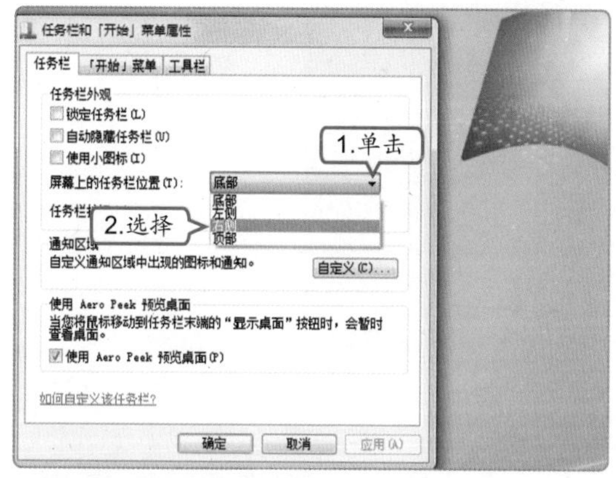

8 设置任务栏按钮显示方式

1. 在“任务栏”选项卡中单击“任务栏按钮”下拉列表框右侧的▼按钮。
2. 在弹出的下拉列表中选择“当任务栏被占满时合并”选项。

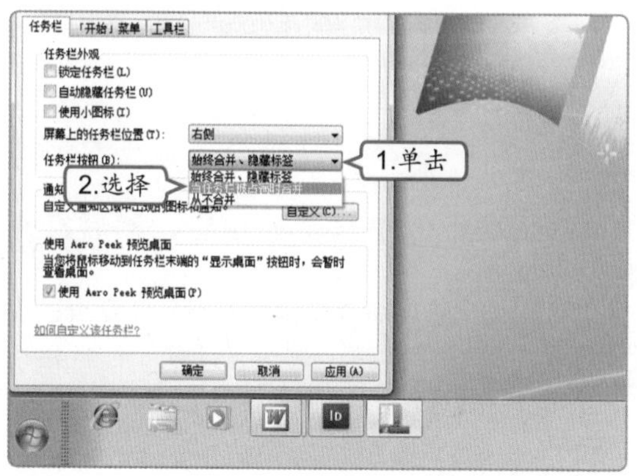

9 取消显示桌面功能

1. 在“任务栏”选项卡的“使用Aero Peek预览桌面”栏中取消选中“使用Aero Peek预览桌面”复选框。
2. 单击 确定 按钮。

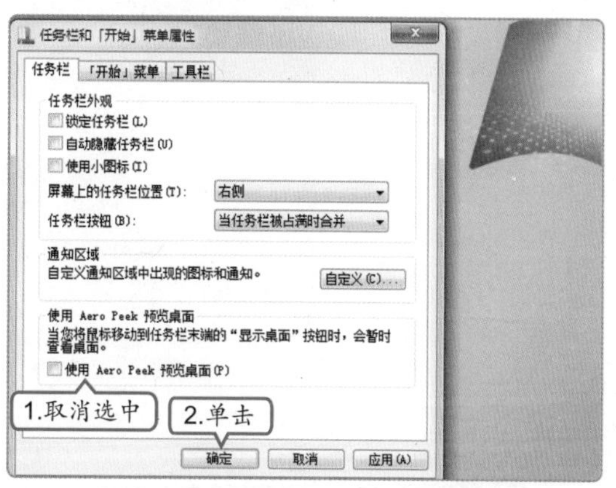

教你一招：从任务栏启动程序

将笔记本电脑中常用的程序锁定在任务栏中后，就可以一直在任务栏中显示该程序的按钮图标，等到使用时，只需单击任务栏中相应的按钮图标，便可运行所需程序。其具体操作方法为：打开“所有程序”列表，在需锁定的程序上单击鼠标右键，在弹出的快捷菜单中选择“锁定到任务栏”命令即可。

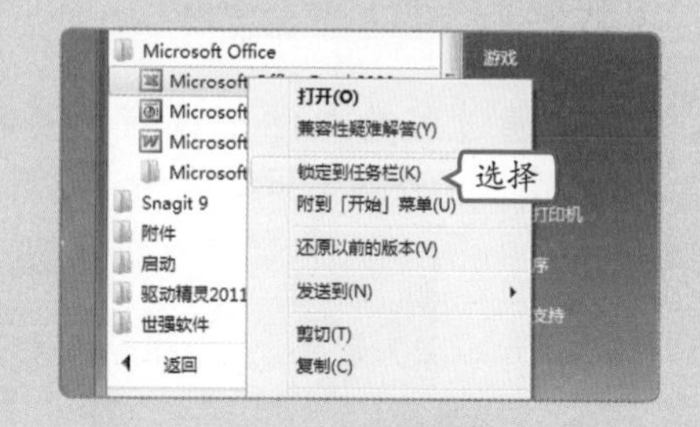

2.5 跟着视频做练习1小时

老马感觉小李对于使用Windows 7这部分知识掌握得不是很好，有时甚至会在同一问题上犯相同的错误。经过再三思量后，老马对小李说：“为了让你理清思绪，加深对这部分知识的认识和理解，专门给你准备了这张光盘，你跟着光盘里面的习题做一下练习，我相信，只要你认真练习，一定会取得成效的。”小李高兴地说：“你真是太了解我了，放心吧！我一定好好练习。”

补充两句

Windows 7任务栏中提供了很多非常适用且人性化的操作，要想熟练应用这些操作，还需通过不断地摸索和练习才行。

1 排列Windows 7桌面图标

本例将通过手动调整显示在桌面上的系统图标和快捷图标，使移动后的图标有规则地排列在桌面上，通过练习进一步掌握Windows 7桌面图标的使用方法。

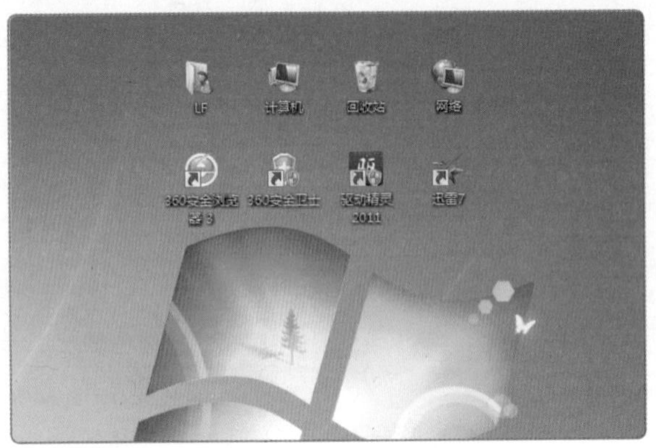

操作提示：

1. 打开“开始”菜单，在“360安全卫士”程序上单击鼠标右键，在弹出的快捷菜单中选择【发送到】/【桌面快捷方式】命令。
2. 用相同的方法将360安全浏览器3、驱动精灵2011和迅雷7这3款软件的快捷图标添加到桌面上。
3. 在桌面空白区域单击鼠标右键，在弹出的快捷菜单中选择【查看】/【小图标】命令。
4. 将“自动排列图标”命令左侧的✓标记取消。
5. 在系统图标“计算机”上单击鼠标并按住鼠标左键不放进行拖动，直至目标位置后再释放鼠标。
6. 用相同的方法，将桌面上的其他系统图标和快捷图标均拖动到如下图所示的桌面位置上。

视频演示\第2章\排列Windows7桌面图标

2 设置窗口和任务栏

本例将通过属性对话框设置任务栏属性和系统提示区中显示的按钮，然后打开Windows 7窗口，并对窗口的排列方式进行设置。

高手指点 取消“自动排列图标”命令左侧的✓标记后，移动图标时还会出现自动对齐现象。那是因为选择了“将图标与网格对齐”命令，此时只需取消该命令左侧的✓标记即可随意排列图标。

操作提示：

1. 在任务栏空白区域单击鼠标右键，在弹出的快捷菜单中选择“属性”命令。
2. 在“任务栏”选项卡中将“屏幕上的任务栏位置”设置为“左侧”。
3. 将“任务栏按钮”设置为“从不合并”。
4. 单击“通知区域”栏中的自定义(C)...按钮，打开“通知区域图标”窗口。
5. 选中“始终在任务栏上显示所有图标和通知”复选框，然后单击按钮。
6. 在“开始”菜单中选择“计算机”命令，打开“计算机”窗口。
7. 用相同的方法，打开游戏和用户文件夹。
8. 在任务栏空白区域单击鼠标右键，在弹出的快捷菜单中选择“并排显示窗口”命令。

视频演示\第2章\设置窗口和任务栏

2.6 秘技偷偷报——Windows 7使用技巧

老马问小李：“通过这几次的不断练习，对于Windows 7这个新系统你应该能够熟练使用了吧！”小李挠了挠头笑着说：“现阶段，我只能说是基本上会使用这个系统，还谈不上熟练的程度。”老马说：“要想达到娴熟的程度其实也不是很难，只要在操作过程中善于总结，再加上一些使用技巧，那么熟练使用这个系统就不是问题了。”小李听后便对老马说：“你就别再卖关子了，我知道，你肯定掌握了不少技巧，赶紧教教我吧，老马！”老马拗不过小李，便对他说：“好吧，那我就教你几招常用的Windows 7使用技巧。”

1 通过键盘管理窗口

对于使用笔记本电脑的用户来说，使用键盘的机会肯定比使用鼠标的机会多很多。因此，娴熟地使用键盘上的快捷键会比使用鼠标更加方便、快捷，同时也会大大提高工作效率。下面将介绍一些最常用的、也是最好用的管理Windows 7窗口的快捷键。

⊞+上下方向键

调整程序窗口的大小是经常会遇到的操作，尤其是最大化窗口和还原窗口之间的切换。最常用的方法是：单击标题栏右上角的最大化和还原按钮或者双击标题栏来实现。现在利用键盘也可快速实现相同操作，如果想让当前窗口最大化，则可按【⊞+↑】组合键来实现；按【⊞+↓】组合键则可以将窗口还原到初始状态。尤其是在原始窗口下按【⊞+↓】组合键，还可以将其最小化。

⊞+左右方向键

当桌面上打开多个窗口后，每次排列都要手动调整其大小和位置，操作起来很麻烦。不过，Windows 7系统在一定程度上改善了这个问题，如果需要并排两个窗口，按【⊞+←】组合键就可让窗口以屏幕中线为基准靠左显示，再按【⊞+→】组合键即可恢复窗口原始位置；若按【⊞+→】组合键窗口就靠右显示，再按【⊞+←】组合键即可恢复窗口原始位置。

操作提示：最小化除当前窗口外的所有窗口

单击需要显示的窗口后，直接按【⊞+Home】组合键可以在仅保留当前程序窗口的同时，将其他所有打开的窗口最小化，再次按【⊞+Home】组合键则可恢复所有窗口。

在做该视频练习时，如果笔记本电脑中的Windows 7桌面上没有操作中所讲的快捷图标，那么用户可以添加其他程序的快捷图标到桌面上，同样可以达到练习的目的。

补充两句

2 更改资源管理器默认打开的窗口

单击任务栏中的“资源管理器”图标，Windows 7默认打开“库”窗口而不是“计算机”窗口，这点总让人觉得别扭，使用起来不是很方便。不过，现在只需将资源管理器指向的快捷方式稍作修改即可达到打开“计算机”窗口的目的。其具体操作方法为：首先关闭所有的资源管理器窗口，然后按住【Shift】键不放并在“资源管理器”图标上单击鼠标右键，在弹出的快捷菜单中选择“属性”命令，打开“Windows 资源管理器 属性”对话框，在“快捷方式”选项卡的“目标”文本框的默认路径结尾加上一个空格和英文逗号，完成后单击 确定 按钮即可。

3 快速打开新窗口

当正在运行某个应用程序时，有时会因为实际需求想再打开一个该程序的新窗口。如果是打开相同应用程序的另一个窗口，当然，该应用程序本身能够支持运行多个窗口，此时，只需按住【Shift】键不放，然后再单击任务栏中该程序所对应的图标即可。

4 重新排列任务栏中的图标

当任务栏中显示多个图标时，可以通过简单的拖动将这些图标按自己的意愿进行排列。其操作方法很简单，即在任务栏中需移动的图标上按住鼠标左键不放，拖动至目标位置后再释放鼠标即可。

5 浏览任务栏

通过键盘同样可以打开任务栏中的应用程序或窗口，其操作方法为：直接按【⊞+T】组合键来激活任务栏并选中其中的第一个图标，Windows 7任务栏中默认的第一个图标为“IE 8浏览器”。然后保持【⊞】键为按下状态，连续按【T】键可以在任务栏的所有图标中循环，不论是否运行，直到选择所需的应用程序或窗口再释放【⊞】键和【T】键，最后再按【Enter】键即可启动所选程序。

高手指点 在Windows 7中直接按【⊞+空格键】可以将所有打开的窗口透明化，仅保留边框，效果与单击任务栏中的“显示桌面”按钮相同。

第3章

打造笔记本电脑个性化使用环境

通过老马这几天的悉心教导，小李对于Windows 7操作系统的使用方法有了基本了解。今天周末，闲来没事，小李决定自己动手为笔记本电脑设置任务栏和整理桌面图标。这样，不仅可以巩固所学的新知识，而且还可以检验这几天的学习成果。于是，小李将电源适配器与笔记本电脑正确连接并接通电源，然后按下笔记本电脑中的“电源”按钮，稍后便自动进入Windows 7操作系统。小李便开始整理桌面上的图标，在整理过程中，小李心想，Windows XP操作系统可以随时更换桌面背景，不知道Windows 7操作系统是否也有这样的功能呢？于是，小李尝试着按照设置Windows XP的方法进行设置，可是怎么也找不到“属性”对话框，实在是没办法了，小李只好放弃。于是决定，明天到公司后再向公司的“电脑专家”老马请教。

4小时学知识

- 打造个性化的操作界面
- 设置笔记本电脑的鼠标
- 管理笔记本电脑中的系统时间和输入法
- 安全防护——账户设置

6小时上机练习

- 打造适合自己的使用环境
- 设置符合个人使用习惯的鼠标指针
- 设置系统日期和时间并添加小工具
- 创建新账户并对其进行相应设置
- 更改Windows 7主题、系统时间和鼠标属性
- 设置小工具属性和标准用户家长控制功能

3.1 打造个性化的操作界面

小李今天一到公司就到处寻找老马的身影，最后终于在会客室找到了老马。一见老马，小李就迫不及待地将昨天所遇到的难题向老马诉说了一番。听了小李滔滔不绝的描述后，老马笑着说："Windows 7操作系统不仅有更换桌面背景图片的功能，而且还能更改整个Windows主题，但是不同的操作系统其设置方法是不同的，你只是没有找到正确的设置方法。现在我就教你如何打造属于自己的操作界面。"

3.1.1 学习1小时

学习目标

- **熟悉更改Windows 7主题的操作。**
- **掌握设置漂亮桌面背景和屏幕保护程序的方法。**
- **熟悉更改窗口颜色、字体和声音效果的基本操作。**
- **了解调整屏幕分辨率的操作。**

1 更改Windows 7主题

笔记本电脑中Windows 7主题包括桌面背景、屏幕保护程序、窗口边框颜色和声音方案等。Windows提供了多个主题，其中某些主题还包括了桌面图标和鼠标指针。下面以将Window 7主题更改为"自然主题"为例进行讲解，其具体操作如下。

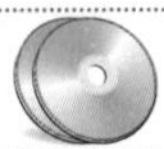

教学演示\第3章\更改Windows 7主题

1 选择"个性化"命令

在Windows 7桌面空白区域单击鼠标右键，在弹出的快捷菜单中选择"个性化"命令。

2 选择"自然"主题

打开"个性化"窗口，在右侧列表框中显示了不同的主题效果，这里选择"Aero主题"栏中的"自然"主题选项。

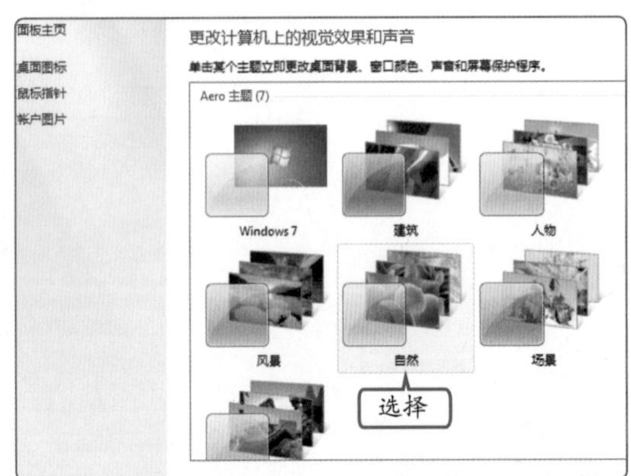

高手指点 如果笔记本电脑可以正常上网，那么可以在"个性化"窗口的"我的主题"栏中单击"联机获取更多主题"超链接，在打开的网页中下载Windows提供的更多专业的、好看的主题方案。

3 查看更改主题后的效果

稍后Windows 7主题便会自动发生改变，更改主题之后的效果如图所示。

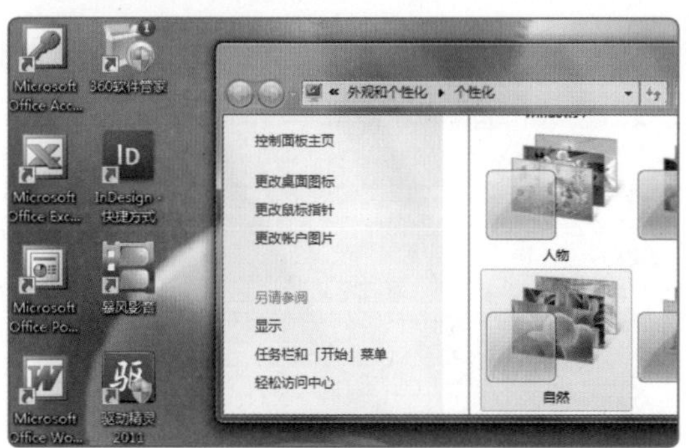

教你一招：保存主题

如果喜欢更改后的主题效果，包括桌面背景、窗口边框颜色、声音和屏幕保护程序等，那么可以将新设置的主题进行保存，以便随时可以使用它。保存主题的方法为：在“个性化”窗口的“我的主题”栏中单击“保存主题”超链接，打开“将主题另存为”对话框，在“主题名称”文本框中输入该主题的名称，然后单击 保存 按钮即可。此时，新设置的主题将自动保存在“我的主题”栏中，下次使用时直接单击该主题即可。

第3章

2 设置漂亮的桌面背景

笔记本电脑液晶屏上显示的桌面背景与台式电脑屏幕上显示的桌面背景一样，也是可以通过相关设置进行更改的，可以将自己电脑中保存的任意一张图片设置为桌面背景。下面以将名为“小狗”的图片设置为桌面背景为例进行讲解，其具体操作如下。

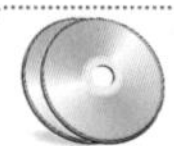

实例素材\第3章\小狗.jpg
教学演示\第3章\设置漂亮的桌面背景

1 打开“桌面背景”窗口

用相同的方法打开“个性化”窗口，然后单击其中的“桌面背景”超链接，打开“桌面背景”窗口。

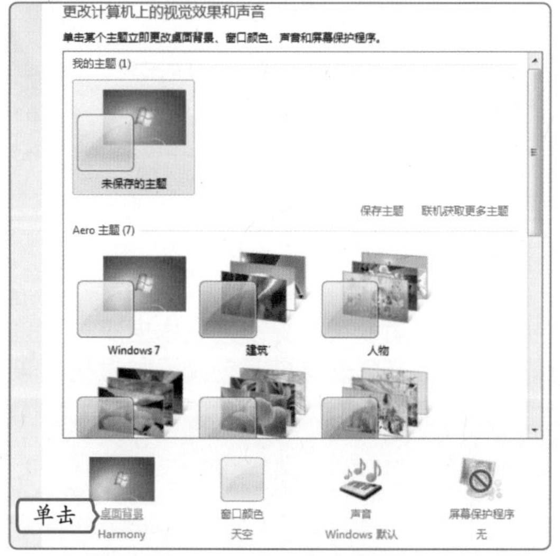

2 浏览保存背景图片的文件夹

在中间列表框中显示了Windows系统自带的桌面背景图片，可选择其中任意一个或多个作为桌面背景，这里单击该窗口中的 浏览(B)... 按钮。

补充两句

Aero 主题效果可以使桌面彰显个性，不过，如果笔记本电脑使用该主题后运行缓慢，那么建议还是选择 Windows 7 基本主题。如果希望屏幕更易于查看，则可以选择基本和高对比度主题。

3 选择背景图片所在文件夹

1. 打开“浏览文件夹”对话框，在中间列表框中选择保存背景图片所在的文件夹，这里选择“第3章”文件夹。
2. 单击 确定 按钮。

4 选中所需背景图片

1. 打开“桌面背景”窗口，在中间列表框中仅选中“小狗”图片所对应的复选框。
2. 单击 保存修改 按钮。

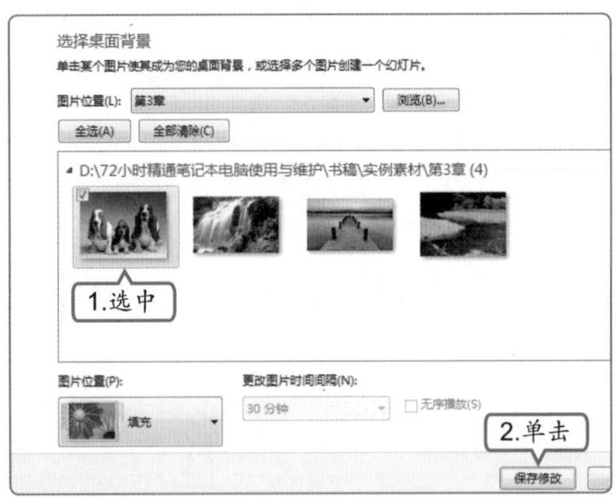

5 查看更改后的背景桌面

返回“个性化”窗口，此时笔记本电脑液晶屏中的桌面已更改为“小狗”图片，效果如图所示。

操作提示：自动播放背景图片

在为Windows 7操作系统设置漂亮背景时，若在“桌面背景”窗口中间的列表框中选中了多张图片，那么此时便可在该窗口底部的“更改图片时间间隔”下拉列表框中选择所需的间隔时间，然后单击 保存修改 按钮，稍后桌面背景图片将按设定的时间自动进行播放。需要注意的是，只选中单张图片时则不能实现该功能。

3 更改窗口颜色和字体

利用Windows 7操作系统提供的“窗口颜色和外观”功能可以更改笔记本电脑中窗口边框颜色、窗口标题栏字体和窗口透明效果等属性。下面以更改窗口颜色、添加透明效果和设置字体为例进行讲解，其具体操作如下。

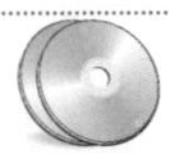

教学演示\第3章\更改窗口颜色和字体

高手指点 通过“桌面背景”窗口中的“图片位置”下拉列表框可以更改所选背景图片的显示状态，其中包括填充、适应、拉伸、平铺以及居中5个选项。

1 选择“控制面板”命令

1. 单击任务栏中的“开始”按钮。
2. 在弹出的“开始”菜单中选择“控制面板”命令。

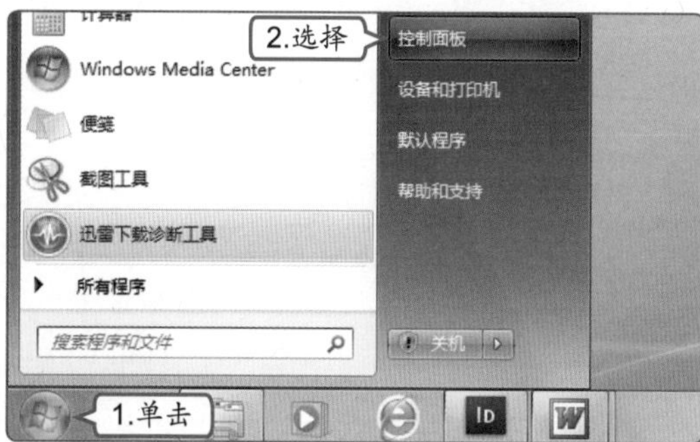

2 打开“外观和个性化”窗口

打开“控制面板”窗口，然后单击其中的“外观和个性化”超链接，打开“外观和个性化”窗口。

3 打开“窗口颜色和外观”窗口

在“个性化”栏中单击“更改半透明窗口颜色”超链接，打开“窗口颜色和外观”窗口。

4 设置窗口颜色和透明效果

1. 在“更改窗口边框、「开始」菜单和任务栏的颜色”栏中可以任意选择一种外观颜色，这里选择“深红色”。
2. 选中“启用透明效果”复选框。

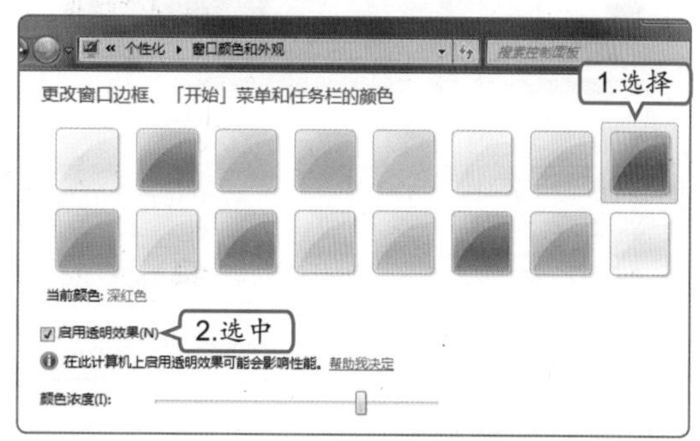

5 更改透明度和单击超链接

1. 在“颜色浓度”栏中拖动滑块，可改变窗口颜色的透明度，这里向左拖动滑块来增加窗口的透明效果。
2. 单击“高级外观设置”超链接。

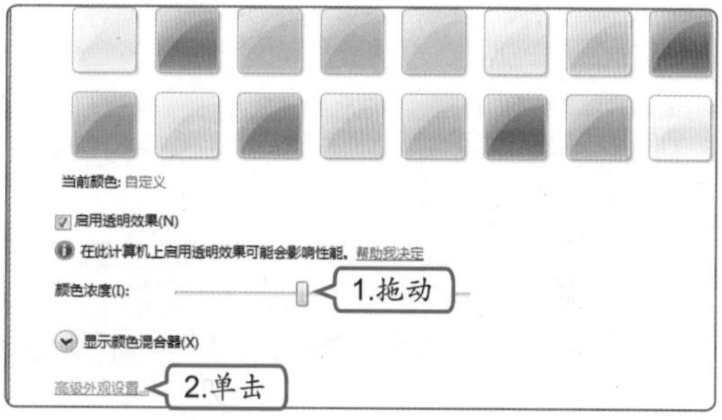

6 选择需进行设置的项目

打开“窗口颜色和外观”对话框，在其中可对窗口标题栏、菜单和消息框等项目的字体和样式进行设置，这里单击窗口预览区中的“活动窗口”标题栏。

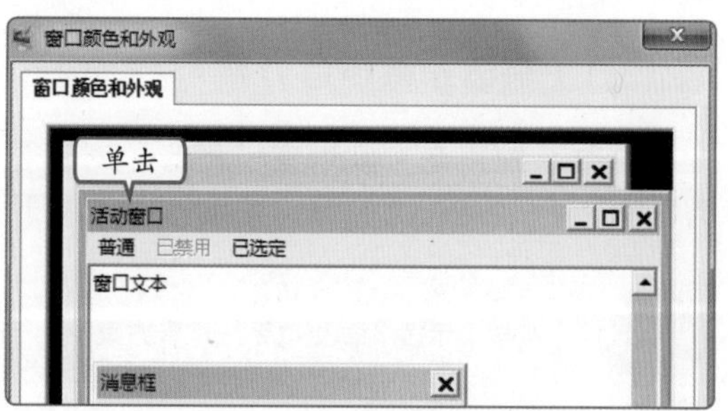

只有在选择了Windows 7基本主题或轻松访问主题的前提下，才能应用在“窗口颜色和外观”对话框中设置的字体样式和颜色。

补充两句

第3章

7 设置标题栏字体样式

1. 在“字体”下拉列表框中选择“宋体”选项。
2. 在“大小”下拉列表框中选择11选项。
3. 单击“加粗”按钮B。

8 更改字体颜色

1. 在“颜色”下拉列表框中选择“黄色”选项。
2. 单击 确定 按钮。

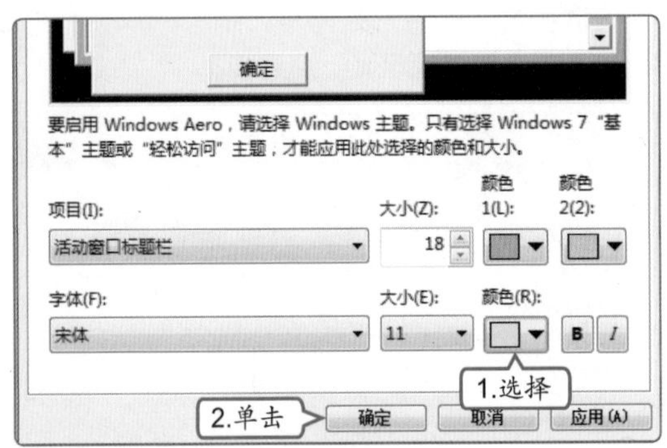

9 保存所有设置

返回“窗口颜色和外观”窗口，在其中单击 保存修改 按钮。

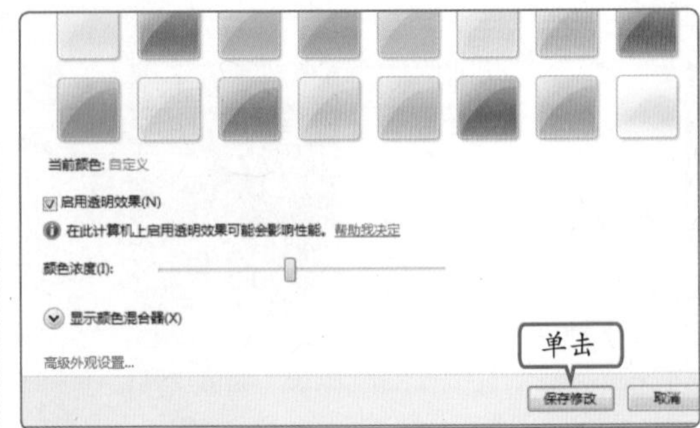

10 查看更改后的效果

关闭“窗口颜色和外观”窗口，在笔记本电脑中任意打开一个窗口，此时便会发现窗口的标题栏样式发生了一定的改变，效果如下图所示。

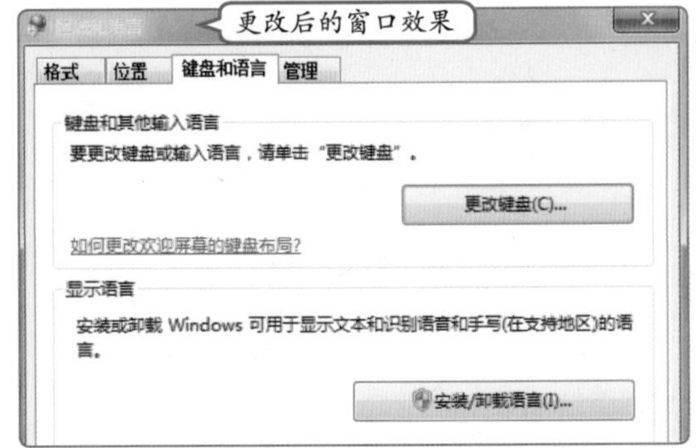

4 设置系统声音效果

在使用笔记本电脑的过程中，有时会因为执行了某一项操作，系统便会自动发出相应的声音。其中最常见的发出声音的操作是：进入操作系统、注销操作系统和关闭笔记本电脑。其实，这些声音是可以根据个人喜好随意进行更改的，下面便详细介绍更改系统声音效果的具体操作方法，而且为了方便以后使用还可以将应用的新声音方案进行保存。

（1）更改系统声音方案

更改系统声音方案需在“声音”对话框中进行设置，下面以将Windows注销声音更改为tada.wav为例进行讲解，其具体操作如下。

教学演示\第3章\更改系统声音方案

高手指点 在设置窗口字体时，除了可以直接单击窗口预览区中的窗口标题栏外，还可以在“项目”下拉列表框中进行选择，其中显示了所有在Windows系统中可以进行设置的项目。

1 打开“外观和个性化”窗口

按照前面介绍的方法，打开“控制面板”窗口，然后单击其中的“外观和个性化”超链接，打开“外观和个性化”窗口。

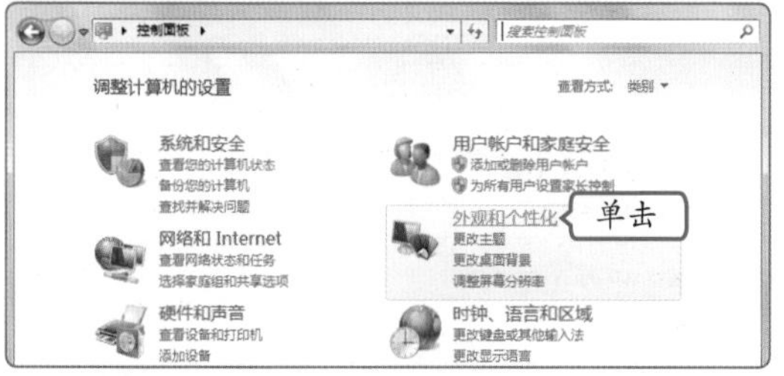

2 打开“声音”对话框

在“个性化”栏中单击“更改声音效果”超链接，打开“声音”对话框。

3 选择更改声音效果的事件

1. 在“声音”选项卡的“声音方案”下拉列表框中可更改当前系统中的所有声音效果，在“程序事件”列表框中可单独更改某个事件的声音效果，这里选择“Windows注销”选项。
2. 单击 浏览(B)... 按钮。

4 选择所需声音文件

1. 打开“浏览新的Windows注销声音”对话框，在中间列表框中可以选择所需的声音文件，这里选择tada选项。
2. 单击 打开(O) 按钮。

5 确认所应用的声音文件

返回“声音”对话框，此时“声音方案”下拉列表框中的选项变为“Windows默认（已修改）”，表示当前系统应用了新的声音效果，确认无误后单击对话框中的 确定 按钮。

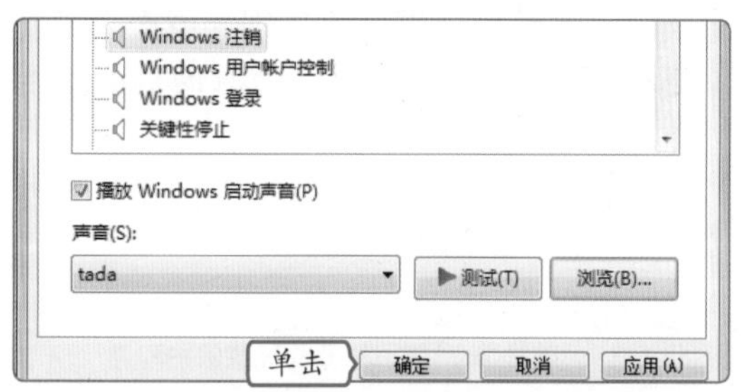

操作提示：设置多个程序事件

在“声音”对话框中完成对某个程序事件的更改操作后，单击 确定 按钮便会关闭该对话框。若想继续设置其他程序事件的声音，则需要再次打开“声音”对话框，这样很麻烦。不过，利用对话框中的 应用(A) 按钮，便可简化这一操作，即完成对某个事件的更改操作后，单击“声音”对话框中的 应用(A) 按钮，系统便会自动应用设置而不会关闭对话框，然后再在“程序事件”列表框中对其他声音进行更改，完成所有设置后再单击 确定 按钮，便可成功设置多个程序事件的声音效果。

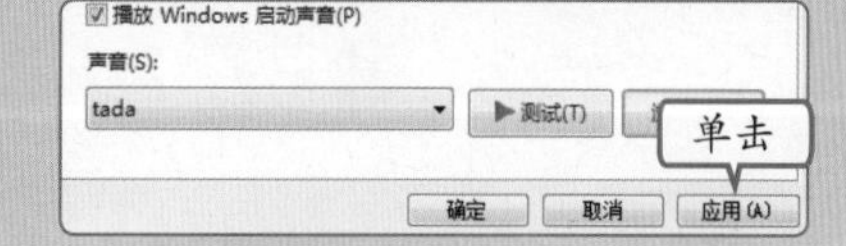

补充两句

更改程序事件中的某个声音效果后，该事件所对应的图标将自动变为图标，以此来区别应用声音效果和没有应用声音效果的程序事件。

（2）保存新建声音方案

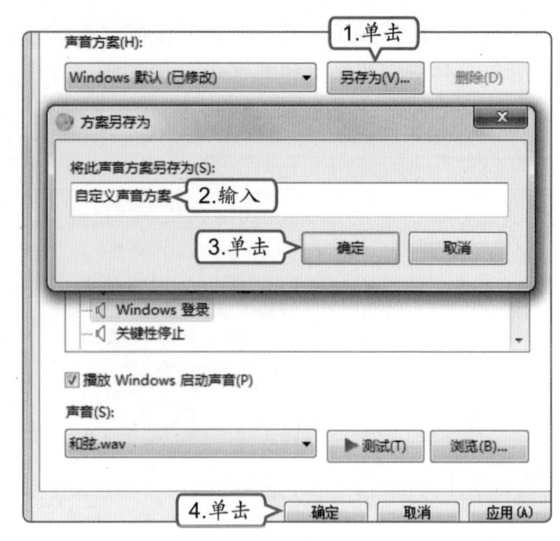

当对系统声音进行更改后，为了方便管理和使用，可将更改保存为新的声音方案，下次应用时直接在“声音方案”下拉列表框中进行选择即可。其操作方法为：在“声音”对话框中对系统声音进行更改后，单击其中的另存为(V)...按钮，打开“方案另存为”对话框，在“将此声音方案另存为”文本框中输入新建方案的名称，这里输入“自定义声音方案”，然后单击确定按钮。返回“声音”对话框，此时“声音方案”下拉列表框中的选项已自动更改为“自定义声音方案”，单击“声音”对话框中的确定按钮便可完成操作。

第3章

5 设置屏幕保护程序

当在指定的一段时间内没有使用鼠标或键盘时，为了保护笔记本电脑的液晶显示屏免遭损坏，系统中的屏幕保护程序就会自动打开，此程序为移动的图片或图案。若要使笔记本电脑恢复正常的工作状态，只需移动鼠标或按键盘上任意键即可。Windows 提供了多个屏幕保护程序可供选择，此外，还可以使用保存在笔记本电脑中的个人图片来创建自己的屏幕保护程序。下面以通过“控制面板”将屏幕保护程序设置为“三维文字”保护程序为例进行讲解，其具体操作如下。

教学演示\第3章\设置屏幕保护程序

1 打开“外观和个性化”窗口

打开“控制面板”窗口，然后在其中单击“外观和个性化”超链接，打开“外观和个性化”窗口。

2 打开“屏幕保护程序设置”对话框

在“个性化”栏中单击“更改屏幕保护程序”超链接，打开“屏幕保护程序设置”对话框。

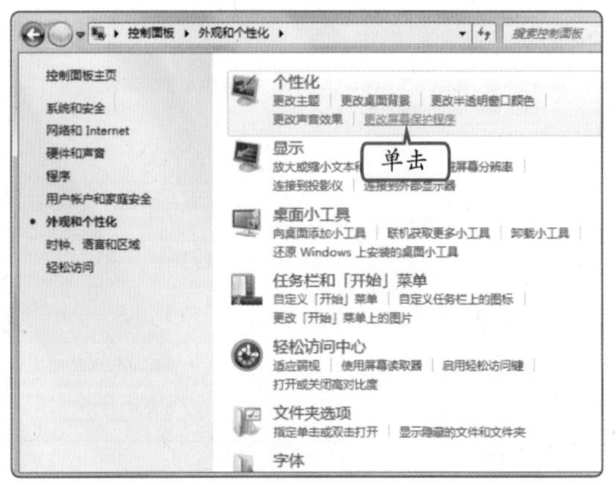

高手指点 如果对保存后的声音方案不是很满意，可以将其删除，然后再重新进行设置。删除自定义声音方案的方法为：在“声音方案”下拉列表框中选择新建方案后，单击右侧的删除(D)按钮。

3 设置屏幕保护程序和等待时间

1. 在“屏幕保护程序”下拉列表框中提供了几个不同的程序，这里选择“三维文字”选项。
2. 在“等待”数值框中输入自动启动屏幕保护程序的等待时间，这里输入“8”。
3. 单击设置(T)...按钮。

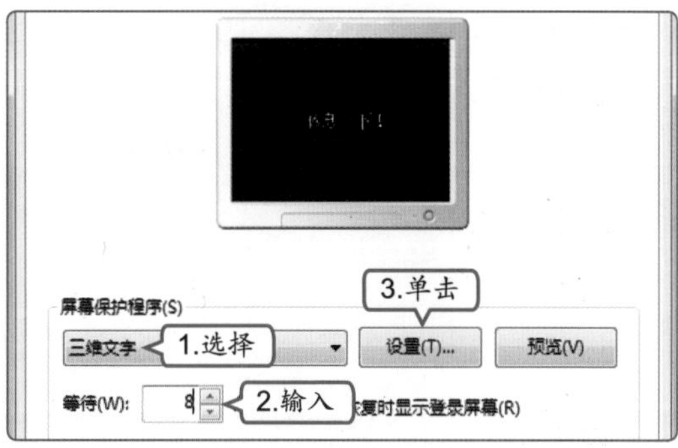

4 设置三维文字

1. 打开“三维文字设置”对话框，在其中可对文本、动态效果和表面样式进行设置，这里在“文本”栏的“自定义文字”文本框中输入“马上回来！”。
2. 在“动态”栏的“旋转类型”下拉列表框中选择“跷跷板式”选项。

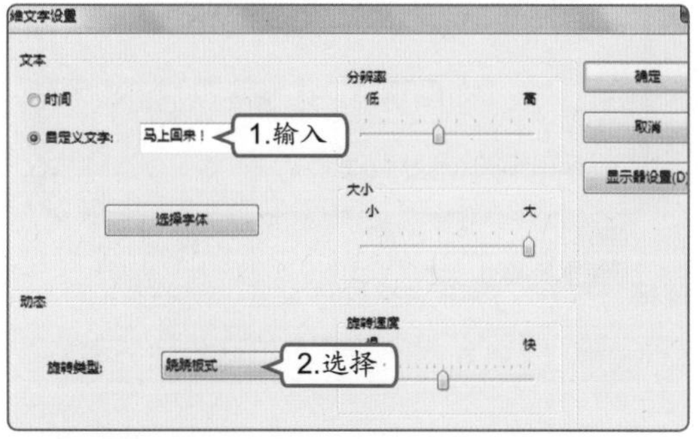

5 设置三维文字

1. 在“表面样式”栏中选中“纹理”单选按钮。
2. 单击“三维文字设置”对话框中的确定按钮，返回“屏幕保护程序设置”对话框。

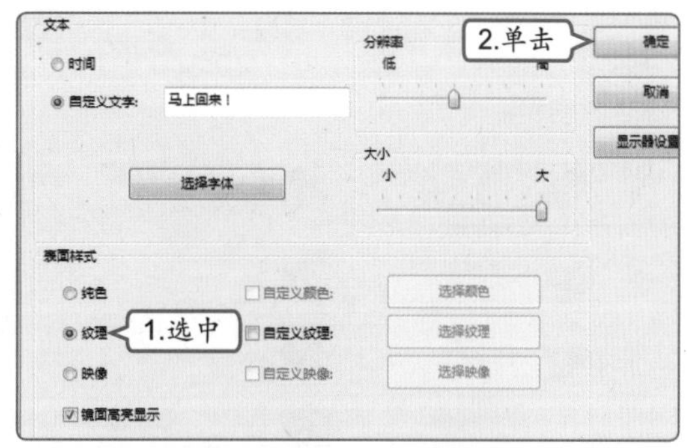

6 完成屏幕保护程序设置操作

在“屏幕保护程序”选项卡的预览区中将会自动显示设置效果，确认无误后，单击对话框中的确定按钮完成设置。

6 调整屏幕分辨率

屏幕分辨率指的是屏幕上显示的文本和图像的清晰度。分辨率越高，在屏幕上显示的项目就越多，但尺寸较小；分辨率越低，在屏幕上显示的项目越少，但尺寸较大。通常20英寸宽屏液晶显示器的最佳分辨率是1680×1050，不过，不同尺寸的电脑其分辨率是不同的。下面以调整适合当前笔记本电脑的屏幕分辨率为例进行讲解，其具体操作如下。

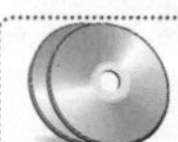

教学演示\第3章\调整屏幕分辨率

补充两句

启动屏幕保护程序的等待时间设置为10～15分钟之间为宜，不要将等待时间设置过长或过短，这样可能会对笔记本电脑造成一定的损害。

1 打开“屏幕分辨率”窗口

在“控制面板”窗口的“外观和个性化”栏中单击“调整屏幕分辨率”超链接，打开“屏幕分辨率”窗口。

2 选择适合的分辨率

1. 在“分辨率”下拉列表中拖动滑块选择所需的屏幕分辨率，这里选择“1280×768”选项。
2. 单击“高级设置”超链接。

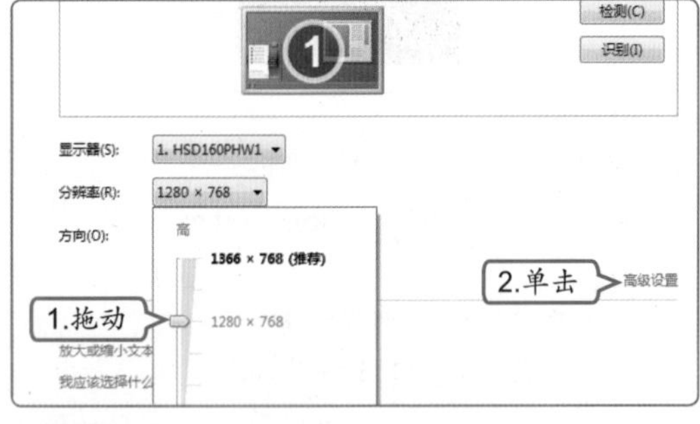

3 设置监视器属性

1. 打开相应硬件设备的属性对话框，选择其中的“监视器”选项卡。
2. 在“颜色”下拉列表框中选择“真彩色（32）位”选项。
3. 单击 确定 按钮。

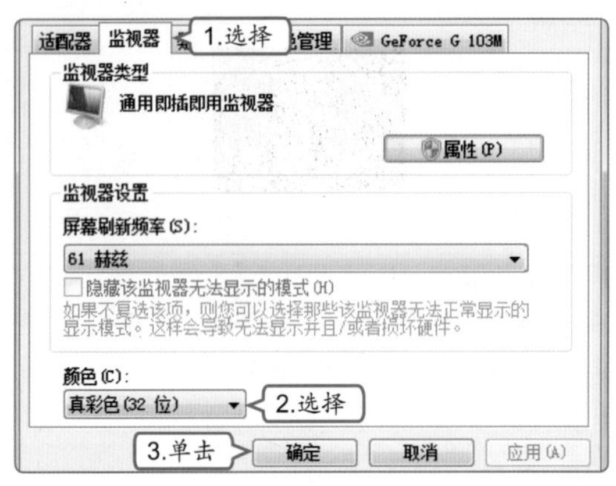

4 确认保留显示设置

1. 打开“显示设置”对话框，在其中单击 是(Y) 按钮。
2. 依次单击 确定 按钮应用所有设置。

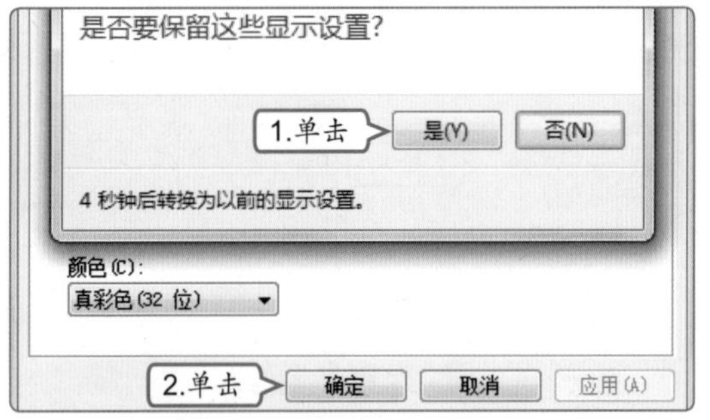

3.1.2 上机1小时：打造适合自己的使用环境

本例将利用“控制面板”窗口打造一个全新的、适合个人操作习惯的使用环境，其中将要用到的操作包括设置桌面背景、更改系统声音和设置屏幕保护程序等，完成后的效果如下图所示。

上机目标

- **巩固设置桌面背景和屏幕保护程序的具体操作方法。**
- **进一步掌握更改窗口颜色和系统声音的方法，灵活运用设置窗口字体的功能。**

高手指点 在调整屏幕分辨率时，除了可以选择适合的分辨率外，还可以在“屏幕分辨率”窗口的“方向”下拉列表中更改显示器的显示方向。

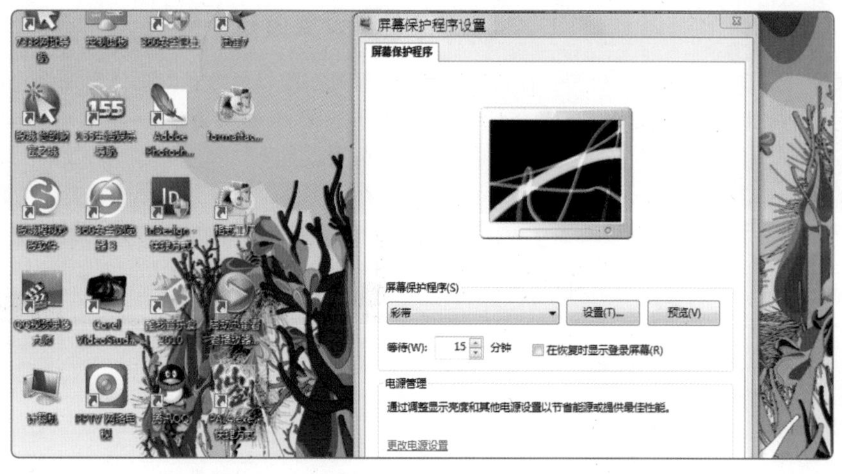

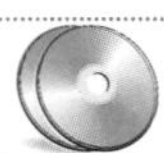

教学演示\第3章\打造适合自己的使用环境

1 打开“控制面板”窗口

1. 单击桌面上的“开始”按钮。
2. 在弹出的“开始”菜单中选择“控制面板”命令，打开“控制面板”窗口。

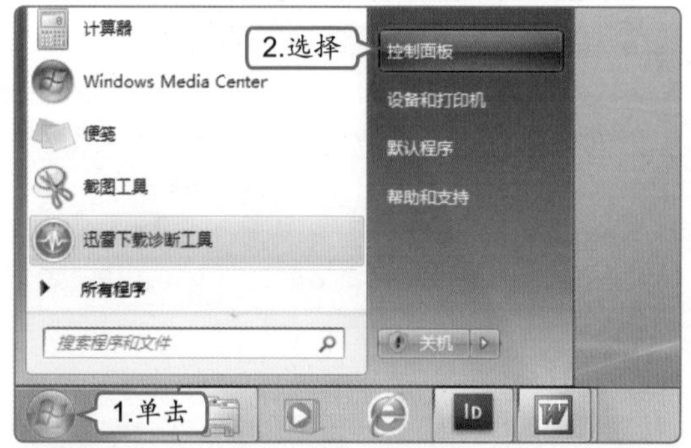

2 打开“桌面背景”窗口

在“外观和个性化”栏中单击“更改桌面背景”超链接，打开“桌面背景”窗口。

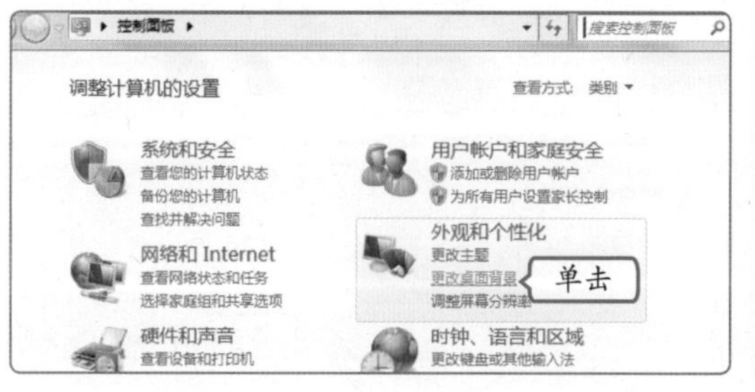

3 选择桌面背景图片

1. 在中间列表框中取消选中Windows栏中图片所对应的复选框。
2. 选中“场景”栏中前3张背景图片所对应的复选框。

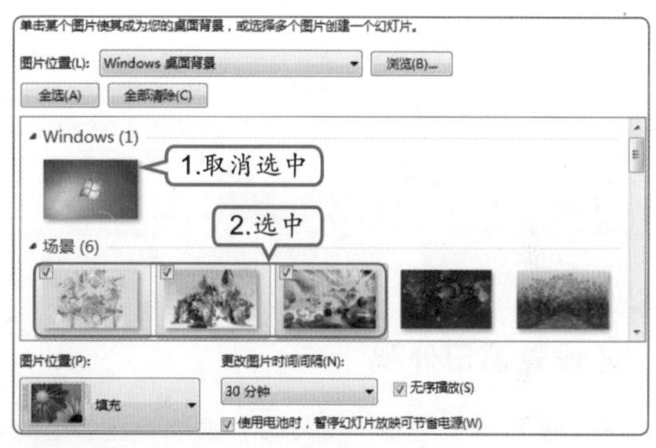

4 更改背景图片间隔时间

1. 在“更改图片时间间隔”下拉列表框中选择“10分钟”选项。
2. 单击保存修改按钮。

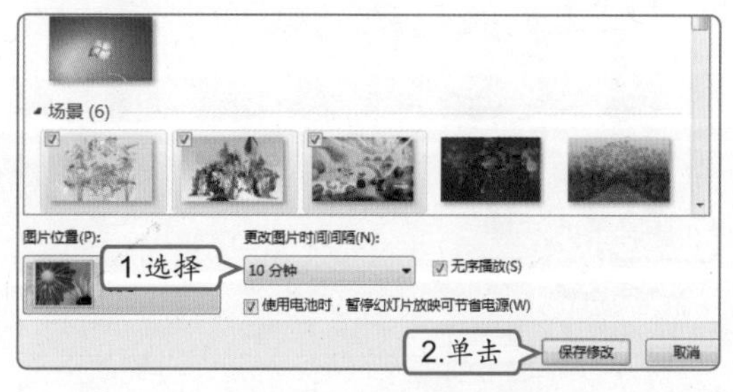

补充两句

为笔记本电脑桌面背景选择多张切换图片后，在笔记本电脑使用电池的情况下，为了节约电量，可以暂停桌面背景中图片的幻灯片放映效果。

第3章

5 打开“外观和个性化”窗口

在“控制面板”窗口中单击“外观和个性化”超链接，打开“外观和个性化”窗口。

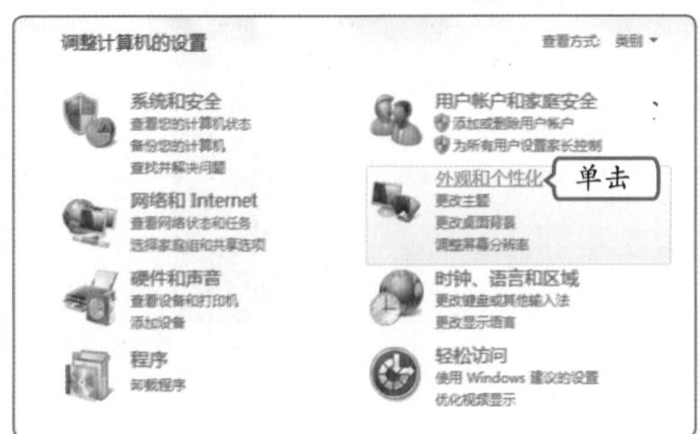

6 打开“窗口颜色和外观”窗口

在“个性化”栏中单击“更改半透明窗口颜色”超链接，打开“窗口颜色和外观”窗口。

7 设置窗口外观

1. 在“更改窗口边框、「开始」菜单和任务栏的颜色”栏中选择“大海”选项。
2. 选中“启用透明效果”复选框。
3. 单击“高级外观设置”超链接。

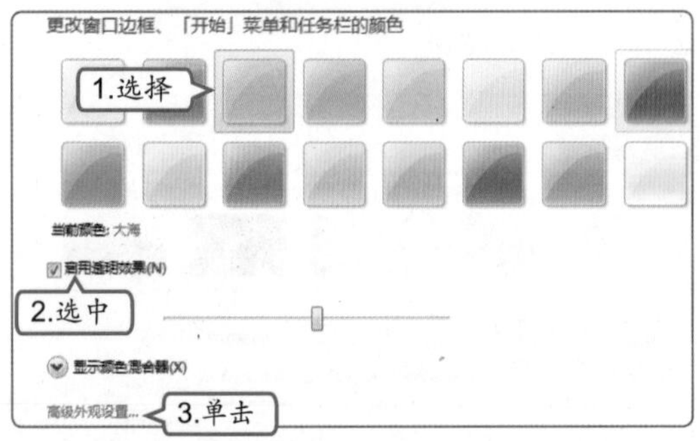

8 设置窗口字体

1. 打开“窗口颜色和外观”对话框，在“项目”下拉列表框中选择“非活动窗口标题栏”选项。
2. 在“字体”下拉列表框中选择“幼圆”选项。

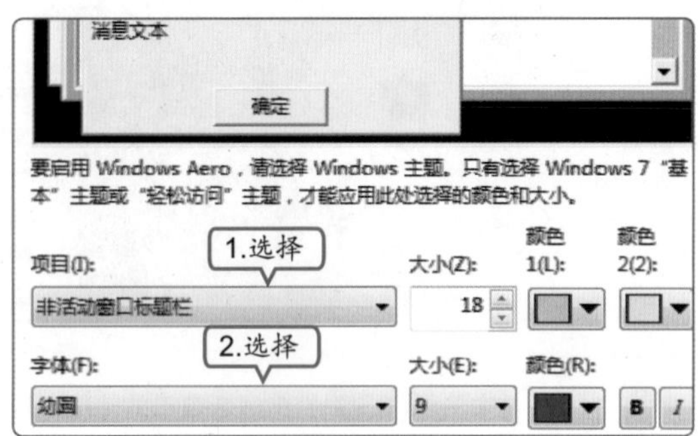

9 设置字体大小和颜色

1. 在“大小”下拉列表框中选择12选项。
2. 在“颜色”下拉列表框中选择“红色”选项。
3. 单击 确定 按钮。

10 保存所有设置

返回“窗口颜色和外观”窗口，确认所有设置后，单击窗口中的 保存修改 按钮即可完成所有操作。

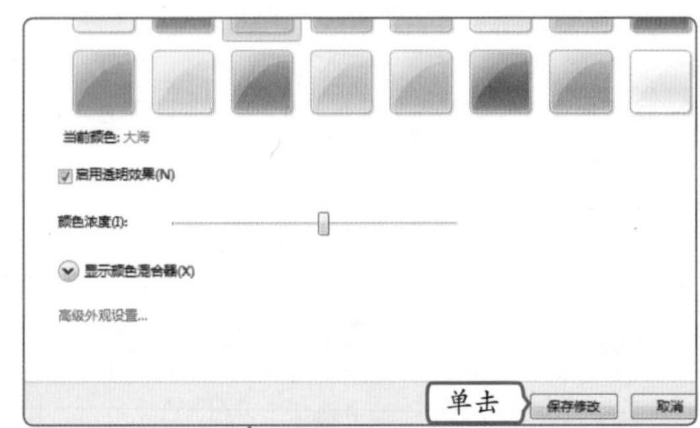

高手指点 除了可以更改窗口标题栏字体外，还可以更改其颜色和大小。其方法为：在“窗口外观和颜色”对话框的“大小”数值框中更改大小，在“颜色1”和“颜色2”下拉列表框中更改颜色。

11 打开“声音”对话框

在“外观和个性化”窗口的“个性化”栏中单击“更改声音效果”超链接，打开“声音”对话框。

12 更改系统声音整体方案

1. 在“声音”选项卡中的“声音方案”下拉列表框中选择“节日”选项。
2. 单击 确定 按钮。

13 打开“屏幕保护程序设置”对话框

在“外观和个性化”窗口的“个性化”栏中单击“更改屏幕保护程序”超链接，打开“屏幕保护程序设置”对话框。

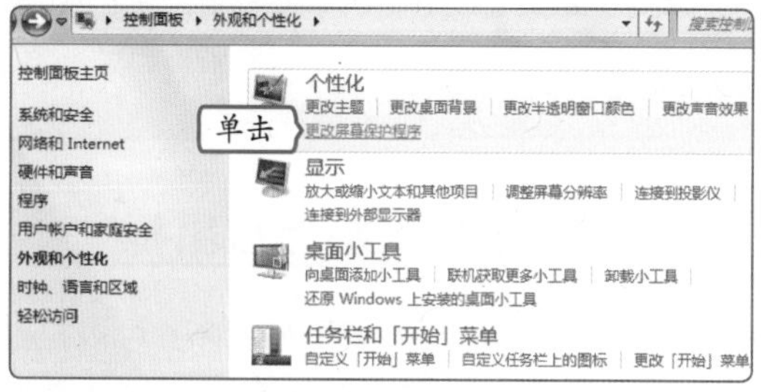

14 设置屏幕保护程序

1. 在“屏幕保护程序”下拉列表框中选择“彩带”选项。
2. 在“等待”数值框中输入“15”。
3. 单击 确定 按钮。

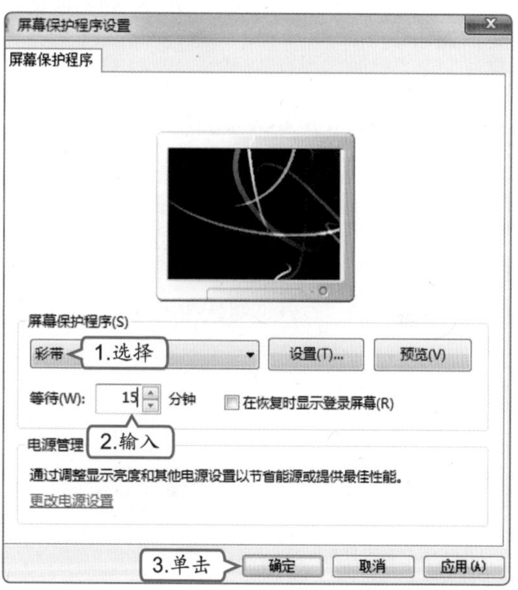

3.2 设置笔记本电脑的鼠标

老马告诉小李，笔记本电脑的便携、易用功能还体现在鼠标的使用上，即笔记本电脑在不用连接任何外接鼠标的前提下，便可利用特有鼠标“触摸板”来实现外接鼠标的功能。小李忙问：“什么是触摸板呀？每台笔记本电脑都有吗？”老马说：“每台笔记本电脑的结构不尽相同，有的笔记本电脑除了拥有触摸板外，还有指点杆。现在，我们就来学习如何使用外接鼠标和笔记本电脑中特有的鼠标。”

补充两句

在“声音”对话框中选择某个声音方案后，该对话框中的 测试(T) 和 浏览(B)... 按钮呈灰色显示，表示不可用，只有选择“程序事件”列表框中的任意一个选项后，才能将其激活。

3.2.1 学习1小时

学习目标

- 熟悉设置笔记本电脑外接鼠标的方法。
- 掌握设置笔记本电脑特有鼠标的基本操作。

1 设置笔记本电脑外接鼠标

在Windows 7操作系统中除了可以打造个性化的操作界面外，还可以对笔记本电脑中的外接鼠标进行设置，其操作方法与设置台式机中鼠标的方法相同。常见的设置鼠标的操作包括设置鼠标按钮、设置鼠标指针、设置鼠标指针选项以及设置鼠标滚轮等，下面分别介绍这些操作的具体设置方法。

（1）设置外接鼠标按钮

在使用笔记本电脑的过程中，可以根据个人的使用习惯对外接鼠标按钮进行相应设置，其操作方法很简单。下面以设置惠普笔记本电脑外接鼠标按钮为例进行讲解，其具体操作如下。

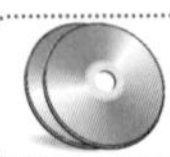

教学演示\第3章\设置外接鼠标按钮

1 打开“硬件和声音”窗口

打开“控制面板”窗口，然后单击其中的“硬件和声音”超链接，打开“硬件和声音”窗口。

2 打开“鼠标 属性”对话框

在“设备和打印机”栏中单击“鼠标”超链接，打开“鼠标 属性”对话框。

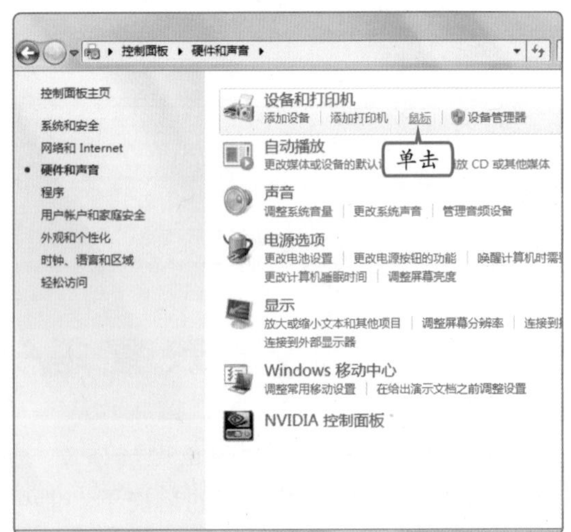

高手指点 在“个性化”窗口中单击“更改鼠标指针”超链接，也可以打开“鼠标 属性”对话框。

3 设置鼠标键配置

1. 选择“按钮”选项卡。
2. 在“装置”下拉列表框中可以选择所需配置，这里选择“其他定点装置”选项，表示设置的对象由触摸板更改为外接鼠标。
3. 选中“习惯左手”单选按钮，左手功能马上生效。

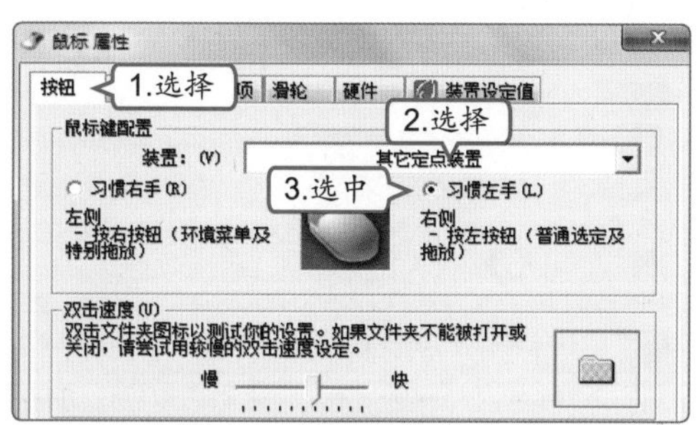

4 设置鼠标双击速度

切换到左手操作，在“双击速度”栏中可以自定义双击鼠标的速度，即在其中的滑块上按住鼠标不放，进行左右拖动。确认设置后，可双击右侧的文件图标来测试设置效果。

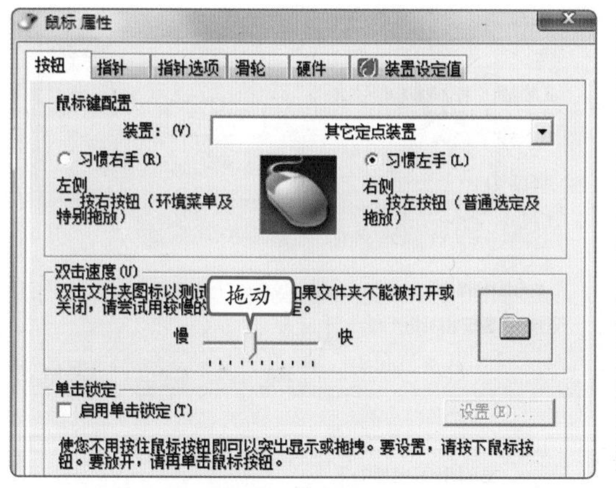

5 启用单击锁定功能

1. 在“单击锁定”栏中选中“启用单击锁定”复选框。
2. 单击右侧的设置(E)...按钮。

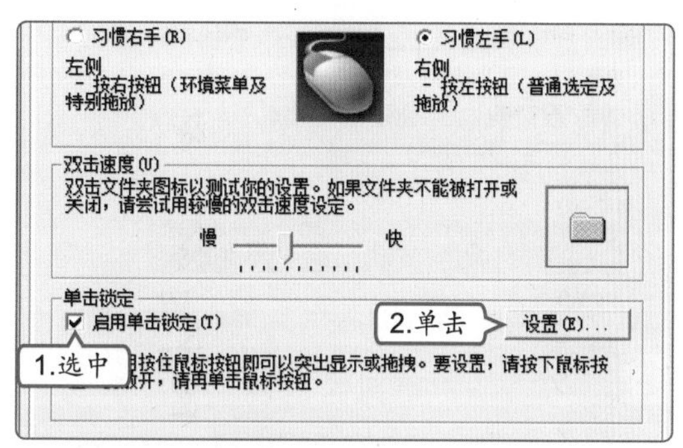

6 调整单击锁定时间

1. 打开“单击锁定设置”对话框，拖动其中的滑块调整单击锁定时间。
2. 单击确定按钮。
3. 在返回的“鼠标 属性”对话框中单击确定按钮即可完成设置。

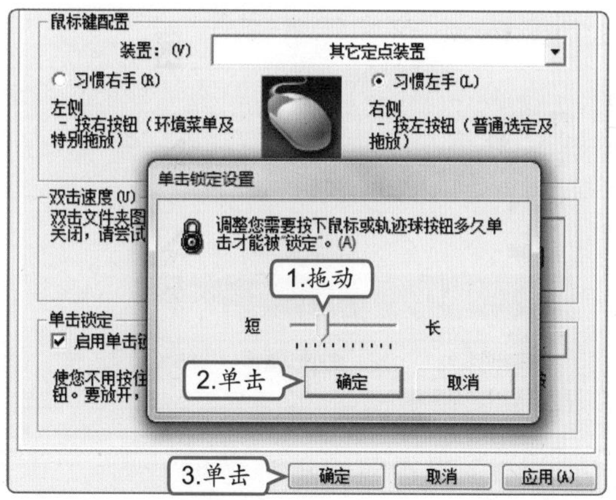

（2）设置鼠标指针

鼠标指针的外观不是固定不变的，Windows 7系统提供了12种不同的方案供用户选择。另外，用户还可以根据自己的喜好自定义不同状态下鼠标指针显示的外观。下面以更改指针方案和自定义“忙”状态下的鼠标指针外观为例进行讲解，其具体操作如下。

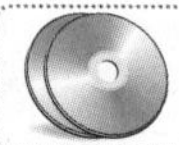

教学演示\第3章\设置鼠标指针

笔记本电脑中触摸板按钮的设置方法与外接鼠标按钮的设置方法相同，都是在“鼠标 属性”对话框的“按钮”选项卡中进行设置。

补充两句

1 选择所需的指针方案

1. 用前面介绍的方法打开“鼠标 属性”对话框，然后选择“指针”选项卡。
2. 在“方案”下拉列表框中选择所需方案，这里选择“放大（系统安案）”选项。

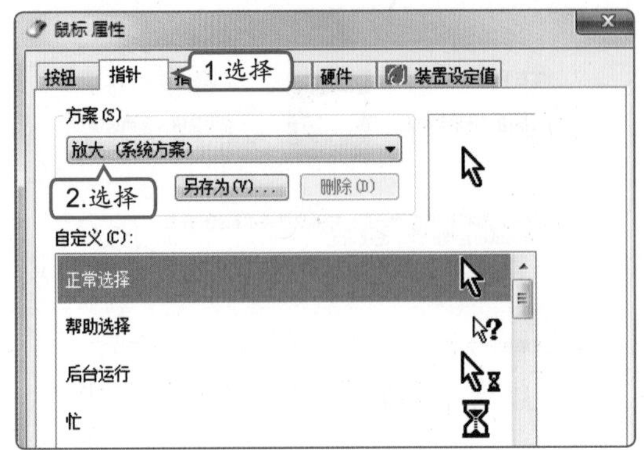

2 自定义鼠标指针外观

1. 在“自定义”列表框中选择“忙”选项。
2. 选中“允许主题更改鼠标指针”复选框。
3. 单击“自定义”列表框右下角的 浏览(B)... 按钮。

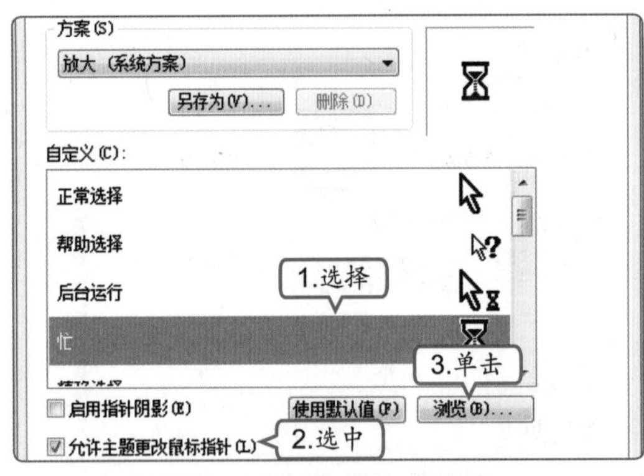

3 选择所需指针样式

1. 打开“浏览”对话框，在中间列表框中选择所需的指针样式，这里选择aero_busy_xl.ani选项。
2. 单击 打开(O) 按钮。

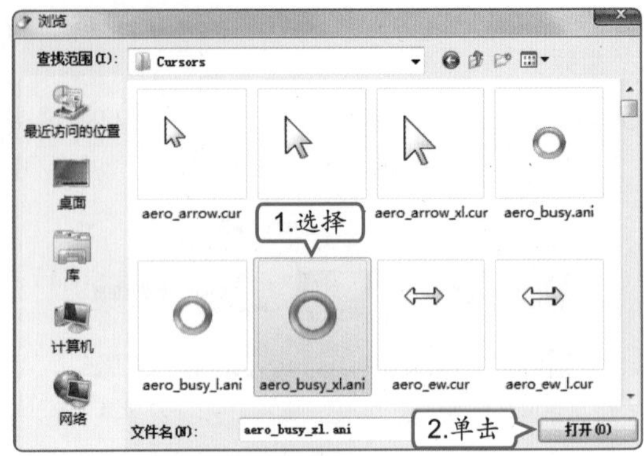

4 保存修改后的方案

1. 返回“指针”选项卡，单击 另存为(V)... 按钮。
2. 打开“保存方案”对话框，在“将该光标方案另存为”文本框中输入“新方案”。
3. 单击 确定 按钮。
4. 在返回的对话框中单击 确定 按钮应用设置。

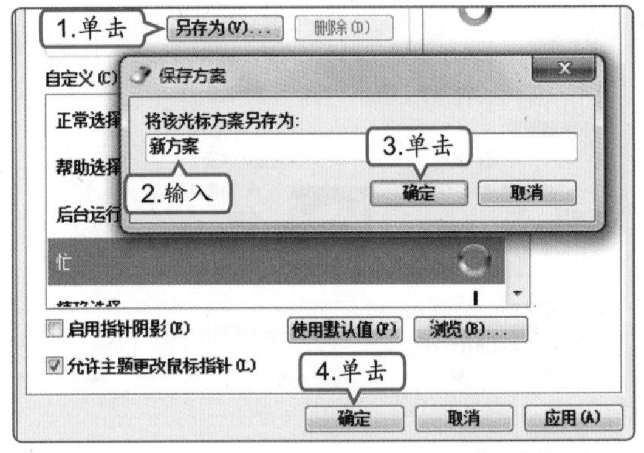

（3）设置鼠标指针选项

在“鼠标 属性”对话框中除了可以自定义鼠标指针样式外，还可以选择其中的“指针选项”选项卡，对鼠标指针的移动速度和精确度、对齐方式以及可见性等属性进行设置，完成所有设置后单击 确定 按钮即可。“指针选项”选项卡中各参数的含义如下。

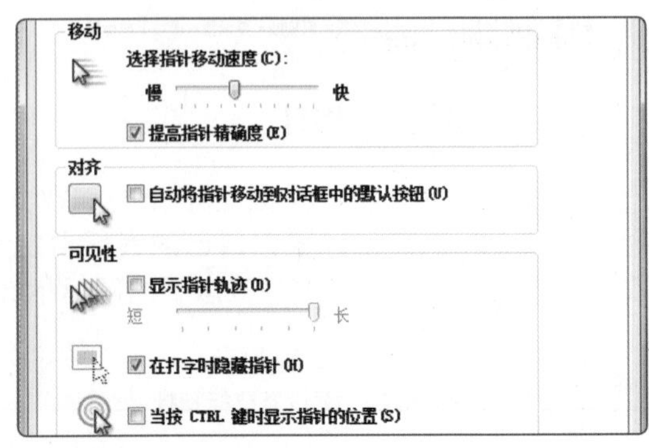

高手指点 另存为的方案会自动添加到“鼠标 属性”对话框中“指针”选项卡的“方案”下拉列表框中，下次使用时，只需在“方案”下拉列表框中进行选择，不用再重新进行设置。

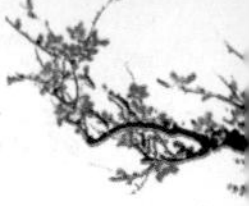

"移动"栏

拖动"移动"栏中的滑块▯可调整鼠标指针的移动速度；若想在移动鼠标的过程中，使鼠标指针的定位更加准确，则可选中该栏中的"提高指针精确度"复选框。

"对齐"栏

选中该栏中的"自动将指针移动到对话框中的默认按钮"复选框后，当打开某个对话框时，鼠标指针将自动定位到该对话框中默认按钮上。

"可见性"栏

选中该栏中的"显示指针轨迹"复选框，可使鼠标指针在移动过程中显示其运行轨迹，此外，拖动"显示指针轨迹"下方的滑块▯可缩短或延长运行轨迹的长度；选中"在打字时隐藏指针"复选框，则在笔记本电脑中输入文字时鼠标指针将自动隐藏；选中"当按CTRL键时显示指针的位置"复选框，则在按【Ctrl】键时，将以水波的效果显示当前鼠标指针所在位置，此方法适用于隐藏鼠标指针后快速定位当前指针所在位置。

（4）设置鼠标滑轮

在"鼠标 属性"对话框中选择"滑轮"选项卡，在其中可分别设置"垂直滚动"和"水平滚动"的滑动行数。在"垂直滚动"栏的数值框中显示的数字是指拨动鼠标滑轮一次后，页面向下翻动的行数，完成所有设置后单击 确定 按钮即可。

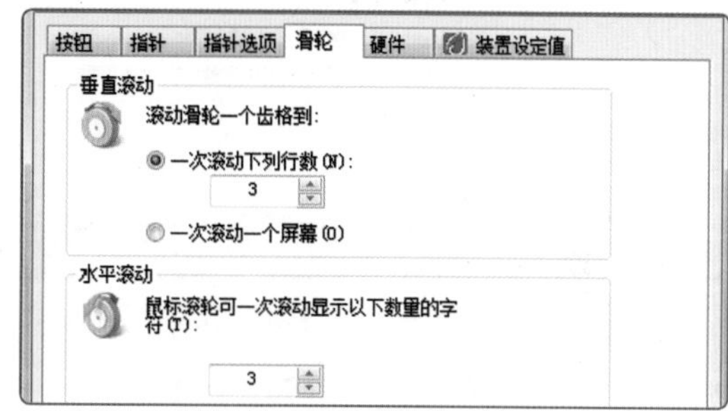

2 设置笔记本电脑特有鼠标

笔记本电脑特有鼠标包括触摸板和指点杆，但是大多数的笔记本电脑只有一个触摸板，只有极少数的笔记本电脑带有一个指点杆，如ThinkPad和戴尔。下面以设置惠普笔记本电脑中特有鼠标——触摸板为例进行讲解，其具体操作如下。

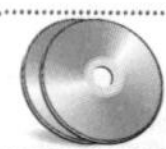

教学演示\第3章\设置笔记本电脑特有鼠标

1 打开设置触摸板的对话框

1. 按照前面介绍的方法打开"鼠标 属性"对话框，然后选择"装置设定值"选项卡。
2. 单击 设定值(S) 按钮，打开"属性 SynapticsTouchPad V6.5在PS/2连接端口"对话框。

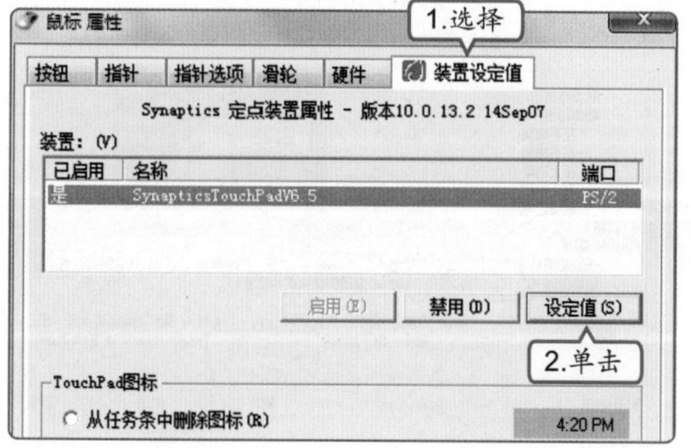

2 启用触击功能

1. 在"选择项目"栏中选择"触击"选项。
2. 选中"触击"栏中的"启用触击"复选框。
3. 单击"触击"选项前面的"展开"按钮⊞，展开触击功能。

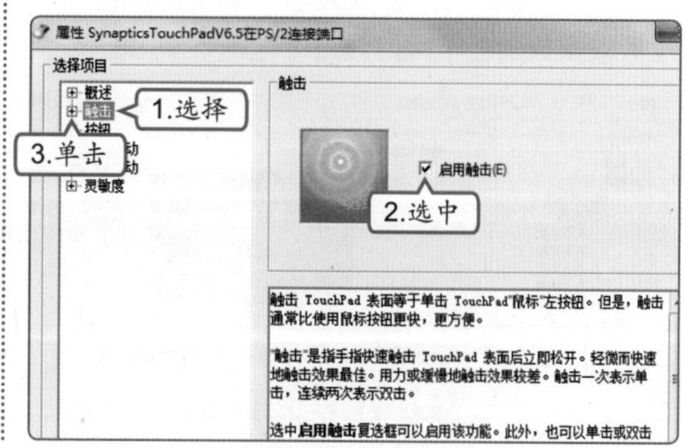

补充两句

在对触摸板进行设置之前，首先需要安装相应的驱动程序。其方法为：将触摸板安装光盘放入光驱，待成功读盘后，找到相应的安装程序，然后再根据安装向导一步步进行安装。

3 启动触击区域功能

1. 选择“选择项目”栏中的“触击区域”选项。
2. 在右侧的“触击区域”栏中选中“启动触击区域”复选框，启动触击区域功能。

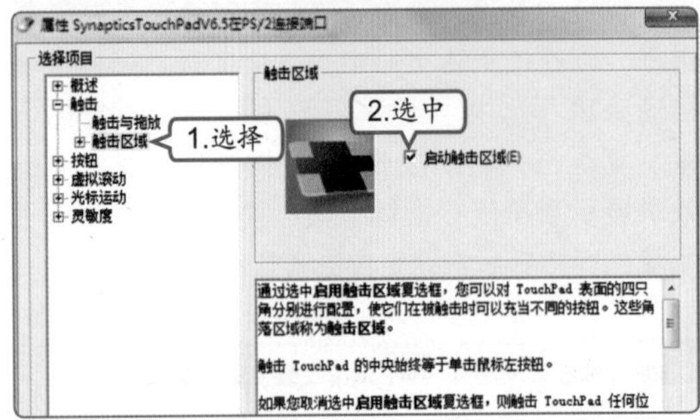

4 设置触击区域

1. 单击“触击区域”选项前的“展开”按钮⊞。
2. 在展开的“触击区域”列表中选择触摸板上需要设置的区域，这里选择“右下功能”选项。
3. 选择“右下功能”列表框中的“搜索”选项。

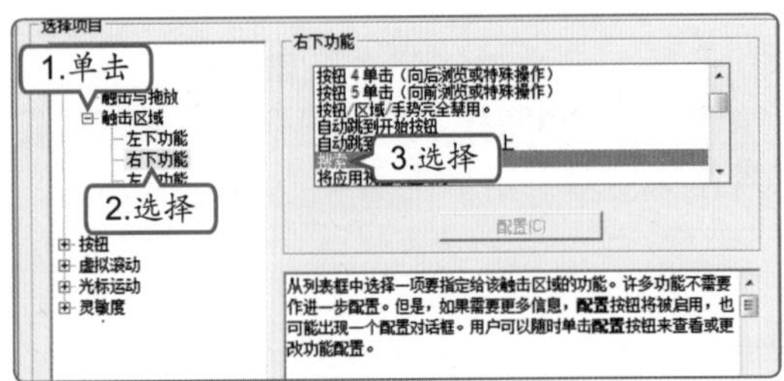

5 设置触击区域尺寸

1. 选择“触击区域”列表中的“触击区域尺寸”选项。
2. 在“触击区域尺寸”栏中拖动鼠标可以设置触摸板4个角的触击区域大小，这里拖动鼠标扩大触摸板上左下角的触击区域。

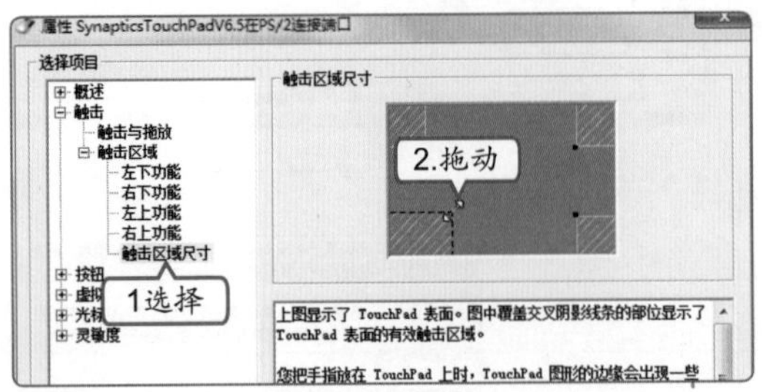

6 启用垂直滚动功能

1. 选择“选择项目”栏中的“虚拟滚动”选项。
2. 在右侧的“虚拟滚动”栏中选中“启用垂直滚动”复选框。

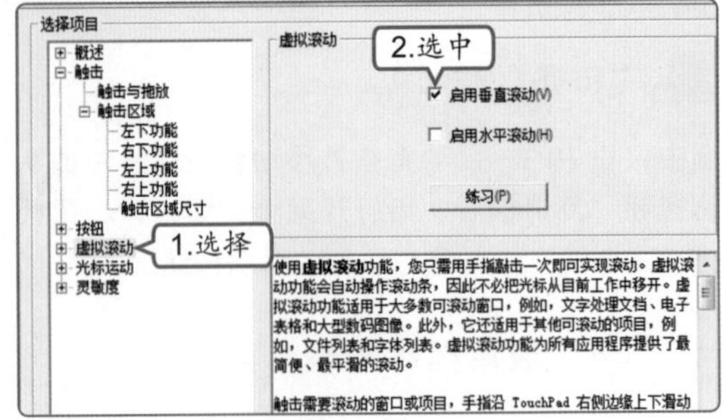

7 设置长距离滚动

1. 用前面介绍的方法展开“虚拟滚动”列表，然后选择“长距离滚动”选项。
2. 在“长距离滚动”栏中选中“启用自由滚动”复选框。
3. 拖动“滚动速度”栏中的滑块，调整手指在虚拟滚动区域中移动时窗口的滚动速度。

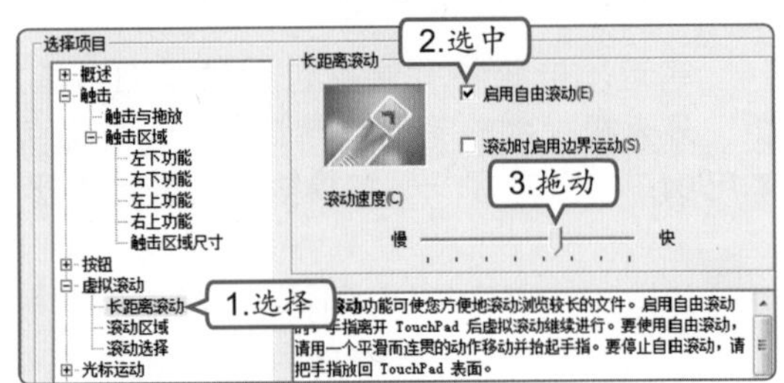

8 设置滚动区域

1. 选择“虚拟滚动”列表中的“滚动区域”选项。
2. 在右侧的“滚动区域”栏中拖动鼠标调整滚动区域的大小。
3. 完成设置后，单击该对话框中的确定按钮。

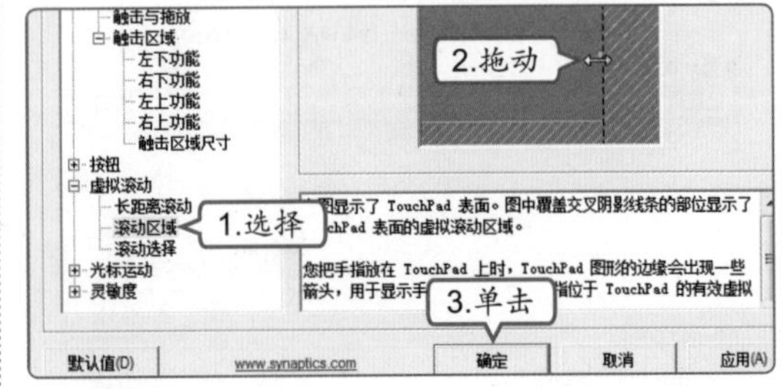

高手指点 启用触击区域功能后，笔记本电脑触摸板的4个角上将自动开启已设定的功能，如触击触摸板的右下角便会自动打开搜索窗口，其功能需要可由用户自行设置，设置方法与前面介绍的相同。

3.2.2 上机1小时：设置符合个人使用习惯的鼠标指针

本例将对笔记本电脑中特有的鼠标——触摸板、鼠标指针和指针选项进行设置，使设置后的鼠标更加符合个人使用习惯，而且鼠标指针外观看起来也更加美观，完成后的效果如下图所示。

上机目标

- 巩固更改鼠标指针和指针选项的具体操作方法。
- 进一步掌握设置触摸板的操作步骤。

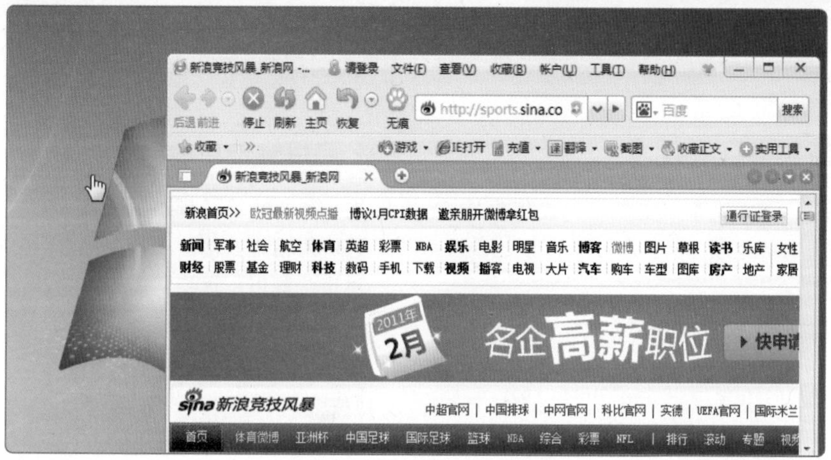

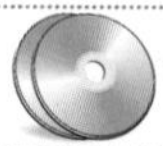

教学演示\第3章\设置符合个人使用习惯的鼠标指针

1 打开“硬件和声音”窗口

打开“控制面板”窗口，然后在其中单击“硬件和声音”超链接，打开“硬件和声音”窗口。

2 打开“鼠标 属性”对话框

在“设备和打印机”栏中单击“鼠标”超链接，打开“鼠标 属性”对话框。

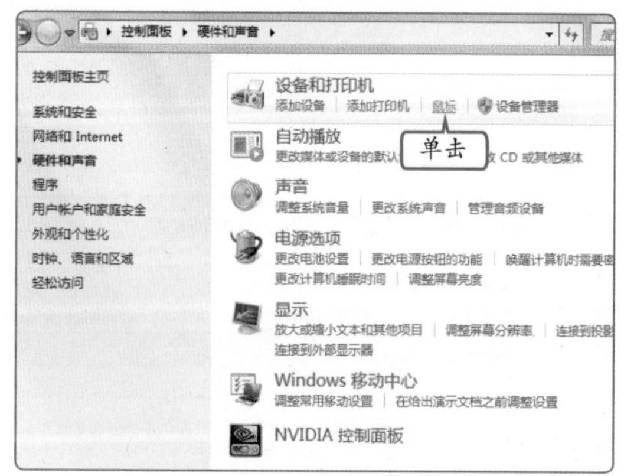

笔记本电脑中指点杆的设置方法与触摸板的设置方法类似，以ThinkPad笔记本电脑为例，其方法为：选择“鼠标 属性”对话框中的UltraNav选项卡，然后在其中即可进行相应设置。 补充两句

3 自定义指针样式

1. 选择“指针”选项卡。
2. 在“自定义”列表框中选择“正常选择”选项。
3. 单击 浏览(B)... 按钮。

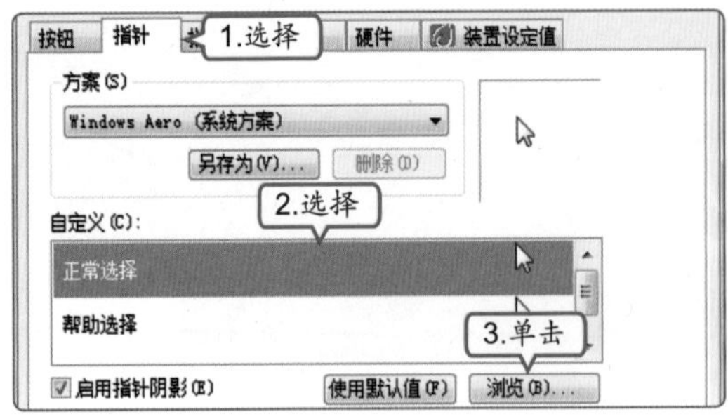

4 选择所需指针样式

1. 打开“浏览”对话框，在中间列表框中选择aero_link_l.cur选项。
2. 单击 打开(O) 按钮。

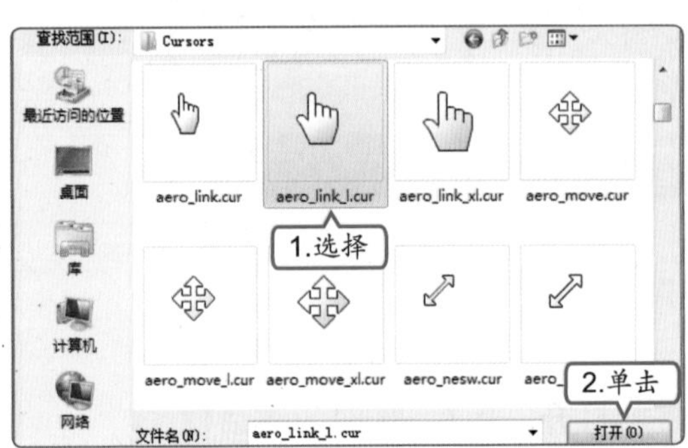

5 设置鼠标指针选项

1. 选择“指针选项”选项卡。
2. 在“可见性”栏中选中“显示指针轨迹”复选框。
3. 选中“在打字时隐藏指针”复选框。

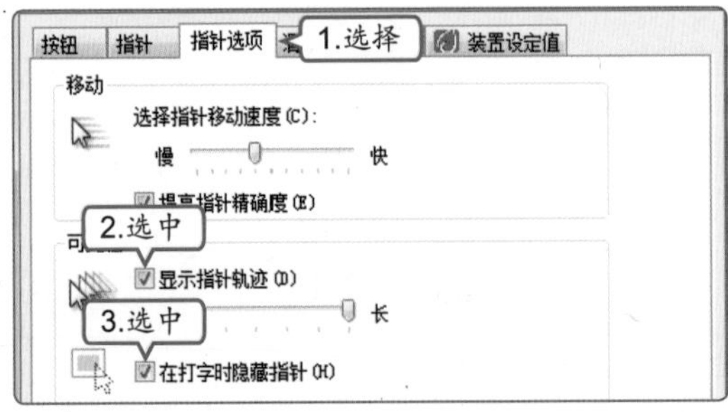

6 打开设置触摸板的属性对话框

1. 选择“装置设定值”选项卡。
2. 在打开的选项卡中单击 设定值(S) 按钮，打开“属性 SynapticsTouchPad V6.5在PS/2连接端口”对话框。

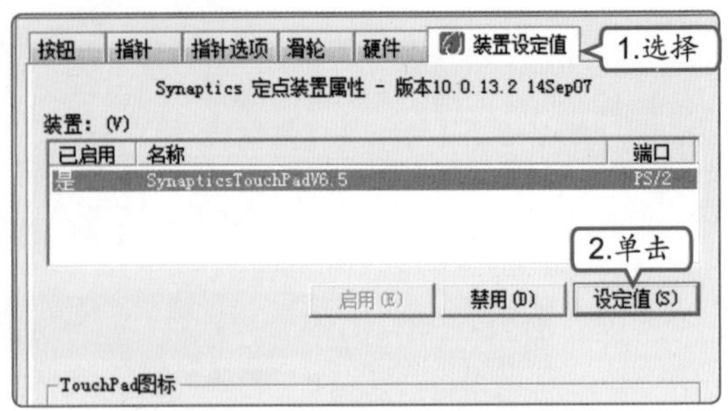

7 启用触击功能

1. 在“选择项目”列表中选择“触击”选项。
2. 选中对话框右侧的“启用触击”复选框。
3. 单击“触击”选项前面的“展开”按钮+。

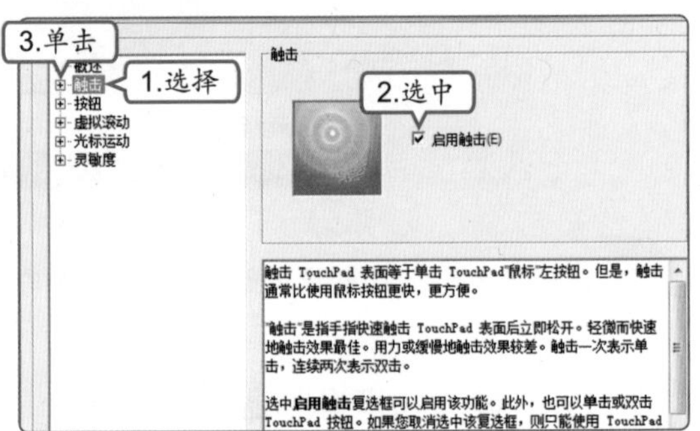

8 启用触击区域功能

1. 在展开的“触击”列表中选择“触击区域”选项。
2. 选中对话框右侧的“启动触击区域”复选框。
3. 单击“触击区域”选项前面的“展开”按钮⊞。

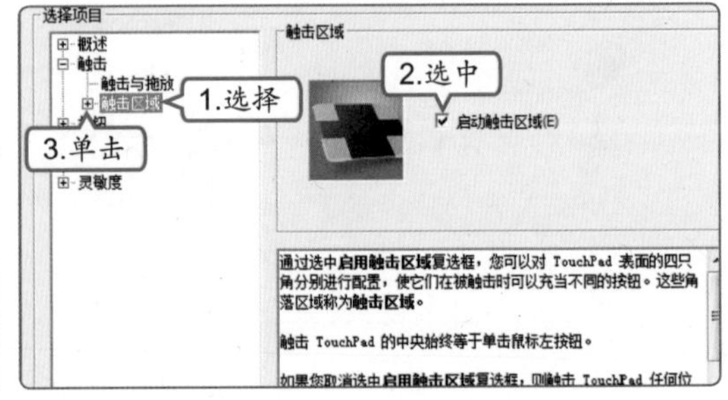

高手指点 在“触击”列表中选择“触击与拖放”选项，可以设置触摸板中的触击与拖放功能，该功能等同于笔记本电脑外接鼠标的单击功能。

9 设置触击区域

1. 在展开的"触击区域"列表中选择"左下功能"选项。
2. 在对话框右侧的列表框中选择"启动默认浏览器"选项。

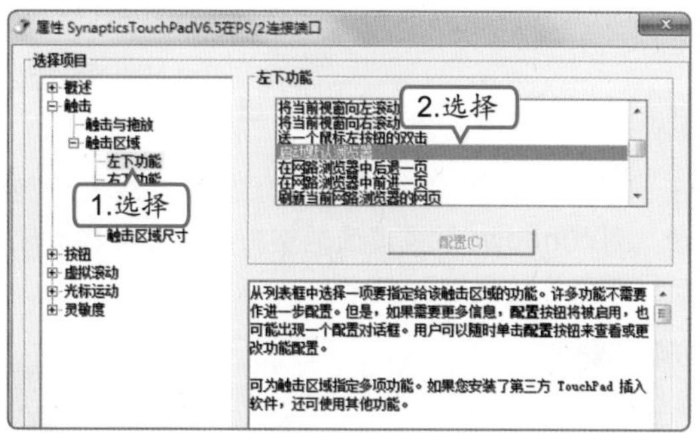

10 设置触击区域

用相同的方法将"触击区域"列表中的"右下功能"选项设置为"启动默认的媒体播放器"。

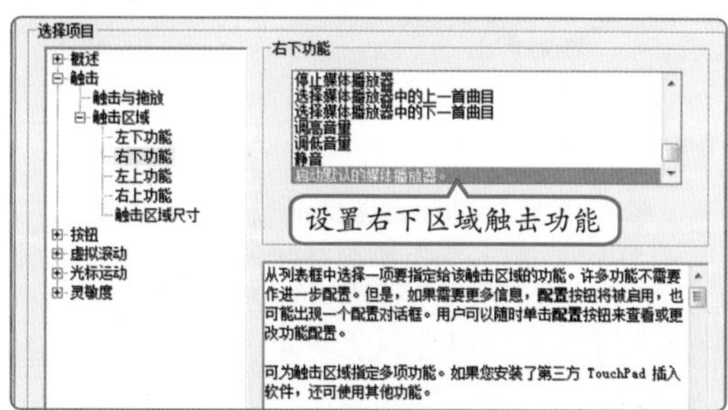

11 设置触击区域尺寸

1. 选择"触击区域"列表中的"触击区域尺寸"选项。
2. 在"触击区域尺寸"栏的右下角区域按住鼠标左键不放进行拖动，调整该区域的尺寸。
3. 单击 确定 按钮。

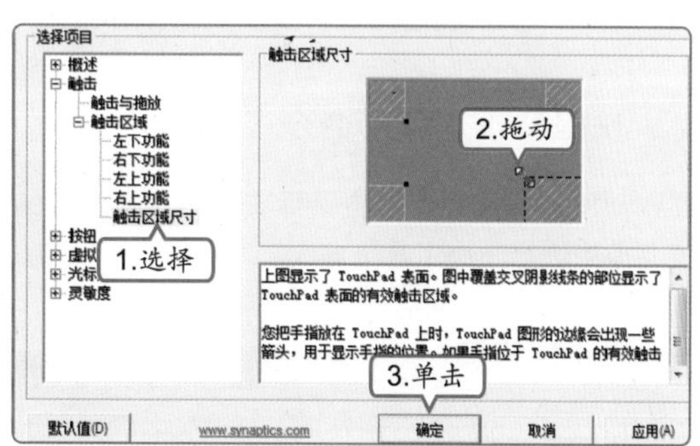

操作提示：设置触摸板按钮功能

在"选择项目"栏中展开"按钮"列表，用设置触击区域功能的方法可对触摸板下方的左、右按钮功能进行设置。在对其进行设置之前，要确保"启用按钮"功能。

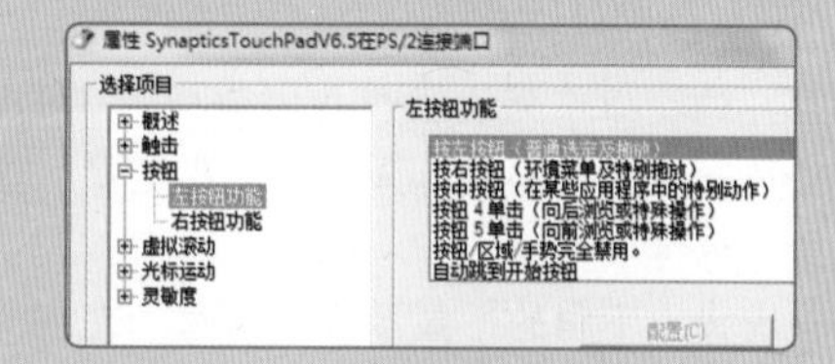

3.3 管理笔记本电脑中的系统时间和输入法

小李使用笔记本电脑已有一段时间了，但对于Windows 7系统中的常用功能还是不熟悉。于是，小李决定趁休息日去找老马，让他再多教自己几招。老马了解了小李的来意后，笑着说："完全没问题，现在我就教你向桌面添加小工具的操作，你可要认真听哟！"小李赶紧点了点头。

3.3.1 学习1小时

学习目标

- 了解桌面小工具的添加和设置方法。
- 掌握更改系统日期和时间的具体操作方法。
- 熟悉添加和删除输入法的基本操作。

补充两句

Windows 7操作系统提供的小工具可为 Windows 桌面或 SideShow 设备增加乐趣和功能，常用的小工具包括时钟、天气、日历以及图片拼图板等。

1 向桌面添加时钟小工具

Windows 7操作系统提供了9种实用又有趣的小工具，它可以丰富桌面上显示的内容，合理使用这些小工具，可以使笔记本电脑的操作变得更加方便。向桌面添加小工具的方法都是相同的，下面以向桌面上添加时钟小工具为例进行讲解，其具体操作如下。

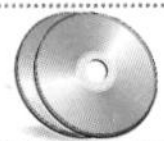

教学演示\第3章\向桌面添加时钟小工具

1 选择“小工具”命令

在Windows 7桌面上单击鼠标右键，在弹出的快捷菜单中选择“小工具”命令。

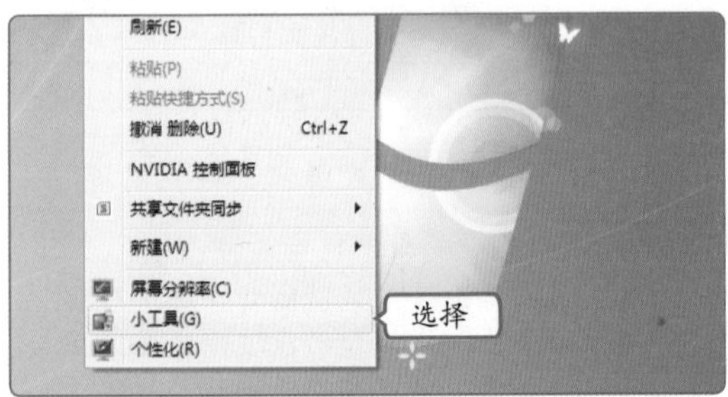

2 选择所需小工具

1. 在打开的窗口中列出了Windows 7自带的9种小工具，可根据需要选择对应的小工具，这里选择“时钟”选项。
2. 单击窗口左下角的“显示详细信息”左侧的下拉按钮，将显示所选小工具的用途。

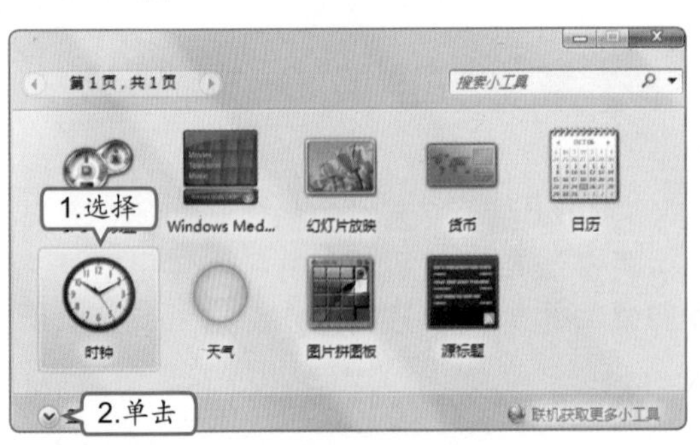

3 向桌面添加时钟小工具

在“时钟”小工具上按住鼠标左键不放进行拖动，到Windows系统桌面的空白区域后再释放鼠标，即可将其添加到桌面上。

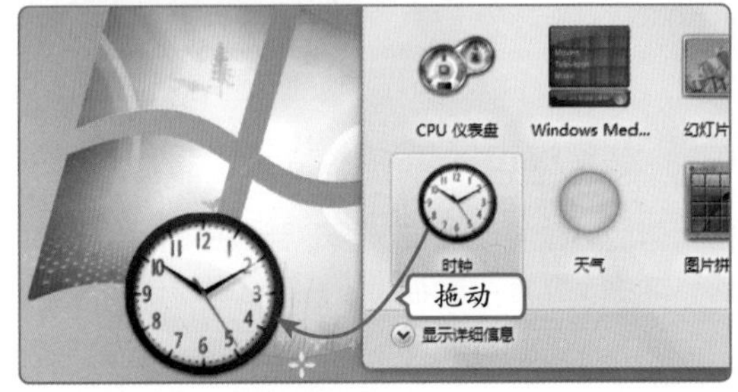

教你一招：手动安装小工具

如果Windows提供的小工具不能满足实际需求，那么可在打开的窗口中单击“联机获取更多小工具”超链接，在打开的“桌面小工具”网页中单击所选小工具对应的“下载”超链接，将小工具保存到笔记本电脑中。双击小工具对应的安装程序，将其安装到笔记本电脑中，下次选择“小工具”命令后，在打开的窗口中便会显示手动安装的小工具，拖动鼠标即可将其添加到桌面上。

2 设置小工具属性

在桌面上添加小工具后，还可对其幻灯片放映效果、时钟、尺寸大小以及位置等属性进行设置，但不同小工具设置的对象也不尽相同。下面以设置“幻灯片放映”小工具的尺寸、放映时显示的图片和图片之间的转换方式为例进行讲解，其具体操作如下。

高手指点 在向桌面上添加小工具时，还有一种最简单、快捷的方法，即在所选的小工具上双击鼠标，即可快速将对应的小工具添加到Windows桌面上。

实例素材\第3章\幻灯片放映
教学演示\第3章\设置小工具属性

1 放大图片尺寸

用前面介绍的方法将“幻灯片放映”小工具添加到桌面上，然后将鼠标指针移至其上，单击图片右侧出现的“较大尺寸”按钮，此时小工具显示的界面将会自动放大。

2 打开“幻灯片放映”对话框

将鼠标指针移至小工具上，然后单击图片右侧的“选项”按钮，打开“幻灯片放映”对话框。

3 设置图片显示时间和转换效果

1. 在“每张图片显示的时间”下拉列表框中选择“10秒”选项。
2. 在“图片之间的转换”下拉列表框中选择“棋盘”选项。
3. 单击“文件夹”下拉列表框右侧的“浏览”按钮，打开“浏览文件夹”对话框。

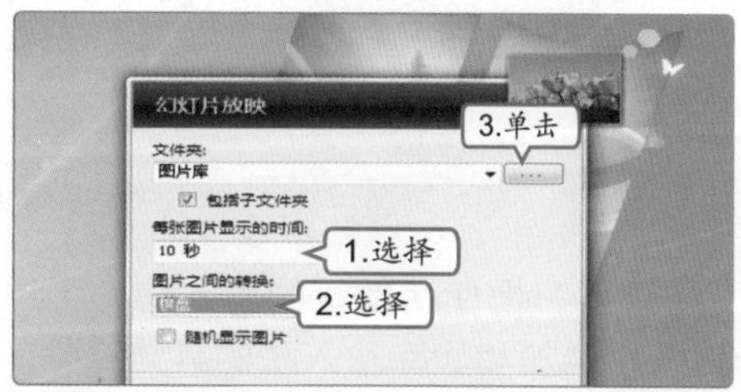

4 选择放映图片

1. 在中间列表框中选择需放映图片所在的文件夹，这里选择“幻灯片放映”文件夹。
2. 单击 确定 按钮。

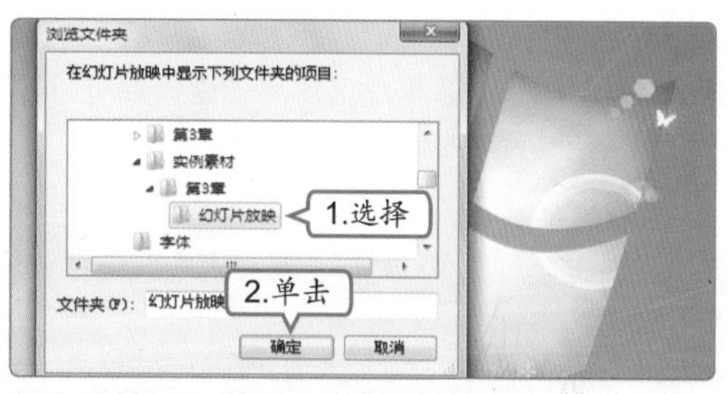

5 查看幻灯片放映效果

完成设置后，正在放映的图片将会自动显示为所选图片，效果如下图所示。

操作提示：调整小工具显示位置

添加到桌面上的小工具是可以随意移动的，其操作方法为：将鼠标指针移至小工具右侧的“拖动小工具”按钮上，然后按住鼠标左键不放进行拖动，将其拖动到目标位置后再释放鼠标，即可调整小工具在桌面上显示的位置。

补充两句

在设置“幻灯片放映”小工具中放映的图片时，若想达到放映多张图片的效果，那么就要将这些图片保存在同一文件夹中，因为在“浏览文件夹”对话框中只能选择文件夹，不能选择文件。

3 更改系统日期和时间

启动笔记本电脑后，任务栏的通知区域中将同步显示当前系统的日期和时间，不过用户可以根据实际的日期、时间或时区的不同，及时对笔记本电脑的日期和时间进行调整。下面以更改笔记本电脑中系统的日期和时间为例进行讲解，其具体操作如下。

教学演示\第3章\更改系统日期和时间

1 打开“日期和时间”对话框

在任务栏的显示日期和时间区域上单击鼠标右键，在弹出的快捷菜单中选择“调整日期/时间”命令，打开“日期和时间”对话框。

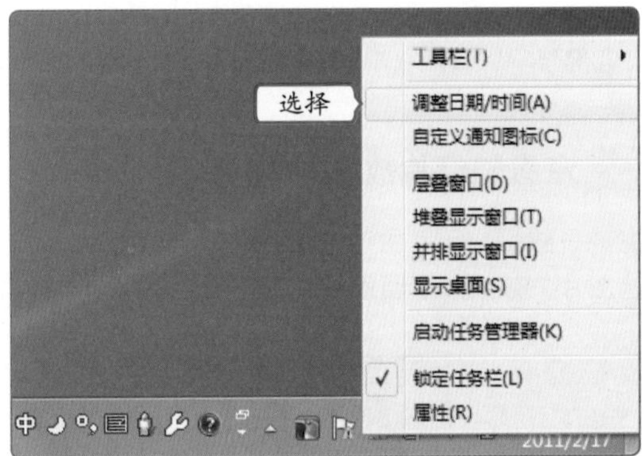

2 打开“日期和时间设置”对话框

在“日期和时间”选项卡中单击 更改日期和时间(D)... 按钮，打开“日期和时间设置”对话框。

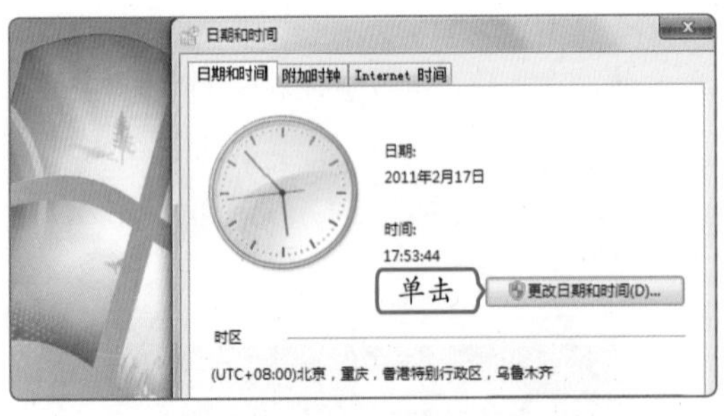

3 更改系统日期和时间

1. 通过单击“日期”栏中显示年份区域的微调按钮◀和▶，可调整当前系统的年份和月份，在下方的列表框中可选择具体日期，这里将系统日期设置为“2011年2月17日”。
2. 在“时间”栏下方的数值框中通过微调按钮可设置具体的时间，可精确到秒，这里将系统时间设置为“17:56:34”。

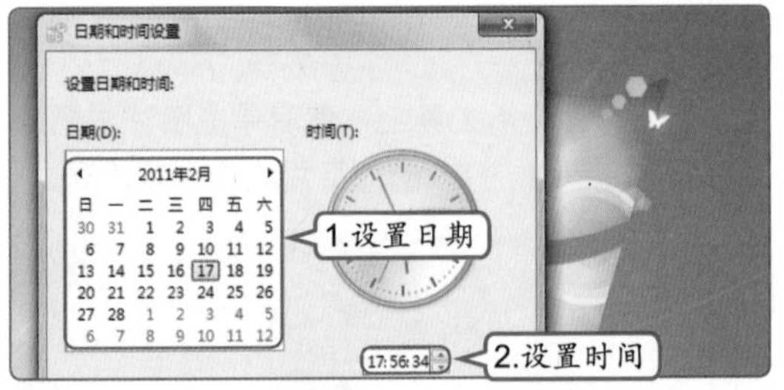

4 应用所有设置

1. 完成所有设置后，单击“日期和时间设置”对话框中的 确定 按钮。
2. 返回“日期和时间”对话框，并单击其中的 确定 按钮，应用所有设置。

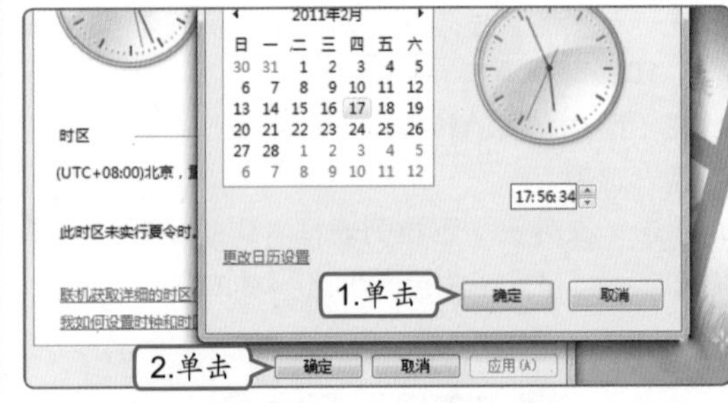

4 添加和删除输入法

在Windows 7中默认输入法为微软拼音2010，如果不习惯使用默认的输入法，可添加其他的输入法，或是删除无用的输入法，下面将分别介绍添加和删除输入法的具体操作。

高手指点 在“日期和时间”对话框中单击 更改时区(Z)... 按钮，打开“时区设置”对话框，在“时区”下拉列表框中选择所在区域，完成设置后依次单击 确定 按钮可设置时区。

（1）添加输入法

在笔记本电脑中输入文本内容时，可以根据不同的使用环境来添加符合自己使用习惯的输入法。下面将以添加系统自带的微软拼音输入法为例进行讲解，其具体操作如下。

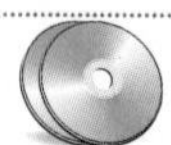

教学演示\第3章\添加输入法

1 打开“文本服务和输入语言”对话框

在任务栏中显示输入法的区域上单击鼠标右键，在弹出的快捷菜单中选择“设置”命令，打开“文本服务和输入语言”对话框。

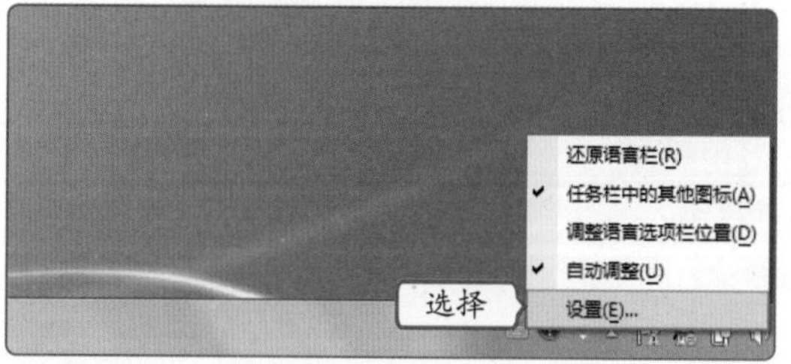

2 打开“添加输入语言”对话框

1. 选择“常规”选项卡。
2. 在打开的对话框中单击 添加(D)... 按钮，打开“添加输入语言”对话框。

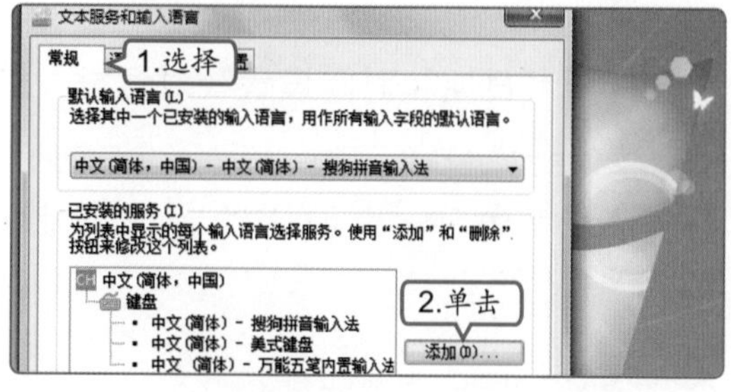

3 添加微软拼音输入法

1. 在“使用下面的复选框选择要添加的语言”列表框中选择要添加的输入法，这里选中“微软拼音-新体验 2010”复选框。
2. 依次单击 确定 按钮。

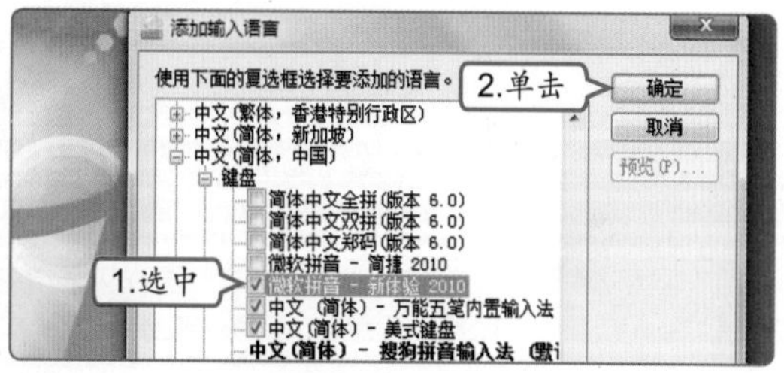

4 查看添加的输入法

单击任务栏中显示的输入法，在弹出的列表中将自动显示新添加的“微软拼音-新体验2010”输入法。

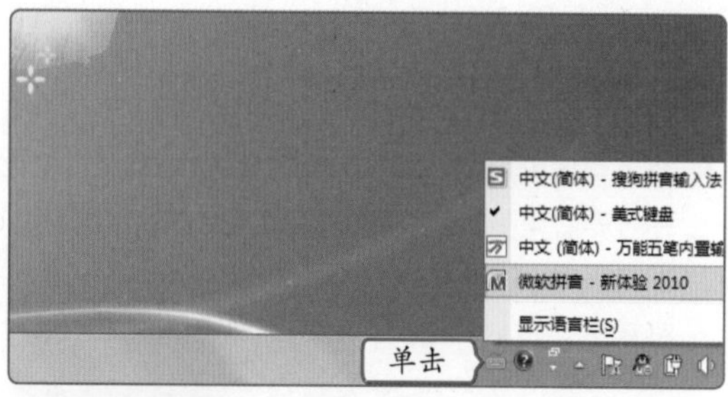

（2）删除输入法

对于一些不常用或无用的输入法，用户可以将其删除。删除输入法的操作很简单，其方法为：首先利用前面介绍的方法打开“文本服务和输入语言”对话框，并切换到“常规”选项卡，然后在“已安装的服务”列表框中选择要删除的输入法，再单击右侧的 删除(R) 按钮，最后单击该对话框中的 确定 按钮，即可完成删除操作。

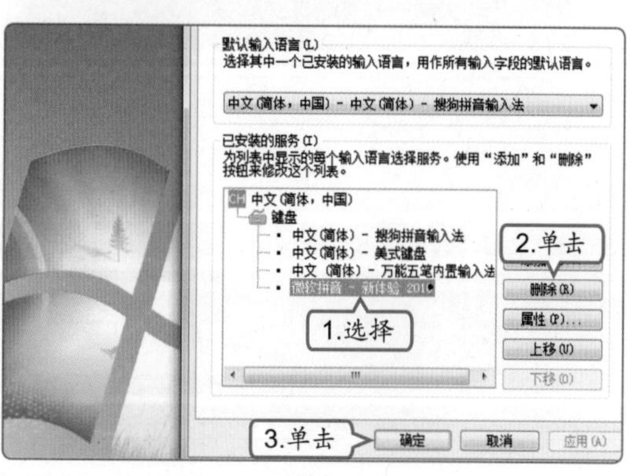

补充两句

在Windows 7中除了可以添加系统自带的输入法外，还可以添加第3方输入法，即用户自己安装到系统中的输入法，其添加方法与前面介绍的添加系统自带输入法的方法相同。

3.3.2 上机1小时：设置系统日期和时间并添加小工具

本例将设置符合实际需求的系统日期和时间，并向Windows桌面添加小工具，然后进行适当的设置，使整个系统内容更加丰富、适用性更强，完成后的效果如下图所示。

上机目标

- **巩固设置系统日期和时间的具体方法。**
- **进一步掌握添加与设置桌面小工具的操作。**

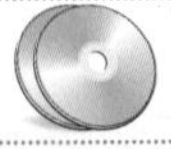

教学演示\第3章\设置系统日期和时间并添加小工具

1 打开“日期和时间”对话框

1. 单击任务栏通知区域中显示时间的区域，在打开的界面中显示了当前系统的详细日期和时间。
2. 在打开的界面中单击“更改日期和时间设置”超链接。

2 打开“日期和时间设置”对话框

1. 选择“日期和时间”选项卡。
2. 单击“更改日期和时间(D)...”按钮，打开“日期和时间设置”对话框。

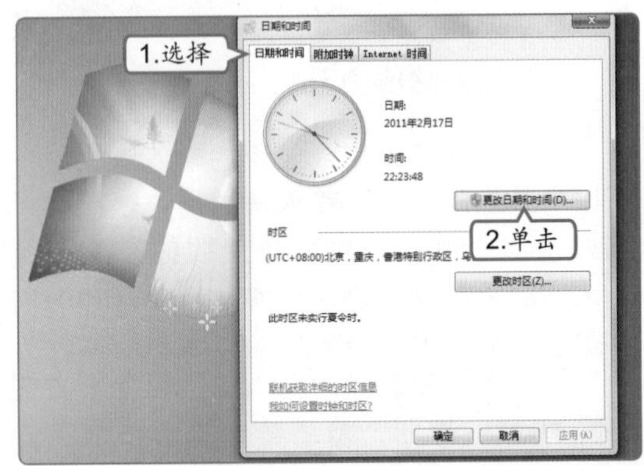

高手指点

在任务栏中显示日期和时间的区域上单击鼠标，此时可在弹出的界面中查看当前系统的年、月、日、时间以及星期等详细信息，但不能进行任何修改。

3 设置系统日期和时间

1. 在“日期”栏中将系统日期设置为“2011年2月17日”。
2. 在“时间”栏的数值框中输入“22:35:26”。
3. 依次单击确定按钮。

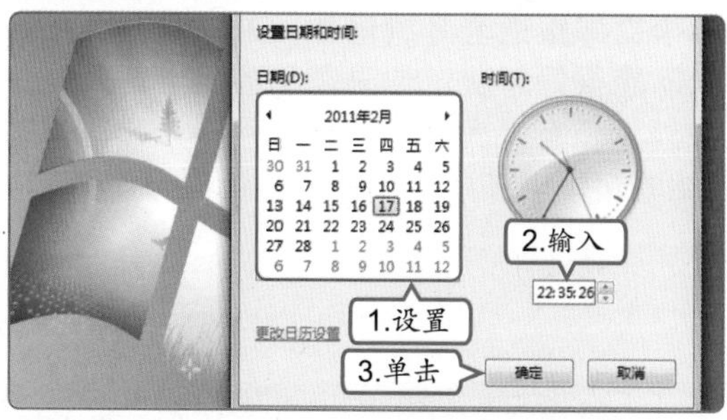

4 打开“外观和个性化”窗口

打开“控制面板”窗口，然后在其中单击“外观和个性化”超链接，打开“外观和个性化”窗口。

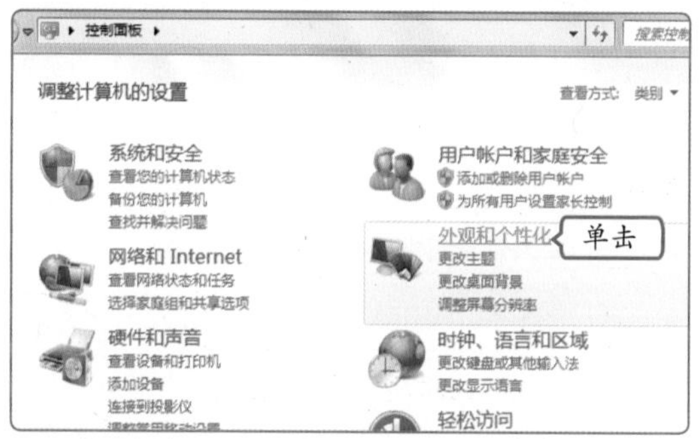

5 打开显示小工具界面

在“桌面小工具”栏中单击“向桌面添加小工具”超链接，打开显示系统自带小工具界面。

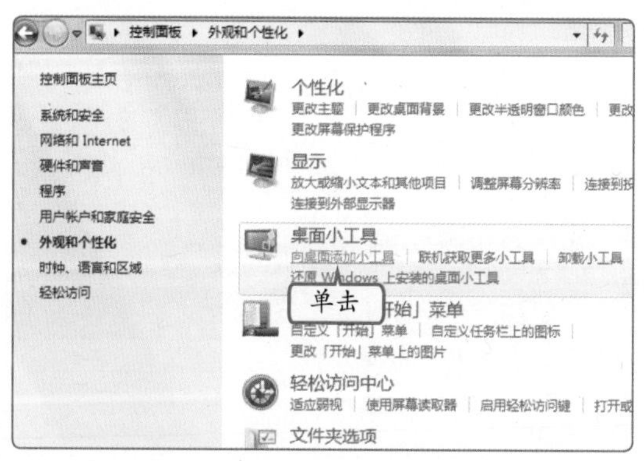

6 添加“日历”小工具

将鼠标指针移至打开界面中的“日历”小工具上，并双击鼠标，此时“日历”小工具将自动添加到Windows桌面的右上角。

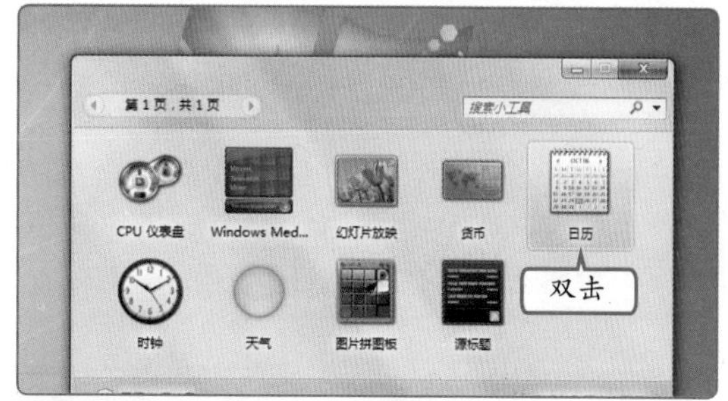

7 拖动“日历”小工具

将鼠标指针移至“日历”小工具上，并在“日历”小工具右侧出现的“拖动小工具”按钮上按住鼠标左键不放进行拖动，直到目标位置后再释放鼠标。

8 放大“日历”小工具

将鼠标指针移至“日历”小工具上，然后单击“日历”小工具右侧出现的“放大尺寸”按钮。

补充两句

在Windows 7桌面上可以添加多个小工具，但是添加过多的小工具会影响笔记本电脑的启动速度，建议添加1~2个小工具为宜。

3.4 安全防护——账户设置

由于电脑故障，小李只能暂时借用同事的电脑来制作急需的文档。在开始制作文档之前，小李决定首先在电脑中安装自己常用的五笔输入法，以此来提高输入速度，可是双击安装程序后系统就弹出一个“用户账户控制”对话框，要求输入管理员密码。这可把小李弄糊涂了，怎么安装软件还需要输入密码呢？小李立即拨通老马的电话，并对老马详细描述了遇到的困难。老马说：“你不要着急，这个问题很好解决，你只需切换至管理员账户即可。在Windows 7操作系统中除了管理员账户外，还有来宾账户、标准用户账户等其他账户类型，这样吧，等我回公司后再详细给你介绍笔记本电脑中各种账户的管理操作。”

3.4.1 学习1小时

学习目标

- 熟悉更改账户图片、名称和密码的操作。
- 掌握添加或删除用户账户的基本操作。
- 了解如何更改账户类型。
- 熟悉启用与关闭来宾账户的方法。
- 熟悉启用与设置家长控制的操作方法。

1 更改账户图片、名称和密码

在笔记本电脑中安装Windows 7操作系统时，系统会要求创建一个管理员账户，该账户是Windows 7所有账户中具有最高权限的账户类型。通过该账户可以更换账户图片、名称、登录密码以及创建新账户等操作。下面以更改管理员账户图片、名称和密码为例进行讲解，其具体操作如下。

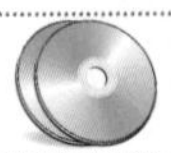

教学演示\第3章\更改账户图片、名称和密码

1 打开“用户账户和家庭安全”对话框

打开“控制面板”窗口，然后在其中单击“用户账户和家庭安全”超链接，打开“用户账户和家庭安全”窗口。

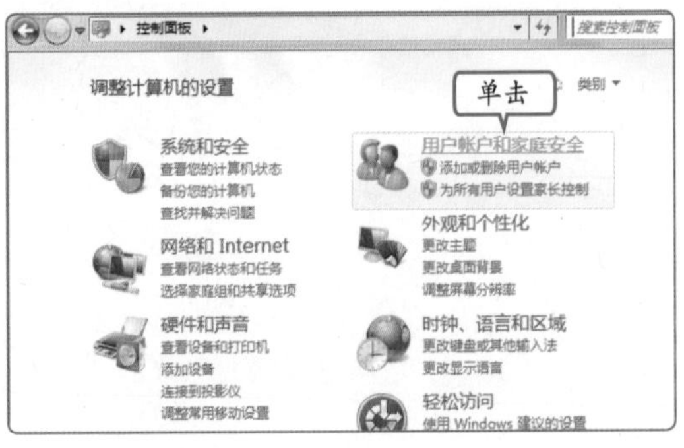

2 打开“用户账户”窗口

单击“用户账户”超链接，打开“用户账户”窗口，在其中可以更改账户的密码、图片和名称等信息。

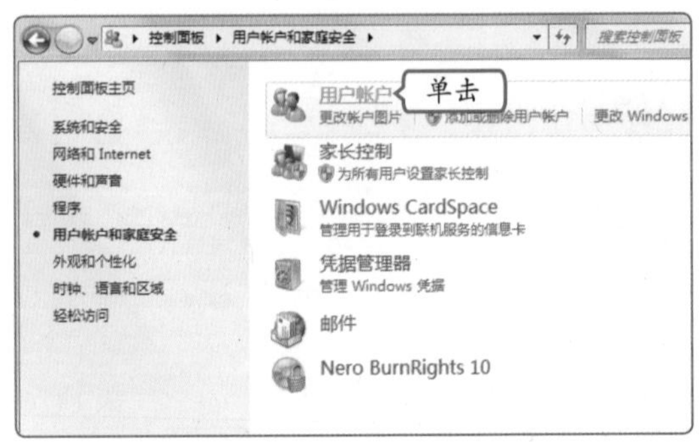

高手指点 如果在安装Windows 7操作系统时没有为管理员账户创建密码，那么可在打开的“用户账户”窗口中单击“为您的账户创建密码”超链接，然后在打开的窗口中为管理员账户创建密码。

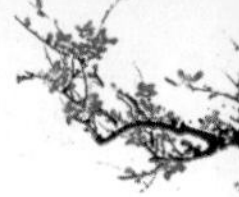

3 更改账户密码

在“更改用户账户”栏中单击“更改密码”超链接，打开“更改密码”窗口。

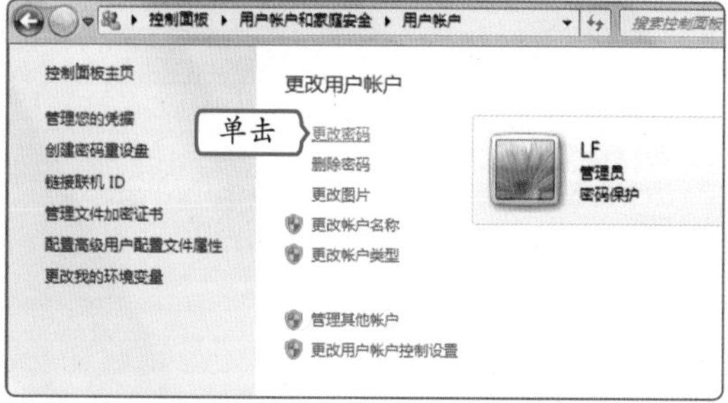

4 输入新密码

1. 在“当前密码”文本框中输入旧的密码。
2. 在“新密码”文本框中输入新设置的密码。
3. 在“确认新密码”文本框中再次输入相同的新密码。

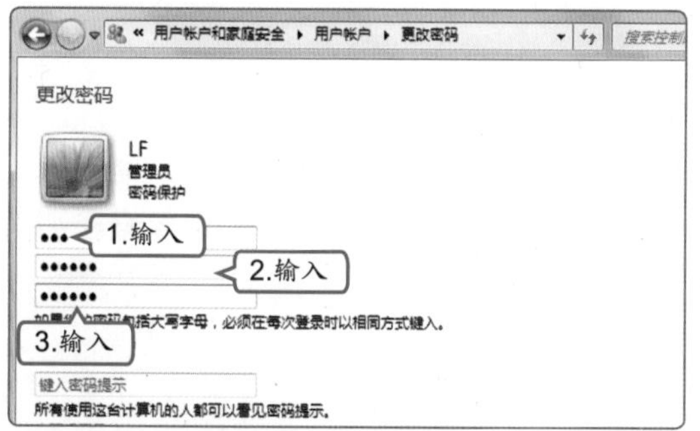

5 输入密码提示信息

1. 在“输入密码提示”文本框中输入所需的提示信息，这里输入“我是谁”。
2. 单击 更改密码 按钮。

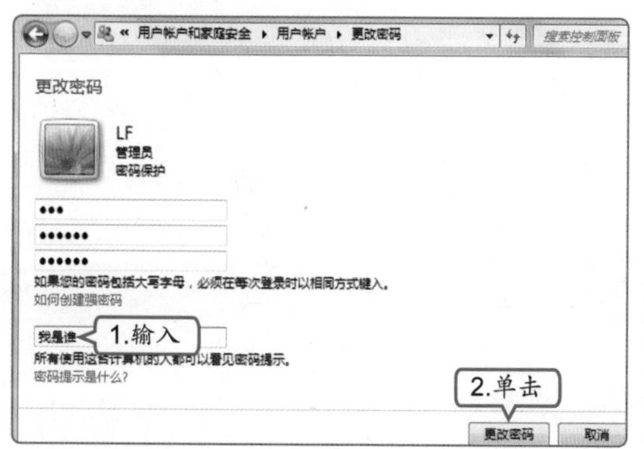

6 打开“更改图片”窗口

返回“用户账户”窗口，在“更改用户账户”栏中单击“更改图片”超链接，打开“更改图片”窗口。

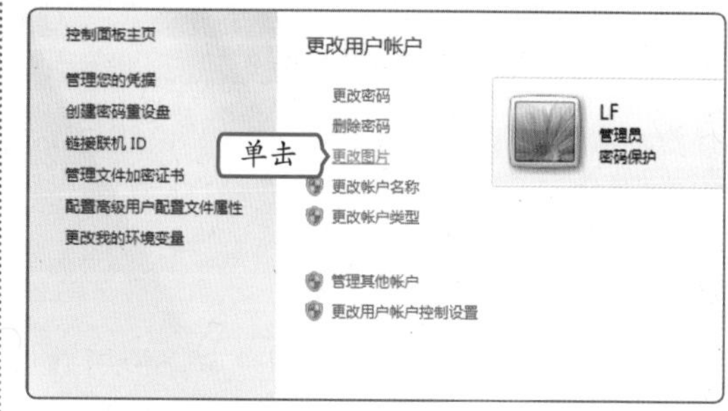

7 选择新图片

1. 在中间列表框中显示了可供选择的图片样式，这里选择“足球”图片所对应的选项。
2. 单击 更改图片 按钮。

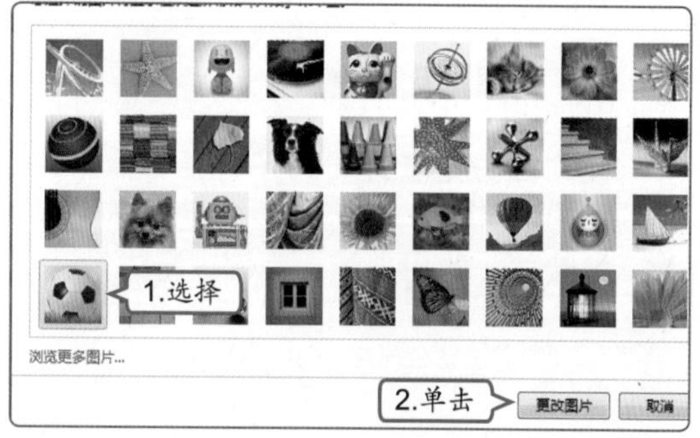

8 打开“更改名称”窗口

返回“用户账户”窗口，在“更改用户账户”栏中单击“更改账户名称”超链接，打开“更改名称”窗口。

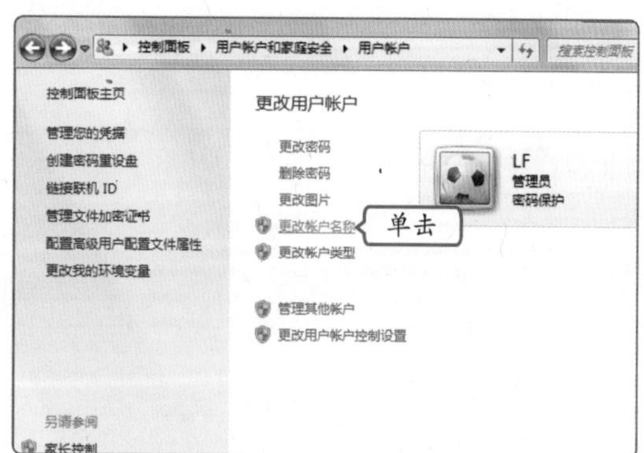

补充两句

可以将保存在电脑中的图片设置为账户图片，其方法为：单击“更改图片”窗口中的“浏览更多图片”超链接，然后在打开的“打开”对话框中选择所需图片即可。

9 输入新账户名

1. 在“新账户名”文本框中为账户进行重命名，这里输入“江凯文”。
2. 单击 更改名称 按钮。

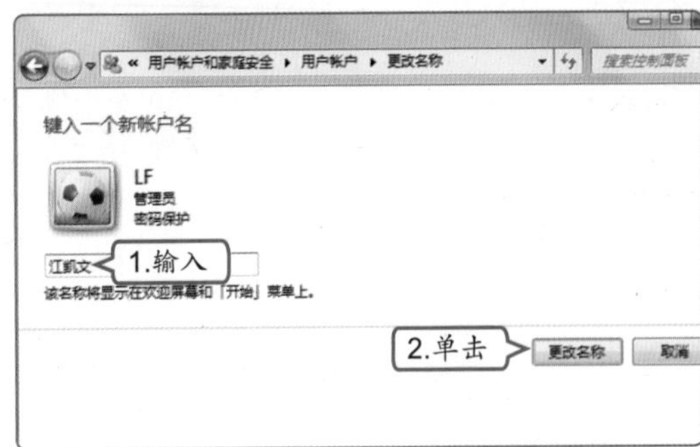

10 查看账户更改后的效果

返回“用户账户”窗口，此时该窗口中显示了管理员账户更改后的名称、图片和密码保护状态，效果如下图所示。

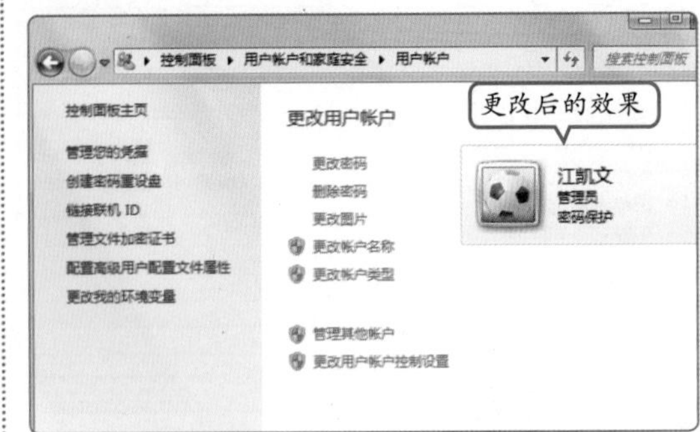

2 添加或删除用户账户

如果同一台笔记本电脑有多个用户使用，那么可以在其中添加不同权限的用户账户，这样既能保证电脑中的信息不被篡改，又能满足不同用户的使用需求。下面便分别介绍添加或删除用户账户的具体操作方法。

（1）添加用户账户

用户账户是管理员为了方便其他用户共享同一台电脑而创建的，在使用时只需输入正确的用户名和密码即可，并且用户还可以访问电脑中相应的文件或文件夹。下面以添加名为“张若兰”的用户账户为例进行讲解，其具体操作如下。

教学演示\第3章\添加用户账户

1 打开“管理账户”窗口

首先打开“控制面板”窗口，然后在“用户账户和家庭安全”栏中单击“添加或删除用户账户”超链接，打开“管理账户”窗口。

2 打开“创建新账户”窗口

在其中显示了电脑中已创建账户的相关信息，此时单击窗口左下角的“创建一个新账户”超链接，打开“创建新账户”窗口。

高手指点 如果是以管理员账户登录到Windows系统，那么可以在“用户账户”窗口中单击“管理其他账户”超链接，也可以打开“管理账户”窗口。

3 设置账户名和类型

1. 在“新账户名”文本框中输入所需的名称，这里输入“张若兰”。
2. 选中“标准用户”单选按钮。
3. 单击 创建帐户 按钮。

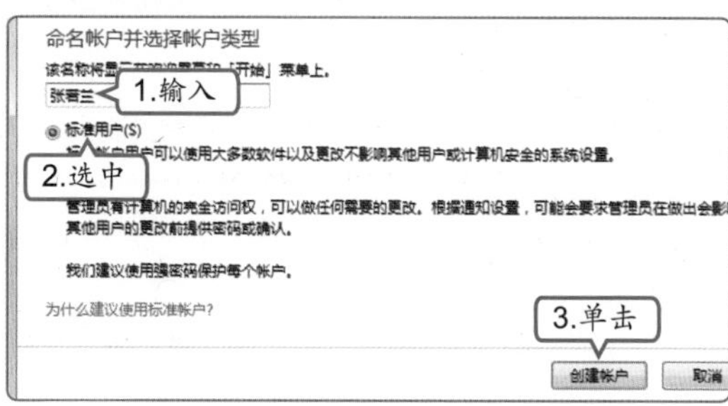

4 查看新添加的用户账户

返回“管理账户”窗口，在“选择希望更改的账户”列表框中显示了新添加的名为“张若兰”的标准用户，并且系统自动为其分配了相应的账户图片。

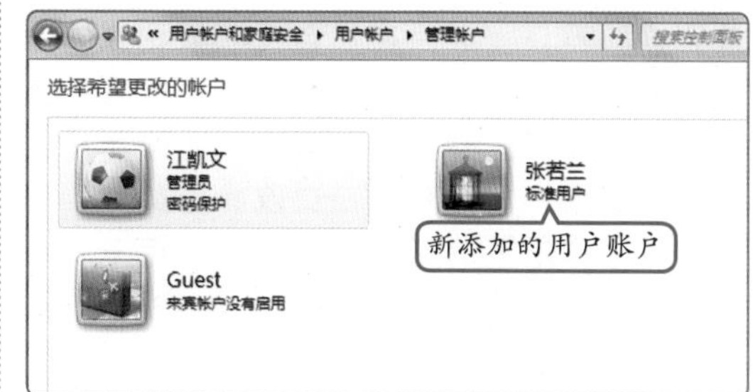

（2）删除用户账户

对于一些无用或多余的账户，可以在管理员账户下将其删除。下面以删除名为“王梦华”的用户账户为例进行讲解，其具体操作如下。

教学演示\第3章\删除用户账户

1 输入新密码

首先以管理员账户登录到Windows系统，然后打开“管理账户”窗口，并在“选择希望更改的账户”列表框中单击“王梦华”标准用户。

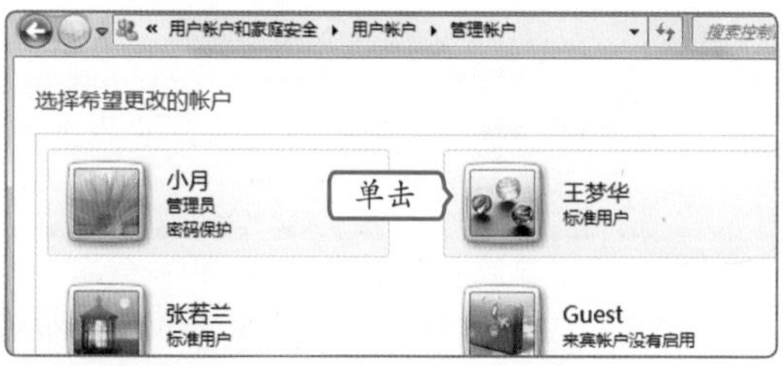

2 删除所选账户

打开“更改账户”窗口，在其中可以创建账户密码、更改图片和更改名称等操作，这里单击“删除账户”超链接。

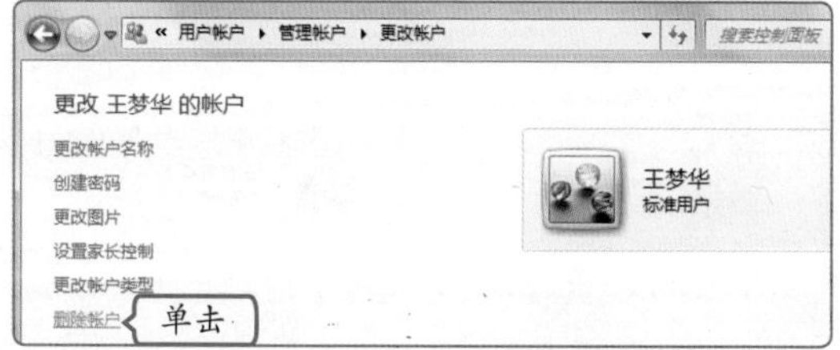

3 删除账户中的文件

打开“删除账户”窗口，单击 删除文件 按钮，表示删除该账户中保留的所有文件和文件夹。

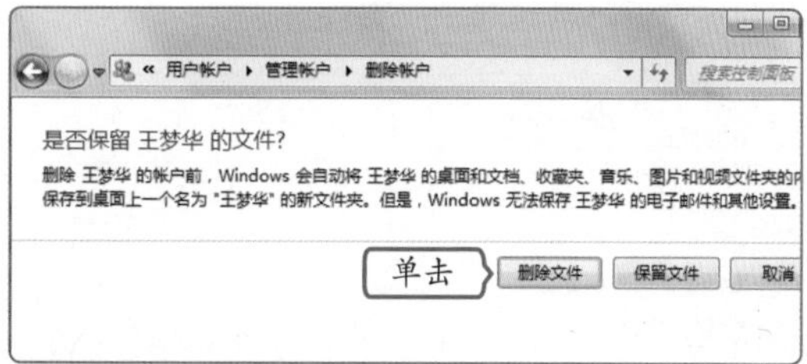

4 确认删除

打开“确认删除”窗口，单击其中的 删除帐户 按钮，彻底删除该账户。

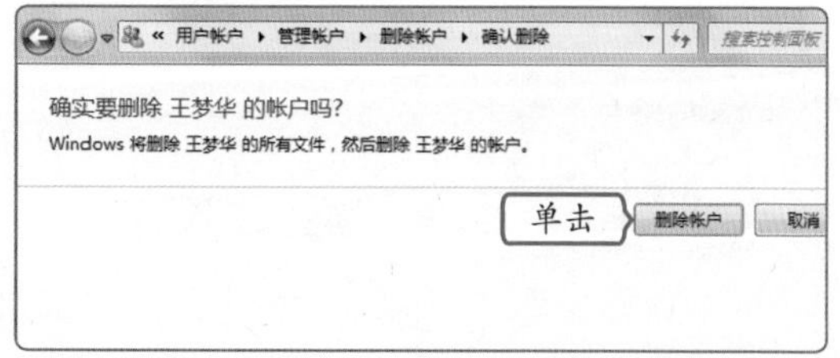

补充两句

在Windows 7中用户账户分为标准账户、管理员账户和来宾账户3类。其中标准账户适用于日常使用；管理员账户可对电脑做任何修改，只有在必要时才使用；来宾账户适用于临时用户。

3 更改账户类型

一般情况下添加用户账户都选择“标准用户”账户类型，如遇特殊情况可将已创建的用户账户的类型更改为“管理员”。其具体操作方法为：在管理员账户下打开“管理账户”窗口，然后在“选择希望更改的账户”列表框中选择需更改的账户，打开“更改账户”窗口，并在其中单击“更改账户类型”超链接，在打开的“更改账户类型”窗口中可选择所需的账户类型，这里选中“管理员”单选按钮，最后单击更改帐户类型按钮即可。

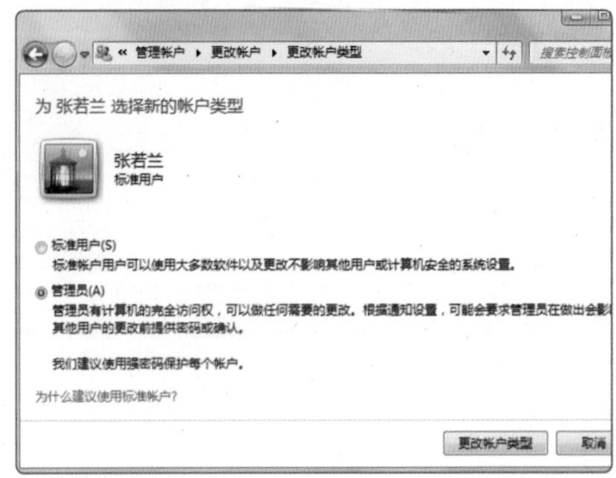

4 启用与进入来宾账户

使用来宾账户登录操作系统后，只能进行基本的浏览和查看操作，不能安装软件或更改系统设置。默认状态下，来宾账户是关闭状态，需要以管理员账户登录到系统后才能开启。下面以管理员账户登录系统来启用与进入来宾账户为例进行讲解，其具体操作如下。

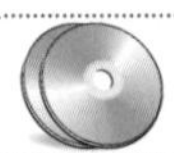

教学演示\第3章\启用与进入来宾账户

1 打开“管理账户”窗口

首先以管理员账户登录到系统，然后打开“用户账户”窗口，并在其中单击“管理其他账户”超链接，打开“管理账户”窗口。

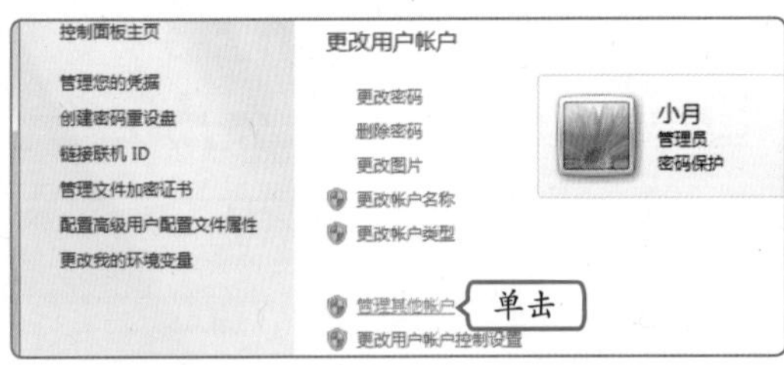

2 选择要更改的账户

在“选择希望更改的账户”列表框中单击Guest来宾账户。

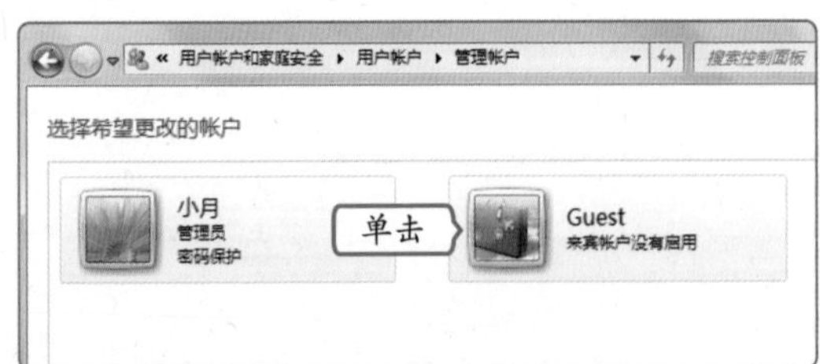

3 启用来宾账户

在打开的“启用来宾账户”窗口中单击启用按钮，返回“管理账户”窗口。

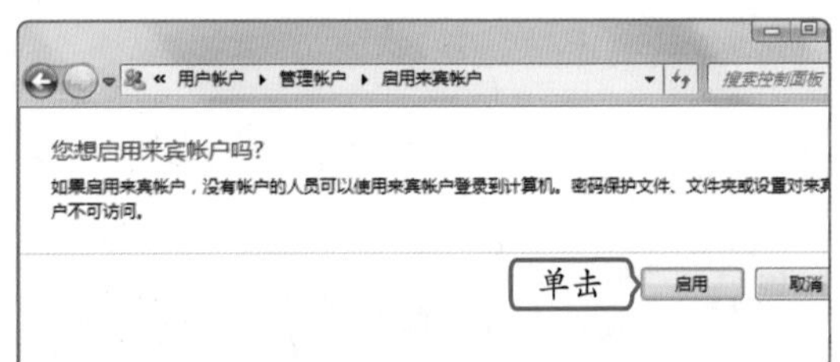

4 单击“开始”按钮

此时Guest来宾账户为启用状态，若想切换至已启用的来宾账户，则单击“开始”按钮。

高手指点 如果是以标准账户登录到笔记本电脑，则在启用来宾账户时，操作系统会要求输入正确的管理员账户密码，然后才能进行下一步操作。

5 切换用户账户

1. 在弹出的“开始”菜单中，将鼠标指针移至▶按钮上。
2. 在打开的列表中选择“切换用户”命令。

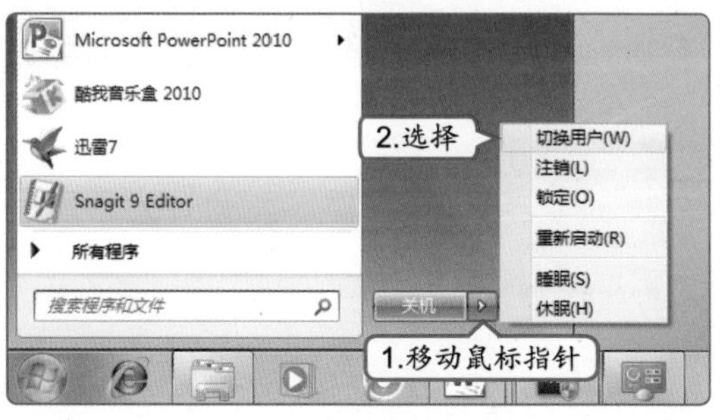

6 进入来宾账户

在打开的界面中显示了已登录账户和来宾账户，这里单击Guest来宾账户，稍作等待后将进入所选的来宾账户。

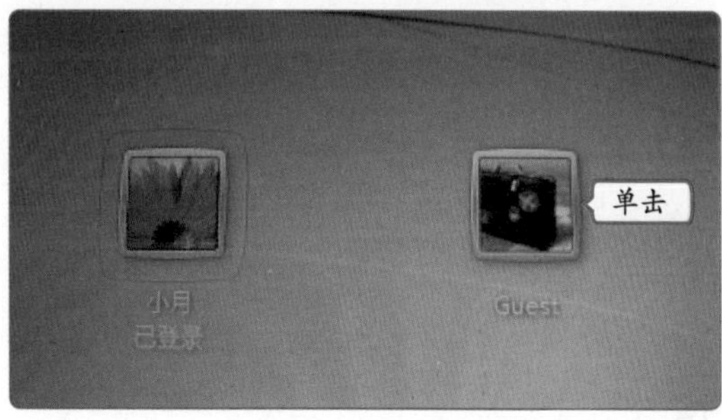

教你一招：关闭来宾账户

来宾账户主要用于他人临时使用笔记本电脑的情况，若不再需要时可将其及时关闭。关闭来宾账户的方法与启用来宾账户的方法类似，具体操作为：首先以管理员账户登录到Windows系统，然后打开“管理账户”窗口，在“选择希望更改的账户”列表框中单击Guest来宾账户。打开“更改来宾选项”窗口，单击其中的“关闭来宾账户”超链接即可。

5 启用家长控制

家长控制功能可以帮助家长对青少年使用笔记本电脑的方式进行协助管理，如可执行的程序和所玩游戏的级别等。在启用家长控制之前，首先需要添加一个管理员账户，而且还要确保设置家长控制的账户类型属于标准用户，因为家长控制功能只应用于标准账户。下面以新建“王明”标准账户，然后为其启用家长控制为例进行讲解，其具体操作如下。

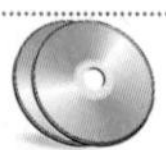

教学演示\第3章\启用家长控制

1 打开“家长控制”窗口

打开“用户账户和家庭安全”窗口，然后单击其中的“家长控制”超链接，打开“家长控制”窗口。

2 打开“创建新用户”窗口

在窗口右侧的“用户”栏中单击“创建新用户账户”超链接，打开“创建新用户”窗口。

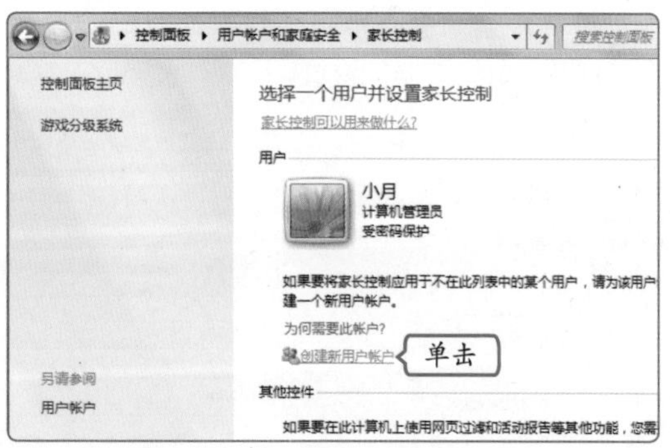

如果是与孩子共享同一台笔记本电脑，那么通过管理员账户开启家长控制功能是非常必要的。**补充两句**

3 创建新用户账户

1. 在“新账户名”文本框中输入“王明”。
2. 选中“用户下次登录时必须设置密码”复选框。
3. 单击创建帐户按钮。

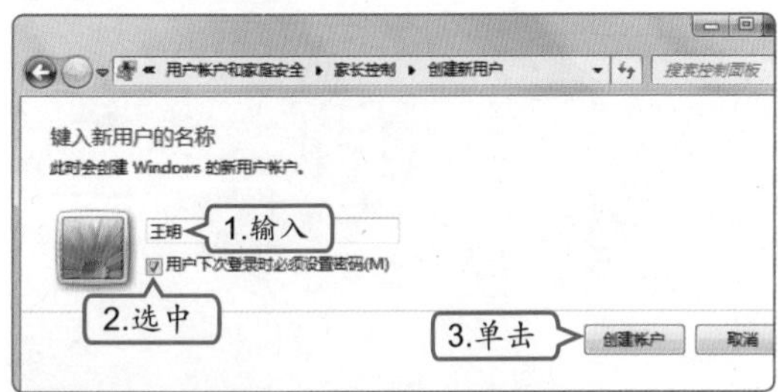

4 单击新添加的标准用户

返回“家长控制”窗口，在“用户”栏中显示了新添加的用户账户，这里单击“王明”标准用户。

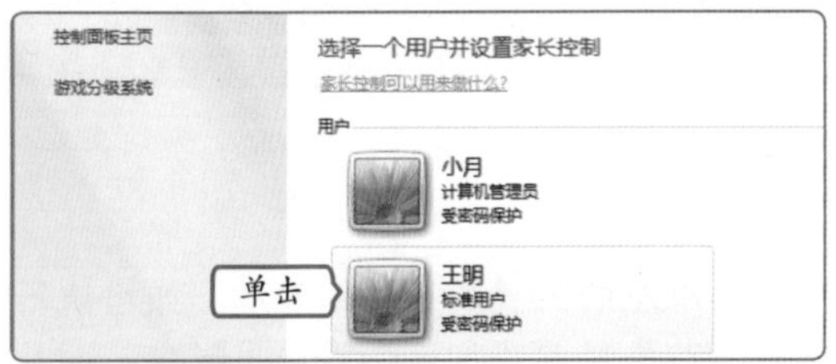

5 启用家长控制

1. 在打开的“用户控制”窗口中选中“启用，应用当前设置”单选按钮。
2. 单击确定按钮。

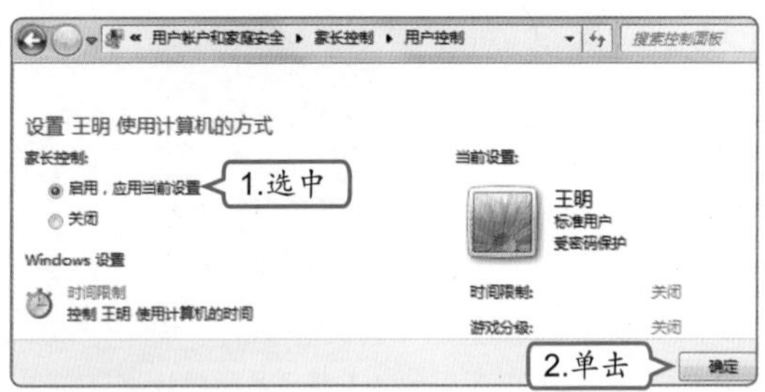

6 成功启用家长控制

返回“家长控制”窗口，此时“王明”标准用户后面将显示“启用家长控制”文本，表示成功启用家长控制功能。

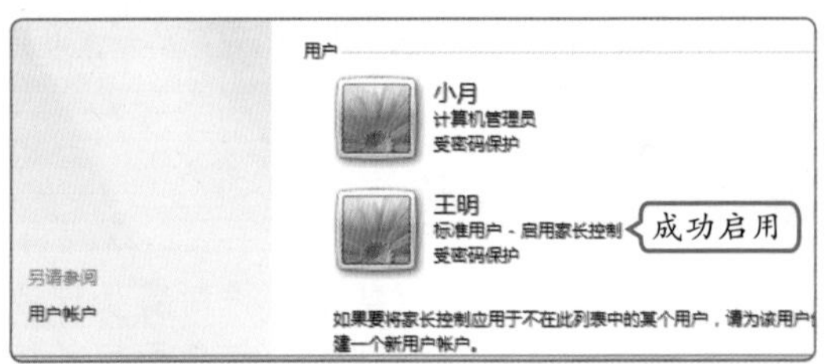

6 设置家长控制

启用家长控制功能以后，便可对所选标准账户设置笔记本电脑的使用时间、可以玩耍的游戏和可运行的程序等。下面以对“王明”标准账户设置时间限制、游戏类型和允许运用的程序为例进行讲解，其具体操作如下。

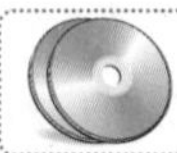

教学演示\第3章\设置家长控制

1 打开“时间限制”窗口

在“用户控制”窗口中单击“时间限制”超链接，打开“时间限制”窗口。

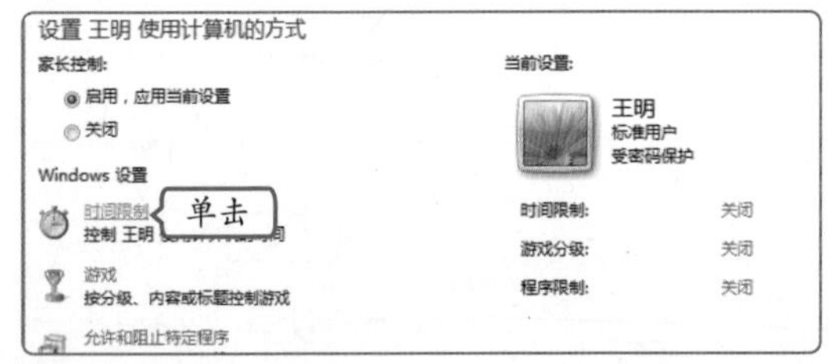

2 设置阻止使用电脑的时间

1. 在其中可对当前用户设置使用电脑的时间，单击一次显示蓝色方块，该时间限制使用，再次单击将变为白色。
2. 单击确定按钮。

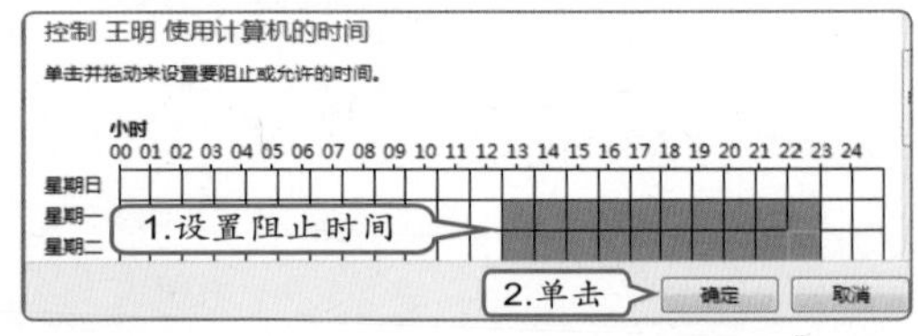

高手指点 在为当前用户设置登录到笔记本电脑中的使用时间段时，若需设置的时间段是连续的，则可在其中按住鼠标左键不放进行拖动来选择。

3 打开“游戏控制”窗口

返回“用户控制”窗口，在“Windows设置”栏中单击“游戏”超链接，打开“游戏控制”窗口。

4 对游戏进行分级

系统默认选中的是允许“王明”玩游戏，在其中可对游戏等级和特定游戏进行设置，这里单击“设置游戏分级”超链接。

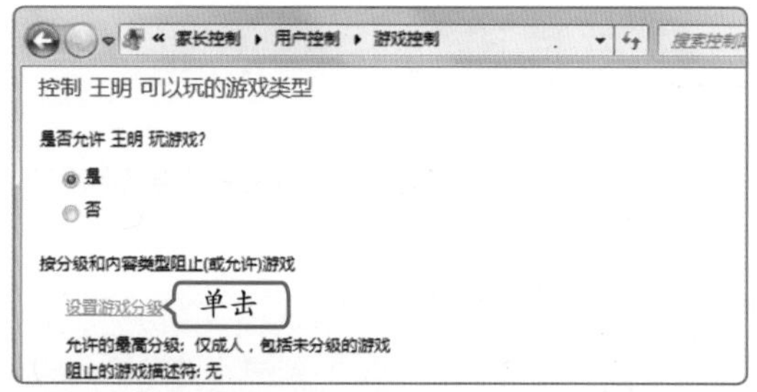

5 设置游戏限制

1. 打开“游戏限制”窗口，在“如果游戏未分级，是否允许 王明 玩？”栏中选中“阻止未分级的游戏”单选按钮。
2. 在“王明 可以玩哪些分级的游戏？”栏中选中“儿童”单选按钮。
3. 单击 确定 按钮。

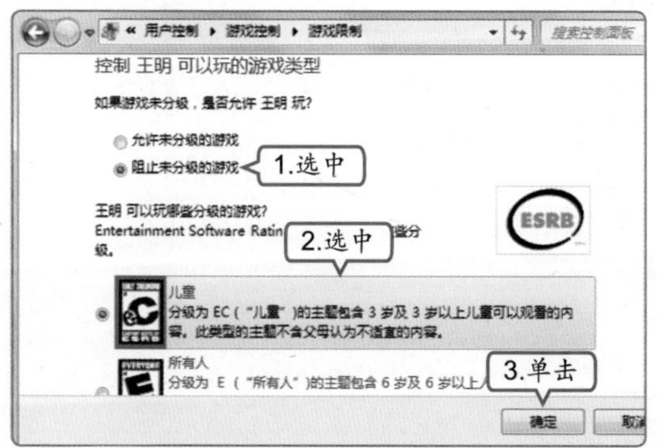

6 设置阻止或允许游戏

返回“游戏控制”窗口，并在其中单击“阻止或允许特定游戏”超链接。

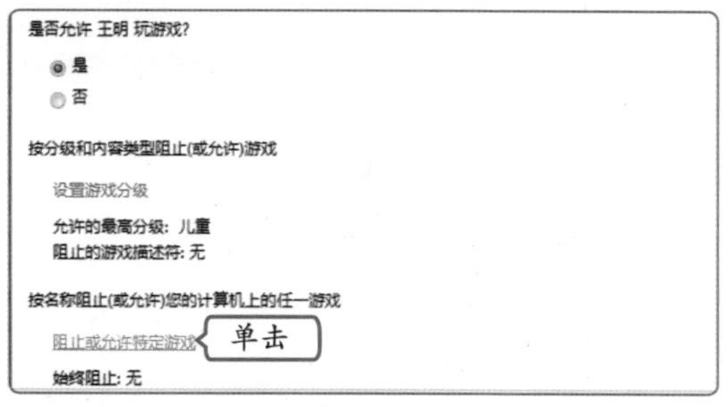

7 设置允许玩的游戏

1. 打开“游戏覆盖”窗口，在该窗口中可以设置允许“王明”玩的游戏，这里选中“黑桃王”游戏所对应的“始终允许”栏下的单选按钮。
2. 依次单击 确定 按钮。

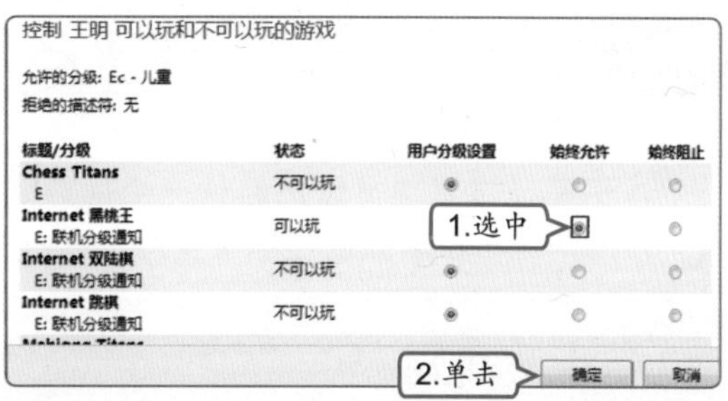

8 设置特定程序

返回“用户控制”窗口，此时，“Windows设置”栏下的“时间限制”和“游戏”两个选项的状态均已更改，效果如下图所示，然后单击“允许和阻止特定程序”超链接。

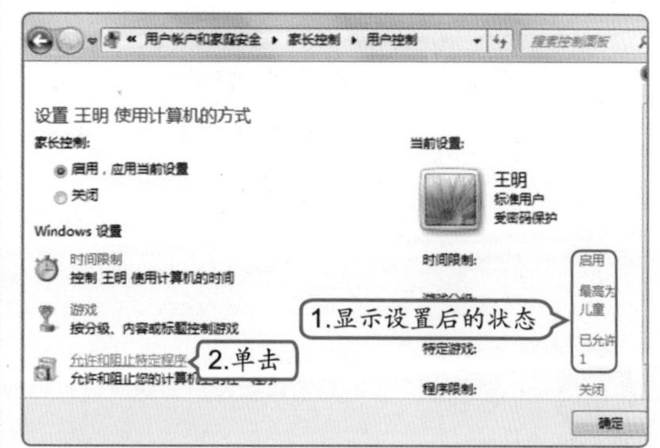

补充两句

在通过家长控制功能设置限制游戏时，对于安装在FAT分区上的游戏不起作用，需要将游戏所在的FAT分区转换为NTFS分区后才能应用设置的游戏限制功能。

第3章

9 设置允许使用的程序

1. 打开"应用程序限制"窗口，在"王明 可以使用哪些程序？"栏中选中"王明 只能使用允许的程序"单选按钮。
2. 在中间列表框中选中允许使用程序对应的复选框，这里选中QQ2010.exe所对应的复选框。
3. 单击 确定 按钮。

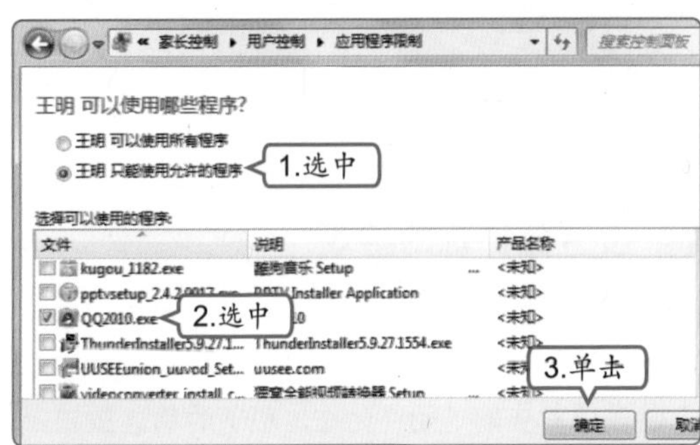

10 查看设置后的状态

返回"用户控制"窗口，此时，"Windows设置"栏下的"时间限制"、"游戏"以及"允许和阻止特定程序"3个选项的状态均已更改，效果如下图所示，然后单击 确定 按钮，应用所有设置。

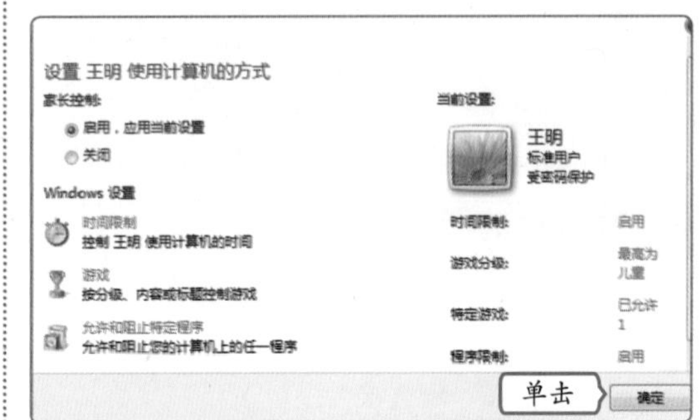

3.4.2 上机1小时：创建新账户并对其进行相应设置

本例将通过管理员账户新建一个用户账户，并对该账户的类型、密码和图片等进行设置，使用户进一步掌握创建和设置用户账户的相关操作，完成后的效果如下图所示。

上机目标

- **巩固创建新账户的方法，掌握设置用户账户的类型、密码和图片的操作。**
- **灵活运用Windows 7操作系统中的家长控制功能。**

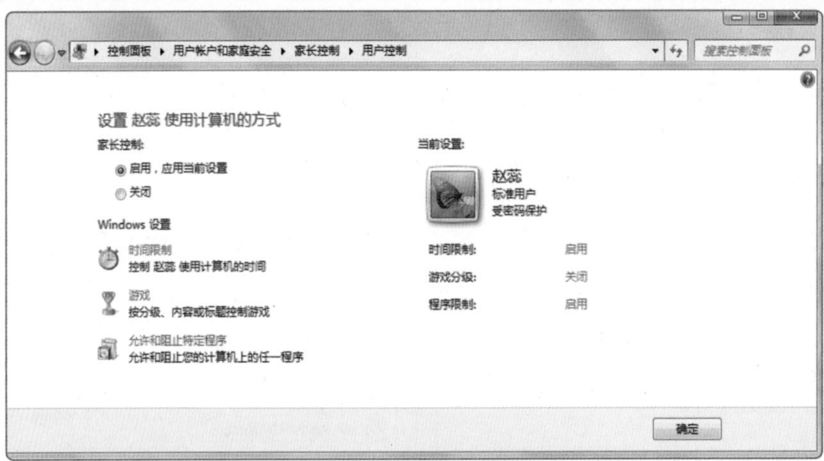

教学演示\第3章\创建新账户并对其进行相应设置

高手指点 若要关闭家长控制功能，只需在"用户控制"窗口的"家长控制"栏中选中"关闭"单选按钮即可，此时"Windows设置"栏下的所有选项均呈灰色显示，表示不可用。

1 打开“管理账户”窗口

利用前面介绍的方法打开“用户账户和家庭安全”窗口，并在其中单击“添加或删除用户账户”超链接，打开“管理账户”窗口。

2 打开“创建新账户”窗口

单击“创建一个新账户”超链接，打开“创建新账户”窗口。

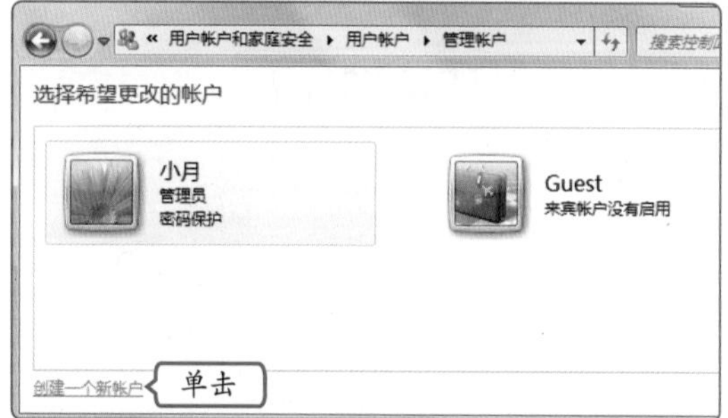

3 设置账户名称和类型

1. 在“新账户名”文本框中输入“赵蕊”。
2. 选中其中的“管理员”单选按钮。
3. 单击 创建帐户 按钮。

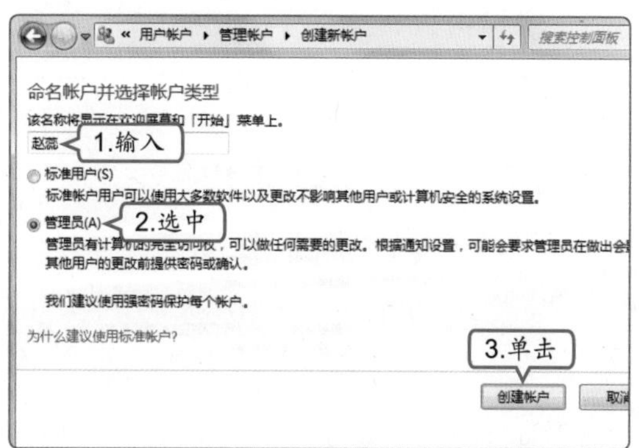

4 选择需更改的账户

打开“管理账户”窗口，在“选择希望更改的账户”列表框中单击“赵蕊”管理员账户。

5 为账户创建密码

打开“更改账户”窗口，在左侧的“更改 赵蕊的账户”栏中单击“创建密码”超链接。

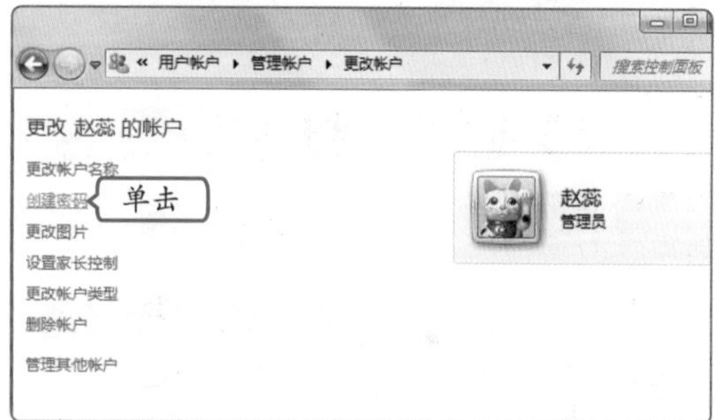

6 输入新密码

1. 在“新密码”文本框中输入“123”。
2. 在“确认新密码”文本框中输入“123”。
3. 在“输入密码提示”文本框中输入“蕊蕊”。
4. 单击 创建密码 按钮。

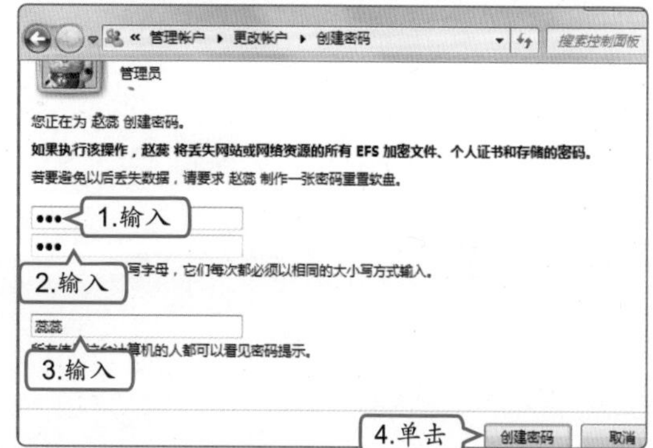

补充两句

在为用户账户创建密码时，不管输入的是数字还是字母，显示在对应文本框中的都是一些小黑点，其中一个小黑点代表一个字符。

第3章

7 更改账户图片

返回“更改账户”窗口，单击左侧的“更改图片”超链接。

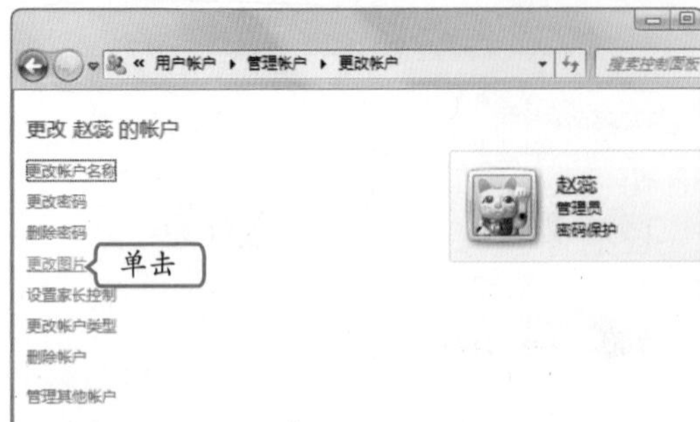

8 选择所需图片

1. 在打开的“选择图片”窗口中选择“蝴蝶”图片所对应的选项。
2. 单击更改图片按钮。

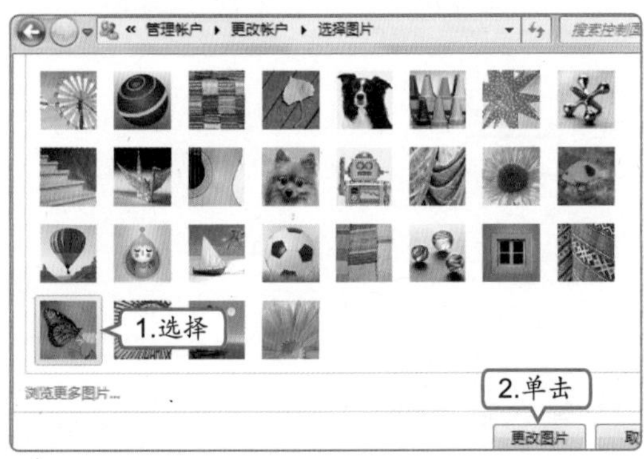

9 更改账户类型

返回“更改账户”窗口，单击左侧的“更改账户类型”超链接。

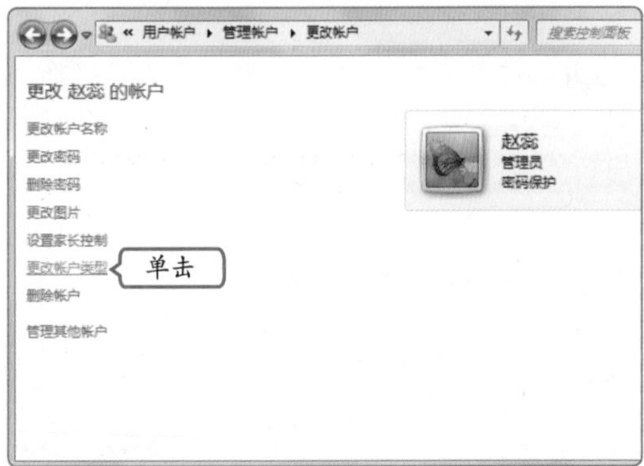

10 设置为标准用户

1. 在打开的“更改账户类型”窗口中选中“标准用户”单选按钮。
2. 单击更改帐户类型按钮。

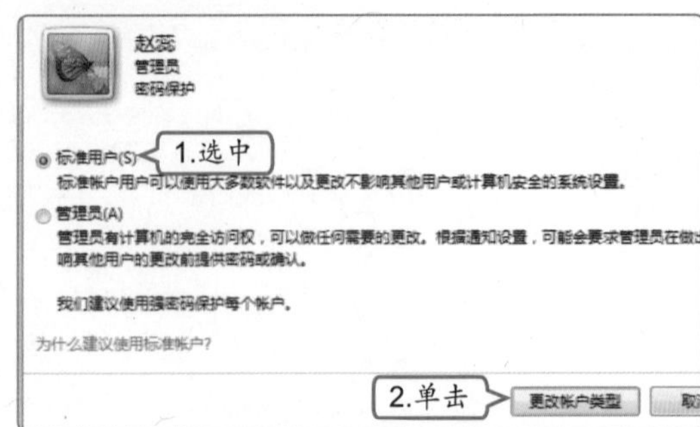

11 打开“家长控制”窗口

返回“更改账户”窗口，然后单击左侧的“设置家长控制”超链接，打开“家长控制”窗口。

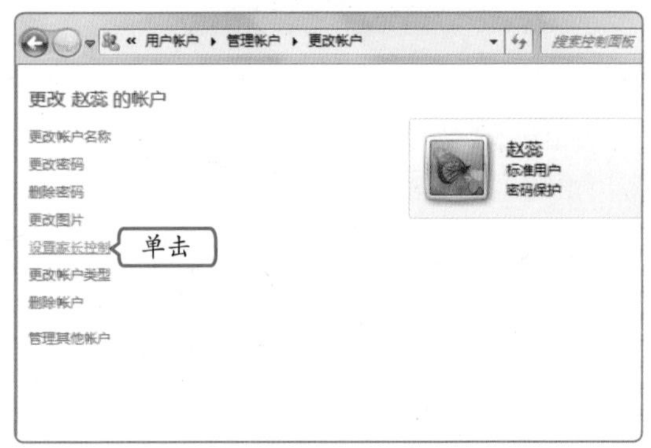

12 选择设置家长控制的用户

在窗口右侧的“用户”栏中单击“赵蕊”标准用户。

高手指点 在“家长控制”窗口的“用户”栏中，若没有所需的用户账户，那么此时可单击该窗口中的“创建新用户账户”超链接，来创建一个新用户账户，然后再对其设置家长控制功能。

13 启用家长控制

1. 在打开的“用户控制”窗口中选中“启用，应用当前设置”单选按钮。
2. 单击“时间限制”超链接。

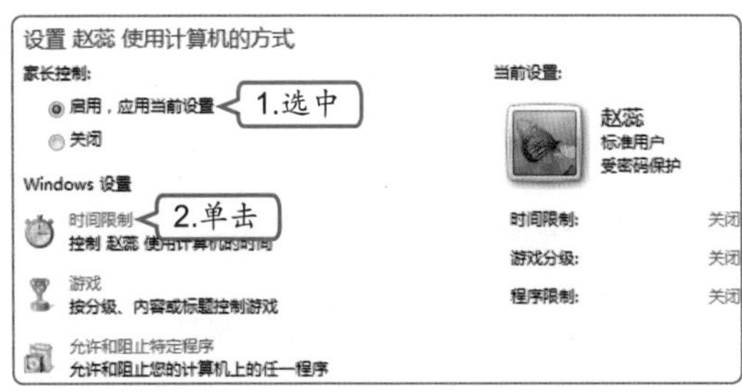

14 设置使用时间

1. 打开“时间限制”窗口，拖动鼠标设置阻止当前用户使用笔记本电脑的时间段。
2. 单击确定按钮。

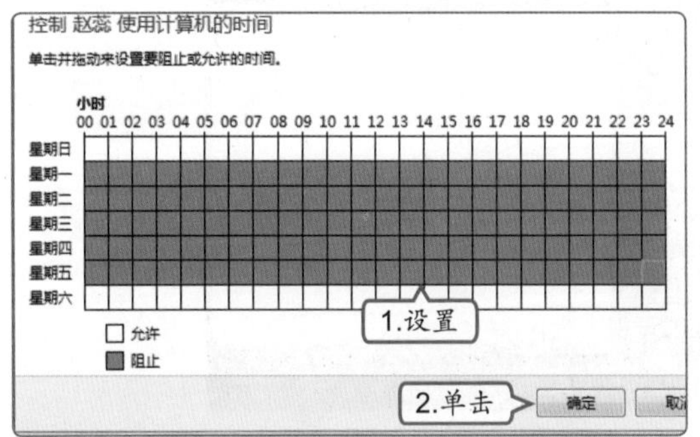

15 打开“应用程序限制”窗口

返回“用户控制”窗口，在“Windows设置”栏中单击“允许和阻止特定程序”超链接，打开“应用程序限制”窗口。

16 选择允许使用的程序

1. 在打开的窗口中选中“赵蕊 只能使用允许的程序”单选按钮。
2. 在中间列表框中选中NeroStartSmart.exe复选框。
3. 单击确定按钮。

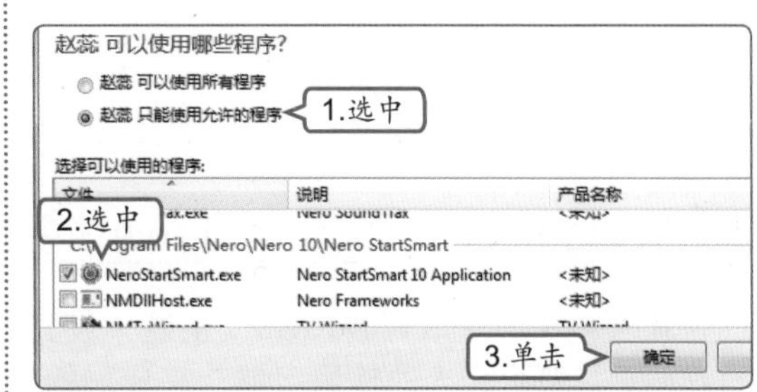

17 应用所有设置

返回“用户控制”窗口，此时“Windows设置”栏中的“时间限制”和“允许和阻止特定程序”选项均呈启用状态，单击其中的确定按钮。

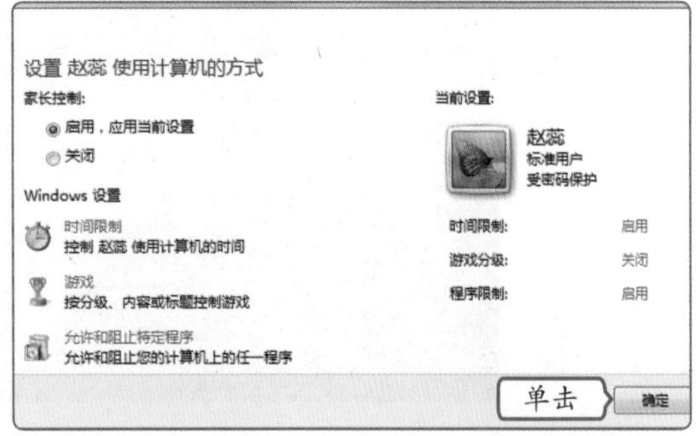

操作提示：添加允许使用的程序

在“应用程序限制”窗口的“选择可以使用的程序”列表框中没有所需的程序，那么此时可以单击窗口底部的浏览...按钮，打开“打开”对话框，并在其中选择所需程序，即可将其添加到“选择可以使用的程序”列表框中，然后再利用前面介绍的方法把添加的程序设置为允许。

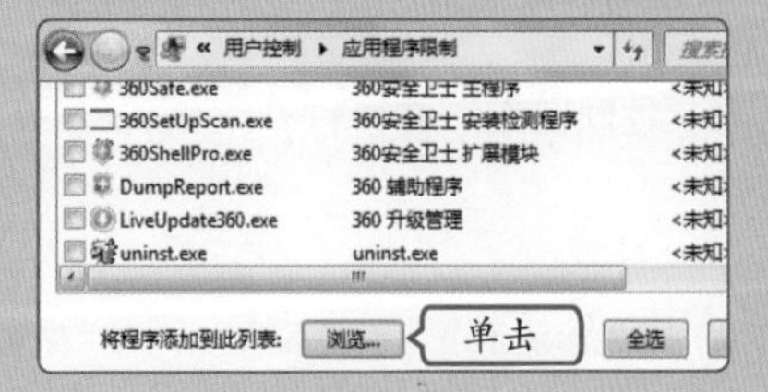

补充两句

设置用户账户登录到Windows系统的密码时，一般都要输入密码提示，这样可以帮助用户牢记所设置的密码。如果已经创建的密码没有设置密码提示，则需要在更改密码时才可进行输入。

3.5 跟着视频做练习

小李通过这次学习又收获了不少知识，他不仅掌握了打造个性化界面的操作，而且还学会了管理笔记本电脑中的时间和账户。但是，小李在为自己的笔记本电脑打造个性化操作界面时，总觉得自己的制作思路不够清晰，而且脑袋晕乎乎的。老马告诉小李："这是缺乏练习的缘故，对于新学的知识想要达到熟练掌握的程度还需要一个不断练习的过程。这样吧，我这里有几个专门针对打造笔记本电脑个性化使用环境的习题，你拿去再好好练练。我相信，通过经验的积累一定会发生质的变化。"小李高兴极了，说："你真是想得太周到了，我一定会认真练习，决不辜负你的一番好意。"

1 练习1小时：更改Windows 7主题、系统时间和鼠标属性

本例将练习更改Windows 7主题、设置系统日期和时间以及鼠标属性的操作，使设置的效果更加符合个人的使用习惯。完成后的效果如下图所示。

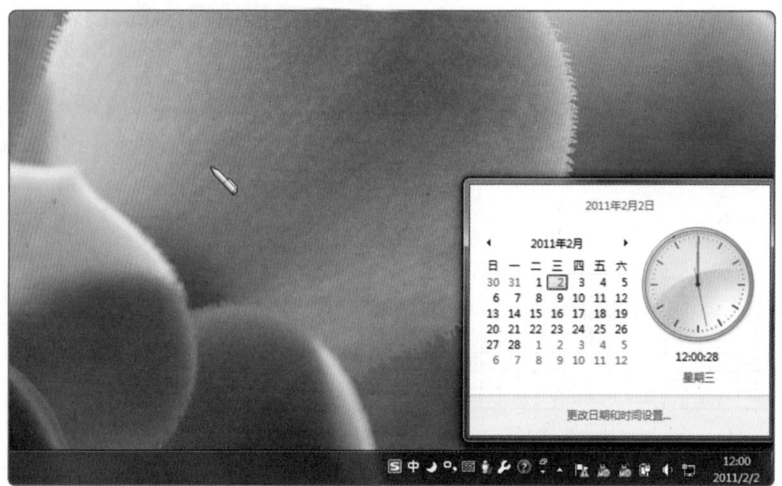

操作提示：

1. 在桌面空白处单击鼠标右键，在弹出的快捷菜单中选择"个性化"命令。
2. 打开"个性化"窗口，在右侧的"Aero主题"栏中选择"自然"选项。
3. 单击"个性化"窗口底部的"窗口颜色"超链接。
4. 在打开的"窗口颜色和外观"窗口中选择"深红色"选项。
5. 利用"控制面板"窗口打开"鼠标 属性"对话框。
6. 选择"按钮"选项卡，在"装置"下拉列表框中选择"其他定点装置"选项，并选中其下的"习惯左手"单选按钮。
7. 切换到"指针"选项卡，在"自定义"列表框中选择"正常选择"选项。
8. 单击 浏览(B)... 按钮，在"打开"对话框中间的列表框中选择aero_pen_xl.cur选项。
9. 通过"日期和时间设置"对话框，将系统日期设置为"2011年2月2日"，时间设置为"12:00:00"。

视频演示\第3章\更改Windows 7主题、系统时间和鼠标属性

高手指点 在"日期和时间设置"对话框中单击"更改日历设置"超链接，可在打开的"自定义格式"对话框中设置日期格式和日历显示方式。

2 练习1小时：设置小工具属性和标准用户家长控制功能

本例将通过“控制面板”窗口和“选项”按钮来启用并设置标准用户的家长控制，以及小工具的属性，通过练习进一步巩固家长控制的具体操作，同时熟悉“时钟”小工具的设置方法。完成设置后的效果如下图所示。

操作提示：

1. 用管理员账户登录到Windows系统，然后单击桌面上“时钟”小工具右侧的“选项”按钮。
2. 打开“时钟”界面，在“时钟名称”文本框中输入“黑白配”，并选中“显示秒针”复选框，然后单击 确定 按钮。
3. 打开“用户账户和家庭安全”窗口，然后单击其中的“家长控制”超链接。
4. 单击“用户”栏中的“女儿”标准用户，打开“用户控制”窗口。
5. 在“家长控制”栏中选中“启用，应用当前设置”单选按钮。
6. 单击“时间限制”超链接，在打开的“时间限制”窗口中设置阻止使用电脑的时间。
7. 单击 确定 按钮，返回“用户控制”窗口，然后单击“游戏”超链接。
8. 在打开的“游戏控制”窗口中单击“设置游戏分级”超链接。
9. 打开“游戏限制”窗口，选中其中的“阻止未分级的游戏”和“儿童”单选按钮，然后依次单击 确定 按钮，返回“用户控制”窗口。
10. 单击 确定 按钮，返回“家长控制”窗口，即可应用所有设置。

视频演示\第3章\设置小工具属性和标准用户家长控制功能

3.6 秘技偷偷报——Windows 7使用技巧

通过这几天的不断练习，小李对设置笔记本电脑的个性化使用环境的操作已经很娴熟了，但是为了更好地运用所学知识，小李便对老马说：“除了你刚才教我的知识外，在以后的操作过程中还有没有一些小技巧可用呢？那样就可以在以后的工作中起到事半功倍的效果。”老马笑着说：“看你这么好学，那我就再教你一些Windows 7的使用技巧，你可要认真听哟！”

补充两句

虽然通过设置家长控制功能可以阻止大部分游戏，但是对于一些笔记本电脑不能识别的游戏，家长控制将不会对其进行阻止。

1 习惯单击鼠标右键

在Windows 7操作系统中，单击鼠标右键可通过多种方式让笔记本电脑的操作更加方便、快捷，其中一些常用的操作如下。

更改屏幕分辨率

在Windows 7桌面上的任何空白区域单击鼠标右键，在弹出的快捷菜单中选择"屏幕分辨率"命令，即可更改屏幕分辨率。

锁定任务栏中的程序

在任务栏中任何程序的图标上单击鼠标右键，在弹出的快捷菜单中选择"将此程序锁定到任务栏"命令，即可锁定该程序。

启动任务管理器

在任务栏的任何空白区域单击鼠标右键，在弹出的快捷菜单中选择"启动任务管理器"命令，可以启动任务管理器。

查看最近访问的文件夹

在任务栏的"Windows 资源管理器"图标上单击鼠标右键，在弹出的快捷菜单中将自动显示最近访问的文件夹。

第3章

2 显示器亮度自动调整

显示设备对于笔记本电脑来说比其他任何设备都更消耗电池。Windows 7可以在笔记本电脑没有工作的一段时间后自动降低显示亮度，并且Windows 7还具备智能调节功能。例如，屏幕在20秒后开始降低亮度，但是马上晃动鼠标便可将亮度调节回来，那么Windows 7下一次会在40秒后才降低显示亮度。

3 巧用便笺不怕忘事

俗话说，好记忆不如烂笔头，即使再好的脑子，也有忘事的时候。为了避免工作中出现错误和提高工作效率，可以使用Windows 7的便笺小工具来代替常用的彩色便笺。在Windows 7便笺中单击鼠标右键，在弹出的快捷菜单中提供了6种颜色供用户选择。如果想要新建便笺，只需单击左上角的按钮即可。启动便笺的方法很简单，单击按钮，在弹出的"开始"菜单中选择【所有程序】/【附件】/【便笺】命令即可。

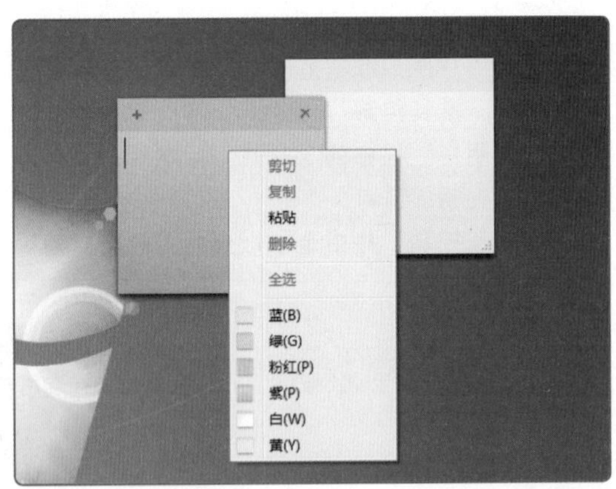

4 活用数据处理工具

Windows 7附件中的计算器是专门为数字处理人员设计的，其中的一些新功能不仅能够在标准和科学模式下进行数字计算，而且还可以在程序员和统计信息模式下进行计算，这些功能在以往版本的计算器中是没有的。如在程序员模式下进行计算，其方法为：在"开始"菜单中选择【所有程序】/【附件】/【计算器】命令，打开"计算器"对话框，选择【查看】/【程序员】命令，即可切换到程序员模式，然后进行数据处理操作。

高手指点 在"计算器"窗口中，直接按【Alt+1】组合键可切换至标准型，按【Alt+2】组合键可切换到科学型，按【Alt+3】组合键可切换到程序员，按【Alt+4】组合键可切换到统计信息。

第4章

笔记本电脑文件管理和数据交换

老马看见小李手上拿着数码相机不停地走来走去，便问他出什么事了。小李着急地说："我想找一家商店把我拍的照片刻录到光盘上，这样才能在电脑上浏览，可找了很多家商店都没有营业，这可真急死我了！"老马忍不住笑了出来："你费这事儿干吗？数码相机就可以直接同电脑进行数据交换，哪里还需要大费周折地刻录成光盘。"小李一时还没有弄明白老马的意思，便问他："你的意思是数码相机上的照片可以直接转移到我的笔记本电脑上？"老马笑道："没错。看来这方面的知识你还不是很清楚，接下来我就给你讲讲笔记本电脑与各种移动存储设备的数据交换方法，同时再系统地给你说说关于笔记本电脑上文件管理的操作，让你对这些知识有新的认识。"

2小时学知识

- 管理笔记本电脑中的文件
- 笔记本电脑与外设的数据交换

3小时上机练习

- 创建"工作"文件夹体系
- 笔记本电脑与移动硬盘交换数据
- 管理文件夹

4.1 管理笔记本电脑中的文件

老马问小李知不知道电脑中的文件以及文件夹，小李说有所了解，但具体的概念并不是很清楚。老马听后告诉他："要想更好地管理笔记本电脑中的文件资源，首先一定要清楚这两个名词的概念和作用，我现在就给你详细讲解，并告诉你管理文件资源的常见操作，包括文件的查看、排列、新建、选择、移动、复制、删除、搜索、属性设置等。"

4.1.1 学习1小时

学习目标

- 了解文件和文件夹的概念及作用。
- 熟悉并掌握文件的各种管理操作。

1 文件和文件夹究竟是什么

管理笔记本电脑上的文件资源时，不可避免地会遇到"文件"和"文件夹"这两个名词术语，下面就对这两个名词的概念及作用进行介绍。

文件

笔记本电脑中的绝大多数数据都是以文件的形式存储和表现的，文件一般都是由文件图标、文件名称、分隔符、文件扩展名称等组成的，对文件资源的管理从某种角度来讲就是直接对这些文件图标、文件名称的管理。

操作提示：扩展名称作用

扩展名称用于体现文件类别，如mp3表示该文件为音频类别的文件。

文件夹

文件夹由文件夹图标和文件夹名称两部分组成，其作用在于保存各种各样的文件资源，以便管理和查找。Windows 7操作系统中的文件夹图标会随其中内容的不同而显示出不同的缩略图片。

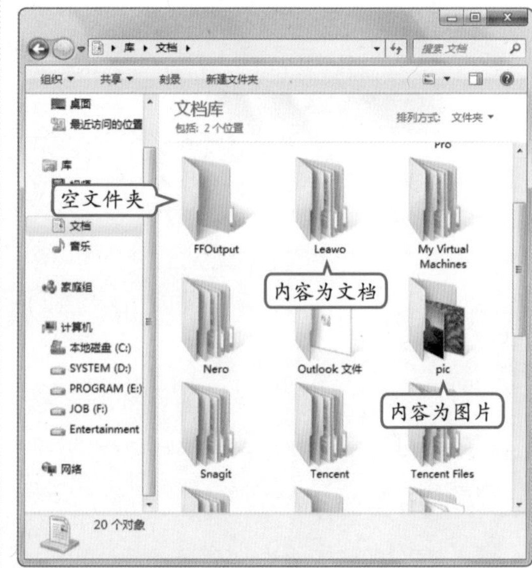

高手指点 "路径"也是文件管理时会遇到的名词，它代表文件或文件夹在电脑中的保存位置，如F:pic\flower.jpg表示名为flower.jpg的文件保存在F盘下名为pic的文件夹中。

2 查看文件和文件夹

在使用笔记本的过程中，往往会将文件保存在不同的位置，此时便可通过“计算机”窗口来查看需要的文件和文件夹。下面便以查看名为sport的文件和名为job的文件夹为例介绍笔记本电脑中文件和文件夹的查看方法，其具体操作如下。

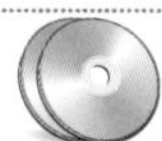

教学演示\第4章\查看文件和文件夹

1 打开“计算机”窗口

选择【开始】/【计算机】命令。

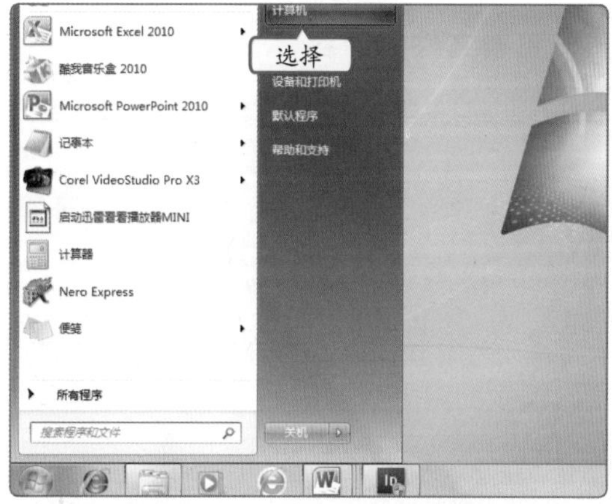

2 选择盘符

打开“计算机”窗口，双击“硬盘”栏中G盘对应的驱动器图标。

3 打开文件夹

打开G盘根目录，在“精彩图片”文件夹上单击鼠标右键，在弹出的快捷菜单中选择“打开”命令。

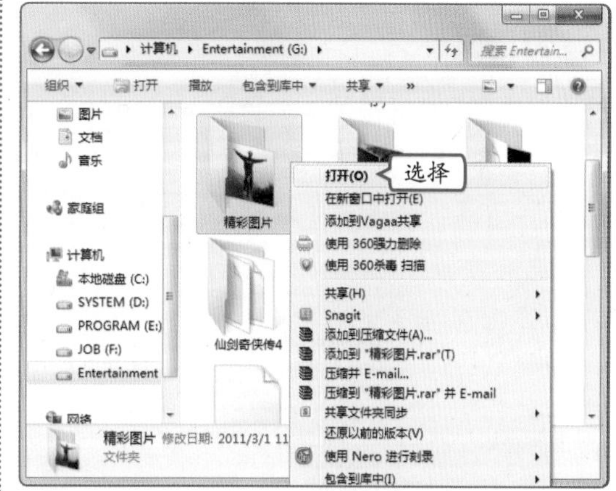

4 查看文件

打开“精彩图片”文件夹，双击其中的sport.jpg图片文件，即可在打开的窗口中浏览该图片内容。

“计算机”窗口的地址栏不仅可以显示当前文件夹和文件的保存位置，单击路径中的某个文件夹名称还可快速切换到相应的文件夹窗口。

补充两句

5 切换驱动盘盘符

单击当前窗口左侧快速访问区中D盘驱动器盘符对应的选项。

6 打开文件夹

快速切换到D盘根目录，选择Downloads文件夹，然后按【Enter】键。

7 查看文件夹

打开Downloads文件夹，在其中双击job文件夹。

8 查看文件夹内容

在打开的窗口中即可查看job文件夹中包含的内容。

3 排列文件和文件夹

Windows 7中提供了多种文件和文件夹的排列显示方式，以方便不同文件资源的存放。单击“计算机”窗口中“视图”按钮右侧的下拉按钮，在弹出的下拉列表中便可根据需要选择相应的排列显示方式。

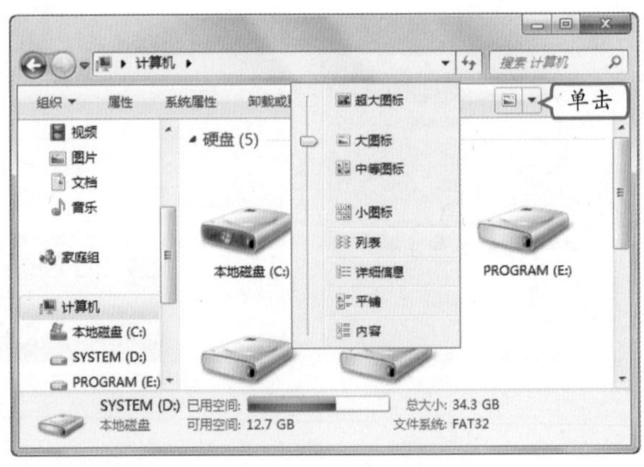

高手指点 单击“计算机”窗口地址栏左侧的“返回”按钮，可快速访问前一次查看的文件夹窗口；单击“前进”按钮，又可快速回到返回前的文件夹窗口。

第4章

4 文件和文件夹的常见操作

为了方便在笔记本电脑中使用各种文件资源，需要时常对文件和文件夹进行各种操作，如新建、重命名、选择、移动、复制、删除、搜索和属性设置等。

（1）新建文件和文件夹

新建文件和文件夹有多种方法，最常用的一种是：在当前文件夹窗口的空白区域单击鼠标右键，在弹出的快捷菜单中选择“新建”命令，并在弹出的子菜单中选择相应的新建文件夹命令或新建文件命令即可。

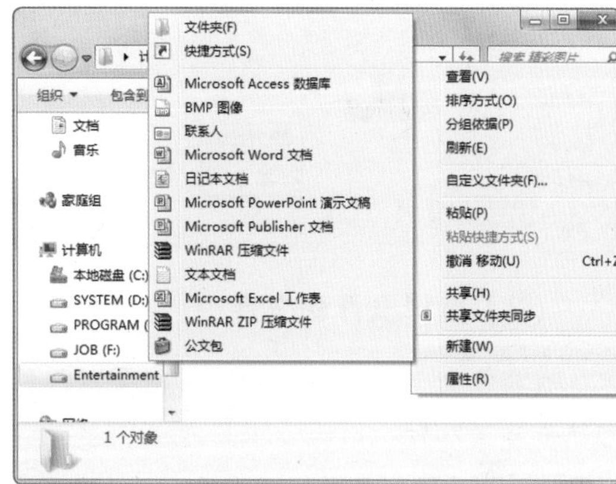

操作提示：新建文件的种类

新建文件时，其中的命令会根据当前系统中安装程序的不同而显示出不同的内容，如安装了Access软件，则可选择新建数据库的命令新建数据库文件。

（2）重命名文件和文件夹

新建的文件或文件夹会使用系统默认的名称，为了更好地记住相应文件或文件夹的内容，可对其进行重命名。下面以将“新建位图图像.bmp”文件重命名为“自画肖像.bmp”为例，介绍重命名文件的方法（重命名文件夹的操作与之相同），其具体操作如下。

教学演示\第4章\重命名文件和文件夹

1 选择“重命名”命令

在“新建位图图像.bmp”文件（若没有该文件，可按照上面介绍的方法新建一个bmp位图文件）上单击鼠标右键，在弹出的快捷菜单中选择“重命名”命令。

2 自动选择文件名称

此时所选文件的文件名称部分呈可编辑选择状态（扩展名称部分并未选择）。

补充两句

对文件进行重命名操作时，应小心不要更改了文件的扩展名称，这样会导致更改文件格式而无法正常使用该文件。

3 输入新的名称

默认选择的是文件名称部分，切换至适合的中文输入法，输入"自画肖像"。

4 确认重命名

按【Enter】键或单击其他空白区域，即可确认重命名文件的操作。

（3）选择文件和文件夹

选择文件和文件夹是对其进行各种操作的前提，在笔记本电脑中选择文件和文件夹的方法有如下几种。

选择单个文件和文件夹

选择单个文件或文件夹，只需用鼠标直接单击某个文件或文件夹图标，被选择后的文件或文件夹呈浅蓝色状态显示。

选择不连续的文件和文件夹

选择不连续的文件或文件夹时，首先单击选择一个文件或文件夹，然后按住【Ctrl】键不放的同时，依次单击需要选择的文件或文件夹。

选择连续的文件和文件夹

选择连续的文件或文件夹时，首先单击选择第一个文件或文件夹，然后按住【Shift】键不放的同时，单击选择最后一个文件或文件夹。

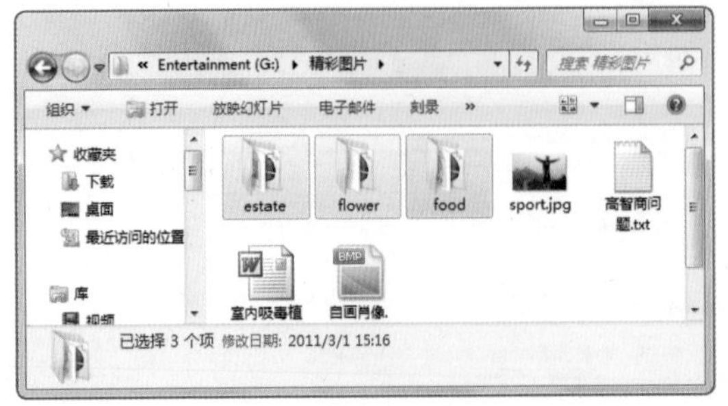

选择所有的文件和文件夹

选择某个窗口中所有的文件或文件夹时，直接按【Ctrl+A】组合键或单击 组织▼ 按钮，在弹出的下拉菜单中选择"全选"命令。

高手指点 选择某个文件或文件夹，然后按【F2】键也可使该文件或文件夹的名称呈可编辑状态，进而快速实现重命名操作。

（4）移动文件和文件夹

移动文件和文件夹是指将选择的文件和文件夹从当前位置转移到其他文件夹窗口中，通过对文件和文件夹进行移动，可更好地将系统中的文件资源归类，便于以后使用。下面以将G盘下“精彩图片”文件夹中的图片移动到图片库为例，介绍移动文件和文件夹的方法，其具体操作如下。

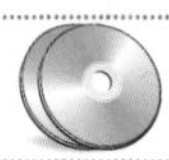

教学演示\第4章\移动文件和文件夹

1 选择文件

打开G盘下的“精彩图片”文件夹，利用【Ctrl】键选择sport.jpg和“自画肖像.bmp”图片文件。

2 剪切文件

在选择的某个图片文件上单击鼠标右键，在弹出的快捷菜单中选择“剪切”命令。

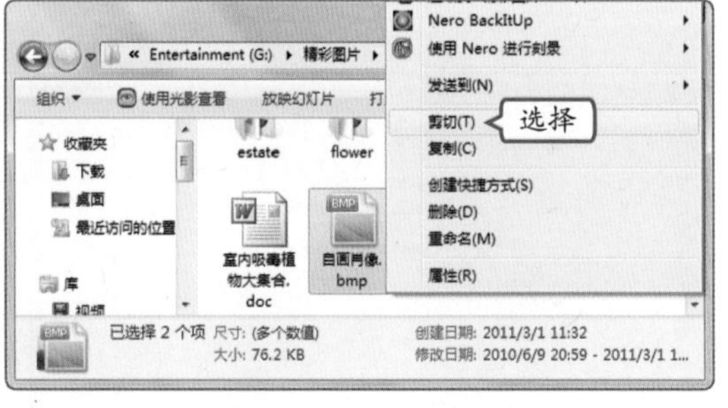

3 切换文件夹窗口

此时所选文件的图标呈半透明状态。单击左侧快速访问区中“库”目录下的“图片”选项。

4 粘贴文件

在“图片”窗口中按【Ctrl+V】组合键，即可将剪切的图片文件粘贴到当前文件夹窗口中。

（5）复制文件和文件夹

复制文件和文件夹也是常用的操作，它与移动文件和文件夹不同的是，复制文件和文件夹是将所选对象复制一份到其他位置，原位置同样保留所选文件。这种操作常用于备份重要文件的情况。下面以将C盘下的“我的文档”文件夹复制到G盘根目录为例，介绍复制文件夹的方法，其具体操作如下。

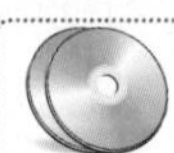

教学演示\第4章\复制文件和文件夹

补充两句

剪切文件后，在窗口空白区域单击鼠标右键，在弹出的快捷菜单中选择“粘贴”命令也可移动文件。初学时可用菜单命令来移动，熟练后建议利用快捷键来操作（剪切快捷键为Ctrl+X）。

1 选择文件夹

打开C盘根目录，选择其中的“我的文档”文件夹。

2 复制文件夹

1. 按【Ctrl+C】组合键或单击组织按钮。
2. 在弹出的下拉菜单中选择“复制”命令。

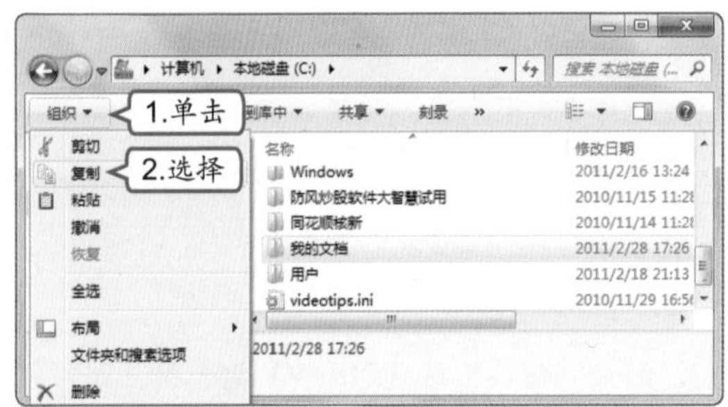

3 切换文件夹窗口

在左侧的快速访问区中单击“计算机”目录下G盘对应的选项。

4 粘贴文件夹

在G盘根目录窗口中按【Ctrl+V】组合键，即可将复制的文件夹粘贴到当前窗口中。

第4章

（6）删除文件和文件夹

即便笔记本电脑的存储空间越来越大，但存储的数据也是有限的，因此操作笔记本电脑时需要定期将不需要的“垃圾文件”删除，以确保电脑有足够的存储空间供其他文件资源存放。删除文件和文件夹的方法为：选择需删除的文件和文件夹，按【Delete】键，在打开的对话框中单击是(Y)按钮。

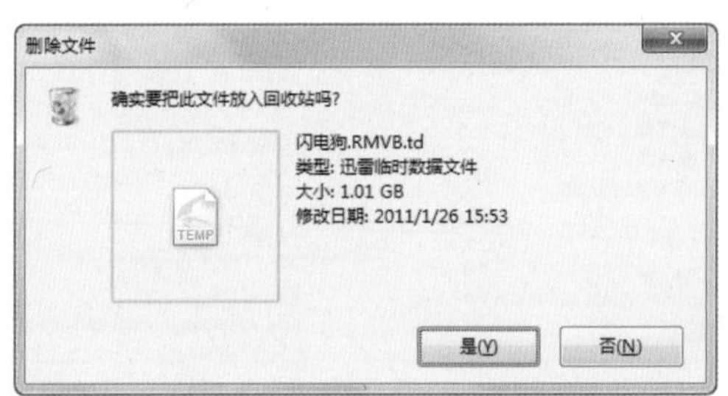

操作提示：彻底删除文件和文件夹

文件和文件夹删除后实际上是被转移到了回收站中，并没有彻底从电脑的硬盘中删除。若想彻底删除这些文件资源，需在桌面上的“回收站”图标上单击鼠标右键，在弹出的快捷菜单中选择“清空回收站”命令或在删除文件资源时直接按【Shift+Delete】组合键。

（7）搜索文件和文件夹

当无法回忆起某个文件资源的具体存放位置时，可利用搜索功能快速找到该资源。下面以搜索sport.jpg文件为例介绍搜索功能的使用方法，其具体操作如下。

高手指点 若要恢复未彻底删除的文件资源，可打开“回收站”窗口，在需恢复的文件或文件夹上单击鼠标右键，在弹出的快捷菜单中选择“还原”命令，即可将其还原到删除前的位置。

教学演示\第4章\搜索文件和文件夹

1 输入搜索的内容

打开“计算机”窗口，在搜索栏中输入sport.jpg，此时系统将根据输入的内容立即展开搜索。

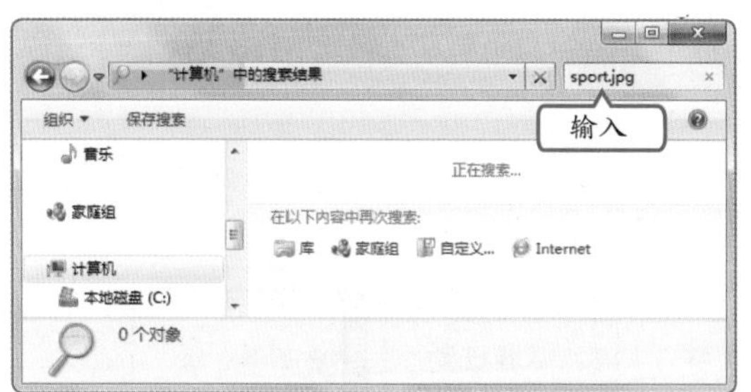

2 显示搜索结果

若电脑中存储有符合搜索内容的文件，将在窗口中逐一显示出来，在某个搜索到的文件上单击鼠标右键，在弹出的快捷菜单中选择“打开文件位置”命令，即可打开该文件所在的文件夹窗口。

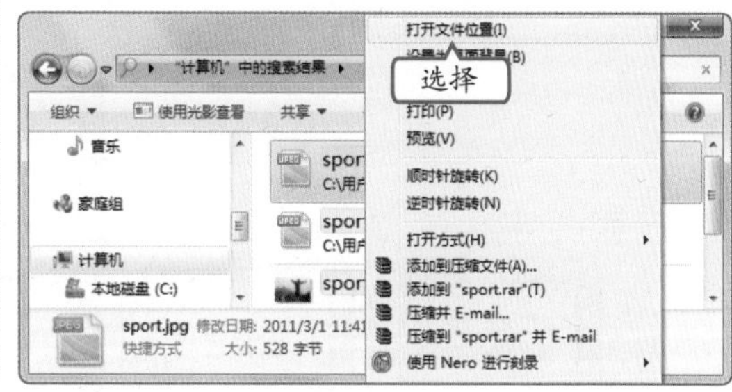

（8）设置文件和文件夹属性

设置文件或文件夹属性的方法为：在要设置属性的文件或文件夹上单击鼠标右键，在弹出的快捷菜单中选择“属性”命令，打开“属性”对话框，其中包含“只读”和“隐藏”两种属性，然后单击高级(D)...按钮，在打开的对话框中包含存档、索引、压缩和加密等属性，选中相应属性对应的复选框即可更改文件属性。下面简要介绍各属性的作用。

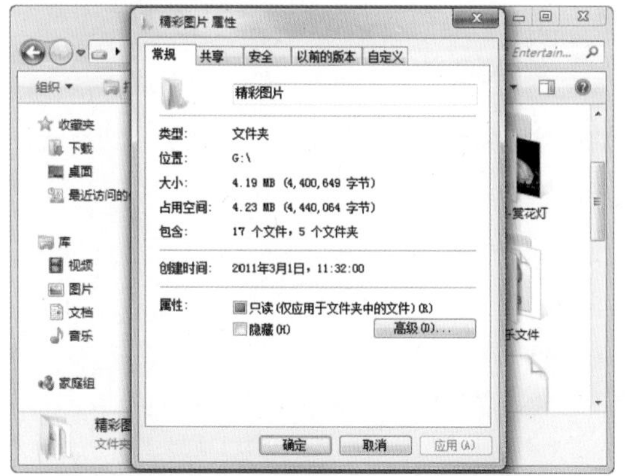

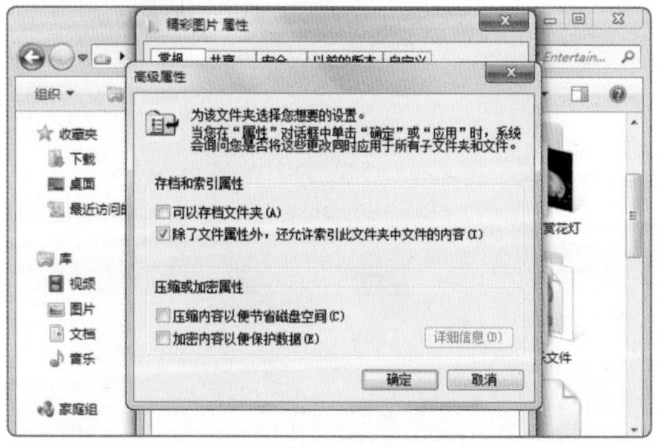

只读

该文件和文件夹只能打开并阅读其内容，不能进行修改。

隐藏

设置隐藏属性后的文件和文件夹将被隐藏起来，致使打开其所在窗口后也无法查看其文件图标。

存档

可浏览并修改这类文件的内容并进行保存。

索引

可为该文件内容建立索引，以便查找。

压缩

可压缩该文件大小以节省磁盘空间。

加密

可加密该文件内容以防止他人使用。

补充两句

搜索文件时需注意，在当前窗口输入搜索内容后，系统将在当前窗口中进行搜索，因此在不确定文件保存在哪个盘符时，只能在“计算机”窗口中进行搜索。

4.1.2 上机1小时：创建“工作”文件夹体系

本例将把G盘的盘符名称重命名为“工作(G:)”，然后通过新建、复制文件夹和移动文件等各种操作对G盘进行规划整理，其文件夹体系如下图所示。

上机目标

- 巩固新建、重命名文件和文件夹的操作。
- 进一步掌握复制、移动文件资源的操作。

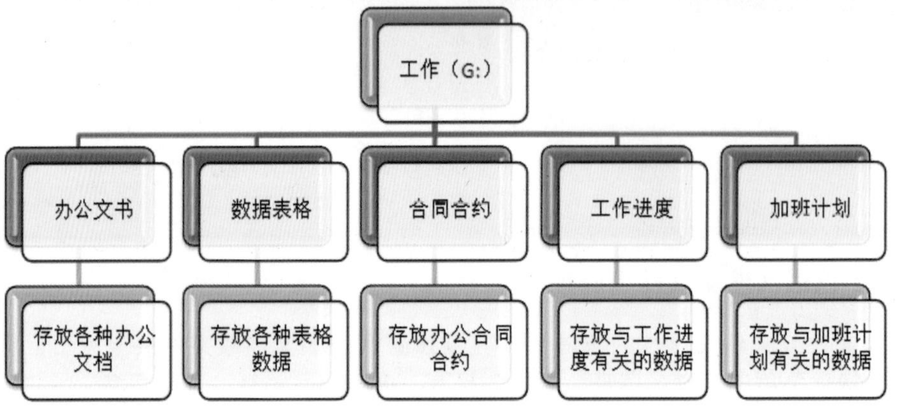

教学演示\第4章\创建“工作”文件夹体系

1 选择命令

1. 双击桌面上的“计算机”图标，打开“计算机”窗口，在G盘对应的盘符图标上单击鼠标右键。
2. 在弹出的快捷菜单中选择“重命名”命令。

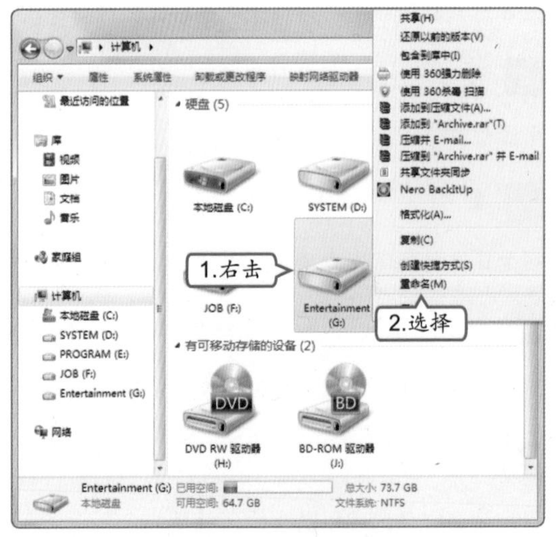

2 输入名称

此时G盘驱动器名称处于可编辑状态，切换到合适的中文输入法，输入“工作”。

高手指点 选择某个驱动器盘符、文件夹或文件后，再次单击该对象的名称部分也可使其名称呈可编辑状态，从而进行重命名操作。

3 确认重命名

按【Enter】键或单击“计算机”窗口中的其他区域，此时G盘驱动器名称便更改为“工作(G:)”。

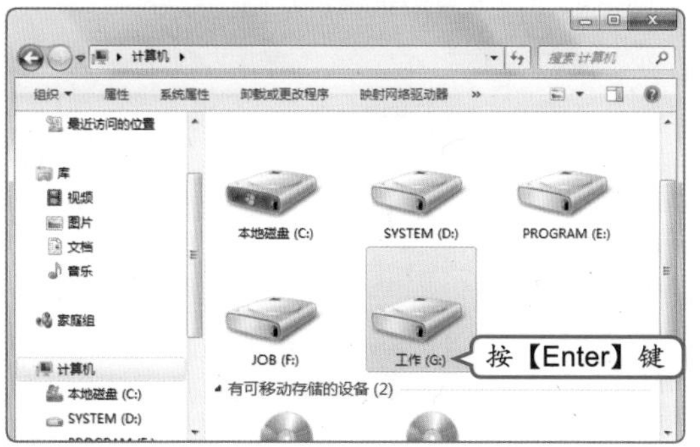

4 选择命令

双击G盘驱动器图标，打开G盘根目录窗口，在其中的空白区域单击鼠标右键，在弹出的快捷菜单中选择【新建】/【文件夹】命令。

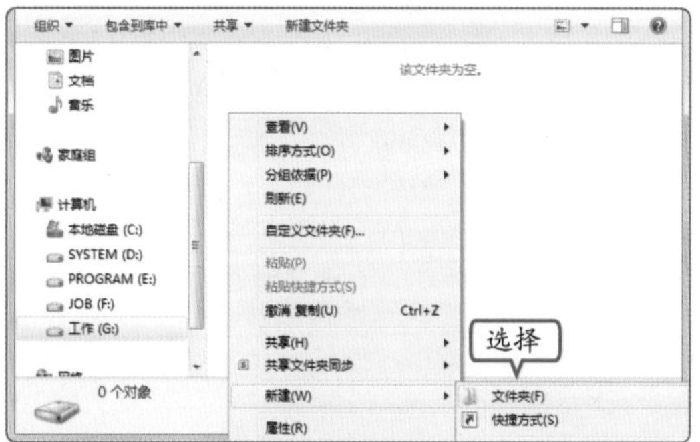

5 新建并命名文件夹

此时将新建一个文件夹，且文件夹名称呈可编辑状态，输入“办公文书”，然后按【Enter】键完成文件夹的新建与命名。

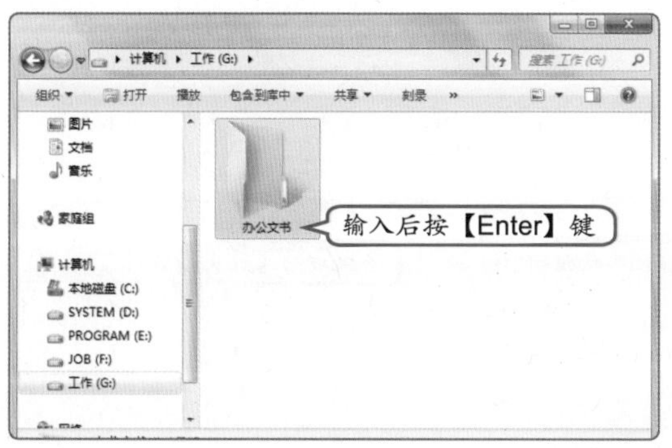

6 复制文件夹

在“办公文书”文件夹上单击鼠标右键，在弹出的快捷菜单中选择“复制”命令。

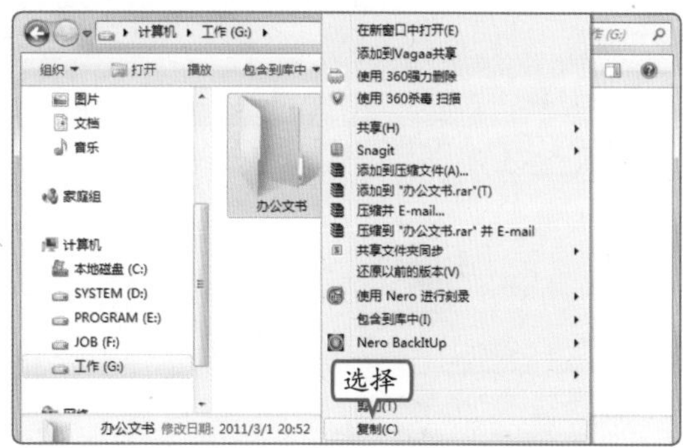

7 粘贴文件夹

在该窗口的空白区域单击鼠标右键，在弹出的快捷菜单中选择“粘贴”命令，此时复制的文件夹将以“办公文书-副本”为名显示。

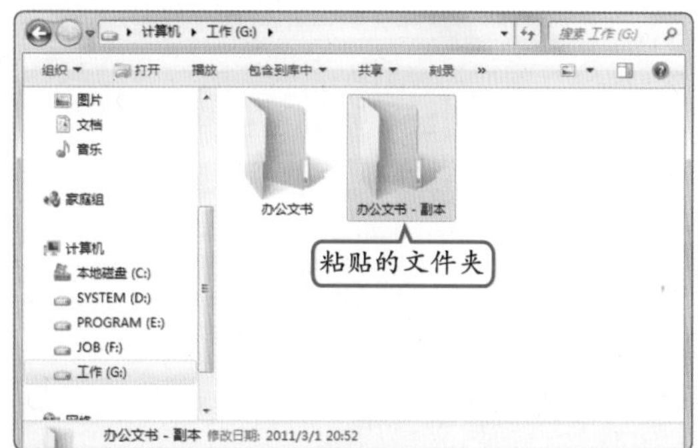

8 复制并命名其他文件夹

按照同样的方法粘贴3次，并将粘贴的这4个文件夹依次命名为“数据表格”、“合同合约”、“工作进度”、“加班计划”。

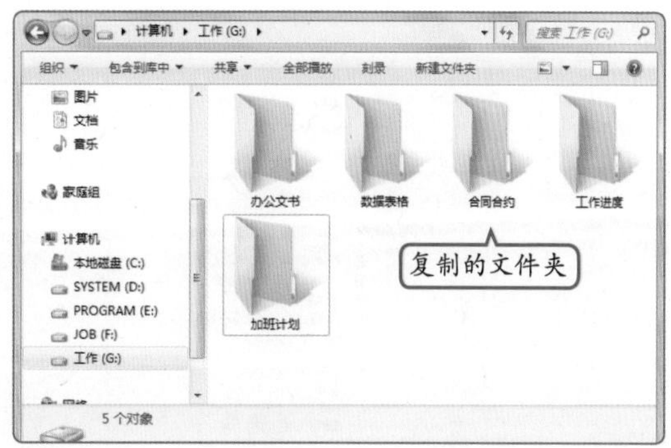

补充两句

重命名驱动器盘符、文件夹或文件时，需注意的是更改的名称中不能包含\、/、:、*、?、"、<>、|等字符。

9 切换文件夹窗口

单击地址栏中的"计算机"按钮计算机，切换到"计算机"窗口。

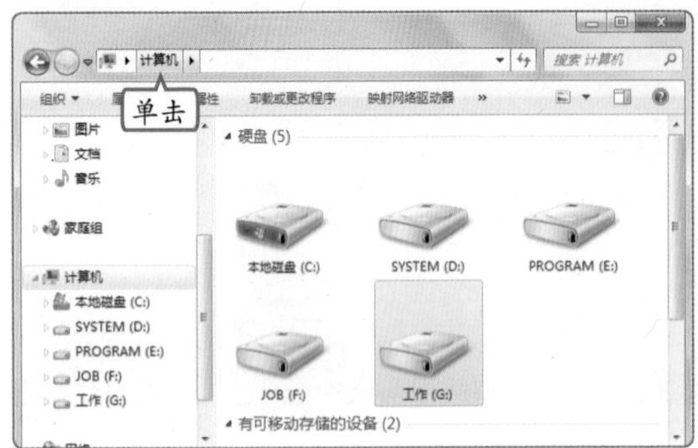

10 选择所有文件

依次双击E盘盘符、"办公文档"文件夹，在打开的窗口中按【Ctrl+A】组合键选择其中所有的文件。

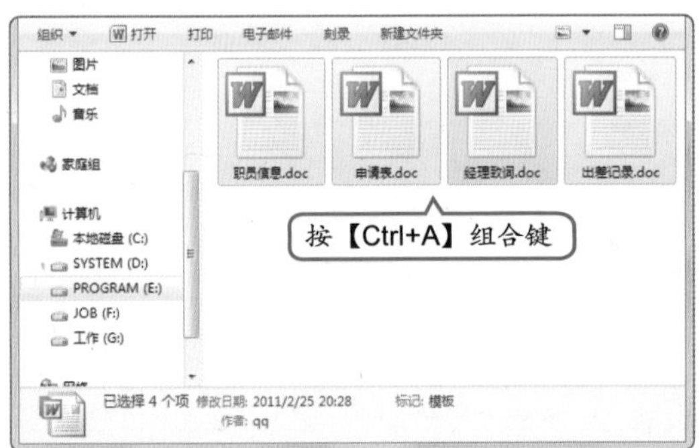

11 剪切文件

在其中的某个文件图标上单击鼠标右键，在弹出的快捷菜单中选择"剪切"命令。

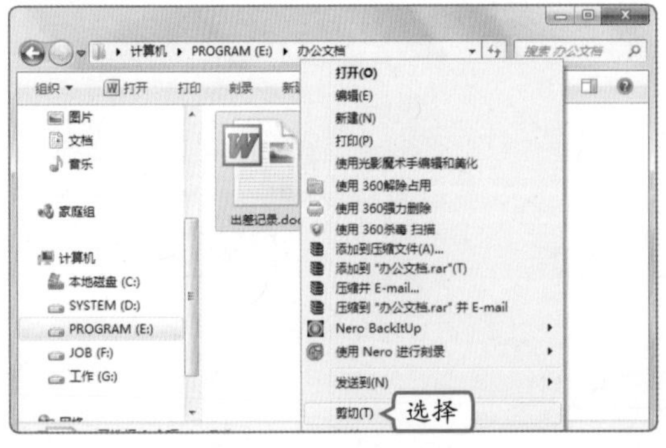

12 粘贴文件

利用地址栏或快速访问区切换到G盘下的"办公文书"文件夹窗口，在空白区域单击鼠标右键，在弹出的快捷菜单中选择"粘贴"命令。

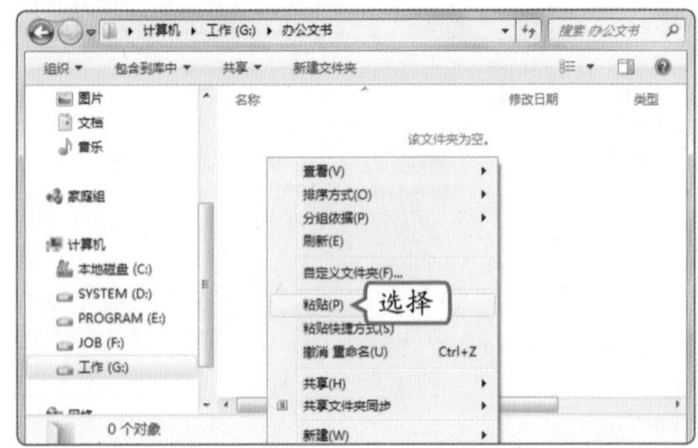

13 显示移动进度

此时将在打开的提示对话框中显示文件的移动进度，对话框关闭后即代表文件移动完成。

14 复制并命名其他文件夹

用相同方法将电脑中其他相关的文件分别移动到前面创建的几个文件夹中，完成"工作"文件夹体系的创建。

高手指点

若在同一窗口中移动文件到该窗口的某个文件夹中，可直接拖动文件至文件夹图标上即可。按住【Ctrl】键并拖动则能实现复制操作。

4.2　笔记本电脑与外设的数据交换

小李听了老马的讲解，对管理笔记本电脑中的文件资源更加得心应手了，不过令他头疼的问题还是没有解决，那就是数码相机上的照片怎样才能传递到笔记本电脑。老马告诉他不要着急，马上就给他介绍这方面的知识。

4.2.1 学习1小时

学习目标

- 掌握笔记本电脑与移动存储设备交换数据的方法。
- 了解并熟悉笔记本电脑与数码设备交换数据的方法。

1 笔记本电脑与U盘、移动硬盘的数据交换

U盘与移动硬盘都是常见的移动存储设备，它们的存在使笔记本电脑的便携性得到了更大的提升。无论U盘还是移动硬盘，与笔记本电脑进行数据交换的操作都十分简单，只需将U盘插入到笔记本电脑的USB接口上（移动硬盘需利用其专用的USB数据线进行连接），待系统找到并安装了相应设备的驱动程序后，便可按照管理文件资源的方法进行操作。需要注意的是，使用完U盘或移动硬盘后，应关闭所有U盘或移动硬盘中的文件和文件夹窗口，然后单击任务栏右侧的图标，最后根据提示撤销连接后才能将U盘或移动硬盘从笔记本电脑上拔除。

操作提示：使用“自动播放”对话框

当笔记本电脑找到并安装了移动存储设备的驱动程序后，默认会打开“自动播放”对话框，单击其中相应的超链接可快速实现查看移动存储设备内容、备份移动存储设备数据等操作，若该设备中包含图片文件或视频文件等，还可实现导入或播放文件的功能。

2 笔记本电脑与数码设备的数据交换

这里所说的数码设备主要是指手机、MP3、MP4、数码相机和数码摄像机等。它们不仅有其专门的用途，对于笔记本电脑来说，也可以作为移动存储设备来使用。因此这些设备与笔记本电脑之间的数据交换也变得十分简单。下面便以数码相机为例，介绍笔记本电脑与数码设备之间进行数据交换的方法，其具体操作如下。

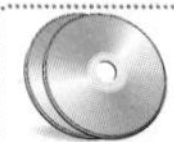

教学演示\第4章\笔记本电脑与数码设备的数据交换

U盘与移动硬盘的作用完全相同，区别仅在于U盘的存储容量较移动硬盘而言要小很多。不过对于一般用户而言，目前U盘的容量就基本上能保证工作、学习上需使用的数据交换量了。

补充两句

1 连接数码相机

将购买数码相机时附赠的USB数据线的非USB接口一端连接到数码相机的插槽中（一般是唯一的，即只有一个插槽能成功连接）。

2 连接笔记本电脑

将USB数据线的另一端（USB接口端）连接到笔记本电脑中的任意一个空闲USB接口中。

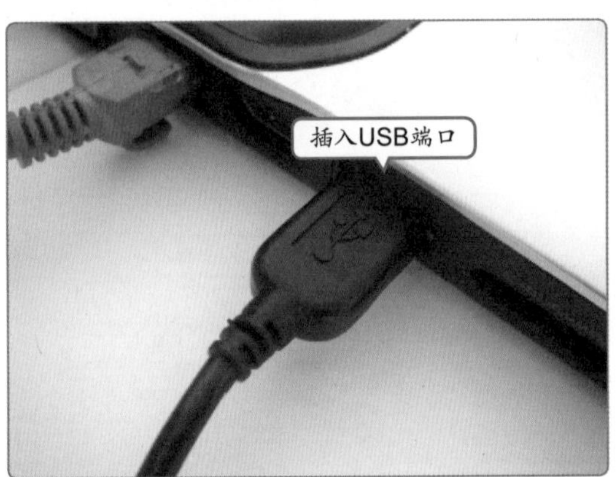

3 开启数码相机

打开数码相机，此时系统将自动寻找并安装相应的驱动程序，待数码相机的液晶屏上显示USB连接或其他相关字样即表示成功连接。

4 访问数码相机

打开“计算机”窗口，在“有可移动存储的设备”栏中双击“可移动磁盘(I:)”文件夹图标。

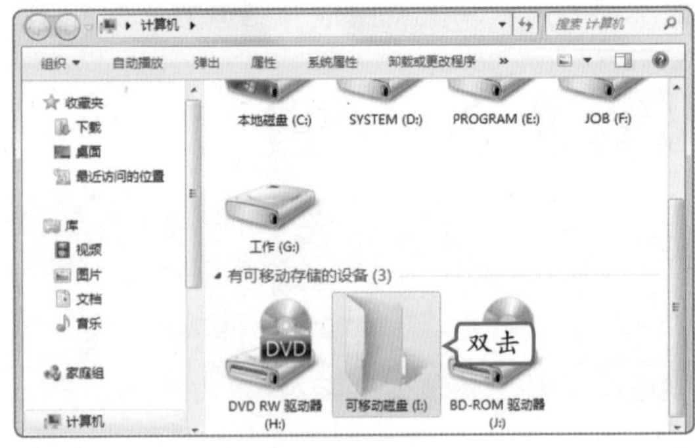

5 复制文件夹

在打开的窗口的文件夹图标上单击鼠标右键，在弹出的快捷菜单中选择“复制”命令。

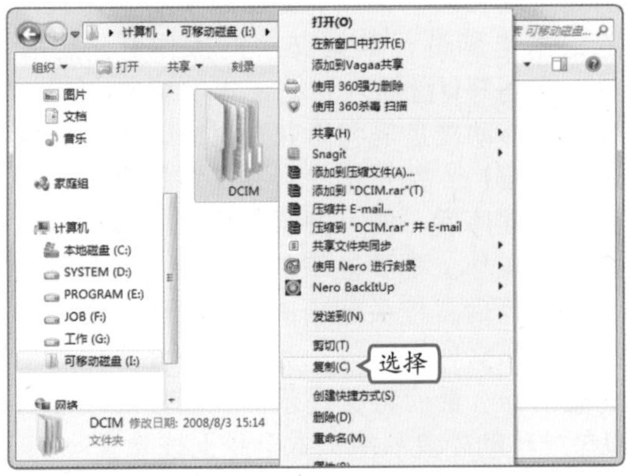

6 粘贴文件夹

打开需存放数码相机中文件资源的文件夹窗口，按【Ctrl+V】组合键，即可将文件夹复制到笔记本电脑中并使用。

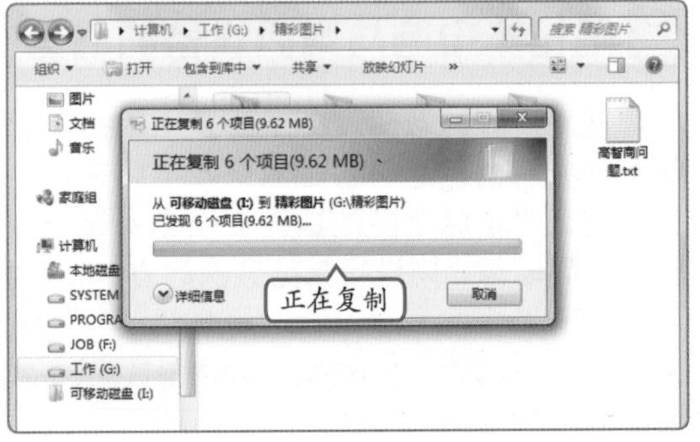

高手指点 将手机与笔记本电脑相连的方法与上述操作类似，不过有的手机有可能在连接后还需要根据提示手动设置为“存储设备”选项才能进行数据访问。

7 断开连接

单击任务栏右侧的图标，在弹出的下拉菜单中选择“弹出Sony DSC”命令。

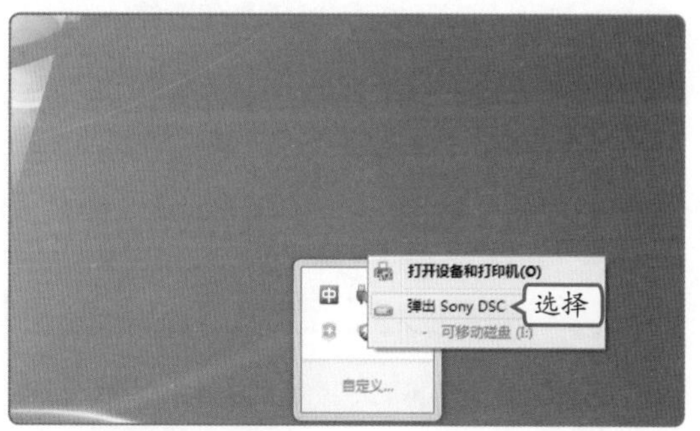

8 拔除USB连接线

当弹出提示可以安全移除硬件的信息时，即可将USB数据线从笔记本电脑上拔除。

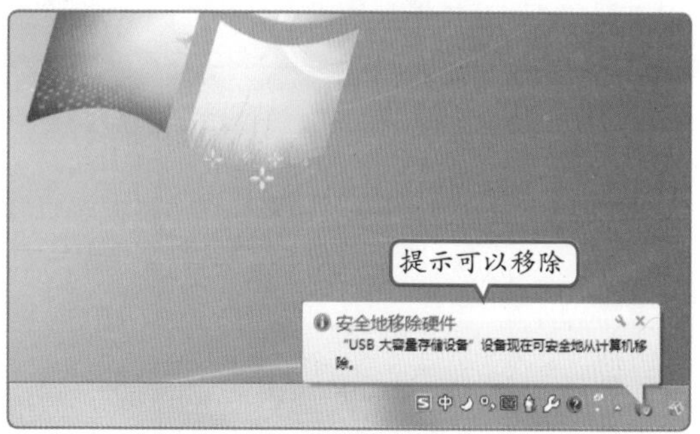

4.2.2 上机1小时：笔记本电脑与移动硬盘交换数据

本例将把移动硬盘连接到笔记本电脑中，并在移动硬盘下新建“重要数据”文件夹，然后将电脑中的主要数据复制到该文件夹中作为数据备份，最后将移动硬盘中的音乐文件剪切到笔记本电脑中以便日后欣赏。

上机目标

- **巩固移动存储设备与笔记本电脑的正确连接、拔除方法。**
- **进一步掌握文件夹的新建、文件的移动与复制等操作。**

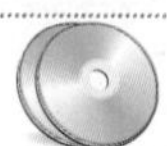

教学演示\第4章\笔记本电脑与移动硬盘交换数据

1 连接移动硬盘

将购买移动硬盘时附赠的USB数据线的非USB接口一端连接到移动硬盘的插槽中。

2 连接笔记本电脑

将USB数据线的另一端连接到笔记本电脑中的任意一个空闲USB接口中。

补充两句

无论是U盘、移动硬盘，还是手机、数码相机等移动存储设备，在断开连接之前，一定要保证完全关闭了设备中的文件夹窗口和其中的文件，否则无法顺利断开。

3 成功连接

当系统找到并安装了相应的驱动程序后，将打开“自动播放”对话框，单击其中的“打开文件夹以查看文件”超链接。

4 新建文件夹

在打开的窗口中单击 新建文件夹 按钮。

5 命名文件夹

直接在文件夹名称处于可编辑状态下将名称更改为“重要数据”。

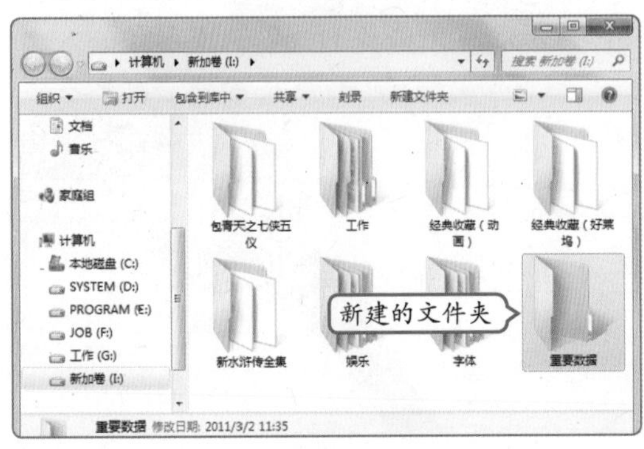

6 复制文件

通过快速访问区切换到E盘根目录，利用【Ctrl】键选择“销售合同.docx”和“市场调查情况.docx”文件，然后按【Ctrl+C】组合键。

7 切换文件夹窗口

1. 单击快速访问区的“新加卷(I:)”选项。
2. 在切换到的窗口中双击“重要数据”文件夹。

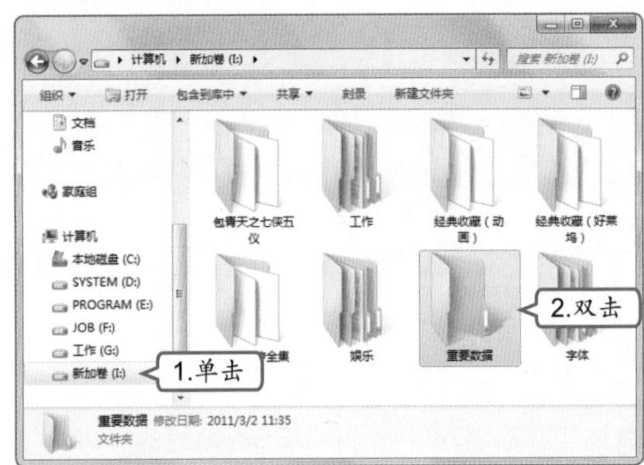

8 粘贴文件

在打开的窗口中按【Ctrl+V】组合键粘贴复制的文件。

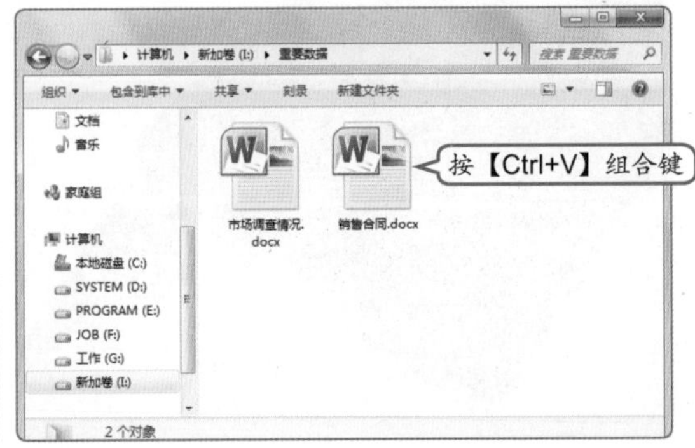

第4章

高手指点 打开移动或复制文件资源所涉及的两个文件夹窗口（同时显示在桌面上），在某个窗口中拖动文件到另一个窗口也可快速实现复制操作。

9 剪切文件

切换到"新加卷(I:)"磁盘下的"娱乐"文件夹中，利用【Shift】键选择其中的MP3文件，然后按【Ctrl+X】组合键。

10 粘贴文件

通过快速访问区切换到库文件夹下的"音乐"窗口中，按【Ctrl+V】组合键粘贴文件。

11 断开连接

关闭与移动硬盘有关的所有文件夹窗口，然后单击任务栏右侧的图标，在弹出的下拉菜单中选择"弹出Mass Storage Device"命令。

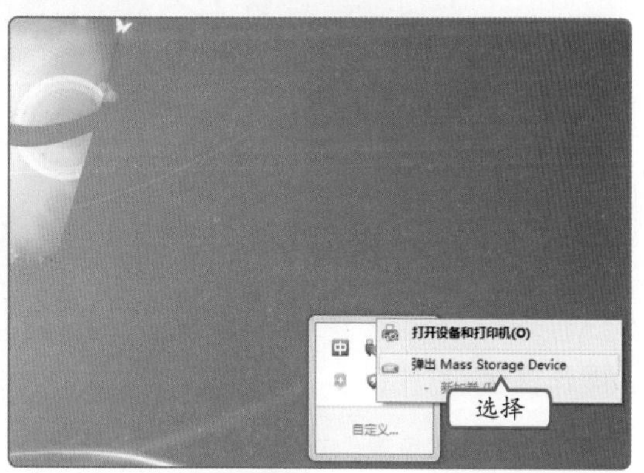

12 拔除移动硬盘

当弹出提示可以安全移除硬件的信息时，即可将移动硬盘从笔记本电脑上拔除。

4.3 跟着视频做练习1小时：管理文件夹

小李虽然大致了解了老马给他讲解的知识，但是为了以后能更加运用自如，他央求老马再给他出个题目以便检验自己的学习成果。老马想了一会儿对他说："好吧。下面你就在D盘的根目录下新建并命名'娱乐'文件夹，然后在该文件夹下分别创建'照片'、'小说'、'音乐'、'视频录像'文件夹，再利用搜索、移动、复制等操作将你电脑中的相关文件存放到相应的文件夹中。最后将视频摄像机中录制的视频文件存放到'视频录像'文件夹中，最终创建如下图所示的'娱乐'文件夹体系。"

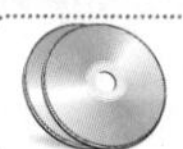

视频演示\第4章\管理文件夹

补充两句

有时可能因为系统的某个问题，导致已经完全关闭了移动存储设备涉及的所有文件夹和文件后，却仍提示不能拔除硬件。此时只要确认没有处于数据传递的情况，即可强制拔除数据线。

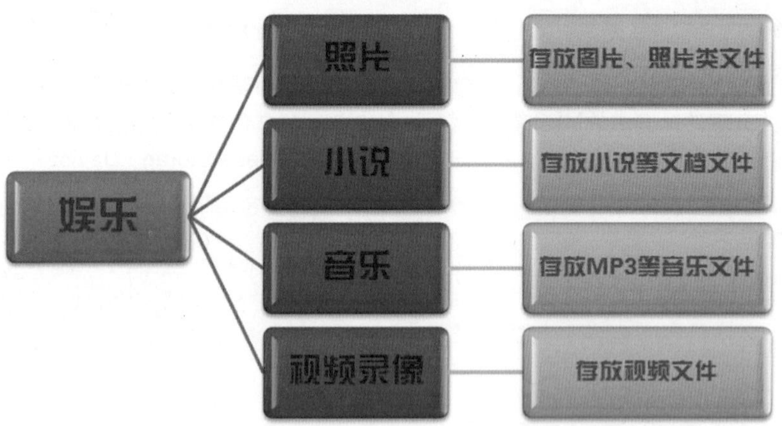

操作提示：

1. 切换到D盘根目录，新建文件夹，并将其命名为“娱乐”。
2. 在“娱乐”文件夹下新建并命名“照片”文件夹。
3. 复制“照片”文件夹，在当前窗口进行粘贴，并重命名粘贴的文件夹为“小说”。
4. 按相同方法创建“音乐”文件夹和“视频录像”文件夹。
5. 在“计算机”窗口中搜索扩展名为.jpg的文件，利用【Ctrl】键选择搜索结果中为照片的文件，并将其剪切到“照片”文件夹中。
6. 用相同方法分别搜索扩展名为.txt以及.mp3的文件，并将搜索结果中符合要求的文件剪切到“小说”文件夹和“音乐”文件夹中。
7. 将数码摄像机连接到笔记本电脑中，选择其中的视频文件，并将其复制到“视频录像”文件夹中。
8. 按照正确方法从笔记本电脑中拔除数码摄像机。

4.4 秘技偷偷报——轻松管理文件的小技巧

老马把小李叫到身边问：“学习了文件管理的相关知识，觉得应用起来有困难吗？”小李说：“这些操作我基本上都掌握了，只是应用起来的熟练程度还有待提高。”老马笑道：“这是正常情况，只要你多加练习，在不断实践中及时总结操作经验，就会在短时间内有很大的提高。接下来我再告诉你几个关于管理文件的小技巧，让你在以后操作时如虎添翼！”

1 批量重命名文件

当需要对同一类文件进行命名时，如对某一批图片进行编号，则可通过批量命名来减少工作量。其方法为：选择需重命名的所有文件，在其中第一个文件图标上单击鼠标右键，在弹出的快捷菜单中选择“重命名”命令。此时第一个文件的名称呈可编辑状态，输入需要的名称，然后按【Enter】键，此时其余选择的文件将同时更改为输入的名称，并依次在名称后添加编号以示区别。

高手指点 若需要让批量重命名的文件更具特色，建议在网上搜索并下载（本书后面会介绍相关操作的实现方法）拖把更名器，这款软件简单易学，是批量重命名文件的好帮手。

2 格式化磁盘

当某个磁盘分区中的文件需要全部删除时，为了达到完全清除的目的，可将该磁盘进行格式化处理。其方法为：在需格式化的磁盘上单击鼠标右键，在弹出的快捷菜单中选择“格式化”命令，再在打开的对话框中单击开始(S)按钮即可。

3 快速访问常用文件夹

单击窗口快速访问区上方的最近访问的位置按钮，窗口中将显示当前账户最近打开过的窗口，通过这种方法可快速访问到常用的文件夹，从而避免每次都通过“计算机”窗口来逐步打开相关文件夹进行访问的方式。

4 为常用文件夹创建桌面快捷启动图标

若某个或多个文件夹的访问次数很高，可在该文件夹图标上单击鼠标右键，在弹出的快捷菜单中选择【发送到】/【桌面快捷方式】命令，此时桌面上将出现所选文件的快捷方式图标，双击该图标即可快速显示文件夹的内容。这种方式非常适用于几乎每次使用笔记本电脑都要访问的文件夹。

5 利用菜单命令管理文件资源

许多习惯了Windows XP操作系统的用户，短期内无法适应使用文件夹窗口中的工具栏按钮来管理文件，此时可通过按【Alt】键，在工具栏上将弹出隐藏的菜单栏，通过这些菜单项便能按照Windows XP操作系统中的方法来新建、移动、复制文件资源。

6 巧用预览窗格

通过单击文件夹窗口工具栏右侧的“预览窗格”按钮，可在文件夹窗口中显示预览窗格，此后若选择图片文件，预览窗格中将放大显示图片内容；选择Word文档文件，预览窗格中将显示文档中的具体文本内容；选择网页文件，预览窗格中将显示网页内容。这样，方便了在不打开文件的前提下了解文件内容，不过前提是需要安装相应文件的应用程序才能进行预览。

补充两句

在格式化磁盘的对话框中，若选中“快速格式化”复选框，可在格式化磁盘时提高格式化的速度。

读书笔记

高手指点　移动存储设备虽然方便了文件资源的传递与使用，但同时也增加了笔记本电脑遭受病毒侵害的可能，因此建议在使用移动存储设备之前，用电脑上安装的杀毒软件对其进行杀毒处理。

第5章

常用工具软件的使用

小李拉着老马直向他诉苦："我买的笔记本电脑是不是'山寨版'啊，怎么完全感觉不到它强大的功能呢，例如，我从数码相机上把照片复制到电脑中以后，就只能浏览照片内容，有些照片我需要更改时却无从下手，这可怎么办呀！"老马告诉他不要着急，对他说："笔记本电脑的功能需要各种软件来实现，你所说的照片处理功能，就需要用专门管理和处理图片的软件来操作。"小李恍然大悟，悬着的心终于落了地，他问老马："既然这样，我怎样才能在笔记本电脑上使用这些软件，又应该使用哪些软件呢？"老马道："这些问题就是我马上要给你介绍的内容，不过在讲解软件之前，你还需要对软件有所认识，如软件的特点、分类、安装等，然后我再给你推荐几款常用的工具软件，让你的笔记本电脑真正发挥它应有的功能。"

5小时学知识

- 使用工具软件前的准备
- 图片管理工具——ACDSee
- 系统优化工具——Windows 7优化大师
- 压缩软件——WinRAR
- 全能播放工具——暴风影音

7小时上机练习

- 安装并浏览迅雷下载软件界面
- 利用ACDSee处理图片
- 优化开机速度并清理系统盘
- 压缩文件夹并解压其中一个文件
- 播放视频文件
- 解压图片并进行编辑
- 优化笔记本电脑操作系统

5.1 使用工具软件前的准备

小李对工具软件并不了解，老马因此不急于给他讲解某些工具软件的使用方法，而是首先告诉他工具软件的特点、分类，获取工具软件的途径以及工具软件的安装、卸载、启动和关闭等基本操作。下面就来看看老马是怎样给小李讲解的。

5.1.1 学习1小时

学习目标

- 了解工具软件的特点与分类。
- 了解并熟悉获取工具软件的各种途径。
- 掌握工具软件的安装与卸载方法。
- 掌握工具软件的启动与关闭操作。

1 工具软件的特点与分类

工具软件是指除操作系统、大型商业应用软件以外的一些实用软件，是针对用户为实现某种特定功能或要求而开发的电脑辅助程序，下面通过从工具软件的特点和分类两个方面来进一步认识和了解工具软件的作用。

（1）工具软件的特点

工具软件种类繁多，即便是同一类型的工具软件，也有很多产品可供选择。不过无论哪种工具软件，都具有如下几个特点。

功能单一

由于工具软件只是为了满足某一类用户的需求，因此与某些大型软件相比其功能就显得比较单一。如多媒体软件的主要功能就是收听音乐和观看视频，但不支持对音频或视频进行编辑处理。

操作简单

由于工具软件的功能相对来说较为单一，因此其操作界面都比较简单，只要有一定电脑基础的用户就能快速上手并掌握其基本的使用方法。

小巧实用

工具软件的安装文件大小一般只有几兆到几十MB而已，有些微型软件甚至只有几千字节，因此安装后不会像大型商业软件一样占用较大的磁盘空间。

部分免费

大部分工具软件都是免费的，有的工具软件属于共享软件，有一定的试用期。超过试用期便需要购买，不过其费用一般只在几元到几十元，与大型商业软件相比就显得非常便宜了。

（2）工具软件的分类

工具软件可按各种不同的条件或因素进行分类，如按工具软件的用途来划分，则可将工具软件分为磁盘与系统管理、图文浏览与处理、打字与学习辅助工具、多媒体播放工具、视频与音频编辑处理工具以及虚拟光驱与光盘刻录工具等几大类别，各大类别下又可以进一步细分。下面仅列举一些较为常用的工具软件以加深对它们的印象。

高手指点 同一类别的软件建议只选择一种来使用，如PPTV和PPS都属于网络电视类软件，日常使用时只需选择其中一种，这样不仅能减少磁盘空间占用量，还能避免同类软件之间的冲突。

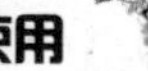

磁盘与系统管理工具

这类软件的主要作用在于管理、维护磁盘和系统，如Fdisk磁盘分区软件、PartitionMagic分区魔术师软件、EasyRecovery数据修复软件、WinRAR压缩软件、文件夹加密大师软件等。

图文浏览与处理工具

这类软件的主要作用在于获取、浏览、管理和处理电脑中的图片和文字，如ACDSee图片管理软件、SnagIt抓图软件、光影魔术手图片处理软件等。

打字与学习辅助工具

这类软件的主要作用在于在电脑中输入文字和利用电脑辅助学习，如搜狗拼音输入法软件、极点五笔输入法软件、金山打字通软件、金山词霸软件、公文写作助手软件等。

多媒体播放工具

这类软件的主要作用在于实现通过电脑享受视听功能，如千千静听播放器软件、酷我音乐盒软件、暴风影音播放器软件以及PPTV网络电视软件等。

音/视频编辑处理工具

这类软件的主要作用在于管理和处理常见的音频文件和视频文件，如会声会影视频编辑软件、豪杰视频通软件、屏幕录像专家软件以及Cool Edit音频编辑软件等。

虚拟光驱与光盘刻录工具

这类软件的主要作用在于为电脑安装虚拟光驱以使用镜像文件，或将数据通过刻录机刻录到光盘上以便保存，如Nero刻录软件、Daemon虚拟光驱软件等。

网络应用工具

这类软件的主要作用在于帮助用户更好地使用局域网和互联网资源，如CCProxy网络代理器软件、飞鸽传书局域网交流软件、360安全浏览器软件、迅雷下载软件以及腾讯QQ聊天软件等。

系统维护与安全工具

这类软件的主要作用在于优化和维护笔记本电脑系统，如驱动精灵硬件驱动程序优化和维护软件、Ghost备份软件、Windows优化大师系统优化软件、瑞星杀毒软件等。

第5章

2 获取工具软件的途径

使用工具软件之前，首先应该获取该软件的安装程序，然后再通过安装程序将软件正确安装到笔记本电脑中才能使用。获取工具软件的途径主要有3种，一种是到实体店购买工具软件的安装光盘，一种是通过购买书籍时随书附赠的安装程序，还有一种就是通过网络下载获取，下面主要对网络下载获取软件的方法进行介绍。

官网下载

官方网站一般是指由软件公司或企业自己组织成立的站点，该站点具有唯一、权威和公信力等特点。通过这种方式下载软件不仅安全，而且可靠，在下载时还能通过网页获取软件的相关功能和使用说明等信息，是首选的下载方式。

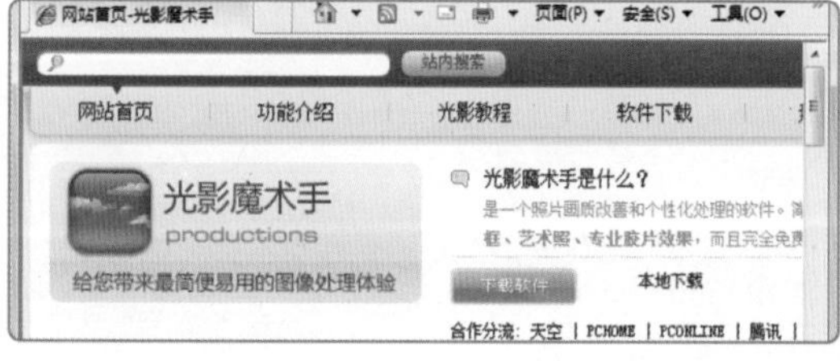

专业网站下载

若无法找到软件的官方网站，则可通过到专业的下载网站进行搜索并下载。专业的软件下载网站囊括了目前绝大多数的免费版或共享版工具软件，较著名的包括“天空下载网”、“华军下载网”、“霏凡下载网”等。

补充两句

收费软件只能通过下载获取试用版的安装程序，要想完全获得软件的使用权，需到官方网站上付费购买或直接在实体店购买。

搜索引擎下载

搜索引擎是一种提供网页搜索服务的系统，目前比较著名的搜索引擎有百度（http://www.baidu.com）、谷歌（http://www.google.cn）和搜狗（http://www.sogou.com）等。通过搜索引擎下载软件是最快捷的方式，但安全性也是几种方式中最低的，操作时不到万不得已，建议不要采用这种方式获取软件安装程序。

操作提示：关于搜索的具体操作

使用浏览器浏览网页、搜索网页以及下载软件的详细操作将在本书第7章中有详细讲解，这里只需大致了解一下，也可根据自身需要提前参考第7章内容进行学习。

3 工具软件的安装与卸载

掌握工具软件的使用之前，应熟悉各种工具软件的安装与卸载方法，以便更合理地管理笔记本电脑中的各种软件。

（1）安装工具软件

虽然不同软件的安装方法不尽相同，但也有一定规律。如一般都包含启动安装程序的欢迎界面、同意安装协议、设置安装路径、选择是否安装插件和完成安装等步骤。下面以安装PPTV网络电视为例介绍工具软件的安装方法，其具体操作如下。

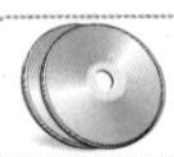

教学演示\第5章\安装工具软件

1 启动安装程序

打开存放PPTV安装程序的文件夹窗口，双击pptv.exe文件。

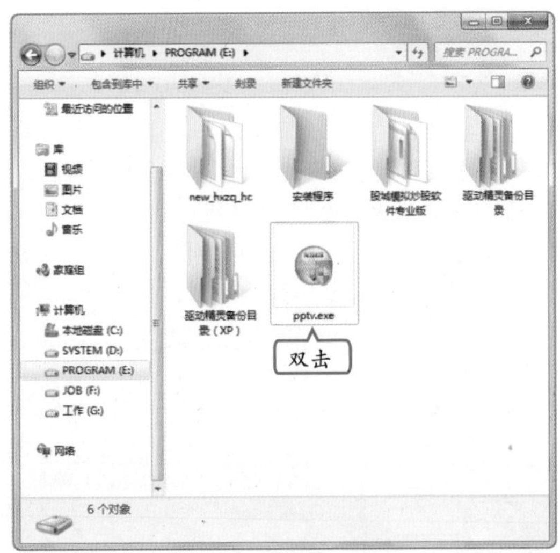

2 加载安装程序

此时在打开的对话框中将显示安装程序的加载进度。

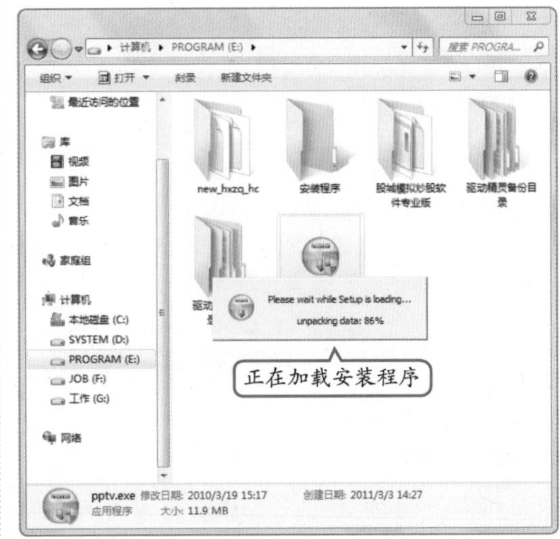

高手指点 一般来讲，软件的安装程序文件名称为“软件名称.exe”、Setup.exe或“软件名称+版本型号+setup.exe”几种形式，如QQ聊天软件的安装程序名称为QQ2010.exe。

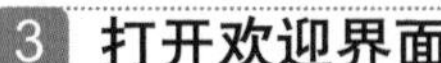

3 打开欢迎界面

加载完安装程序后，将打开软件的欢迎界面，直接单击 下一步(N) > 按钮。

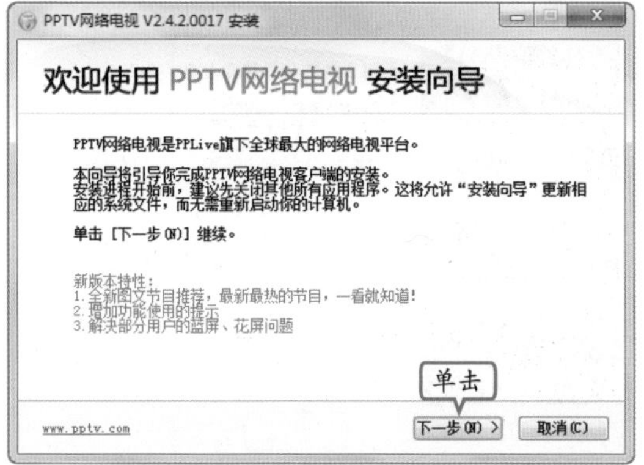

4 接受用户协议

打开显示使用协议的界面，阅读完协议内容后单击 我接受(I) 按钮。

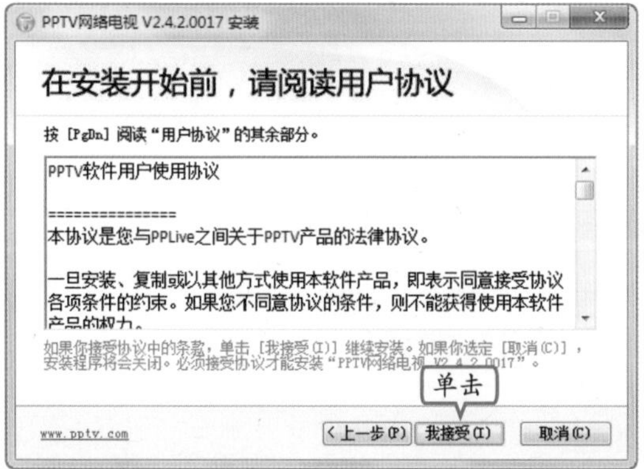

5 设置安装路径

打开选择安装位置的界面，单击“目标文件夹”文本框右侧的 浏览(B)... 按钮。

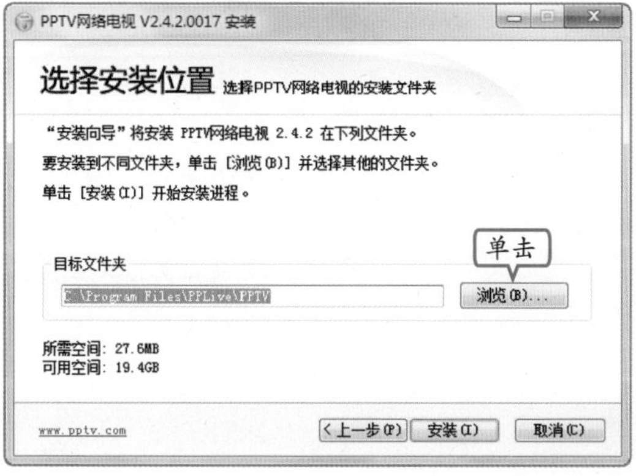

6 选择文件夹

1. 在打开的“浏览文件夹”对话框中选择G盘对应的选项。
2. 单击 新建文件夹(M) 按钮。

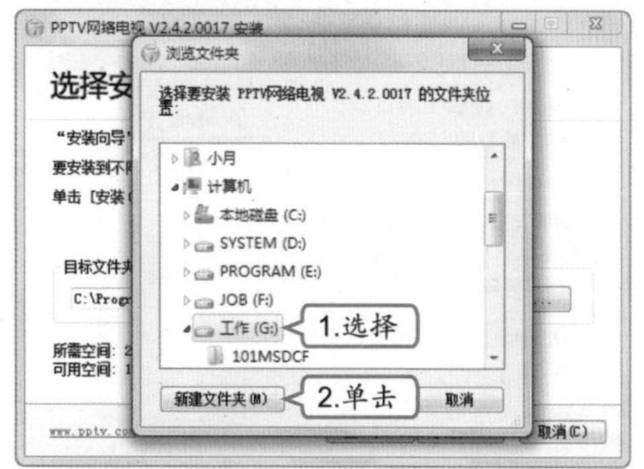

7 新建文件夹

1. 将新建的文件夹命名为PPTV。
2. 单击 确定 按钮。

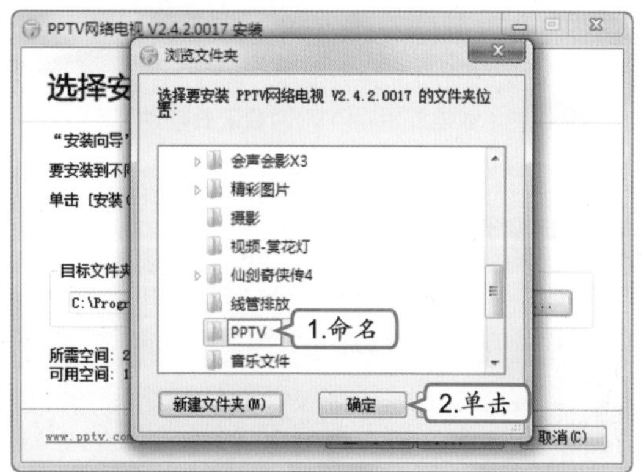

8 开始安装软件

返回到第5步中的选择安装位置界面，单击 安装(I) 按钮，即可开始安装软件并显示进度。

补充两句

任何工具软件在安装时，都会默认操作系统所在的盘符为安装路径，若该盘符的存储空间足够大，则可默认该安装路径而无须重新设置。

9 选择安装插件

1. 在打开的界面中取消选中所有复选框。
2. 单击下一步(N) >按钮。

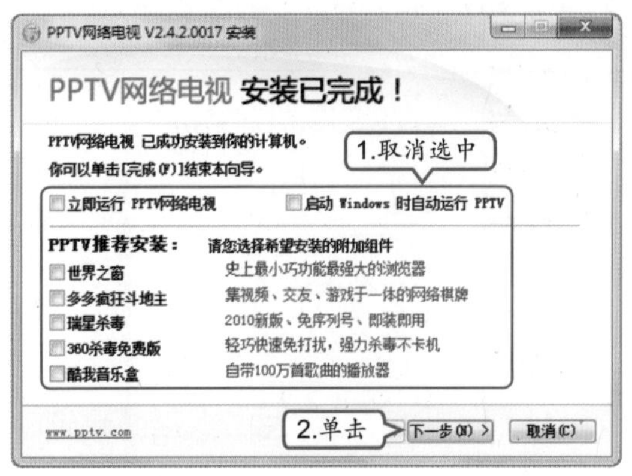

10 完成安装

1. 在打开的界面中取消选中其中的复选框。
2. 单击关闭(L)按钮。

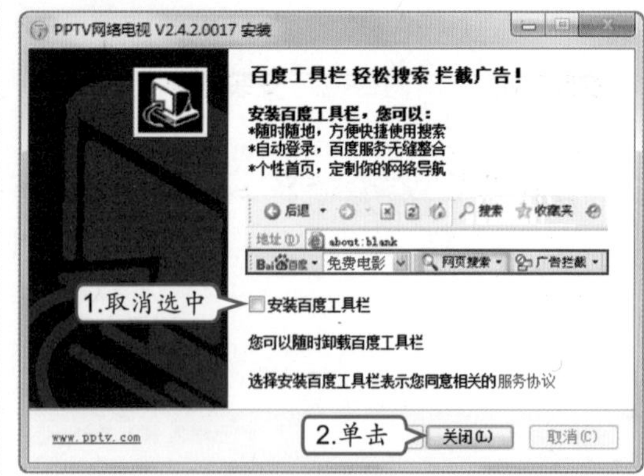

（2）卸载工具软件

无用的或出现问题的工具软件应及时将其从笔记本电脑中卸载掉，以便释放更多的存储空间。本例将通过控制面板卸载“电驴”（easyMule）下载软件为例，介绍从笔记本电脑中卸载工具软件的方法，其具体操作如下。

教学演示\第5章\卸载工具软件

1 启动控制面板

1. 单击“开始”按钮。
2. 在弹出的菜单中选择“控制面板”命令。

2 启动卸载程序功能

打开“控制面板”窗口，单击“程序”栏中的“卸载程序”超链接。

高手指点 有些程序在安装后会自带卸载命令，在“开始”菜单的“所有程序”命令中找到该软件对应的文件夹，并启动其下的卸载命令也可对软件进行卸载。

3 选择需卸载的软件

1. 在打开的窗口中选择电驴软件对应的选项。
2. 单击 卸载/更改 按钮。

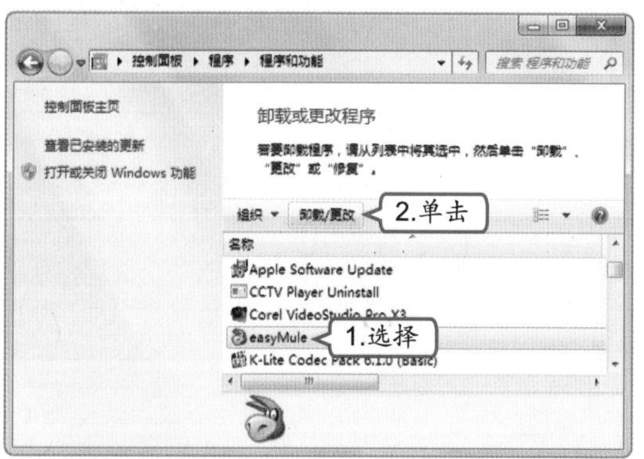

4 确认卸载

打开提示对话框，提示是否卸载电驴软件，单击 确定 按钮。

5 开始卸载软件

打开显示卸载进度的对话框，此时无须任何操作。

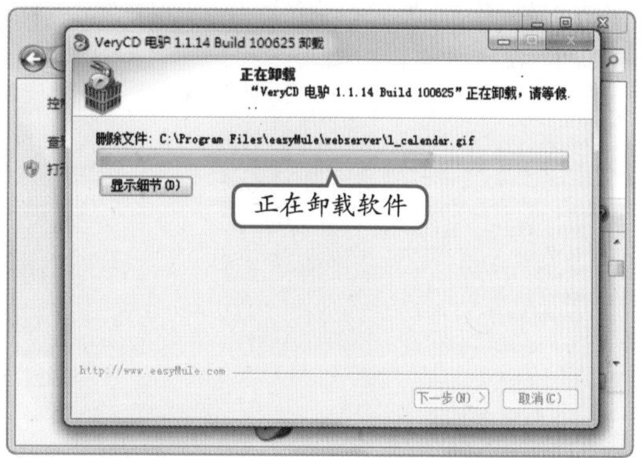

6 卸载成功

打开提示对话框，单击 完成(F) 按钮完成电驴软件的卸载操作。

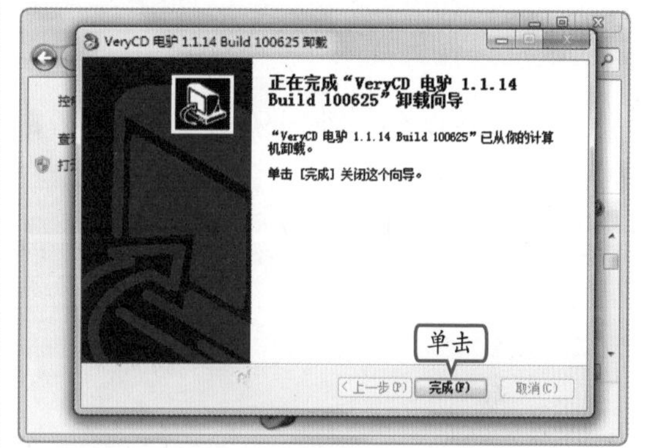

4 工具软件的启动与关闭

启动与关闭工具软件是使用它们的前提，下面便对这两种基础但重要的操作进行详细介绍。

（1）启动工具软件

工具软件的启动方法大致有以下3种。

利用快捷启动图标启动

有些软件安装后会自动在桌面上生成快捷启动图标，双击该图标即可启动软件。若没有自动生成图标，可按照第2章介绍的方法手动创建软件的快捷启动图标。

绿色软件是指无须安装的一种软件版本，只需将这类软件的相关文件复制到电脑中即可使用，删除这类软件时只需按照删除文件的方法操作即可。

补充两句

通过“开始”菜单启动

软件成功安装后，会在“开始”菜单的“所有程序”命令中建立启动命令，如启动PPTV软件，只需选择【开始】/【所有程序】/【PPlive】/【PPTV网络电视】命令。

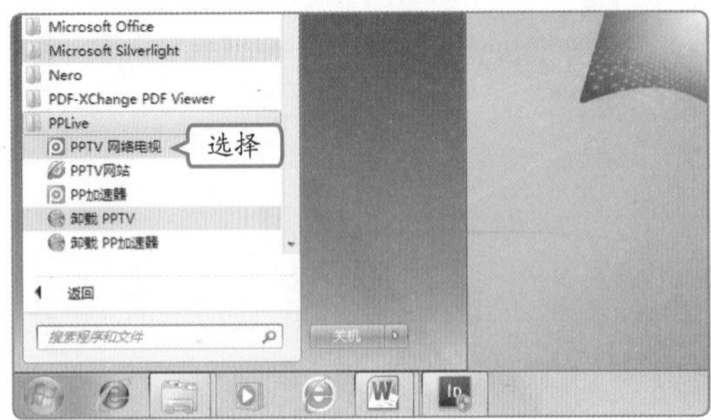

通过文件夹中的启动程序启动

若桌面上没有快捷启动图标，在“开始”菜单中也无法找到相应的软件启动命令，则只能打开安装软件时选择的文件夹，在其中双击启动程序来启动软件。

（2）关闭工具软件

尽管不同的工具软件有其特有的操作界面，但关闭工具软件的操作还是有一定共性的。其中最常用的关闭工具软件的方法有以下两种。

通过按钮关闭

单击工具软件操作界面右上角的“关闭”按钮 即可关闭软件。

通过菜单命令关闭

选择“文件”菜单项，在弹出的下拉菜单中选择“关闭”命令关闭软件。

5.1.2 上机1小时：安装并浏览迅雷下载软件界面

本例将通过迅雷软件的安装程序（可在迅雷官网www.xunlei.com上下载）安装该软件，然后启动软件浏览界面，最后关闭软件。通过本例综合练习前面介绍的相关知识。

上机目标

- **进一步熟悉工具软件的安装方法。**
- **巩固工具软件的启动和关闭操作。**

高手指点 当软件操作界面为活动窗口时，绝大部分工具软件都支持利用【Ctrl+F4】组合键来关闭软件的快捷操作。

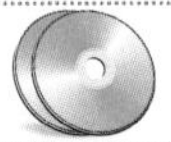

教学演示\第5章\安装并浏览迅雷下载软件界面

1 启动安装程序

找到获取的迅雷软件安装程序所在的文件夹，双击该文件。

2 接受许可协议

打开迅雷软件的安装欢迎界面，单击[接受]按钮接受许可协议。

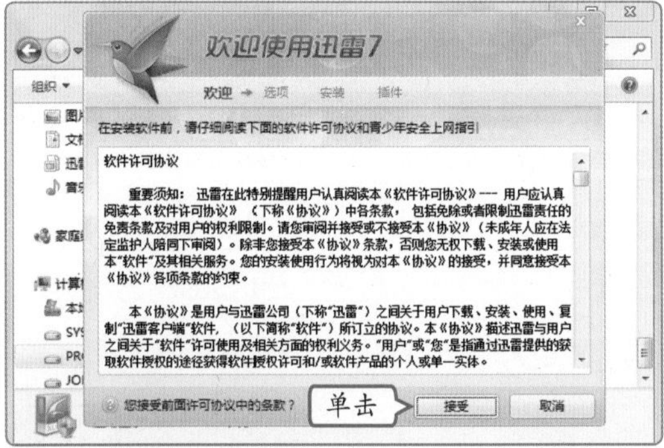

3 默认安装路径

1. 默认安装路径并选中图中所示的复选框。
2. 单击[下一步]按钮。

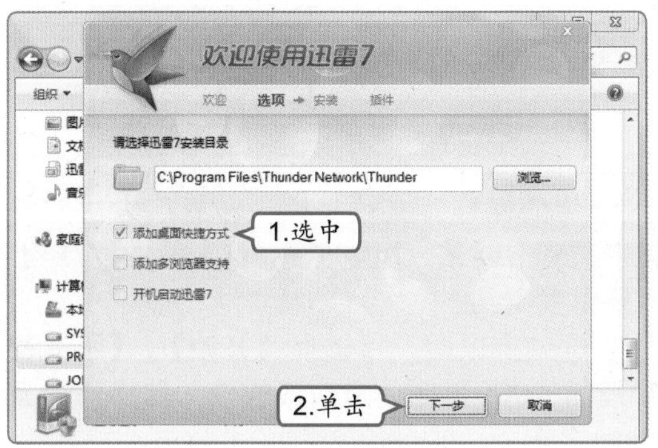

4 开始安装软件

打开显示软件安装进度的界面，等待系统自动安装即可。

5 成功安装

1. 在打开的界面中取消选中所有复选框。
2. 单击[完成]按钮完成安装操作。

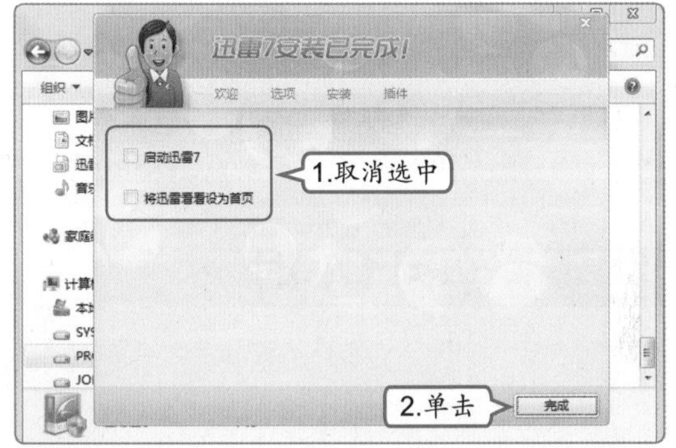

6 启动软件

在桌面上找到并双击安装软件时要求添加的快捷启动图标。

补充两句

当获取的安装程序的版本过低时，启动软件后有可能会自动提示更新，只要电脑能正常上网，便可根据提示将软件更新到最新版本。

7 查看迅雷软件操作界面

启动迅雷软件并显示其操作界面，其中左侧窗格可以看出是用于控制下载任务的，而中间的空白区域则可猜测为显示下载任务和进度的地方。

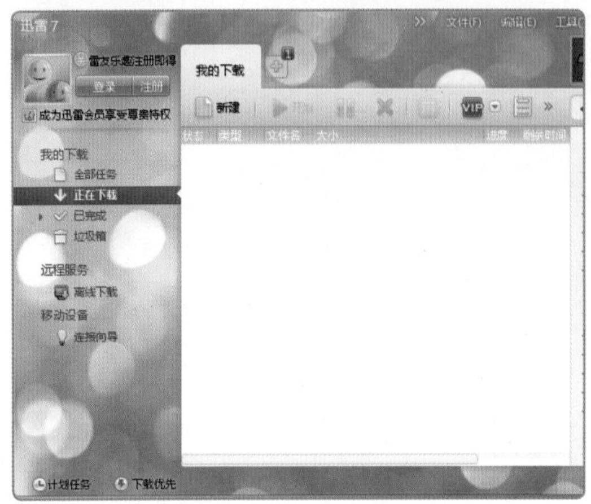

8 关闭迅雷软件

1. 单击迅雷操作界面顶端的“文件”菜单项。
2. 在弹出的下拉菜单中选择“退出”命令关闭迅雷软件完成操作。

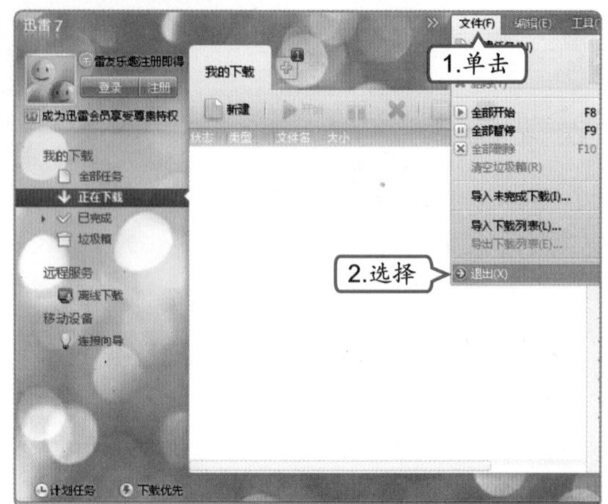

5.2 图片管理工具——ACDSee

老马问小李：“对工具软件有所了解之后，你现在想学习什么软件呢？”小李兴高采烈地说：“当然是管理图片的软件了！我电脑上的数码照片正等着我处理呢。”老马笑道：“好吧，我就先给你介绍ACDSee图片管理工具的使用方法吧！”

5.2.1 学习1小时

学习目标

- **了解ACDSee的操作界面。**
- **掌握利用ACDSee浏览和播放图片的方法。**
- **熟悉并掌握在ACDSee中编辑图片的操作。**
- **掌握利用ACDSee管理图片的方法。**
- **了解并熟悉利用ACDSee转换图片格式的操作。**

1 认识ACDSee的操作界面

ACDSee是目前比较流行的图片管理工具之一，它支持丰富的图片文件格式，具有强大的图片文件管理功能、良好的操作界面以及人性化的操作方式等特点，深受广大用户的喜爱。ACDSee是一款收费的工具软件，可在其中文官方网站（http://cn.acdsee.com/）上下载试用版进行试用，若需要获得完整版，就需要付费购买。

获得了ACDSee的安装程序并将其正确安装在电脑上以后，可选择【开始】/【所有程序】/【ACDSee Systems】/【ACDSee 相片管理器 2009】命令启动该软件，其操作界面主要由以下几个部分组成。

高手指点

对于收费软件来说，建议先通过官方网站下载其试用版进行试用，以此体会该软件的功能，以及体验此软件是否符合自己的操作习惯等，不宜轻易进行购买使用。

标题栏

左侧显示当前所选图片所在的文件夹名称、软件名称，中间空白区域可便于鼠标拖动来控制操作界面位置，右侧的按钮与窗口按钮作用相同，主要用于控制界面最小化、最大化和关闭软件。

菜单栏

包含"文件"、"编辑"、"视图"、"创建"、"工具"、"数据库"和"帮助"7个菜单项，通过这些菜单可执行几乎ACDSee的所有操作和功能。

工具栏

将一些使用频率较高的菜单命令以按钮的形式预设在此处，以方便更加快捷地使用ACDSee进行操作。

地址栏

通过该栏的下拉列表框可快速选择曾经访问过的地址，以提高操作效率。

"文件夹"窗格

通过该窗格可方便对图片所在的文件夹进行选择，单击下方的收藏夹按钮可将"文件夹"窗格切换为"收藏夹"窗格，从而可根据自己的需要，在其中创建新的文件夹并收藏各种图片文件。

"预览"窗格

当在文件列表中选择某个图片文件的缩略图时，"预览"窗格中将放大显示所选图片的具体内容，以便在不打开图片的情况下更加清楚地查看图片信息。

文件列表

用于显示所选文件夹中的所有内容，并可选择需要进行编辑或处理的图片文件。

"整理"窗格

通过该窗格可以指定文件的类别和评级、按名称和关键字搜索所需文件以及查看文件属性等。

2 浏览和播放图片

利用ACDSee软件可十分方便地逐一浏览电脑中的图片文件，并能利用其播放功能自动显示各张图片文件内容，以方便欣赏。下面以浏览并播放系统中"示例图片"文件夹中的图片为例介绍实现浏览和播放图片的方法，其具体操作如下。

单击ACDSee各窗格右上角的☒按钮可关闭相应窗格，此后又可利用"视图"菜单重新显示需要的窗格。

补充两句

教学演示\第5章\浏览和播放图片

1 选择文件夹

1. 启动ACDSee，在“文件夹”窗格中双击展开“库”文件夹。
2. 选择其下的“图片”选项。

2 打开文件夹

在文件列表中将显示“图片”文件夹中包含的所有内容，这里双击“示例图片”文件夹。

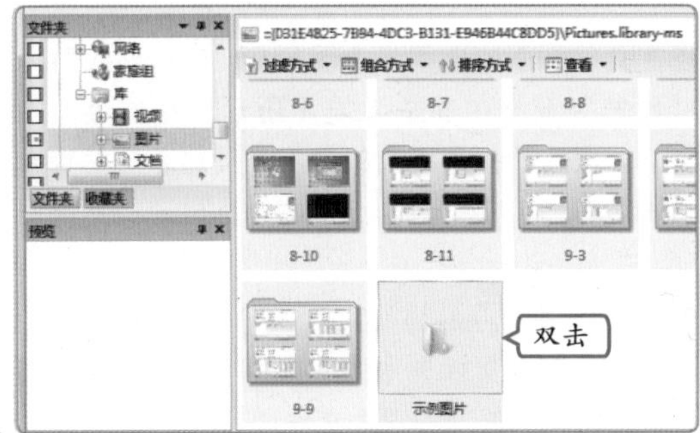

3 自动显示图片内容

将鼠标指针定位到文件列表中的某个图片文件上，此时将自动弹出该图片的放大图。

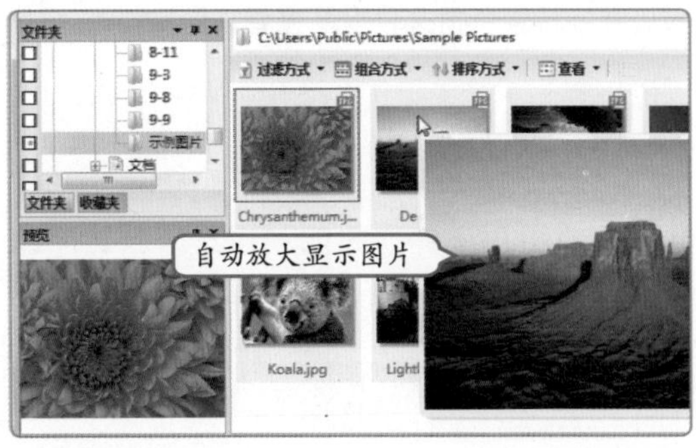

4 选择图片

单击文件列表中的某个图片文件，此时“预览”窗格中将对所选图片内容进行放大预览。

5 设置查看模式

1. 单击文件列表上方的 查看 按钮。
2. 在弹出的下拉列表中选择“胶片”选项。

6 不同模式下的显示情况

此时将在文件列表中以胶片模式显示“示例图片”文件夹中的图片内容。

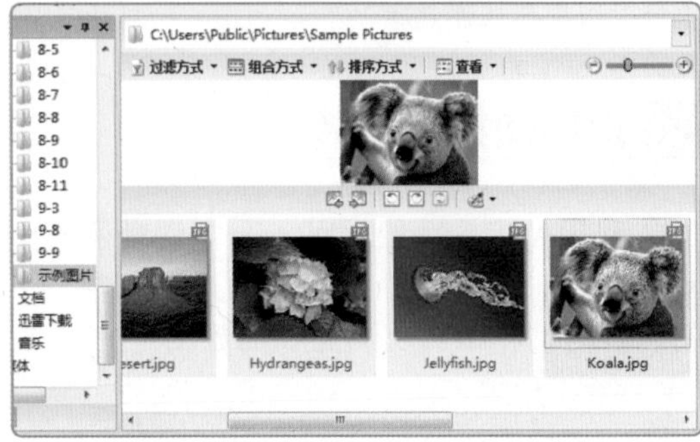

高手指点 在胶片模式下拖动 查看 按钮右侧的滑块，还可调整所选图片的预览图大小。需要注意的是，胶片模式下将自动隐藏“预览”窗格。

7 查看图片详细内容

双击文件列表中的某个图片文件，将切换至图片查看窗口，从中可浏览所选图片的详细内容。

8 放大图片

单击此窗口工具栏中的按钮可放大显示图片内容，单击多次图片将进行多次放大。

9 浏览下一张图片

单击工具栏中的按钮可浏览此图片所在文件夹中的其他图片。

10 旋转图片

单击工具栏中的按钮将向右旋转当前浏览的图片。

11 播放图片

单击工具栏中的按钮，将按一定时间间隔循环播放当前文件夹中的所有图片内容。

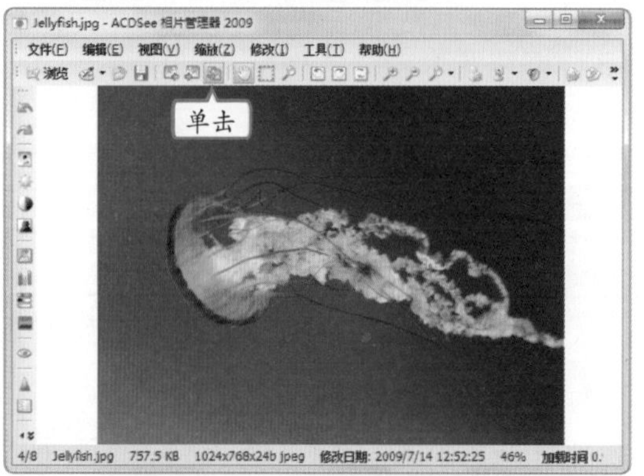

12 返回ACDSee操作界面

浏览完成后按【Enter】键或单击浏览按钮，即可关闭窗口返回ACDSee操作界面。

补充两句

ACDSee图片查看窗口中的按钮一般都是成对出现的，如上面说到的“放大”按钮就对应有“缩小”按钮，“浏览下一张”按钮就对应有“浏览上一张”按钮等，应多加操作总结经验。

3 编辑图片

利用ACDSee可以对图片进行各种编辑操作，如设置图片曝光程度、设置颜色、裁剪图片、添加艺术效果等。本例将以编辑光盘素材中的flower.jpg图片文件为例，介绍利用ACDSee编辑图片的方法，其具体操作如下。

实例素材\第5章\flower.jpg
最终效果\第5章\flower.jpg
教学演示\第5章\编辑图片

1 进入编辑模式

1. 在ACDSee操作界面的文件列表中选择flower.jpg图片文件。
2. 选择【工具】/【使用编辑器打开】/【编辑模式】命令。

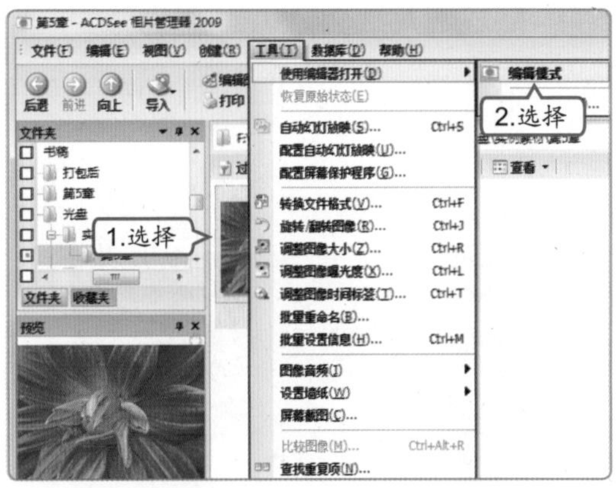

2 曝光处理

打开ACDSee的图片编辑窗口，左侧的列表框中显示了各种编辑功能选项，右侧显示了图片的预览效果，这里选择“曝光”选项。

3 设置曲线参数

1. 选择“曲线”选项卡。
2. 向上拖动曲线直方图中斜线的右上部分。
3. 用相同方法再向下拖动斜线的左下部分，调整图片的曝光程度。

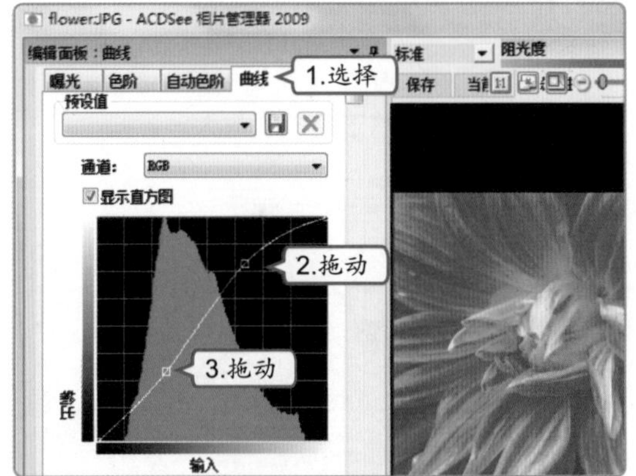

4 确认曝光设置

通过观察右侧显示的图片预览效果来及时调整设置的参数，确认无误后单击左侧列表框最下方的 完成 按钮。

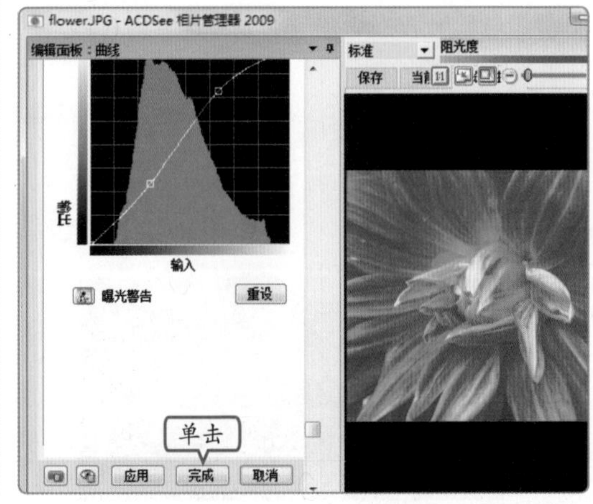

高手指点 单击 重设 按钮可还原默认的参数值，以便重新对图片进行设置。

5 颜色设置

返回编辑窗口，选择列表框中的“颜色”选项。

6 设置颜色参数

1. 拖动滑块分别设置色调、饱和度和亮度参数。
2. 确认后单击 完成 按钮。

7 裁剪图片

返回编辑窗口，选择列表框中的“裁剪”选项。

8 调整裁剪区域

1. 拖动图片预览上的黄色控制点调整裁剪范围。
2. 确认后单击 完成 按钮。

9 添加效果

返回编辑窗口，选择列表框中的“效果”选项。

10 选择艺术效果

1. 在“选择类别”下拉列表框中选择“艺术效果”选项。
2. 双击下方列表框中的“交织”选项。

补充两句

选择“添加文本”选项还可在图片上制作各种内容的文本，并能设置文本格式、大小和颜色等，从而丰富图片内容。

11 设置交织参数

1. 将“条纹宽度”和“间隙宽度”设置为40和95。
2. 确认后单击 完成 按钮。

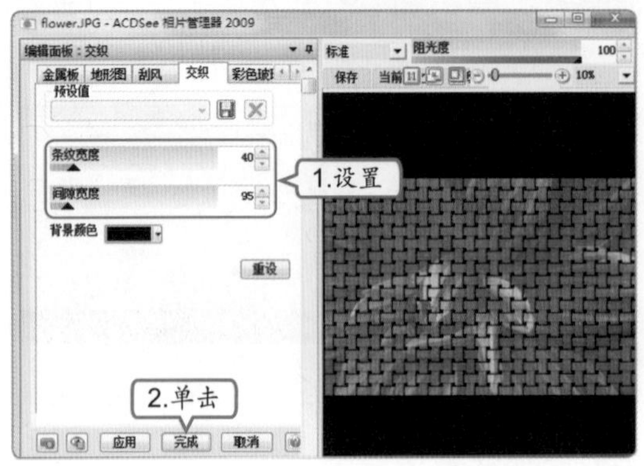

12 保存设置

1. 设置完成后单击窗口右上角的 × 按钮。
2. 打开“保存更改”对话框，单击 保存 按钮即可保存对图片进行的修改。

4 管理图片

利用ACDSee可以很方便地对图片进行移动、复制、删除或重命名等各种管理操作。下面以复制并批量重命名“示例图片”文件夹中的图片为例，介绍利用ACDSee管理图片的方法，其具体操作如下。

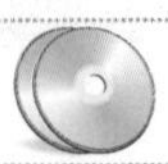

教学演示\第5章\管理图片

1 复制图片到文件夹

1. 利用【Shift】键选择“示例图片”文件夹中的所有图片文件。
2. 选择【编辑】/【复制到文件夹】命令。

2 新建文件夹

1. 打开“复制到文件夹”对话框，选择G盘对应的选项。
2. 单击 创建文件夹(C) 按钮。

高手指点　处理完图片后，在“保存更改”对话框中单击 另存为... 按钮可将图片另存到其他位置，这样可以保留原始图片文件以便做其他使用。

3 命名新建的文件夹

1. 将新建的文件夹命名为pic。
2. 单击 确定 按钮。

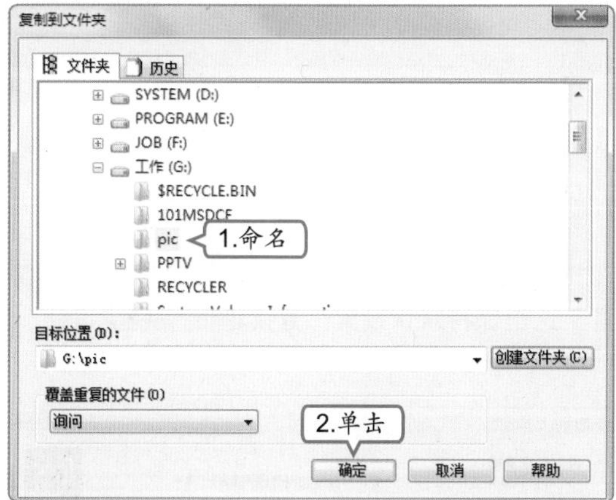

4 复制图片

此时将在打开的对话框中显示复制图片的进度，等待对话框关闭即可。

5 批量重命名图片

1. 切换到复制的文件夹并选择所有图片。
2. 单击工具栏中的 批量重命名 按钮。

6 设置名称

1. 在打开的对话框中将"开始于"数值框中的数字设置为1。
2. 在"模板"下拉列表框中输入"example#"。
3. 单击 开始重命名(R) 按钮。

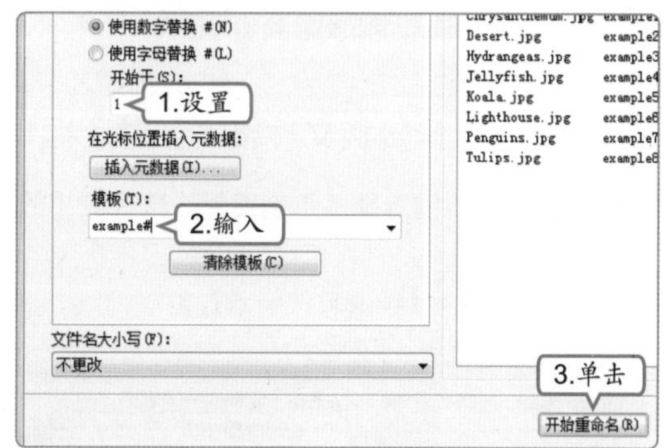

7 完成重命名

开始对所选图片进行重命名操作，结束后在打开的对话框中单击 完成 按钮。

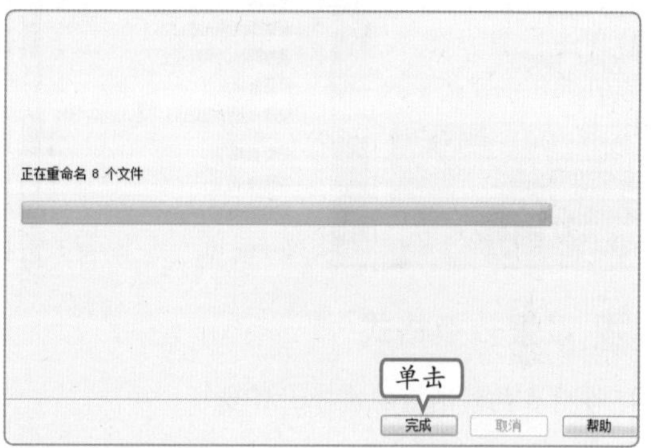

8 查看效果

此时在ACDSee操作界面的文件列表中即可看到批量重命名后的图片效果。

补充两句

设置批量重命名的名称模板时，"#"符号是必须输入的，它代表自动编号，若输入"##"，则前面以0补充，即为"01、02、03……"效果。

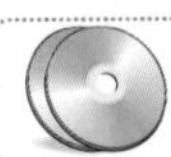

5 转换图片格式

利用ACDSee可对图片文件的格式进行转换，以方便在其他软件中操作。下面以将“示例图片”文件夹中的图片格式转换为.bmp格式的文件为例，介绍转换图片格式的方法，其具体操作如下。

教学演示\第5章\转换图片格式

1 打开“批量转换文件格式”对话框

1. 利用【Shift】键选择“示例图片”文件夹中的所有图片文件。
2. 选择【工具】/【转换文件格式】命令。

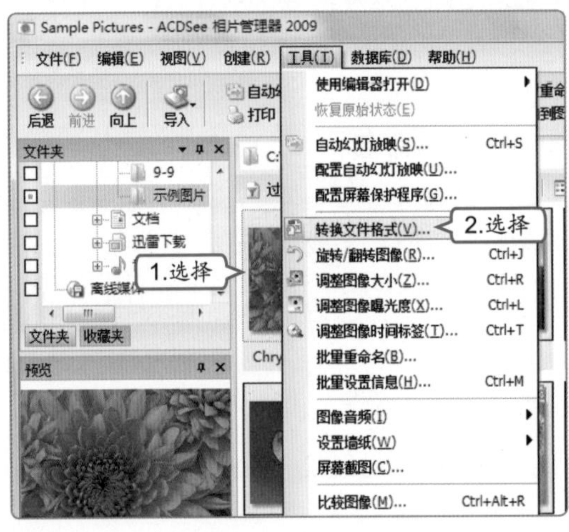

2 设置转换格式

1. 在打开的对话框中选择BMP选项。
2. 单击下一步(N) >按钮。

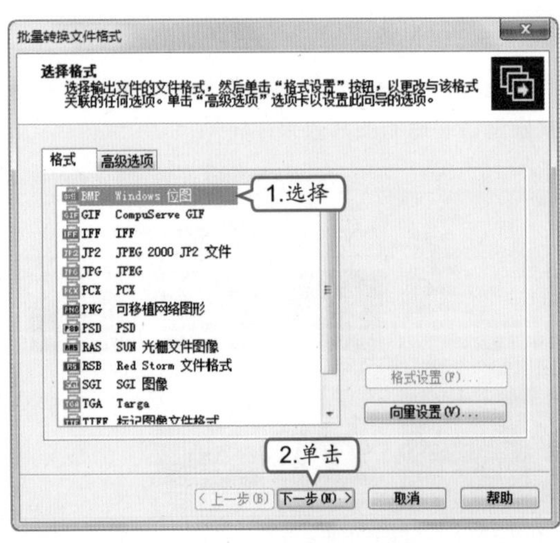

3 设置保存位置

在打开的对话框中可设置文件转换后的保存位置，这里保持默认设置，直接单击下一步(N) >按钮。

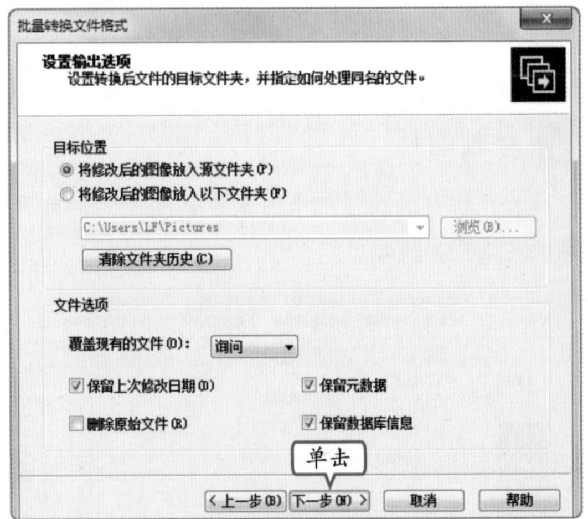

4 设置多页选项

在打开的对话框中保持默认设置，直接单击开始转换(C)按钮。

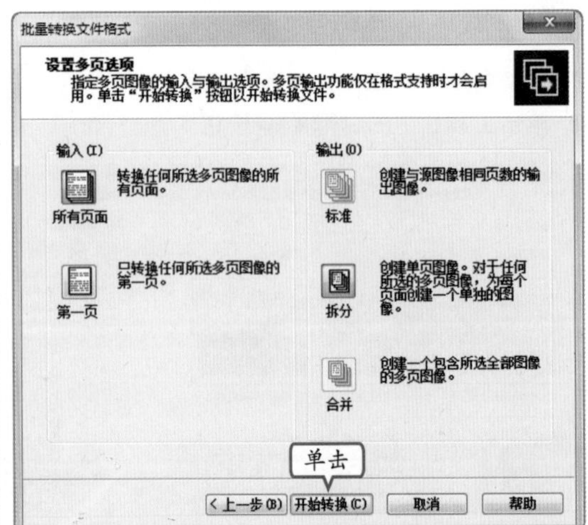

高手指点 设置多页选项主要是针对多页图片的情况，一般来说，常见的图片文件都是以单页形式保存的，所以这里无须特别设置。

5 开始转换

开始对所选图片文件进行格式转换，结束后单击 完成 按钮。

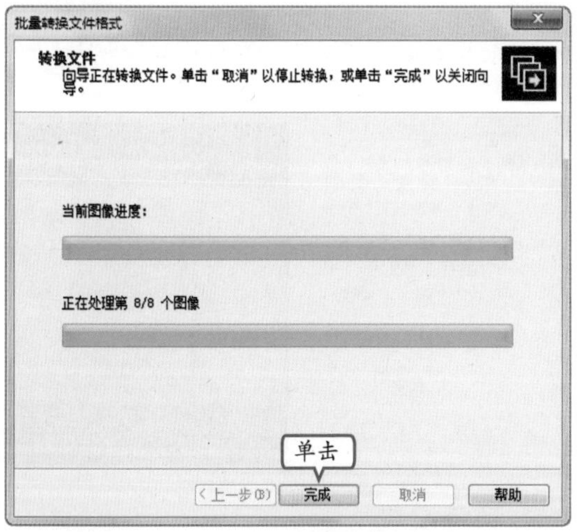

6 完成转换

此时在"示例图片"文件夹中即可看到转换后的图片文件。

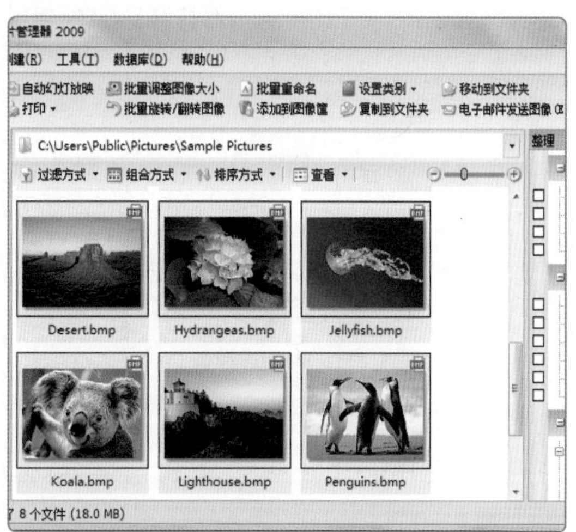

5.2.2 上机1小时：利用ACDSee处理图片

在ACDSee中查看、管理图片很容易上手，本例将不再对这些操作进行练习，而重点巩固利用该软件处理图片的方法。通过此次练习在巩固所学知识的同时，进一步掌握在ACDSee中处理图片的各种操作。处理前后的对比效果如下图所示。

上机目标

- **进一步掌握图片曝光、颜色的设置操作。**
- **巩固裁剪图片的方法。**
- **进一步掌握图片清晰度、杂点的设置。**
- **熟悉为图片添加并设置文本的操作。**

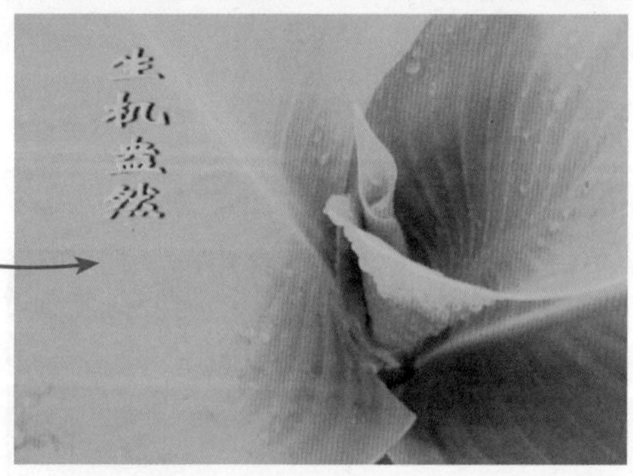

实例素材\第5章\leave.jpg
最终效果\第5章\leave.jpg
教学演示\第5章\利用ACDSee处理图片

补充两句

熟悉了ACDSee以后，建议在操作时尽量利用其提供的快捷键来执行命令，这样可以极大地提高工作效率。菜单命令右侧的英文组合键即为该命令的快捷键。

1 进入编辑模式

1. 在ACDSee操作界面的文件列表中选择leave. jpg图片文件。
2. 选择【工具】/【使用编辑器打开】/【编辑模式】命令。

2 曝光设置

打开ACDSee的图片编辑窗口，在左侧的列表框中选择“曝光”选项。

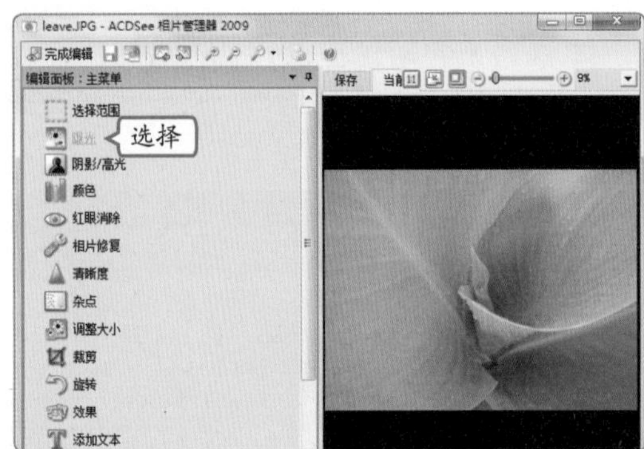

3 设置色阶

1. 在打开的窗口中选择“色阶”选项卡。
2. 将下方左右两侧的滑块拖到图中的位置。

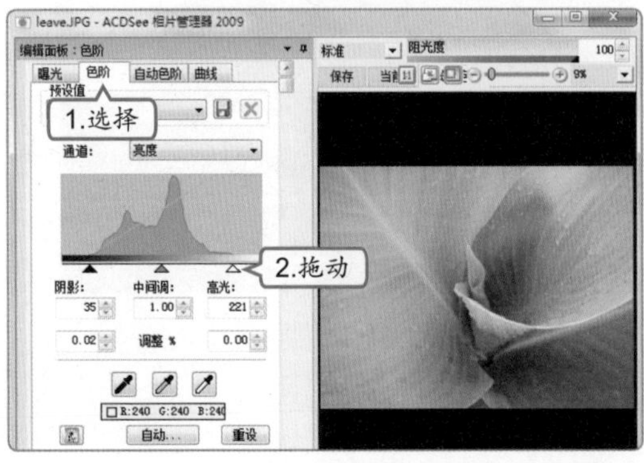

4 确认曝光设置

确认无误后单击 完成 按钮结束对图片的曝光参数设置。

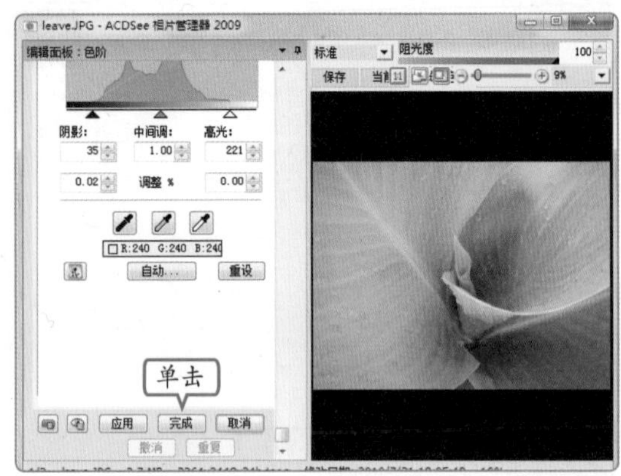

5 颜色设置

1. 选择“颜色”选项进入颜色设置窗口，在其中选择RGB选项卡。
2. 将红、绿、蓝的值设置为图中所示。

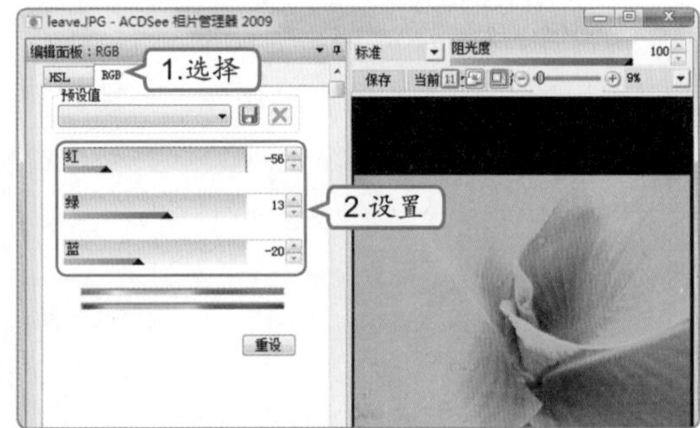

6 确认颜色设置

确认无误后单击 完成 按钮结束对图片的颜色设置。

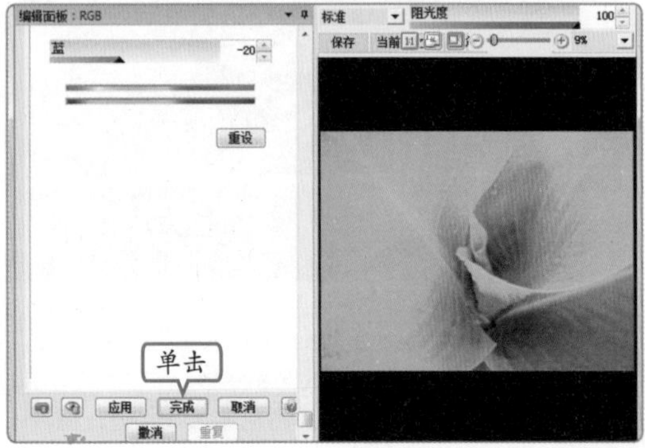

高手指点 ACDSee提供了“曝光”、“色阶”、“自动色阶”和“曲线”4种曝光设置模式，建议在处理时尽量多利用“色阶”和“曲线”来设置，这样更利于得到效果较好的图片。

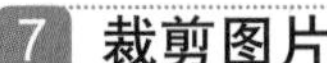

7 裁剪图片

1. 选择“裁剪”选项进入裁剪图片的窗口，将右侧的裁剪区域设置为图中所示。
2. 确认后单击完成按钮。

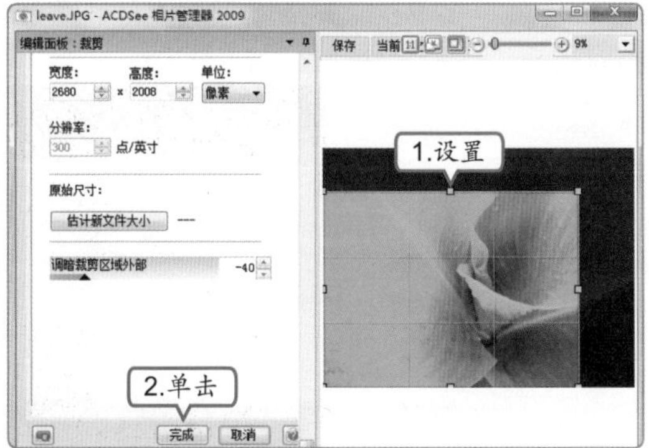

8 清晰度设置

1. 选择“清晰度”选项进入清晰度设置窗口，将“模糊”数值框中的数字设置为80。
2. 确认后单击完成按钮。

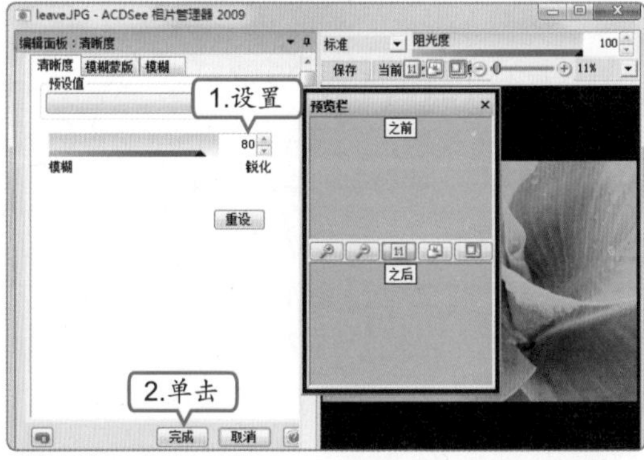

9 消除杂点

1. 选择“杂点”选项进入杂点设置窗口，选中“祛除斑点-平滑图像”单选按钮。
2. 确认后单击完成按钮。

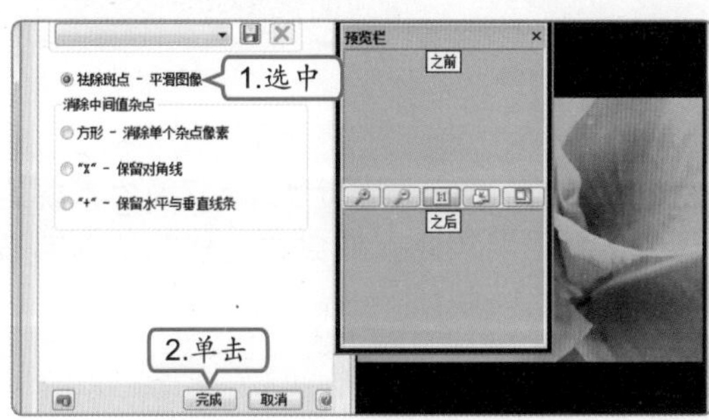

10 添加文本

1. 选择“添加文本”选项进入文本设置窗口，在左侧文本框中输入“生机盎然”。
2. 将字体样式设置为“华文新魏”。

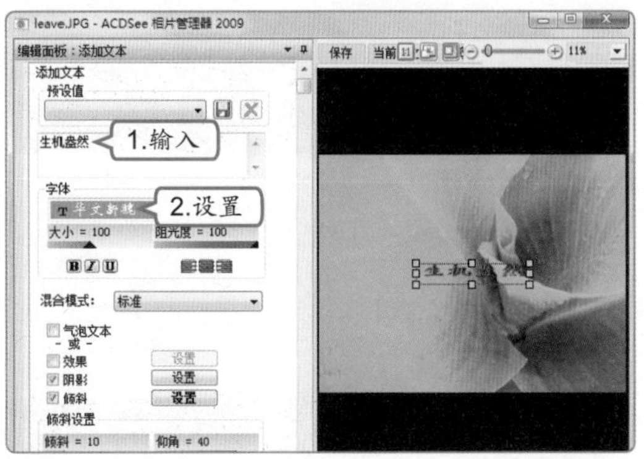

11 设置文本颜色

1. 单击字体样式下拉列表框右侧的色块。
2. 在打开的对话框中单击图中所示色块。
3. 单击确定按钮。

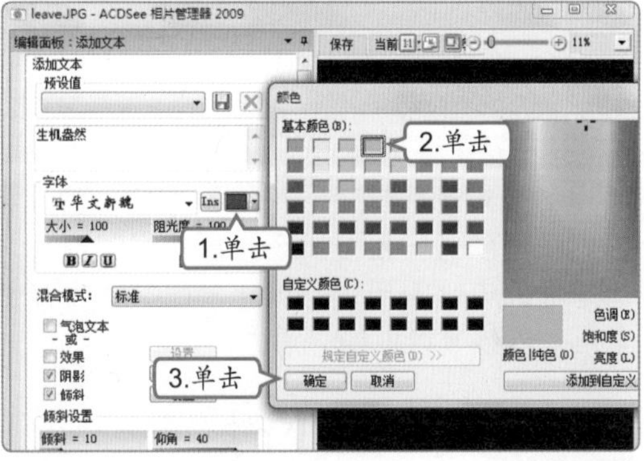

12 设置文本大小

1. 拖动“大小”滑块，调整文本为149。
2. 单击下方的“加粗”按钮B让文本加粗显示。

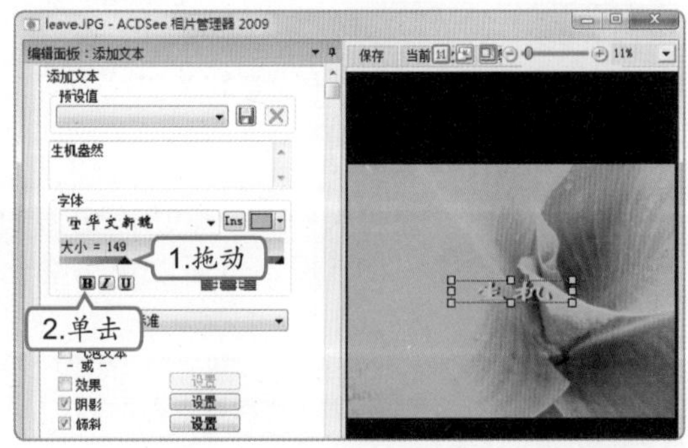

补充两句

在处理图片时，ACDSee提供了保存设置参数的功能，设置时只需在“预设值”下拉列表框中选择曾经做过的某个设置即可快速应用相同效果。

13 移动文本

1. 通过拖动右侧预览图上的文本控制点调整文本区域的大小和位置。
2. 确认后单击 完成 按钮。

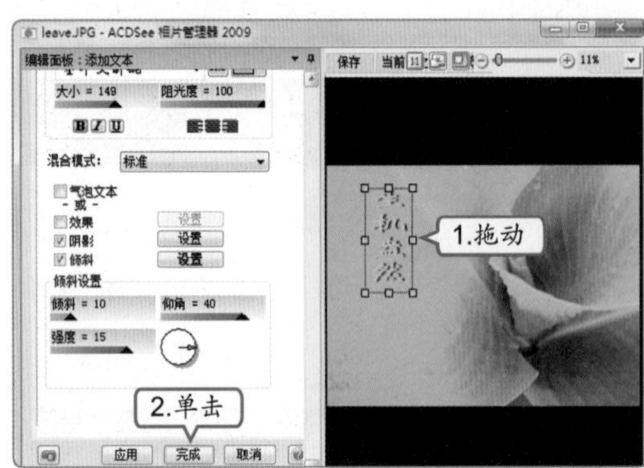

14 保存设置

1. 单击编辑窗口右上角的 × 按钮。
2. 打开"保存更改"对话框，单击 保存 按钮保存设置。

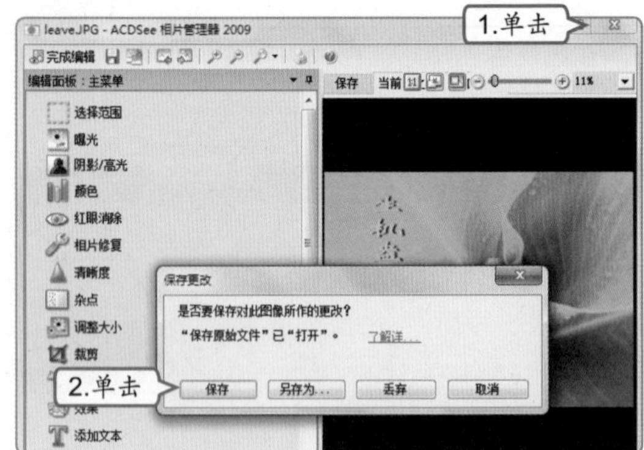

操作提示：关于文本的排列方向

利用ACDSee为图片添加文本时，默认会以横向将文本进行排列，若需像上图所示使文本纵向排列，则只能通过拖动文本区域上的黄色控制点缩小该区域宽度，使其一行只能容纳一个文本即可。

5.3 系统优化工具——Windows 7优化大师

小李对老马诉苦："用ACDSee管理和处理图片确实好用，可就是在处理图片的过程中感觉电脑运行很慢，经常要花很长时间才能预览设置效果。"老马想了一会儿说："可能是你的电脑需要进行优化了吧，接下来我就给你介绍一款优化系统工具，让你的笔记本电脑重新恢复以前的'活力'。"

5.3.1 学习1小时

学习目标

- 熟悉利用优化向导快速对笔记本电脑进行优化。
- 掌握系统优化的方法。
- 掌握清理系统的操作。

1 优化向导的使用

Windows 7优化大师是一款功能全面的系统优化工具，可以对Windows 7操作系统的各个方面进行优化和维护。下面以使用优化向导为例介绍利用此软件自动优化笔记本电脑的方法，其具体操作如下。

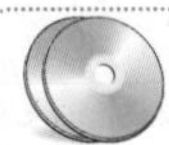

教学演示\第5章\优化向导的使用

高手指点 Windows 7优化大师是一款完全免费的工具软件，可在其官方网站（http://www.win7china.com/windows7master/）下载使用。

1 选择功能

安装好Windows 7优化大师后，双击桌面上的快捷启动图标启动该软件，单击 优化向导 按钮。

2 设置优化目标

1. 打开优化向导对话框，选中所有优化目标对应的复选框。
2. 单击 保存优化设置，下一步 按钮。

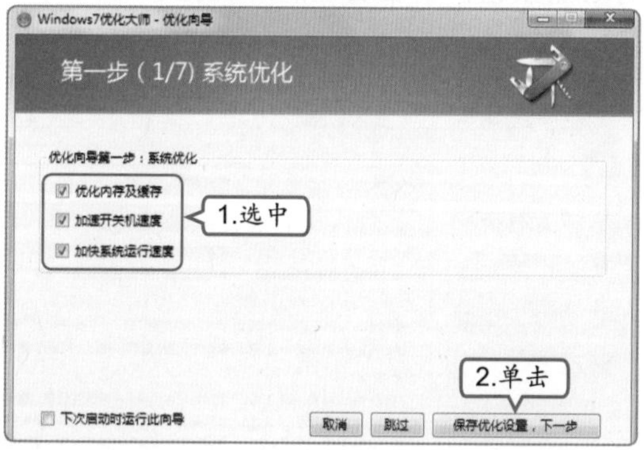

3 设置上网方式

1. 在打开的界面中根据实际情况设置上网方式，这里选中图中所示的单选按钮。
2. 单击 保存优化设置，下一步 按钮。

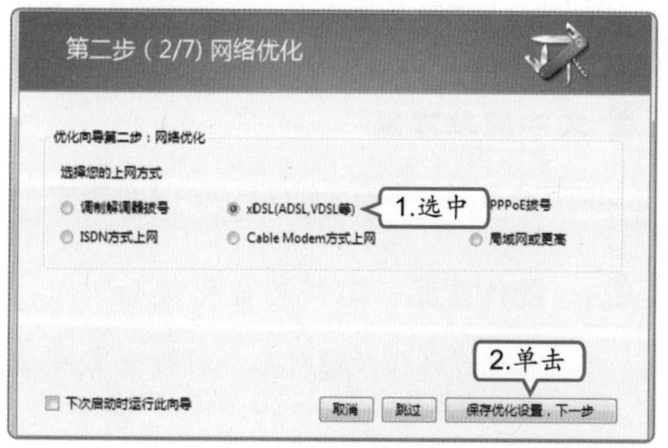

4 IE优化

在打开的界面中对IE进行优化设置，这里保持默认参数，直接单击 保存优化设置，下一步 按钮。

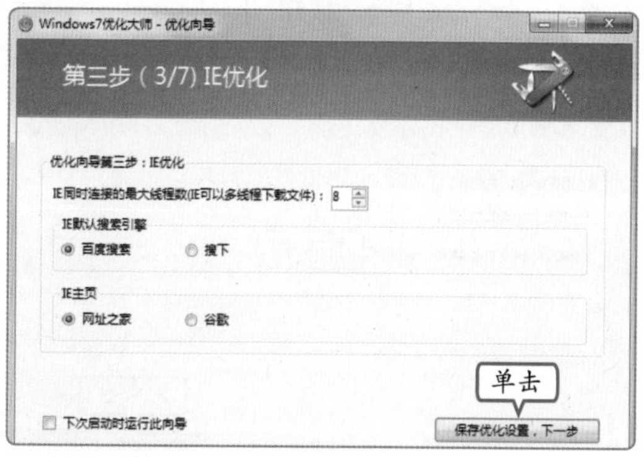

5 服务优化

1. 打开优化服务的界面，这里仅选中第一个复选框。
2. 单击 保存优化设置，下一步 按钮。

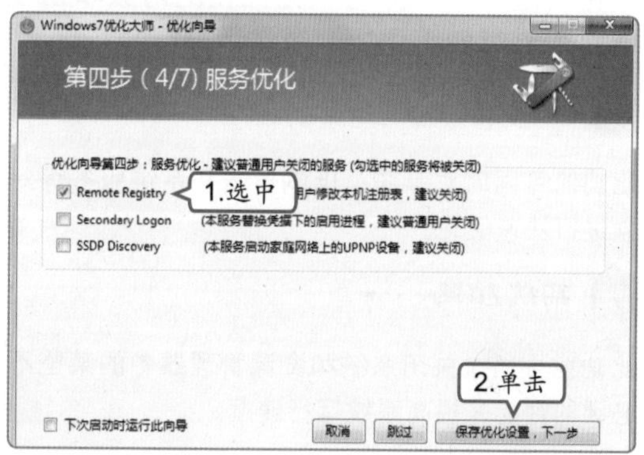

6 服务优化

1. 继续打开优化服务的界面，这里选中图中所示的两个复选框。
2. 单击 保存优化设置，下一步 按钮。

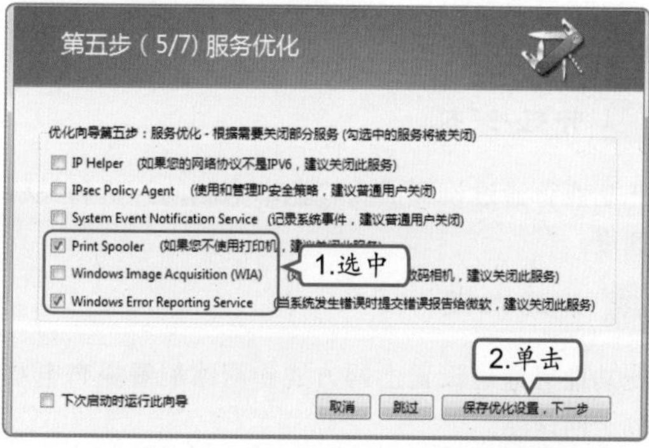

第5章

补充两句

若想在每次启动Windows 7优化大师时便自动运行优化向导功能，可在第2步操作的对话框中选中左下角的“下次启动时运行此向导”复选框。

7 安全优化

1. 打开安全优化的界面，这里选中图中所示的复选框。
2. 单击 保存优化设置，下一步 按钮。

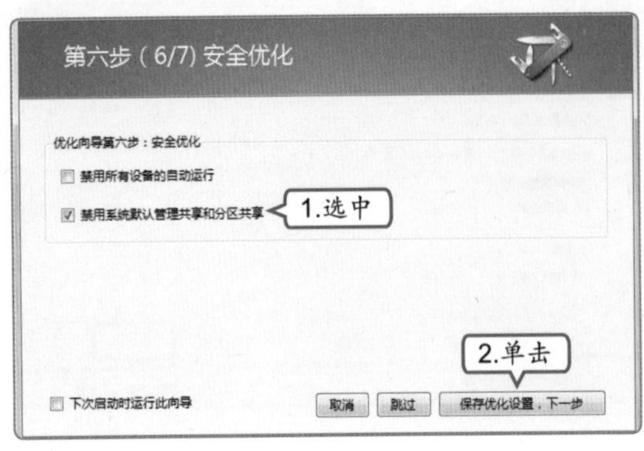

8 优化结束

打开提示优化结束的界面（同时会打开系统清理大师窗口，后面会对此功能进行详细介绍），单击 优化结束，完成本向导 按钮完成自动优化。

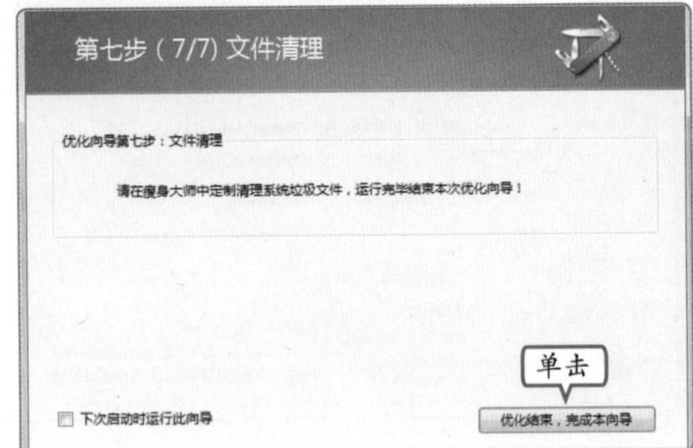

2 系统优化

Windows 7优化大师提供了大量的系统优化功能，只需在其操作界面上方选择“系统优化”选项卡，即可根据优化的对象单击左侧的功能按钮，并在右侧进行优化设置即可。下面主要对各优化功能的作用进行介绍。

一键优化

此功能可同时对系统、IE浏览器和系统服务等对象进行快速优化。

系统加速

此功能可通过关闭系统和资源管理器中的某些不必要的性能来提高系统运行速度。

内存及缓存

此功能可手动调整二级缓存和物理内存大小，以便让电脑发挥最大的数据处理性能。

服务优化

此功能可启动Windows 7服务优化大师，从中可关闭和启动各种系统服务。

开机/关机

此功能可通过设置提高笔记本电脑的开机和关机速度。

网络加速

此功能可通过设置上网方式和网络配置提高电脑的上网速度。

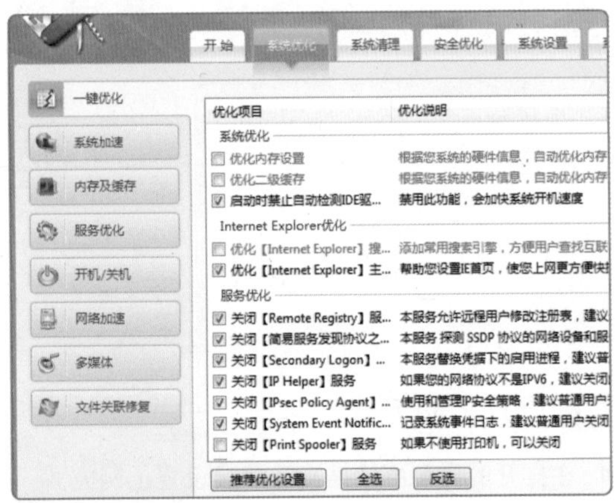

多媒体

此功能可优化系统的媒体中心、光盘刻录等各种多媒体功能。

文件关联修复

此功能可修复系统中安装软件对应的文件格式。

操作提示：不同的优化按钮

不同的优化功能对应不同的确定按钮，如“开始优化”、“自动优化”等。

高手指点 虽然Windows 7优化大师是一款优化系统的好帮手，但对于初学者来说，如果不清楚优化目标的含义或作用，则建议不要轻易对其进行优化操作，以免造成系统出现问题。

3 系统清理

在Windows 7优化大师操作界面中选择上方的“系统清理”选项卡，可启动系统清理大师，此功能可清理电脑中的垃圾文件、冗余信息和隐私信息等数据。下面分别介绍系统清理大师的各功能作用。

垃圾文件清理

此功能可以轻松帮助用户将磁盘中的垃圾文件查找出来并将其删除。

磁盘空间分析

此功能可以帮助用户分析出电脑中的文件资源占用了多大的硬盘空间，不管是系统文件还是隐藏的文件和文件夹，都会进行全面的分析扫描，并重点检查那些过于庞大的文件夹和文件，为清理磁盘给出直观的数据。

系统盘瘦身

此功能可以将操作系统所在磁盘分区中一些不必要的文件清理删除，以节省宝贵的系统盘空间。

注册表清理

此功能可以对扫描后的注册表中的数据进行清除、备份和导入/还原等操作。

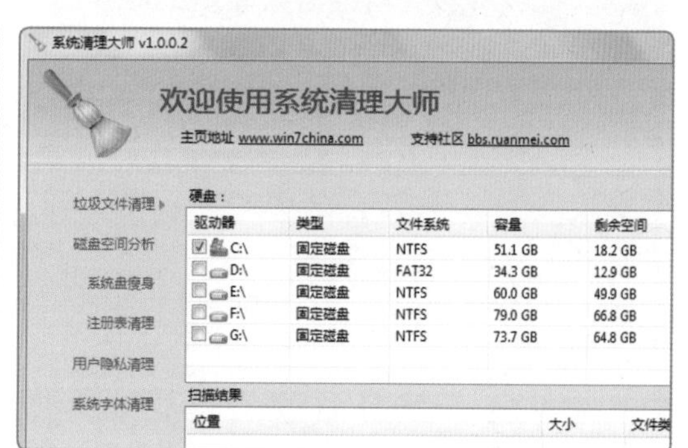

用户隐私清理

此功能可以清除Windows历史记录、网络历史记录、“开始”菜单历史记录以及其他软件历史记录等数据，以保护操作者的个人隐私。

系统字体清理

此功能是系统盘瘦身功能的一个补充，它可以显示及清理系统自带或手动安装的非必需字体，从而节省磁盘空间，加快系统运行速度。

操作提示：关于注册表的清理

注册表是Windows操作系统中的一个重要的数据库，主要用于存储系统和应用程序的各种设置信息，它直接影响到系统运行的稳定性。因此在对注册表进行清理时，建议可根据提示先对注册表进行备份，然后清理，这样一旦出现问题还可以通过导入备份的注册表来挽救。

5.3.2 上机1小时：优化开机速度并清理系统盘

本例将利用Windows 7优化大师对笔记本电脑的开机速度进行优化处理，然后利用清理大师对系统盘（C盘）的垃圾文件进行清理。通过本次练习进一步熟悉用Windows 7优化大师优化和清理系统的方法。

上机目标

- **进一步掌握优化系统开机速度的操作。**
- **巩固清理系统垃圾文件的方法。**

教学演示\第5章\优化开机速度并清理系统盘

补充两句

系统盘剩余空间的多少对系统运行速度有很大影响，因此在安装系统时，一定要给该磁盘分区预留足够的空间，以保证以后随着数据的增多而不会导致系统盘空间出现过小的情况。

1 优化系统

启动Windows 7优化大师，选择其操作界面上方的“系统优化”选项卡。

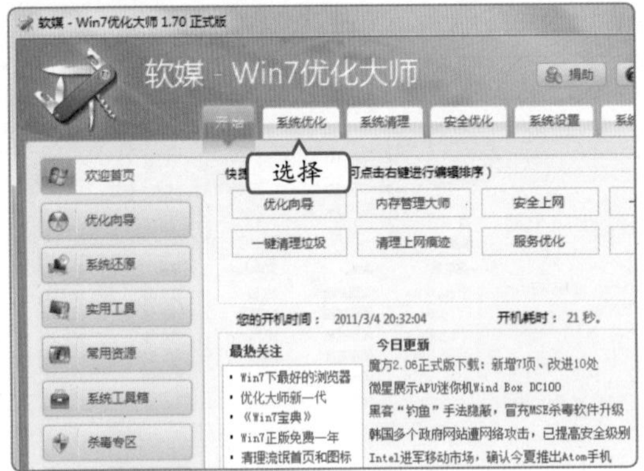

2 选择优化目标

在显示的窗口左侧单击“开机/关机”按钮，准备对系统开机速度进行优化处理。

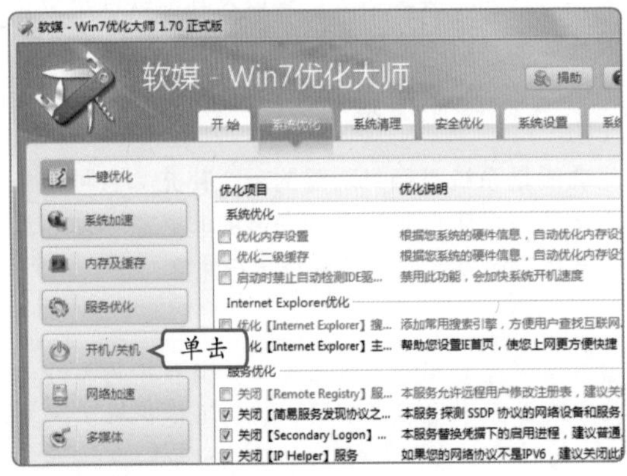

3 设置优化对象

1. 选中“开机速度优化”栏下的所有复选框。
2. 单击右下方的“保存设置”按钮。

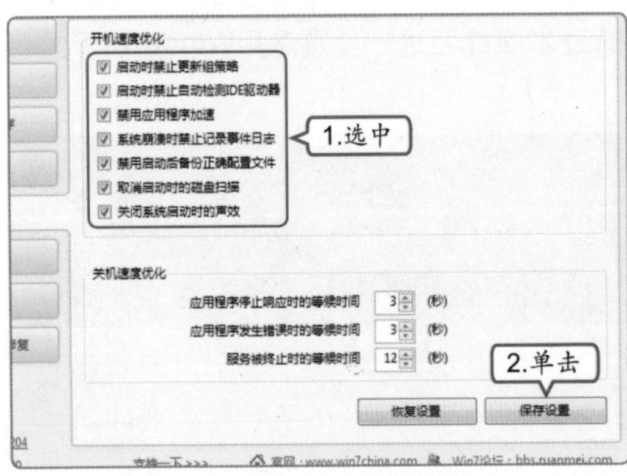

4 确认设置

打开提示对话框，提示是否保存设置到系统，单击“是(Y)”按钮。

5 系统清理

关闭对话框后，选择Windows 7优化大师操作界面上方的“系统清理”选项卡。

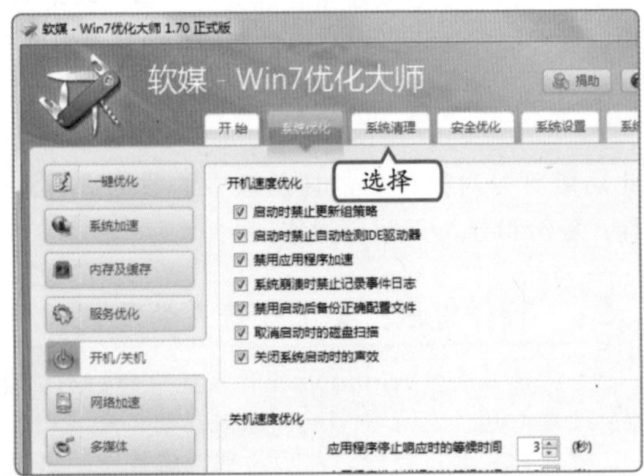

6 设置清理对象

启动系统清理大师并默认为垃圾文件清理界面，在该窗口中选中C盘对应的复选框。

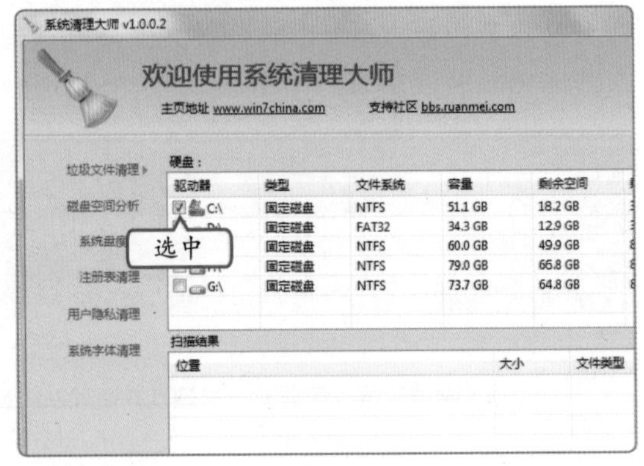

高手指点 设置开机速度优化时，将鼠标指针移至“开机速度优化”栏的某个复选框上并稍作停留，此时将弹出提示信息，以帮助用户更好地了解该参数的作用。

7 查找垃圾文件

在该窗口的下方单击开始查找垃圾文件按钮，准备查找C盘中的垃圾文件。

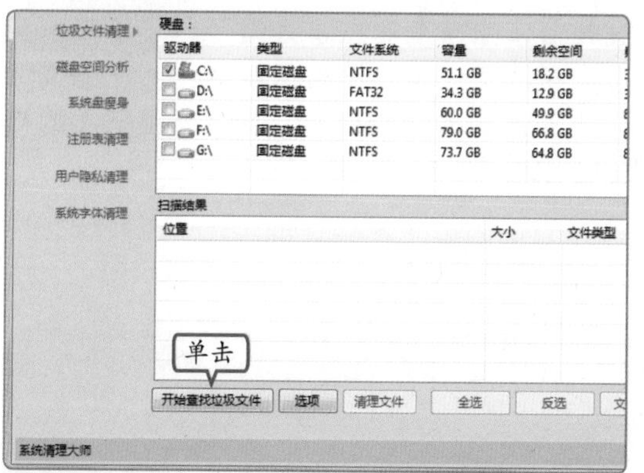

8 显示查找过程

此时将在打开的对话框中显示垃圾文件的查找过程，等待系统查找即可。

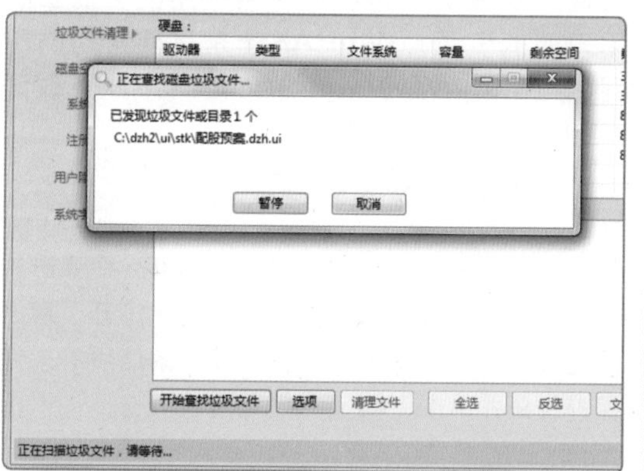

9 清理垃圾文件

1. 查找完后单击对话框下方的全选按钮。
2. 单击右侧的清理文件按钮开始清理垃圾文件。

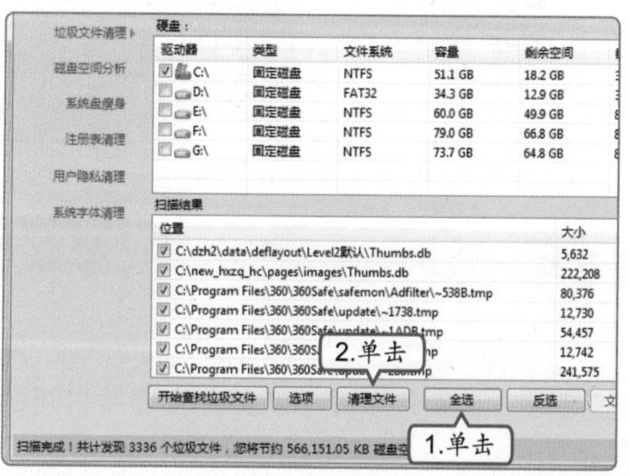

10 确认清理

打开提示对话框，提示是否对垃圾文件进行删除操作，单击是(Y)按钮。

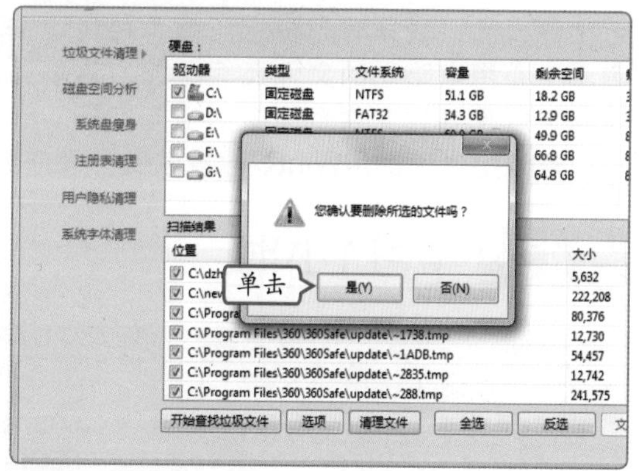

11 开始清理

打开提示对话框，在其中将显示已删除的垃圾文件数量。

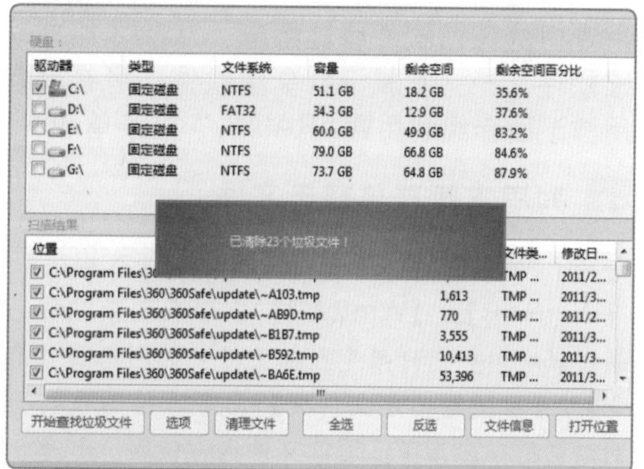

12 完成清理

清理结束后将打开提示对话框，单击确定按钮完成垃圾文件清理。

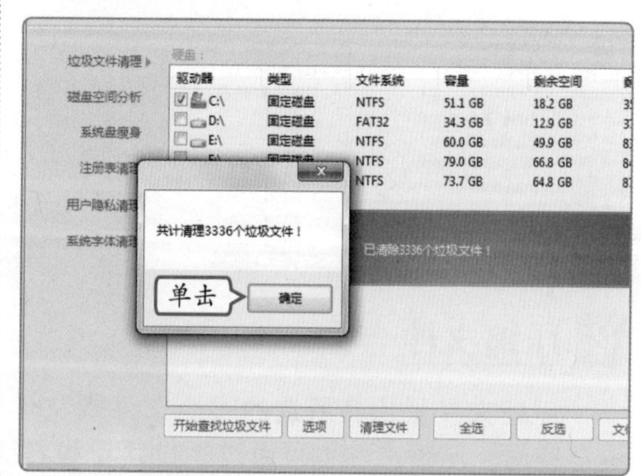

补充两句

当使用软件进行操作时，生成的临时文件或垃圾文件一般都会在系统盘上堆积，因此应定期对系统盘进行清理，以保证系统盘有足够的剩余空间。

5.4 压缩软件——WinRAR

小李看见老马愁眉不展，问他怎么了，老马说："我正准备给朋友传递一份资料，可文件太大，我只有先将它压缩了再传过去，谁知道压缩速度实在是太慢了！"小李一头雾水，心想电脑上的文件还能压缩？这事儿真是太新鲜了！老马忙给他解释："压缩文件实际上就是释放文件资源中的空闲空间，让文件处于紧凑排列的状态。看你一脸茫然的样子，我就给你讲讲用WinRAR解压文件和压缩文件的知识吧。"

5.4.1 学习1小时

学习目标

- **熟练掌握解压文件资源的方法。**
- **掌握压缩文件资源的操作。**

1 解压文件

当遇到一些扩展名为.zip或.rar等格式的文件时，这些文件是不能直接使用的，需要利用专门的压缩软件将其解压，从而才能成功使用里面的资源。WinRAR便是目前常用的压缩软件之一，它属于共享版软件，可在其官方网站（http://www.winrar.com.cn/）下载试用。下面介绍利用WinRAR的下拉菜单和右键菜单来解压文件的方法。

利用下拉菜单解压文件

安装了WinRAR后，选择【开始】/【所有程序】/【WinRAR】/【WinRAR】命令启动该软件，通过其地址栏选择某个压缩文件，然后选择【命令】/【解压到指定文件夹】命令。接着在打开的对话框中设置解压后的文件保存位置，并单击 确定 按钮即可。

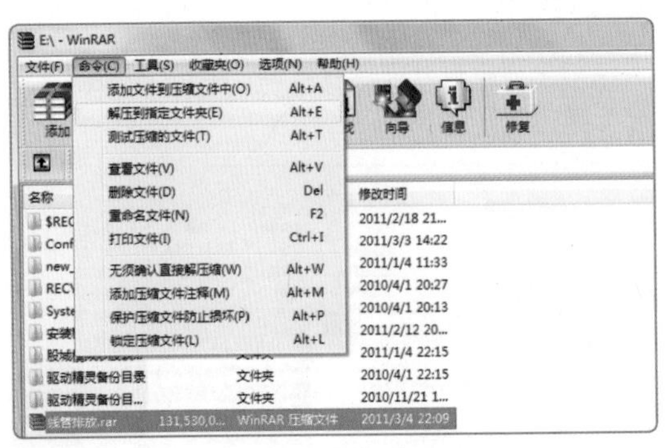

利用右键菜单解压文件

在需解压的压缩文件上单击鼠标右键，在弹出的快捷菜单中选择"解压文件"命令，打开"解压路径和选项"对话框，在其中设置解压后的文件保存位置并单击 确定 按钮即可。

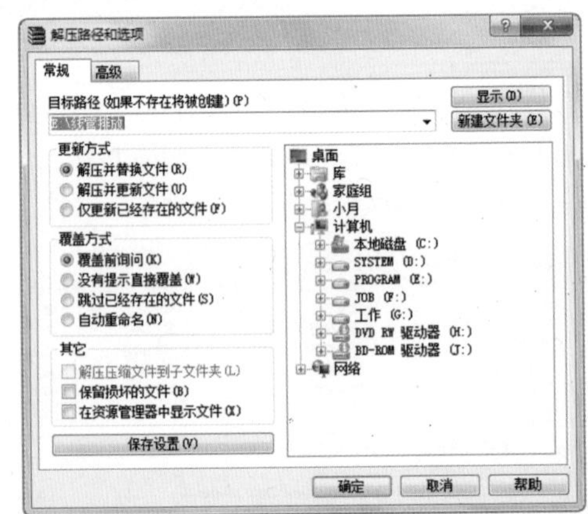

2 压缩文件

压缩文件是指将所选的多个文件或文件夹压缩成一个文件以减小源文件资源所占用的磁盘空间。压缩文件也可通过下拉菜单和右键菜单来实现，下面分别进行介绍。

高手指点 成功安装了WinRAR后，右键菜单便将自动加载与WinRAR软件相关的命令，因此一般来说，利用右键菜单来解压或压缩文件是更常用且更快捷的方法。

利用下拉菜单压缩文件

启动WinRAR，选择要压缩的文件和文件夹，然后选择【命令】/【添加文件到压缩文件中】命令。在打开对话框的“常规”选项卡中设置压缩后生成的文件名称和保存位置，最后单击确定按钮即可。

利用右键菜单解压文件

选择要压缩的文件和文件夹，在已选的某个对象上单击鼠标右键，在弹出的快捷菜单中选择“添加到压缩文件”命令，打开“压缩文件名和参数”对话框，在其中设置压缩后生成的文件名称和保存位置，最后单击确定按钮即可。

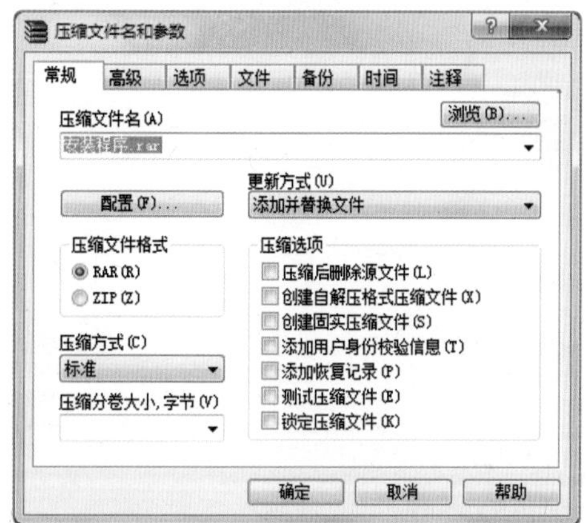

5.4.2 上机1小时：压缩文件夹并解压其中一个文件

本例将首先利用右键菜单压缩“示例图片”文件夹，然后通过WinRAR的下拉菜单解压其中的名为Tulips（郁金香）的图片文件。

上机目标

- 进一步掌握利用WinRAR压缩文件资源的方法。
- 巩固利用WinRAR解压文件资源的方法。

教学演示\第5章\压缩文件夹并解压其中一个文件

1 压缩文件

在“示例图片”文件夹上单击鼠标右键，在弹出的快捷菜单中选择“添加到压缩文件”命令。

2 设置压缩参数

打开“压缩文件名和参数”对话框，单击右上方的浏览(B)...按钮。

WinRAR提供了多种压缩方式，默认为“标准”压缩，若没有特殊要求，建议不要对压缩方式进行更改。

补充两句

3 设置文件保存位置和名称

1. 在打开对话框的左侧单击按钮。
2. 在下方的“文件名”下拉列表框中输入“压缩图片.rar”。
3. 单击 确定 按钮。

4 确认设置

在返回的对话框中单击 确定 按钮。

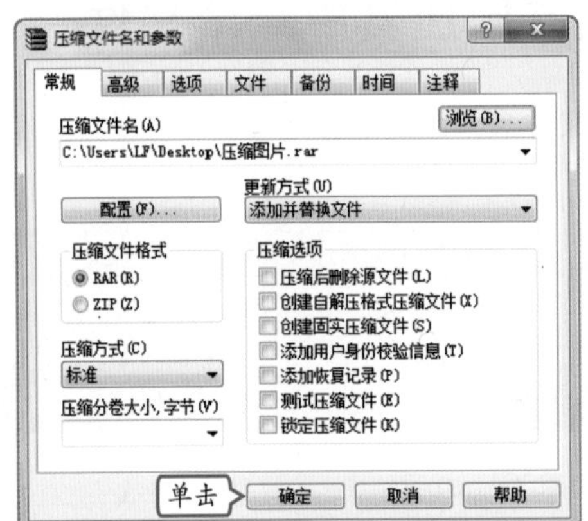

5 开始压缩

在打开的对话框中显示压缩进度，等待软件压缩即可。

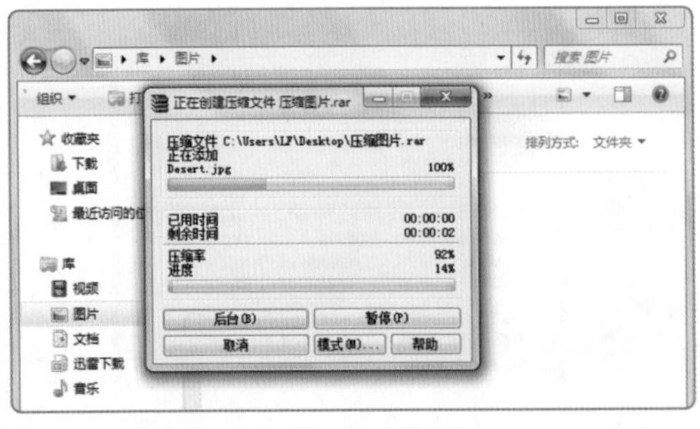

6 启动WinRAR

选择【开始】/【所有程序】/【WinRAR】/【WinRAR】命令。

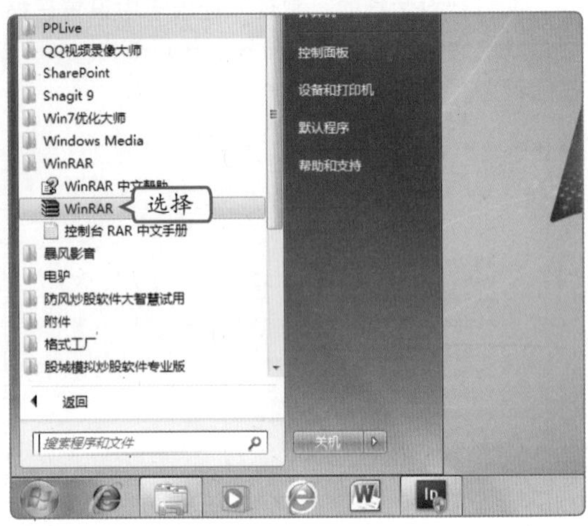

7 选择位置

在WinRAR的地址栏中选择“桌面”选项。

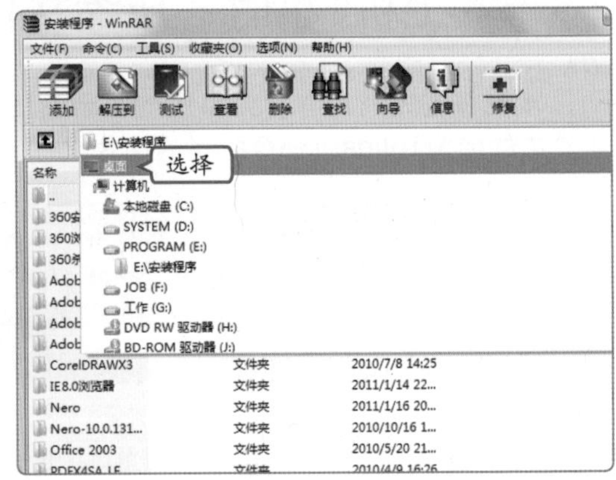

8 选择压缩文件

在下方的列表框中双击“压缩图片.rar”文件对应的选项。

高手指点 在显示压缩文件或解压文件进度的对话框中，单击 后台(B) 按钮可最小化WinRAR窗口，使其在后台运行，以便于进行其他操作。

9 选择解压文件

1. 在列表框中选择Tulips.jpg选项。
2. 选择【命令】/【解压到指定文件夹】命令。

10 解压文件

1. 在打开的对话框中选择“桌面”选项。
2. 单击 确定 按钮即可将文件解压到桌面上。

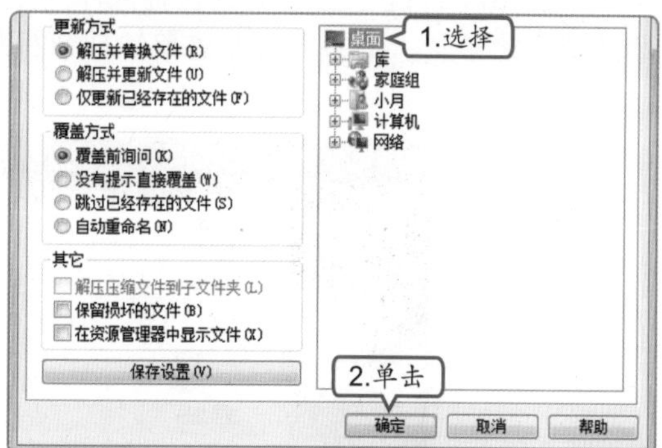

5.5 全能播放工具——暴风影音

老马察觉到小李的学习劲头有点下降，估计是觉得内容有些枯燥了。于是对小李说：“你知道暴风影音吗？它可是有名的万能播放器呢！”小李一听到播放器就来劲了，忙问老马：“你是要给我讲讲它的操作方法吗？我早就等不及了，咱们马上开始吧！”

5.5.1 学习1小时

学习目标

- 熟悉播放音/视频文件的操作。
- 熟练掌握控制播放内容的方法。

1 播放音/视频文件

暴风影音是一款免费的播放器软件，支持绝大多数音频和视频格式，可在其官方网站（http://www.baofeng.com）下载使用。安装了暴风影音后，可直接双击桌面上的快捷启动图标启动该软件。下面介绍利用该软件播放音/视频文件的方法。

播放电脑上的音/视频文件

启动暴风影音后，直接单击其操作界面上的 打开文件 按钮，在打开的对话框中双击某个音频或视频文件即可进行播放。

播放CD、VCD和DVD碟片

将碟片放入电脑光驱，单击暴风影音右上角的“主菜单”按钮，在弹出的下拉菜单中选择【文件】/【打开碟片/DVD】命令。

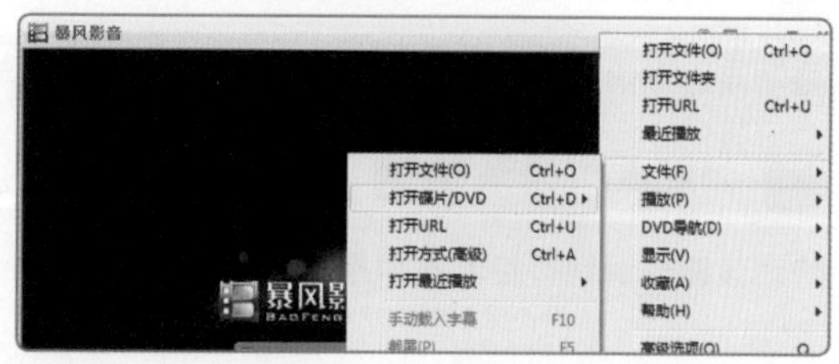

补充两句

在暴风影音的操作界面中单击 打开文件 按钮右侧的下拉按钮，在弹出的下拉菜单中选择“打开文件夹”命令，可在打开的对话框中选择某个文件夹，以快速添加其中的所有媒体对象。

2 播放控制

利用暴风影音提供的各种功能按钮和菜单命令可以轻松控制播放对象。其中在播放界面上单击鼠标右键，在弹出的快捷菜单中选择“播放控制”命令，即可在弹出的子菜单中选择相应的命令。下面对一些重要的按钮和菜单命令的作用进行介绍。

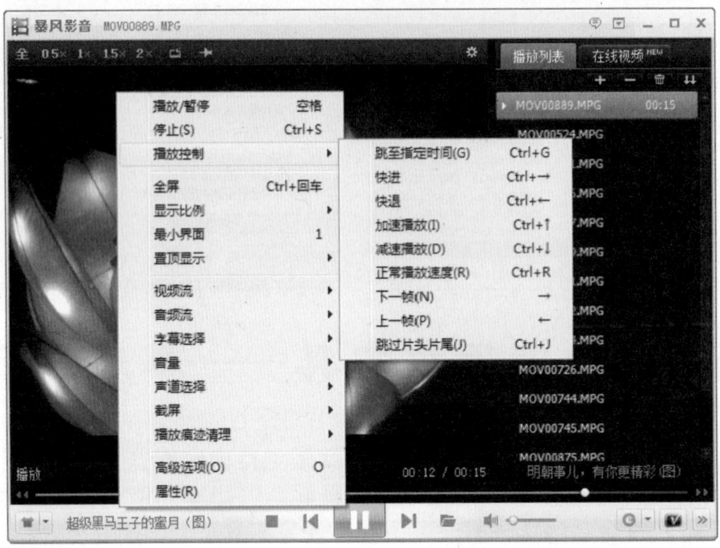

“停止”按钮

单击该按钮将停止正在播放的对象。

“上一个”按钮

单击该按钮将播放右侧播放列表中当前播放文件的上一个文件。

“播放”按钮

单击该按钮将播放右侧播放列表中选择的文件，此时该按钮将变为“暂停”按钮。

“下一个”按钮

单击该按钮将播放右侧播放列表中当前播放文件的下一个文件。

“音量”滑块

拖动该圆形滑块可控制音量大小。

“进度”滑块

拖动该圆形滑块可控制当前播放文件的进度。

“跳至指定时间”命令

选择该命令后会打开“跳至指定时间”对话框，在其中可设置需跳转到的当前播放内容的某个具体时间。

“快进”和“快退”命令

选择“快进”命令后可前进到当前播放文件的后面部分，选择“快退”命令后可退回到当前播放文件前面的部分。

“加速播放”和“减速播放”命令

选择“加速播放”命令后可提速播放当前文件，选择“减速播放”命令后可减速播放当前文件。

“正常播放速度”命令

应用了加速播放或减速播放后，通过选择该命令可恢复正常播放速度。

“跳过片头片尾”命令

选择该命令后会打开“设置片头片尾”对话框，在其中可设置片头和片尾的时间以便跳过此段。

高手指点 在播放界面上双击鼠标将以全屏的方式播放对象，此后再次双击鼠标或按【Esc】键可退出全屏状态。

5.5.2 上机1小时：播放视频文件

本例将利用暴风影音播放系统中自带的“野生动物.wmv”视频文件，并通过使用一些控制按钮和菜单命令来控制该视频文件的播放。通过练习进一步熟悉暴风影音的使用。

上机目标

- 巩固播放视频文件的方法。
- 进一步熟悉控制播放的各种操作。

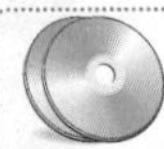

教学演示\第5章\播放视频文件

1 启动暴风影音

选择【开始】/【所有程序】/【暴风影音】/【暴风影音】命令。

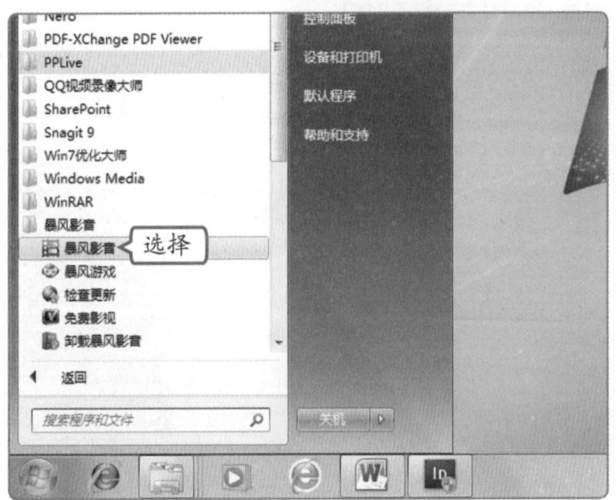

2 打开文件

启动暴风影音软件，在其播放界面中单击打开文件按钮。

3 选择文件夹

1. 在打开的对话框中单击左侧的“库”按钮。
2. 双击列表框中的“视频”选项。

4 选择视频文件

1. 选择“野生动物.wmv”视频文件。
2. 单击打开(O)按钮。

补充两句

选择播放对象时，也可通过【Ctrl】键、【Shift】键或拖动鼠标选择多个文件对象，所选对象将以列表的形式显示在暴风影音操作界面右侧的播放列表中。

第5章

5 播放文件

此时将自动播放所选视频文件，并在右侧的播放列表中显示该文件选项。

6 调整音量

向左拖动“音量”滑块，适当减小视频播放的音量大小。

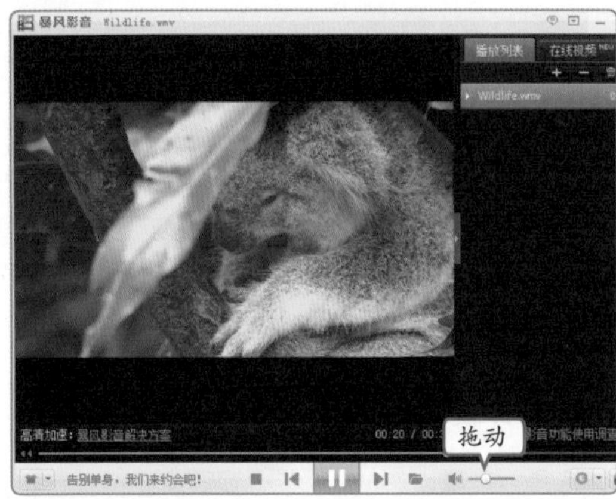

7 全屏播放

用鼠标双击播放界面，此时将以全屏方式播放视频文件。

8 后退视频

按【Esc】键退出全屏状态，在播放界面上单击鼠标右键，在弹出的快捷菜单中选择【播放控制】/【快退】命令。

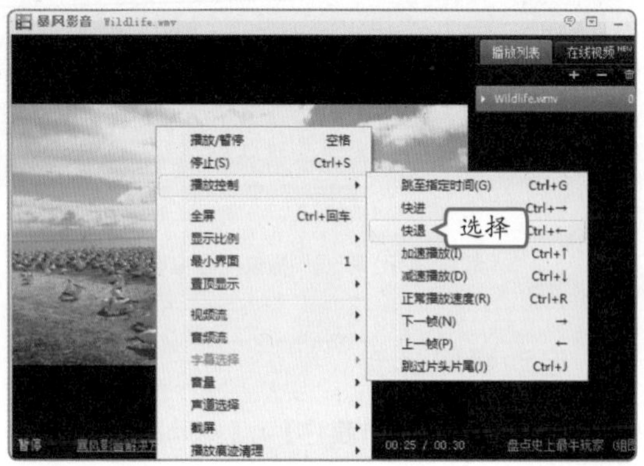

9 多次后退视频

用相同方法进行多次后退（每次后退5秒），使视频文件在第5秒钟开始重新播放。

10 停止播放

1. 单击“停止”按钮■停止视频播放状态。
2. 单击操作界面上的“关闭”按钮×完成操作。

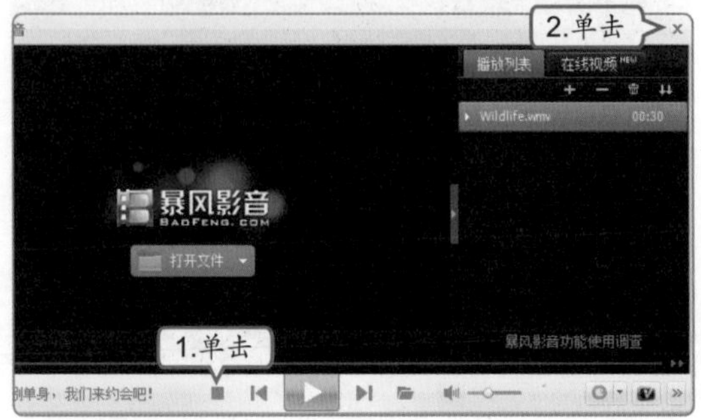

高手指点 当前活动窗口为暴风影音的播放界面，按空格键可暂停文件的播放，再次按空格键又可继续播放文件。

5.6　跟着视频做练习

小李在短时间内学习了多款软件的使用方法，老马为了让他更好地接受并掌握所讲解的知识，又特地给他安排了下面两个练习，让他进一步巩固所学的知识。

1　练习1小时：解压图片并进行编辑

本例将首先利用WinRAR软件解压光盘提供的素材文件，然后利用ACDSee软件对解压出来的图片文件进行处理，最终效果如下图所示。通过此练习综合巩固WinRAR软件解压文件和ACDSee处理图片的操作。

实例素材\第5章\视频练习\daisy.rar
最终效果\第5章\视频练习\daisy.jpg
视频演示\第5章\解压图片并进行编辑

操作提示：

1. 利用右键菜单解压daisy.rar文件。
2. 启动ACDSee并找到解压出的daisy.jpg图片文件。
3. 选择该图片并进入编辑窗口，利用曝光功能调整图片色阶。
4. 利用颜色功能稍稍增加图片的饱和度。
5. 利用清晰度功能将锐化程度设置为100。
6. 利用杂点功能对图片进行“祛除斑点”处理。
7. 利用效果功能选择“绘画”效果。
8. 双击“油画”效果，并增加画笔宽度、增加变化程度和鲜艳程度。
9. 利用边框功能为图片添加金黄色的边框效果。
10. 关闭编辑窗口并保存编辑的图片。

2　练习1小时：优化笔记本电脑操作系统

本例将再次对Windows 7优化大师的操作进行巩固练习，通过练习进一步掌握优化系统的操作。

操作提示：

1. 启动优化大师，若出现优化向导的对话框，将其关闭。
2. 选择系统优化下的系统加速功能，关闭某些视频文件的预览功能。
3. 选择服务优化功能，通过关闭不需要的服务提高系统运行速度。
4. 打开系统清理大师，对所有磁盘分区进行垃圾文件清理操作。
5. 删除所有清理出来的垃圾文件，最后关闭Windows 7优化大师。

视频演示\第5章\优化笔记本电脑操作系统

5.7　秘技偷偷报——工具软件的使用技巧

小李对老马说：“这几款工具软件还真实用，我现在觉得自己的笔记本电脑功能终于体现出来了。”老马笑道：“看你这么高兴，我就给你补充一些这些软件的使用技巧。”

补充两句

在图片文件上单击鼠标右键，可利用弹出的快捷菜单快速启动ACDSee软件对所选图片进行编辑。

1 利用向导压缩或解压文件

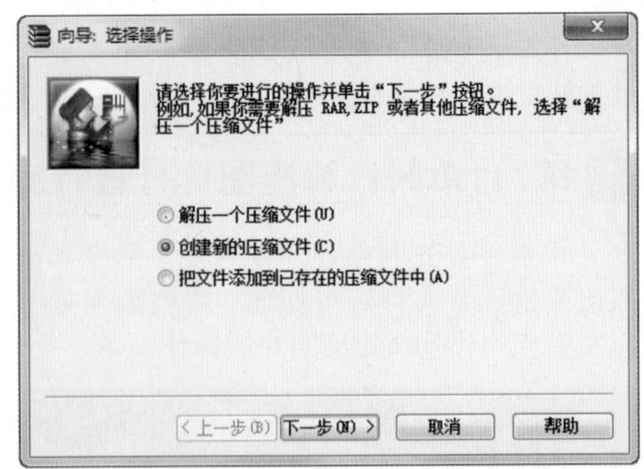

在WinRAR操作界面的工具栏中单击“向导”按钮即可打开向导对话框，在其中可选择向导功能，包括解压文件、压缩文件和在已压缩的文件中添加文件。选择功能后即可根据提示进行下一步操作。

利用向导压缩或解压文件的好处是可以根据提示进行需要的设置，避免初学者误操作而导致文件无法压缩或解压以及无法使用的情况。不过一旦熟悉了WinRAR软件的操作后，便可按书中所讲操作进行设置。

2 美化系统

Windows 7优化大师不仅是优化和维护系统的好帮手，它还能对操作系统进行美化设置，如设置系统外观、文件图标、登录到Windows 7操作系统时的显示画面、右键菜单背景和开关机声音等。利用它美化系统的操作也很简单：只需选择Windows 7优化大师上方的“系统美化”选项卡，启动系统美化大师，选择窗口左侧的美化功能，并在右侧进一步设置美化参数。

3 导入图片

若笔记本电脑连接有其他移动存储设备，则可利用ACDSee的导入功能快速导入该设备中的各种类型的图片文件，而无须打开移动存储设备进行图片的移动或复制操作。导入图片的方法为：启动ACDSee，单击工具栏中的“导入”按钮，在弹出的下拉菜单中选择“从设备”命令，此时即可在打开的窗口中选择该设备中需导入的图片文件，然后单击导入(I)按钮即可。

4 加密压缩文件

使用WinRAR，除了可以创建压缩文件外，还可以对重要文件进行加密。其方法为：选择需压缩的文件，然后利用右键菜单打开“压缩文件名和参数”对话框，在“高级”选项卡中单击设置密码(P)...按钮，然后在打开的“带密码压缩”对话框中设置相应的密码后，依次单击确定按钮即可创建一个带密码的压缩包。

5 Windows 7优化大师的实用工具

Windows 7优化大师不仅内置了清理大师、美化大师等实用功能，而且还整合了一大批实用工具，包括一键还原、内存整理、文件分割、文件粉碎、软件卸载以及驱动管理等程序。使用它们的方法为：在Windows 7优化大师的操作界面中选择“开始”选项卡，然后单击左侧的实用工具按钮即可选择需要的工具进行操作。不过要提醒大家的是，一些不熟悉的工具不宜轻易使用，如驱动管理、一键还原等，应在有经验用户的陪同下进行操作。

高手指点

解压后的压缩文件具有密码时，会在解压过程中打开提示输入密码的对话框，只有输入正确的解压密码才能成功解压文件。

第6章

笔记本电脑的网络连接

小李最近老听人说上网可以看新闻、查资料、听歌、看电影、玩游戏、炒股、做生意……似乎通过上网就可以完成各种各样的事情。这大大地引起了小李的好奇心，为了弄清楚具体的情况，他只好又向老马求助，老马听后对他说：“你说得没错，现在是信息时代，一切都讲究快速、高效，而互联网则能很好地体现这种要求，如用它来写信并传递邮件，只需要一瞬间就能准确到达收信人的邮箱，这可比现实生活中到邮局寄信方便多了。”小李听得心花怒放，直嚷着要老马教他上网。老马接着对他说：“先别着急学上网操作，在这之前，我先给你讲讲怎样让自己的笔记本电脑可以上网，这其中包括有线上网方案和无线上网方案两种，你学习了之后可以根据自己的具体情况进行选择。”

2小时学知识

- 笔记本电脑有线上网方案
- 笔记本电脑无线上网方案

1小时上机练习

- 组建并设置局域网

6.1 学习1小时：笔记本电脑有线上网方案

“怎样才能让我的笔记本电脑实现有线上网的功能呢？”小李问道。老马耐心地对他说：“有线上网需要借助网线、调制解调器等设备才能让笔记本电脑成功连接Internet，下面首先给你讲一些网络术语，然后再逐一介绍ADSL上网、小区宽带上网和局域网上网等各种有线上网方案。

学习目标

- 了解相关网络术语。
- 了解并熟悉常见的有线上网方式。
- 熟悉并掌握通过建立局域网共享上网的方法。

6.1.1 认识相关网络术语

常见的网络术语包括WWW、E-mail等，如果不明白它们的含义，会对以后上网带来诸多不便。下面便介绍一些上网时使用频率较高的网络术语。

WWW

在输入网址时，一般都会出现www（俗称3W），这是World Wide Web的简称，也叫“万维网”。它是一种基于超文本技术的交互式信息查询工具，通过它可以在Internet上浏览、传送、编辑超文本格式的文件。

E-mail

即电子邮件，是通过Internet收发信息的服务，使用它可以不分国界、时间和地域，随时随地向亲人、朋友或同事等快速并准确地发送包含各种内容的电子邮件。

上网用户名与密码

当笔记本电脑连接网络时，需要输入网络代理商提供的用户名和密码才能成功连入Internet，这些信息一定要牢记且不要泄露。

域名

即输入的网址。域名实际上就是IP地址的一种文本化的表现形式，以便于记忆该网站地址并方便访问。如访问“新浪网”时，其IP地址对应的数据是202.102.75.161，但此时只需输入对应的域名“www.sina.com.cn”即可。

网页

网页是存放在服务器上的文档，可以理解为存放在网站上的文件。如“新浪网”整个网站可以理解为服务器，而其中的“娱乐网”、“体育网”就是网页，是存放在网站中的一个个文件。

主页与首页

主页是指为浏览器程序设置的默认登录网站，即打开浏览器软件后默认显示的页面；首页则是指访问某个网站后所显示的该网站的第一个页面。

6.1.2 ADSL上网

ADSL宽带上网是目前的主流上网方式，电信、联通等公司提供的上网服务就属于

高手指点　www.sina.com.cn中的www和.com.cn部分是网站地址的公用部分，因此记忆时只需记住sina即可，这就比IP地址中毫无规律的数字更容易记忆。

ADSL上网方式。ADSL虽然还是通过电话线上网，但由于它并没有经过电话交换网接入Internet，只是占用PSTN线路资源和宽带网络资源，因此上网时不会影响电话的正常使用。让自己的笔记本电脑实现ADSL上网的方法为：到当地网络代理商的某个指定营业厅办理ADSL上网开户手续，并按标准缴纳相关费用，然后等待安装人员在完成下单后到自己指定的地方安装并开通ADSL。此后上网只需输入其提供的用户名和密码即可。

6.1.3 小区宽带上网

小区宽带上网的方式是指网络服务商将机房建在小区中，利用较大的带宽为整个小区用户提供上网访问。此方式的优点在于当小区中同一时段上网人数较少时，上网速度可以达到很高的带宽，不过缺点也很明显，即一旦上网人数较多，网速就会明显下降。让笔记本电脑实现小区宽带上网的方法为：确认小区中提供了小区宽带上网设备（即网络服务商安装的机房），然后到该服务商指定的营业厅办理开户手续，并按标准缴纳相关的费用，然后等待安装人员在完成下单后到自己指定的地方安装并开通宽带。此后上网只需输入其提供的用户名和密码即可。

6.1.4 局域网上网

局域网上网可让处于同一局域网中的所有电脑共享网络（但网速势必降低），适用于公司办公或家庭用户中具有多台电脑的情况。实现局域网上网需首先组建局域网，然后进行局域网设置，最后设置路由器即可。

1 组建局域网

组建局域网需购买一定数量的网线和一台路由器，如组建两台笔记本电脑，则需3根一定长度的网线和一台至少含有两个接口的路由器，组建的具体操作如下。

教学演示\第6章\组建局域网

1 连接网线和路由器

将两根网线的一端分别插入到各笔记本电脑的网线插口，另一端依次插入到路由器背面的数字接口中。

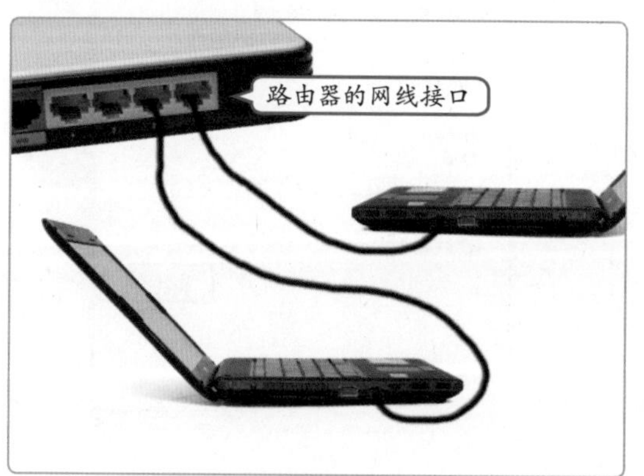

2 连接Modem与路由器

将剩余的一根网线的一端插入到路由器的WAN插口中，另一端插入到开通上网业务时赠送的ADSL Modem的Ethernet插口中。

补充两句

无论是ADSL上网还是小区宽带上网，开通上网功能时缴纳的费用与需要获得的上网带宽成正比，即带宽越大，费用越高。一般来说，普通用户开通2M或3M的带宽就足够了。

3 连接路由器电源

将路由器的电源线一端插入到路由器的DCIN插口中（圆形插口），另一端插入到电源插座中，完成局域网硬件设备的连接。

操作提示：选购交换机

若只是为了组建局域网而不用局域网上网，则可购买交换机来代替路由器。

2 设置局域网

为了开通局域网功能，还需将笔记本电脑设置为同一工作组并加入到组中，其具体操作如下。

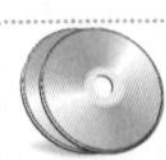

教学演示\第6章\设置局域网

1 设置属性

在桌面的“计算机”图标上单击鼠标右键，在弹出的快捷菜单中选择“属性”命令。

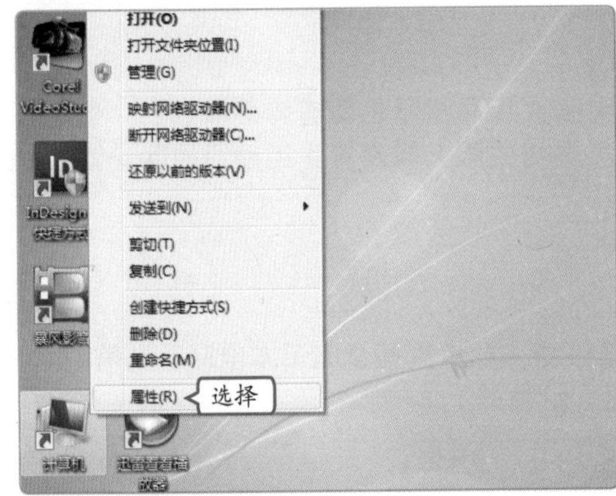

2 高级设置

打开“系统”窗口，在其中单击“高级系统设置”超链接。

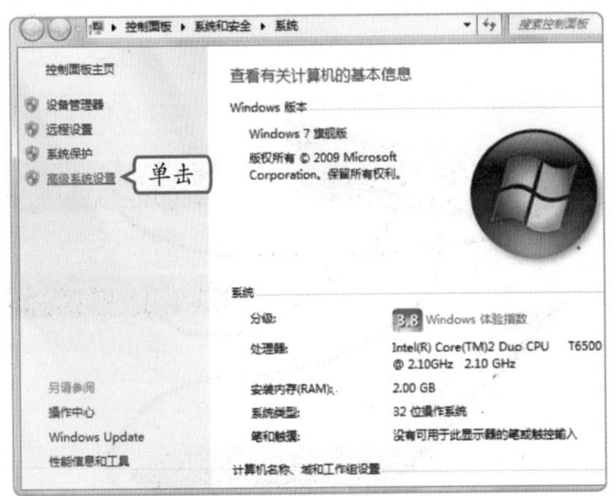

3 设置计算机名

打开“系统属性”对话框，选择“计算机名”选项卡。

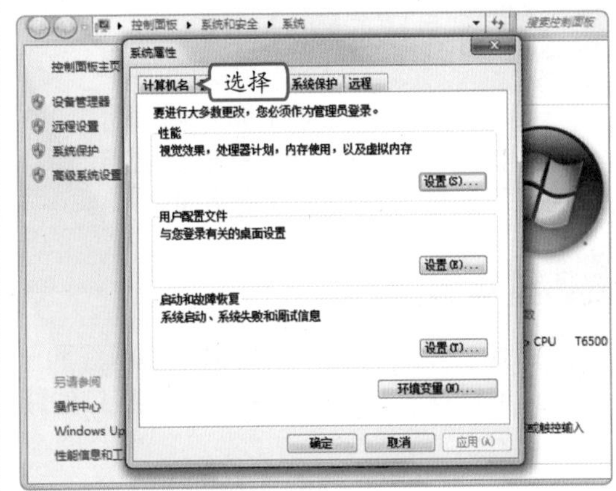

4 设置计算机名

在该选项卡中单击 更改(C)... 按钮。

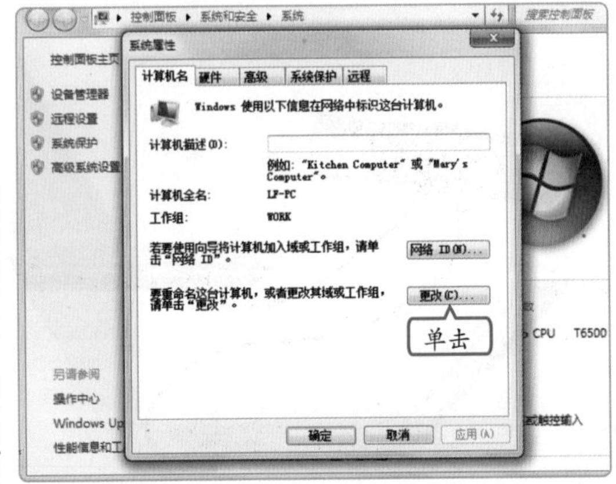

高手指点 在“开始”菜单的“计算机”命令上单击鼠标右键，在弹出的快捷菜单中选择“属性”命令也可打开“系统”窗口。

5 设置工作组名称

1. 在打开的对话框中选中“工作组”单选按钮。
2. 在文本框中输入工作组名称，如FAMILY。
3. 单击 确定 按钮。

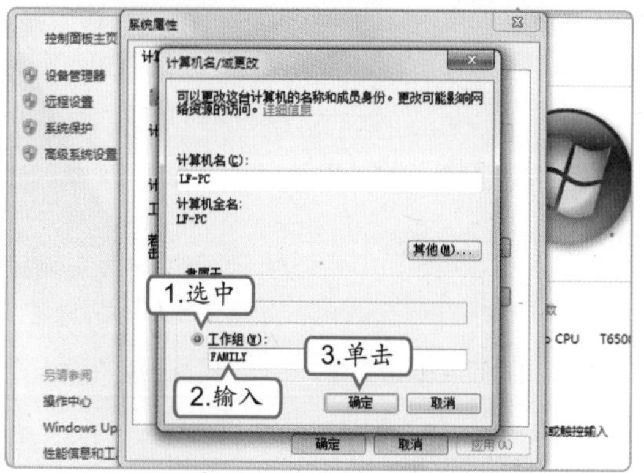

6 确认加入工作组

打开提示对话框，单击 确定 按钮。

7 重启电脑

打开提示对话框，单击 确定 按钮重启电脑。按照相同方法对局域网中的其他电脑进行设置。

8 打开控制面板

选择【开始】/【控制面板】命令，打开“控制面板”窗口，单击“选择家庭组和共享选项”超链接。

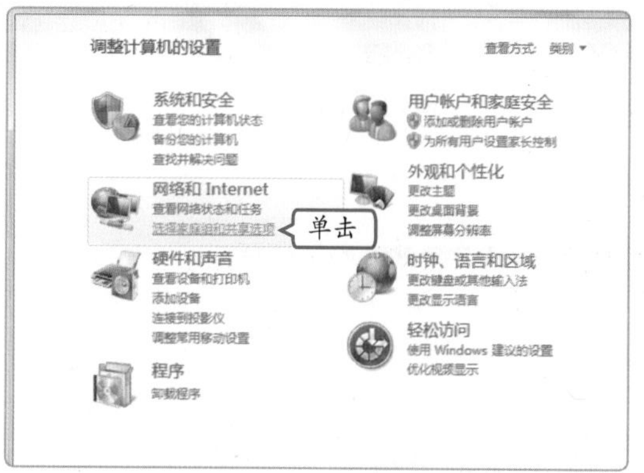

9 创建家庭组

打开“家庭组”窗口，单击下方的 创建家庭组 按钮。

10 设置共享内容

1. 在打开的窗口中选中所有复选框。
2. 单击 下一步(N) 按钮。

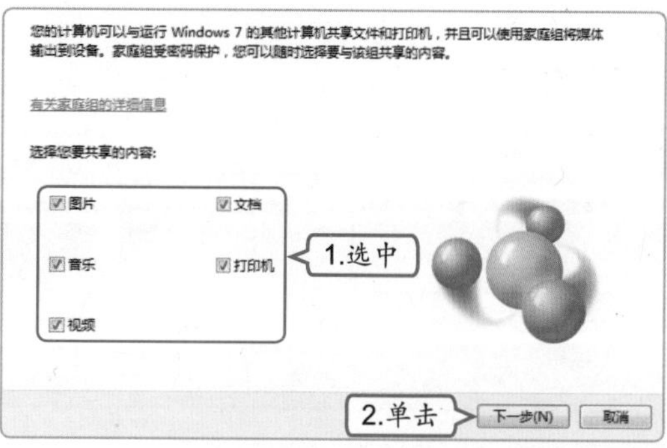

补充两句

为局域网中的各台电脑设置工作组名称时，注意名称内容要完全一致，即大小写字母都要完全相同，否则无法访问。

11 记录通用密码

在打开的窗口中将显示此家庭组的通用密码，将其记录下来后单击 完成(F) 按钮。

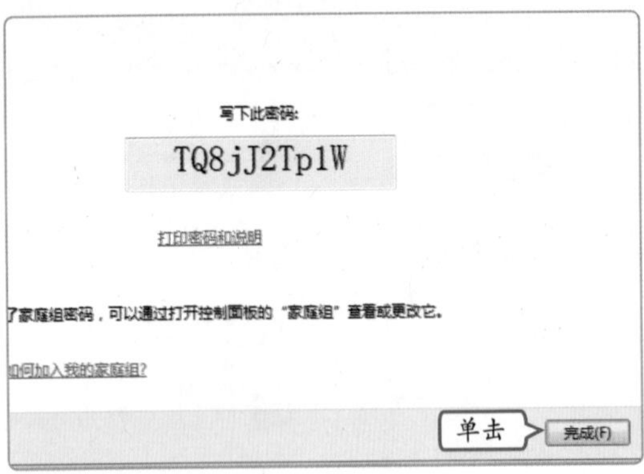

12 加入家庭组

在其他笔记本电脑中利用控制面板打开“家庭组”窗口，单击其中的 立即加入 按钮。

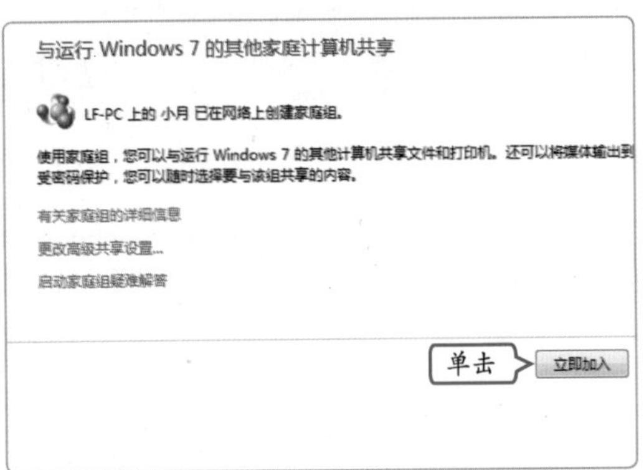

13 设置共享内容

1. 在打开的窗口中选中所有复选框。
2. 单击 下一步(N) 按钮。

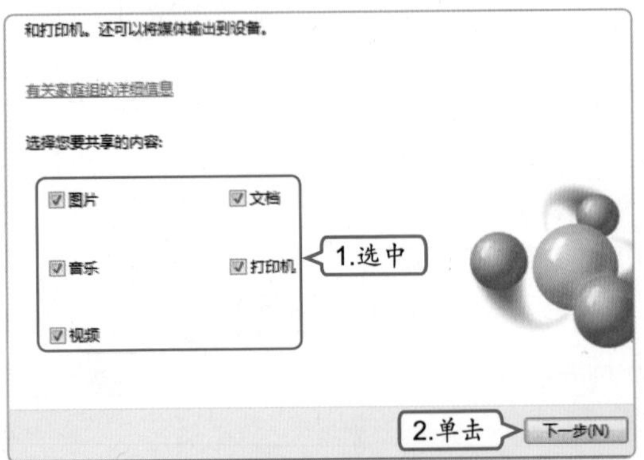

14 输入通用密码

1. 在打开的窗口中输入前面获取的通用密码。
2. 单击 下一步(N) 按钮。

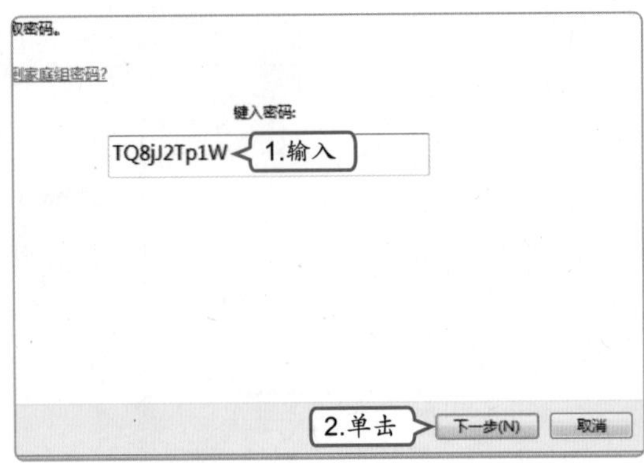

15 成功加入

在打开的窗口中提示成功加入了家庭组，单击 完成(F) 按钮即可。

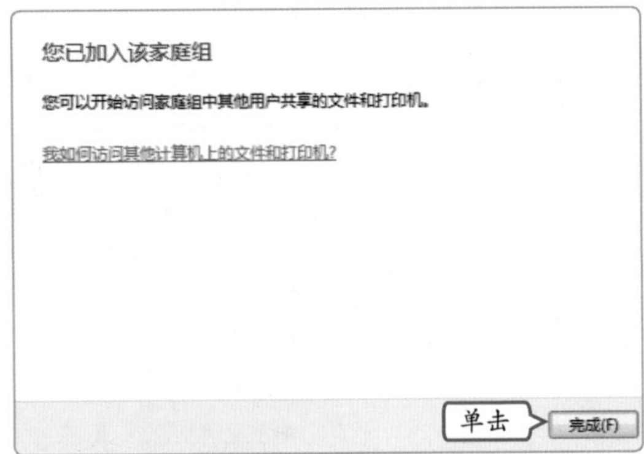

教你一招：共享文件资源

建立了局域网后，各电脑便可通过局域网访问相互的文件资源，不过在这之前需要先将文件资源共享到局域网中。其方法为：在文件或文件夹上单击鼠标右键，在弹出的快捷菜单中选择“共享”命令，再在弹出的子菜单中选择“家庭组（读取）”或“家庭组（读取/写入）”命令。需要注意的是，选择前一种共享方式，则局域网中的其他用户只能查看或浏览该文件资源；选择后一种共享方式则用户可编辑、设置和删除文件资源。

高手指点 通过“开始”菜单中的“网络”命令即可访问局域网中的其他电脑，若没有此命令，可按照本书前面讲解的方法对“开始”菜单属性进行自定义设置，将“网络”命令添加到其上。

3 设置路由器

要想使连接在路由器上的所有局域网中的电脑都能实现上网功能，还需对路由器进行一定的设置，其具体操作如下。

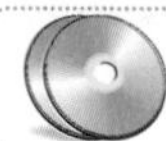

教学演示\第6章\设置路由器

1 启动IE浏览器

单击桌面上“开始”按钮左侧的IE浏览器按钮，启动IE浏览器。

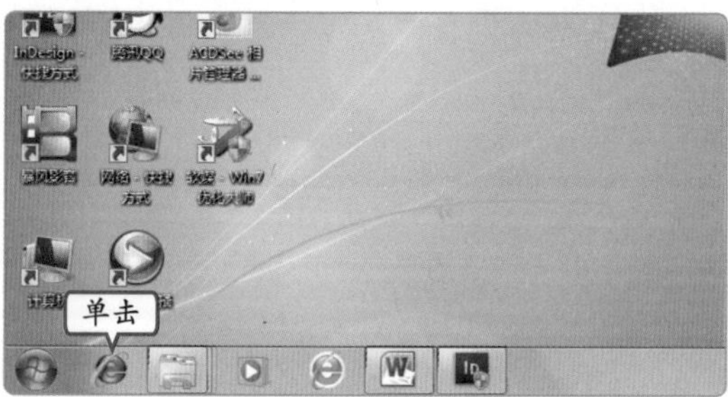

2 访问路由器

1. 在IE浏览器的地址栏中输入“192.168.1.1”。
2. 按【Enter】键。

3 输入访问账户和密码

1. 在打开对话框的两个文本框中均输入“admin”。
2. 单击 确定 按钮。

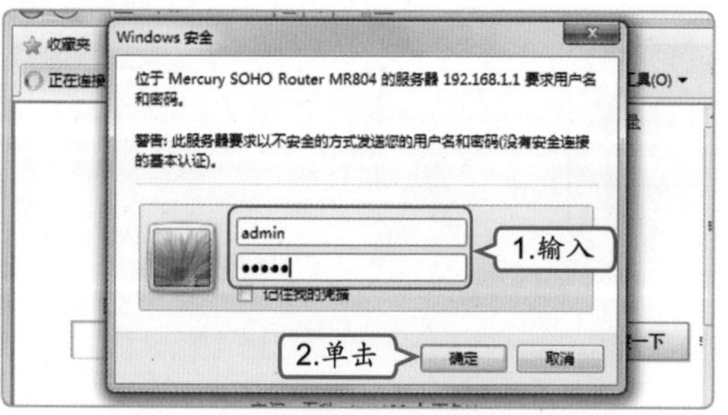

4 启动设置向导

在打开的路由器页面左侧单击“设置向导”超链接。

5 启动设置向导

在打开的向导页面中单击下方的 下一步 按钮。

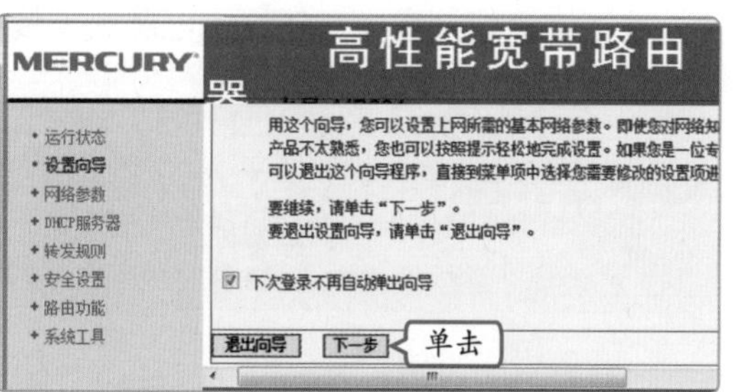

6 设置上网方式

1. 在打开的页面中选中“ADSL虚拟拨号（PPPoE）”单选按钮。
2. 单击 下一步 按钮。

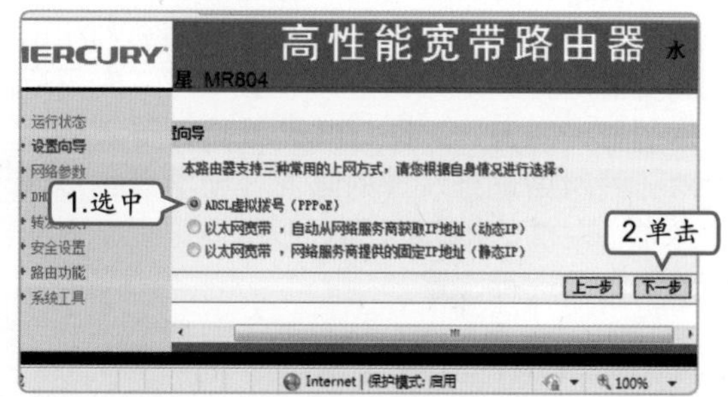

补充两句

通过对路由器设置后不仅能共享上网，还有一个好处就是只要路由器处于开启状态，则启动电脑后不用输入上网账户和密码即可上网。

7 设置上网账户和密码

1. 在打开的页面中分别输入提供的上网账户名和登录密码。
2. 单击下一步按钮。

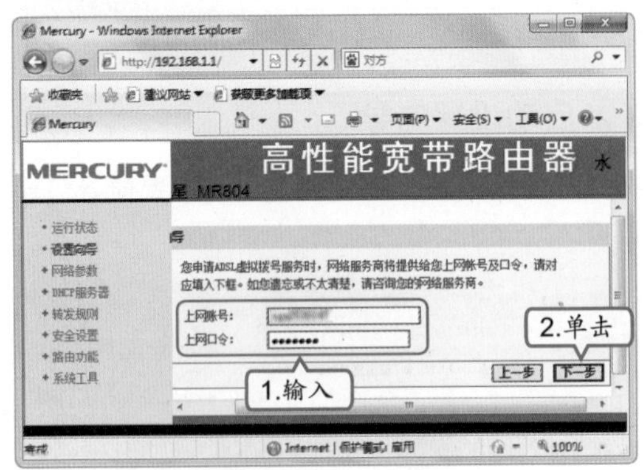

8 完成设置

在打开的页面中提示设置成功，单击完成按钮。此后只要在ADSL Modem和路由器开启的状态下，即可让局域网中的各台电脑都能上网。

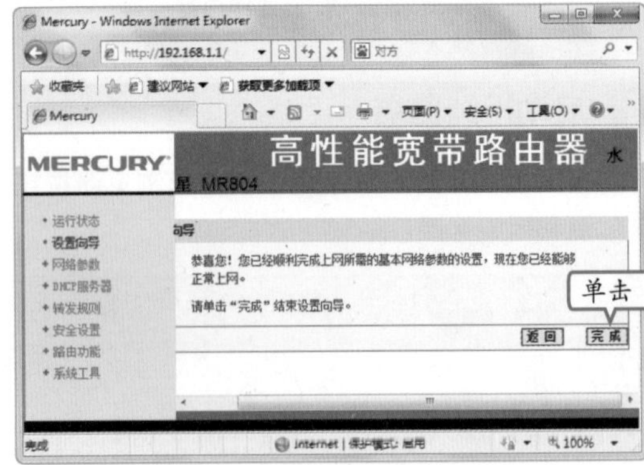

6.2 学习1小时：笔记本电脑无线上网方案

小李学习了笔记本电脑有线上网后深有感悟，他对老马说："笔记本电脑最大的特点应该就是它的便携性，可是通过有线上网的方法不就制约了它的这一优势吗？"老马微笑地点头道："没错，特别是对于那些移动办公或学习的人群，有线上网的弊端就更加明显了，接下来我们就来学习笔记本电脑的无线上网方案，看看这种方法的优势何在。"

学习目标

- **了解无线局域网上网的方法。**
- **了解并熟悉无线移动上网的方法。**

6.2.1 无线局域网上网

无线局域网上网是指通过无线路由器实现上网的方式。利用无线路由器可以使笔记本电脑无须连接网线便可上网，使用方法也非常简单：首先需要将无线路由器按前面介绍的方法与ADSL Modem相连，然后利用IE浏览器对无线路由器进行设置即可。右图所示的画面即为进入D-Link无线路由器页面后对无线网络进行设置的画面，初学者也可通过单击左侧的设置向导按钮，根据向导提示对无线路由器进行设置。

高手指点 由于路由器一般会长期处于开启状态，当温度较高时就有可能出现死机的情况，此时可通过进入路由器的设置页面，单击"系统工具"超链接，并通过重启路由器命令重新启动路由器。

6.2.2 无线移动上网

无线移动上网可以最大限度地体现笔记本电脑的便携性，它只需要购买无线网卡和上网卡，即可让笔记本电脑随时随地实现上网功能。具体方法为：在网络服务商指定的营业厅购买上网卡和无线网卡后，将上网卡正确插入到无线网卡中，再将无线网卡插入到笔记本电脑的USB插口中，稍后便会自动打开向导对话框，根据提示安装无线网卡的驱动程序，完成后双击桌面上的无线上网图标，在打开的窗口中选择相应方式即可。下面介绍一些目前较为常见的无线上网方案以供选择。

中国联通CDMA无线上网

此方案的网速可以达到80~150Kb/s的水平，而且稳定性好，不会轻易掉线，但缺点就是费用过高。

中国移动GPRS无线上网

此方案具有实时在线、按量计费、快捷登录等特点。不用拨号，开机就直接和GPRS网络连通，只要一按GPRS功能键一般只需3~5秒钟即可连接网络，速度大约在30~40Kb/s。

3G无线上网

此方案是目前越来越受欢迎的方案，包括中国移动的TD~SCDMA、中国电信的CDMA2000和中国联通的WCDMA。3G无线上网的速度可以和宽带媲美，其中移动TD-SCDMA理论速度可达2.8M，下载速度可达100~200Kb/s；电信CDMA2000理论速度可达3.1M，下载速度可达100~300Kb/s；联通WCDMA理论速度在7.2~14.4M，下载速度可达200Kb/s~2Mb/S，稳定性和费用各有千秋。

6.3 跟着视频做练习1小时：组建并设置局域网

通过老马的讲解，小李对怎样将笔记本电脑连接到互联网有了一定的认识和了解，为了检验自己的学习成果，他请老马再给他一些练习的机会。老马听了之后对他说："笔记本电脑连接互联网的重点在于认识和了解硬件设备的连接，其他设置操作安装人员都会给你解决。因此这次练习我重点想考考你如何设置局域网，这对于你以后在家里或公司组建并设置局域网都有好处。你就按照我给你讲解的方法，重新组建包含3台笔记本电脑的局域网吧。"

操作提示：

1. 将3根网线分别连接3台笔记本电脑的网线插口，另一端连接到路由器的数字接口中。
2. 将1根网线连接到路由器的WAN插口中，另一端插入到ADSL Modem的Ethernet插口中。
3. 连接路由器电源。
4. 将3台笔记本电脑的工作组设置为相同的名称，并重启电脑。
5. 在任意一台笔记本电脑上创建家庭组，并将其他两台笔记本电脑加入该组。
6. 在任意一台电脑上启动IE浏览器，并访问路由器页面。
7. 通过路由器页面的设置向导功能设置上网方式、上网账户和密码等信息。

视频演示\第6章\组建并设置局域网

无线上网虽然便携性很强，但网速、稳定性以及费用等相对于有线上网方案来说都要差一些。 补充两句

6.4 秘技偷偷报——丰富连接网络的知识

通过自己认真地学习，小李很快就把老马讲解的知识给完全消化了，只见他拉着老马不松手，硬要老马再给他补充一些有用的知识。老马没办法，只好又给他介绍了一些关于网络连接的知识。

1 重启路由器

前面介绍了通过访问路由器页面并重启路由器的方法。但如果这种方法还是没有效果，则可强制重启路由器。其方法为：用一个细小的硬物，如牙签（去尖头）等，将其插入到路由器背面的黑色小孔（reset孔）中，感觉到里面有个物体向下挤压时，保持力度不变，约过几秒钟，看到路由器指示灯熄灭并重新点亮后即可。

2 退出家庭组

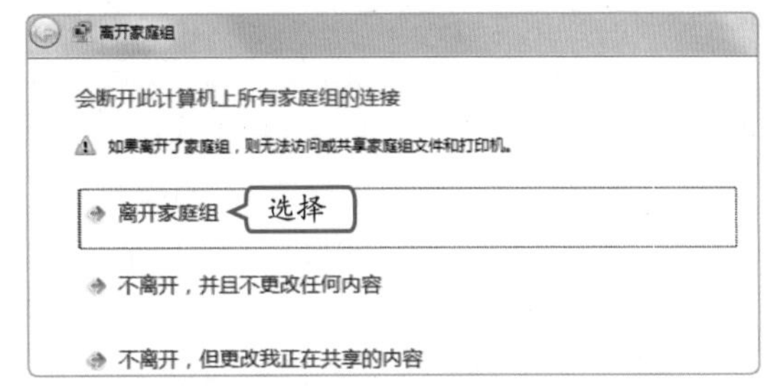

进入到局域网中的某个创建的家庭组后，可随时根据实际需要退出该组。其方法为：在控制面板中单击“选择家庭组和共享选项”超链接，打开“家庭组”窗口，单击“其他家庭组操作”栏下的“离开家庭组”超链接，打开“离开家庭组”对话框，选择“离开家庭组”选项即可。

3 认识交换机

交换机是用来交换和中转数据的，其主要作用是数据分线，重点处理局域网，即内网数据。它与路由器的最大区别在于路由器的主要作用是负责处理共享上网问题，它集成了处理共享上网的软件，可处理Internet，即外网数据。一般情况下，一个局域网中只能有一个路由器，但可以有多个交换机。

4 了解无线网卡

无线网卡的作用、功能和普通电脑网卡一样，它只是一个信号收发的设备，所有无线网卡只能局限在已布有无线局域网的范围内。无线网卡根据接口不同，主要有PCMCIA无线网卡、PCI无线网卡、MiniPCI无线网卡、USB无线网卡、CF/SD无线网卡几类产品。就目前而言，口碑较好的无线网卡品牌有中兴、华为、大唐等。

高手指点 登录路由器页面时，有时可能会打开要求输入用户名和密码的对话框。一般来说，生产厂家默认的用户名和密码都是admin。

第7章

笔记本电脑的网络应用

老马看见小李满头大汗地走进办公室，便走上前去问他："这一上午没见你的人，怎么现在才来公司呀？是不是出什么事了？"小李说："你先让我喝口水，我再慢慢跟你道来。昨天快下班的时候老总找到我，临时让我给他订张今天去杭州的机票。可昨天都那么晚了，售票点早关门了，于是我今天一大早就去买，总算让我买到了，所以才这么晚来公司。"老马听后哈哈大笑："你让我说什么好呢？只要几分钟就能办成的事情，你居然用了一上午。你不知道现在有一个强大的资源体系——Internet吗？像订机票、发送邮件、购物以及聊天，甚至是招聘和求职这些事情都可以通过它来实现！"小李说："我知道呀，只是不愿意去尝试，怕上当受骗。"老马无奈地说："那只能说明你对网络这个大环境还是不太了解，不过没关系，现在我就一步一步地告诉你如何使用Internet这个网络环境。"

4 小时学知识

- 使用IE浏览器畅游Internet
- 使用QQ进行网上交流
- 用Foxmail收/发电子邮件
- 通过网络进行电子商务

7 小时上机练习

- 搜索并下载腾讯QQ2011
- 添加QQ好友并进行文字聊天
- 利用Foxmail回复并管理电子邮件
- 在网上购买打印机
- 保存图片并利用Foxmail发送
- 通过QQ与客户交流并下载资料
- 在网上预订酒店并发送求职信

7.1 使用IE浏览器畅游Internet

老马说：“在畅游Internet之前，首先我们应该了解连接人与网络的“桥梁”——浏览器。”小李说：“这个我知道，就是我们常用的IE浏览器，对吗？老马！”老马说：“嗯，不错，那你说说你平时都用IE浏览器做什么呢？”小李想了想说：“我基本上就用它来浏览体育新闻，其他的操作就不会了。”老马说：“其实IE浏览器不仅可以用来浏览新闻，而且还有许多非常适用的操作，等你学会这些操作后，就可以在网上获取更多有用的资源了。现在我就详细给你讲解IE浏览器的使用方法。”

7.1.1 学习1小时

学习目标

- **认识IE8浏览器的组成并掌握其启动方法。**
- **熟悉浏览网页的相关操作。**
- **熟悉将网上资源“据为己有”的操作方法。**
- **掌握搜索与下载有用资源的基本操作。**

1 启动并认识IE 8浏览器

成功安装Windows 7操作系统之后，系统自带的IE 8浏览器便可使用了。下面将详细介绍Windows 7自带的IE 8浏览器的启动和使用方法。

（1）启动IE 8浏览器

启动IE 8浏览器的操作方法为：单击任务栏中的“IE 8浏览器”图标或在“开始”菜单中选择【所有程序】/【Internet Explorer】命令。

（2）认识IE 8浏览器

IE 8是众多上网工具中使用最为普遍的一种，它主要由标题栏、地址栏、搜索栏、收藏夹栏、选项卡、工具栏、网页浏览区以及状态栏等部分组成。其中大部分组成部分与Windows 7的窗口中相应组成部分的作用相同，这里只对一些特殊部分进行介绍。

高手指点 单击IE 8浏览器工作界面地址栏左侧的按钮可返回到当前网页之前的上一个网页，单击按钮则重新显示返回前的网页。

地址栏

用于输入或显示当前网页的地址，简称网址。单击其右侧的▾按钮，可在弹出的下拉列表中选择曾经访问过的网页；单击↻按钮，可刷新当前网页；单击×按钮，可停止当前网页的加载操作。

选项卡

当在IE 8浏览器中打开多个网页时，可以通过选择选项卡来快速切换至所需页面。此外，直接按【Ctrl+T】组合键可以快速创建一个新选项卡。

工具栏

主要用于对网页进行相关设置，如安全性、更改主页和打印页面等。

收藏夹栏

主要用于保存经常使用的或具有使用价值的网页。其中包括 收藏夹 按钮、 按钮、 建议网站▾按钮以及 网页快讯库▾按钮，通过单击相应按钮即可执行添加网页至收藏夹、查看最近浏览过的网页和获取更多加载项等操作。

网页浏览区

主要用于显示当前访问网页中所包含的内容，它是浏览网页时使用最频繁的区域。

状态栏

主要用于显示当前网页的加载完成情况、保护模式的开启状态和网页内容的显示比例等信息。

2 浏览网页内容

掌握打开并浏览想要访问网页的方法，是学会使用IE浏览器的基础。在IE 8浏览器中通过地址栏和超链接这两种方法都能实现访问网页的目的，下面便对这两种操作的使用方法进行介绍。

利用地址栏浏览网页

在IE 8浏览器中单击鼠标即可选择地址栏中原有网址，然后按【Delete】键将其删除，重新在地址栏中输入需访问网站的地址，这里输入“www.sina.com.cn”，然后按【Enter】键即可打开新浪网页。

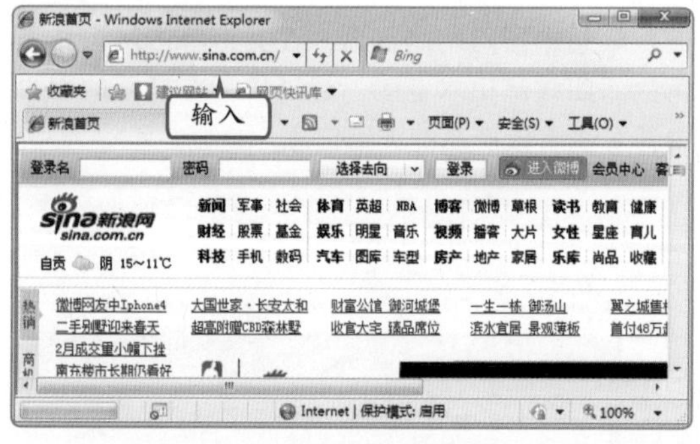

利用超链接浏览网页

在打开的网页中，单击其中的文字或图片等对象所对应的超链接，即可浏览超链接指向的目标网页或图片。如下图所示为单击新浪首页中的“体育”超链接后指向的网页。

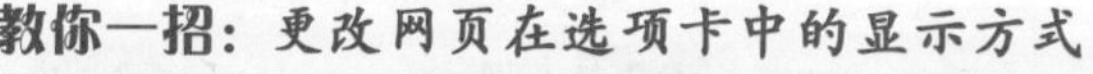

教你一招：更改网页在选项卡中的显示方式

在IE 8浏览器中，当遇到弹出窗口时，默认情况下会在新窗口中打开弹出窗口，不过这种方式是可以根据需要进行改变的。其设置方法为：单击工具栏中的 选项(O)... 按钮，打开“Internet 选项”对话框，在“常规”选项卡的“选项卡”栏中单击 设置(I) 按钮。在打开的对话框中选中“始终在新窗口中打开弹出窗口”单选按钮，然后依次单击 确定 按钮即可。

补充两句

首页是指打开网站后显示的第一个页面，一般在该页面的左上角会有相应的Logo图标，如新浪网站的首页中将会出现 图标。

3 搜索有用的网络资源

网上资源无穷无尽，要想在庞大的信息库中找到自己所需的信息不是件容易的事情，此时就需要掌握一定的搜索技能才能准确且快速地找到相应的网络资源。现在，最快捷的搜索结果便是依靠搜索引擎提供的，下面将以利用"谷歌"搜索引擎来搜索联想笔记本电脑为例进行讲解，其具体操作如下。

教学演示\第7章\搜索有用的网络资源

1 打开谷歌搜索引擎

1. 打开IE 8浏览器并在地址栏中输入"谷歌"网址"www.google.com.hk"。
2. 单击地址栏右侧的"转至"按钮，打开谷歌搜索引擎。

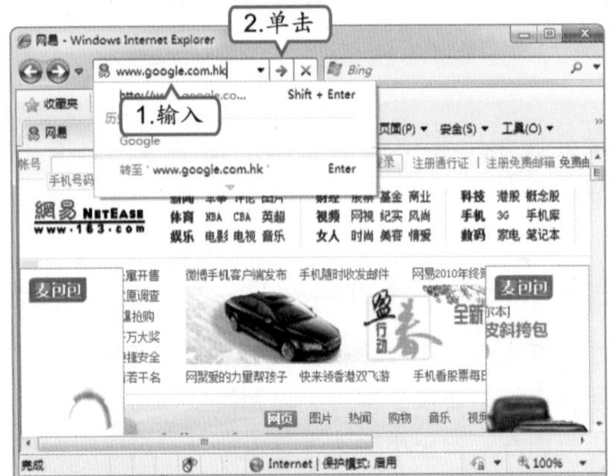

2 输入搜索文本

1. 在中间的搜索文本框中输入搜索文本，即关键字，这里输入"联想笔记本电脑"。
2. 单击网页下方的Google 搜索按钮。

3 单击相应的超链接

在打开的搜索结果网页中显示了所有符合条件的信息，在其中单击相应的超链接即可查看详细信息，这里单击"联想中国"超链接。

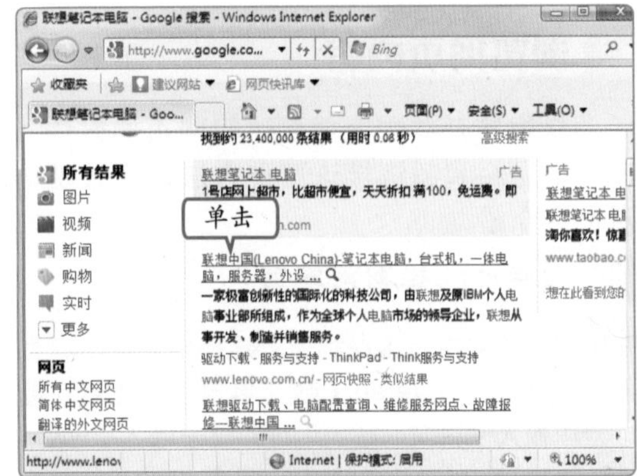

4 查看产品详细信息

进入联想中国网站的首页，在其中单击网页右下角的"四核笔记本电脑"超链接，在打开的网页中即可查看该产品的详细信息。

第7章

高手指点 在IE 8地址栏中输入曾经使用过的网址时，在地址栏下方会弹出访问网址的历史记录，此时只需按【↑】或【↓】键，选择所需网址后再按【Shift+Enter】组合键即可进入历史网页。

4 将网上资源“据为己有”

在浩瀚如烟的网络资源中找到自己所需的信息很不容易，此时最好将这些有用信息作为重要资料保存到笔记本电脑中，以方便日后使用。保存网上资源最常用的方法就是利用鼠标右键和“文件下载”对话框实现，下面便对这两种操作进行简单介绍。

（1）通过鼠标右键保存网上资源

在网络上搜索到自己喜欢的或所需的文字或图片时，可以通过复制、保存等方法将这些有价值的资源保存到自己的笔记本电脑中，以便日后查看和使用。

保存网页中的文字

在网页中通过拖动鼠标选择需保存的文字，然后在所选区域上单击鼠标右键，在弹出的快捷菜单中选择“复制”命令。打开记事本、便笺和Word等文档编辑软件，再按【Ctrl+V】组合键即可将复制的文字粘贴到文档中，然后对该文档进行保存即可。

保存网页中的图片

在网页中需保存的图片上单击鼠标右键，然后在弹出的快捷菜单中选择“图片另存为”命令，打开“保存图片”对话框，在其中可对图片进行保存设置。即在“地址栏”中输入图片的保存路径，在“文件名”文本框中输入该图片的名称，在“保存类型”下拉列表框中选择所需的图片类型，最后单击 保存(S) 按钮即可完成设置。

（2）通过“文件下载”对话框保存网上资源

当需要保存的对象是某个程序或较大的文件时，就需要通过下载的方法将其下载并保存到笔记本电脑中以便日后使用。下面将以下载Windows Live Messenger 2009聊天软件为例进行讲解，其具体操作如下。

教学演示\第7章\通过“文件下载”对话框保存网上资源

1 启动IE 8浏览器

1. 单击“开始”按钮。
2. 在打开的“开始”菜单中选择【所有程序】/【Internet Explorer】命令。

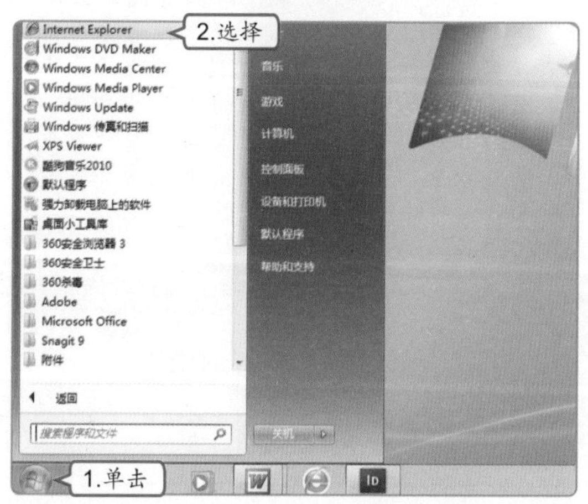

2 打开“MSN中国”首页

进入IE 8浏览器工作界面后，在其地址栏中输入网址“http://cn.msn.com”，然后按【Enter】键即可打开MSN中国网站的首页。

使用专业的下载工具如迅雷、QQ旋风和电驴等，也可以将某个程序或文件下载到笔记本电脑中，并且使用这些软件下载时其下载速度更快。 补充两句

3 选择下载对象

将鼠标指针移至“MSN中国”首页右上角的图标上，在弹出的下拉列表中选择“下载新版MSN 9”选项。

4 单击下载链接

在打开的“下载中心”网页中单击Windows Live Messenger 2009栏中的立刻下载按钮。

5 保存资源

打开“文件下载-安全警告”对话框，若单击运行(R)按钮，则立即运行该程序；若单击保存(S)按钮，则可将该程序保存到电脑中，这里单击保存(S)按钮。

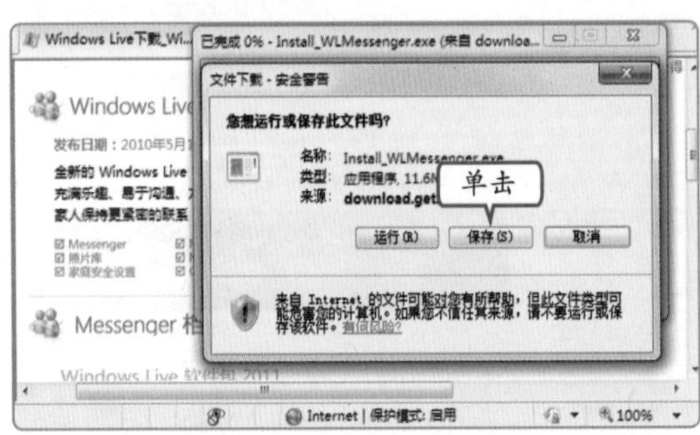

6 设置保存信息

1. 打开“另存为”对话框，在“文件名”下拉列表框中输入“MSN 2009”。
2. 单击保存(S)按钮。

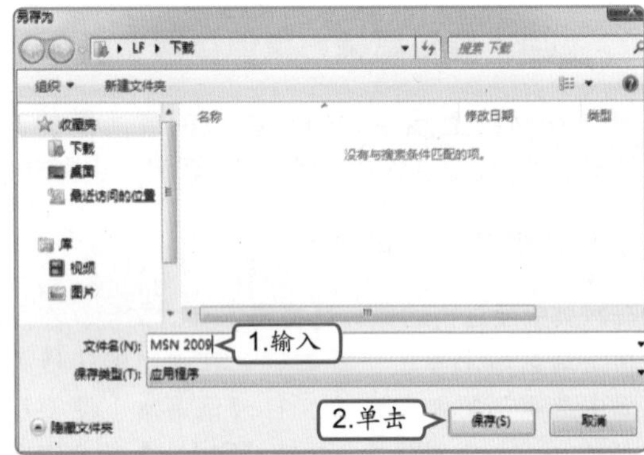

7 显示下载进度

此时，IE 8浏览器开始下载该资源，并在打开的对话框中显示下载进度，下载完成后即可使用该程序。

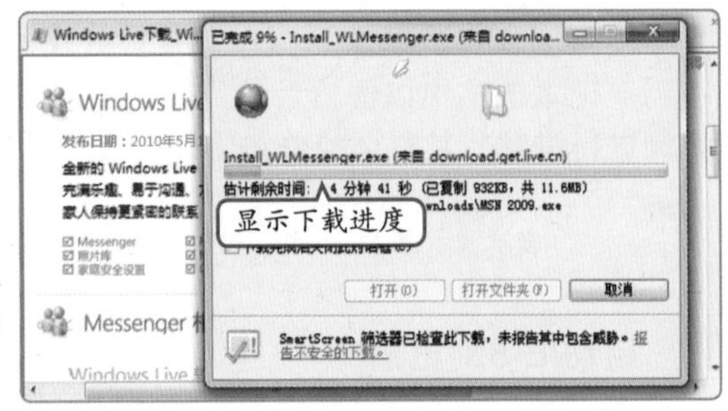

操作提示：用“目标另存为”命令

和前面介绍的保存网络资源的方法类似，不过使用“目标另存为”命令进行操作时更加方便、快捷。其具体操作方法为：在需要下载的链接上单击鼠标右键，然后在弹出的快捷菜单中选择“目标另存为”命令，即可快速打开“另存为”对话框，之后的操作与前面介绍的方法相同。

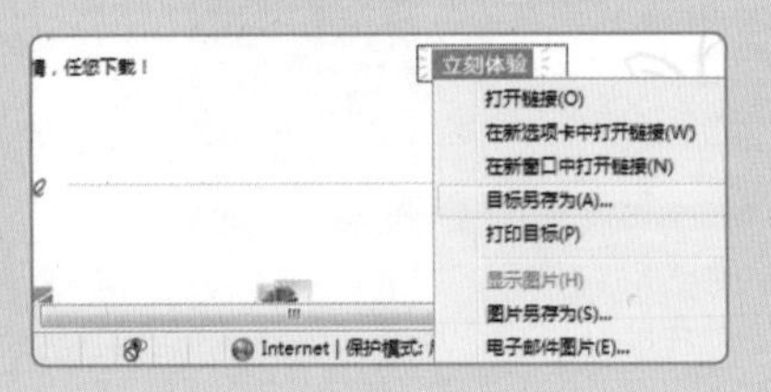

高手指点 若想保存当前浏览的整个网页内容，则可按【Alt】键，在弹出的菜单栏中选择【文件】/【另存为】命令，然后在打开的“保存网页”对话框中进行相关参数设置，单击保存(S)按钮。

7.1.2 上机1小时：搜索并下载腾讯QQ2011

本例将利用“百度”搜索引擎搜索关于腾讯QQ2011的相关资料，其中将涉及浏览网页、下载并保存程序和添加网址到收藏夹等操作。

上机目标

- 巩固IE 8浏览器的使用以及搜索与下载网上资源的操作方法。
- 进一步掌握保存文字和添加网址到收藏夹的相关操作。

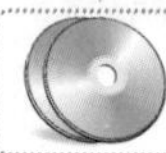

教学演示\第7章\搜索并下载腾讯QQ2011

1 打开百度搜索引擎

1. 启动IE 8浏览器，然后在地址栏中输入“www.baidu.com”。
2. 单击地址栏右侧的“转至”按钮→。

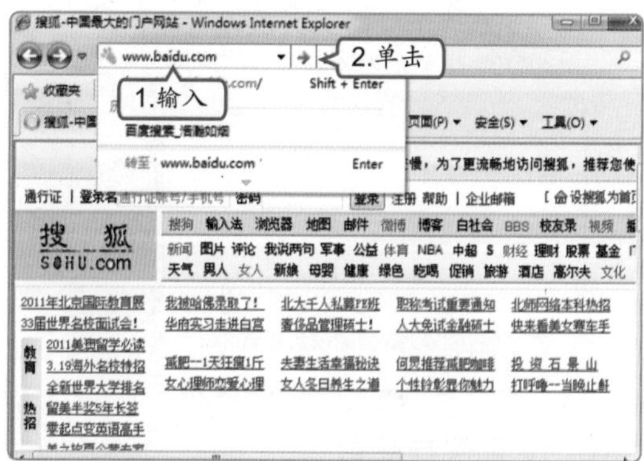

2 输入关键字

1. 打开“百度一下，你就知道”网页，并在中间的文本框中输入“腾讯QQ2011”。
2. 单击百度一下按钮。

3 选择目标网页

在打开的网页中单击“I'M QQ-QQ官方网站”超链接。

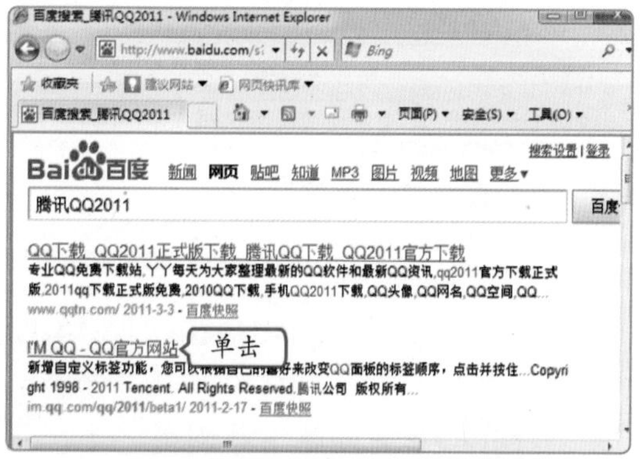

4 添加网址到收藏夹

打开QQ官方网站，然后在收藏夹栏中单击按钮，将当前网页添加到IE 8浏览器的收藏夹中。

网上的资源虽然众多，但一定要选择一些知名的网站或者官方网站进行下载，胡乱下载文件或程序很可能导致电脑感染到病毒。

补充两句

5 单击相应的超链接

在打开网页的导航栏图片中单击“新功能动画展示”超链接。

6 浏览该软件的新功能

在打开的网页中即可查看QQ2011聊天软件的新功能和使用方法。

7 返回QQ官方网站下载网页

单击显示QQ2011新功能网页地址栏左侧的按钮，返回QQ2011官方网站的下载页面。

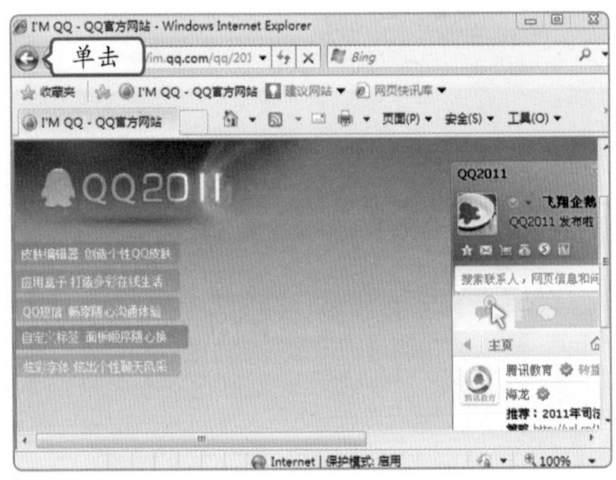

8 单击下载链接

在“下载QQ”选项卡中单击立即下载按钮，即可进入下载模式。

9 保存要下载的资源

打开“文件下载-安全警告”对话框，在其中单击保存(S)按钮。

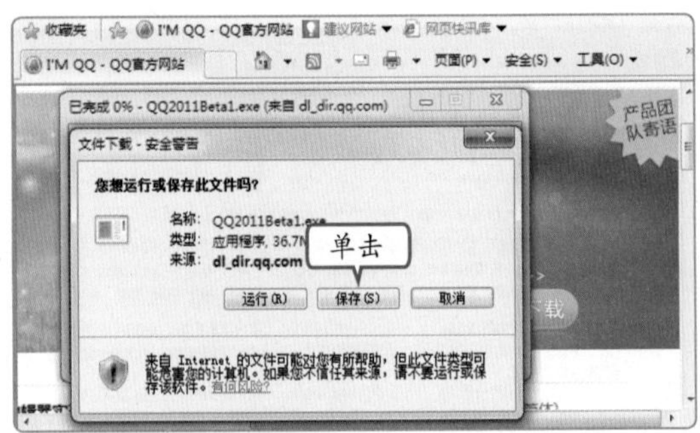

10 设置保存参数

1. 打开“另存为”对话框，在“文件名”下拉列表框中输入“QQ2011”。
2. 单击保存(S)按钮，在打开的“文件下载”对话框中显示程序的下载进度，完成后即可使用。

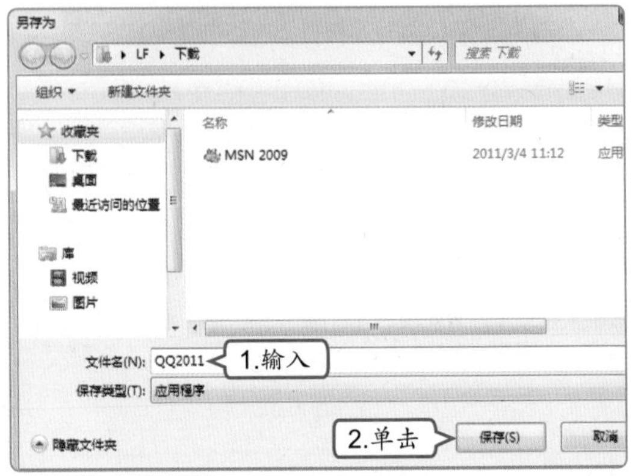

高手指点 百度搜索引擎默认情况下是对相关网页进行搜索，若要搜索图片，则需在百度首页中单击“图片”超链接，打开百度图片网页后，在其中即可按照前面介绍的方法进行搜索操作。

7.2　使用QQ进行网上交流

"老马，每次客户索要产品资料时，我们公司都要通过快递给客户，这样做不仅增加成本而且还很不环保。你说我们能不能采用别的方式来打破这种传统呢？"老马说："那还不简单，用当下最流行的聊天软件——QQ就能轻松搞定。"小李用怀疑的语气问老马："你说的这个软件果真有那么神奇！"老马说："当然，我骗你干嘛！现在我就让你见识一下QQ的"魅力"所在。"

7.2.1 学习1小时

学习目标

- 掌握申请QQ账号的方法。
- 掌握登录QQ并添加好友的基本操作。
- 学会使用QQ与好友进行文字或视频聊天的方法。

1 申请QQ账号

QQ软件是目前使用频率较高的网上聊天软件之一，在进行聊天之前，首先应该申请一个属于自己的QQ账号。本例将以通过腾讯网站申请一个免费的QQ账号为例进行讲解，其具体操作如下。

教学演示\第7章\申请QQ账号

1 进入腾讯首页

1. 启动IE 8浏览器，然后在地址栏中输入"www.qq.com"。
2. 单击地址栏右侧的"转至"按钮。

2 单击相应的超链接

进入腾讯首页后，单击网页左侧的"号码"超链接。

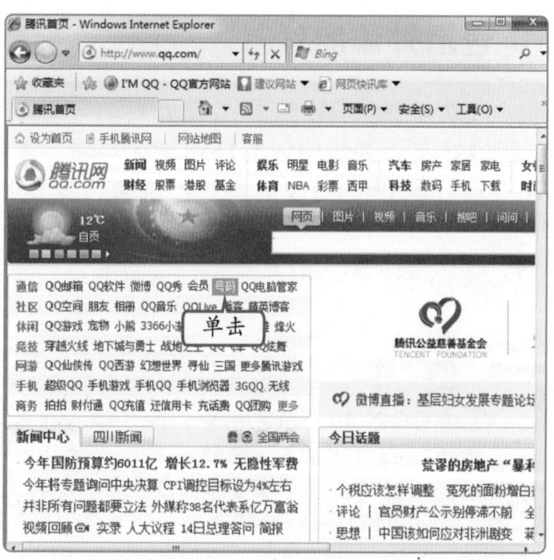

在下载应用程序时，通常会选择正式版。所谓正式版，就是对正式发布且已经完善的软件的简称，正式版软件是经过反复测试和试用的，因此漏洞很少且操作起来很方便。

补充两句

第7章

3 申请QQ账号

打开申请QQ账号的网页，在“免费账号”栏中单击立即申请按钮。

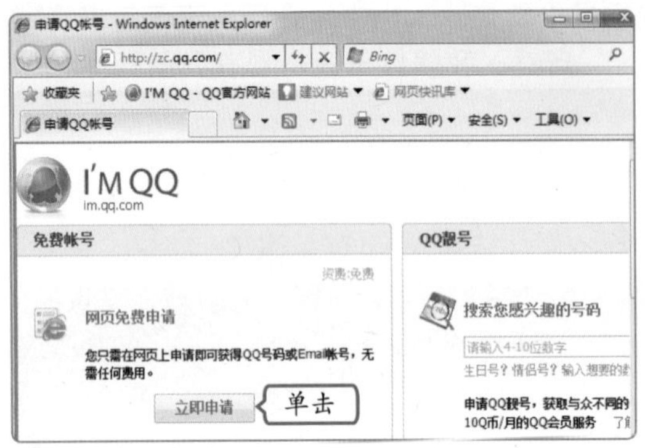

4 选择账号类型

在打开的网页中提供了QQ号码和E-mail账号两种类型，这里单击“QQ号码”超链接。

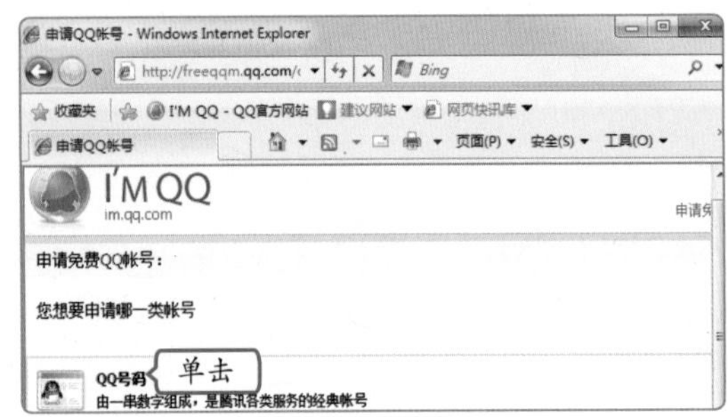

5 填写用户资料

1. 在打开的网页中填写昵称、生日、性别、密码以及所在地等信息。
2. 完成后单击确定 并同意以下条款按钮提交信息。

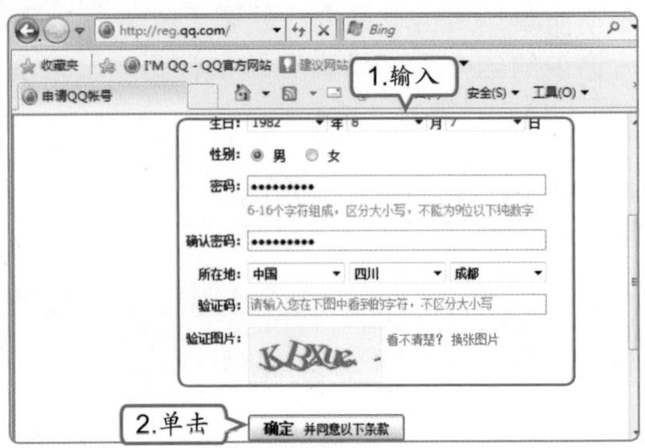

6 成功申请QQ号码

在打开的网页中显示了申请成功的QQ号码，单击其中的“本地保存账号”超链接，通过打开的“文件下载”对话框即可将该账号保存到笔记本电脑中。

2 登录并添加好友

成功申请QQ账号后，便可启动QQ2010软件并进行登录操作，由于是新账号，所以“我的好友”列表中没有任何聊天对象，此时就需要为其添加好友。下面将以添加QQ账号为1134473008的好友为例进行讲解，其具体操作如下。

教学演示\第7章\登录并添加好友

操作提示：设置登录选项

在QQ2010登录界面中，除了输入账号和密码外，还可以设置相关的登录选项。如单击“状态”栏右侧的按钮，在弹出的下拉列表中可以选择QQ的登录状态；选中“记住密码”复选框，表示下次登录QQ时就不用再次输入密码；选中“自动登录”复选框，表示进入Windows 7操作系统后将会自动运行QQ程序并登录到指定账号。

高手指点

申请成功的QQ账号处于未保护状态，如果想要对已申请到的QQ号码进行加密保护，可在“申请成功”网页中单击立即获取保护按钮，然后在打开的网页中根据提示信息进行设置。

1 启动"腾讯QQ"软件

双击桌面上的"腾讯QQ"快捷图标，打开QQ2010工作界面。

2 输入登录信息

1. 在"账号"文本框中输入申请账号，这里输入"1731608894"。
2. 在"密码"文本框中输入申请时设置的密码。
3. 单击 登录 按钮。

3 选择界面皮肤样式

1. 成功登录QQ后，将打开"皮肤自定义界面"对话框，可在其中选择所需皮肤样式。这里选择"风车"选项。
2. 单击 确定 按钮。

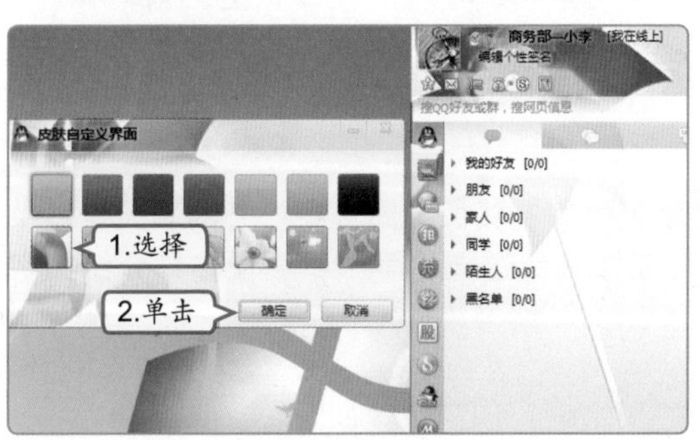

4 打开查找好友对话框

成功更改界面皮肤样式后，单击QQ2010窗口底部的"查找"按钮。

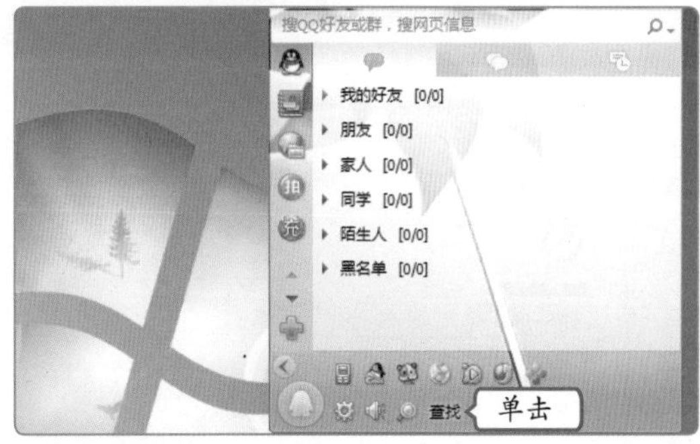

5 精确查找好友

1. 在打开对话框的"账号"文本框中输入好友的QQ账号，这里输入"1134473008"。
2. 单击 查找 按钮。

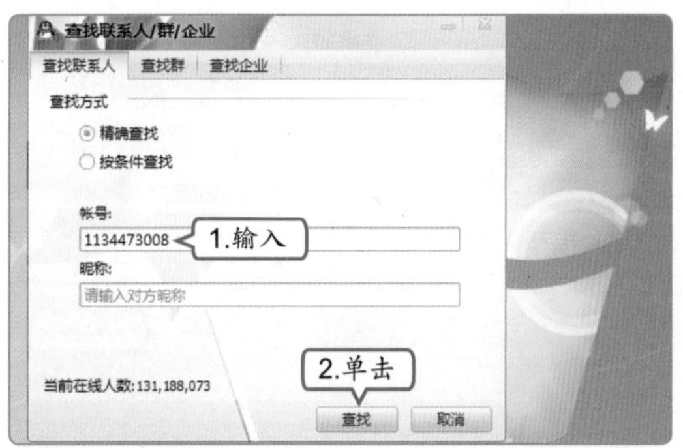

6 添加好友

在打开的对话框中显示了该账号对应的QQ好友信息，确认后单击 添加好友 按钮。

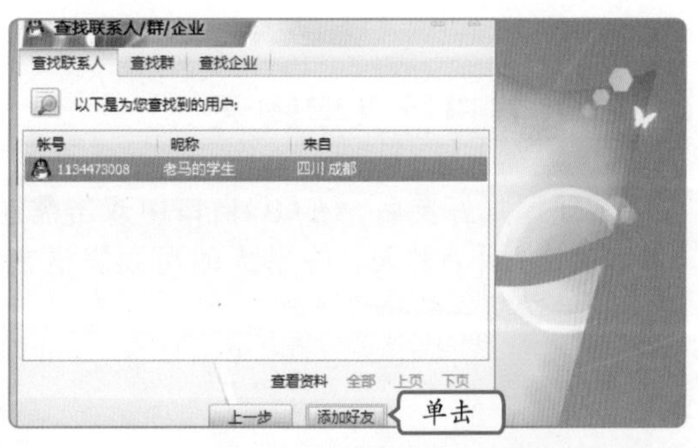

补充两句

如果不知道好友账号和昵称，那么就只能通过"按条件查找"的方式进行模糊搜索，此种方法与精确查找方式相比效果要差一些。

7 输入验证信息

1. 打开“添加好友”对话框，在“请输入验证信息”文本框中输入提醒对方自己身份的信息，这里输入“同事——李鑫”。
2. 单击确定按钮。

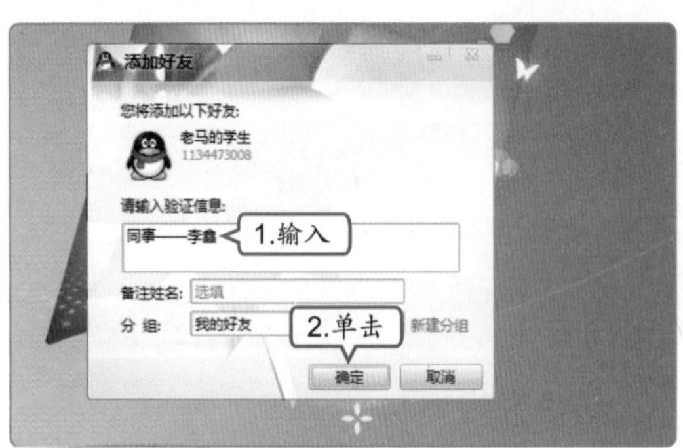

8 等待对方确认

打开提示对话框，显示好友添加请求已发送成功，正在等待对方确认，直接单击关闭按钮。

9 完成好友添加操作

1. 等待好友验证添加信息后，任务栏系统提示区中的图标将变为图标，并不停闪烁，双击图标。
2. 在打开的提示对话框中单击完成按钮。

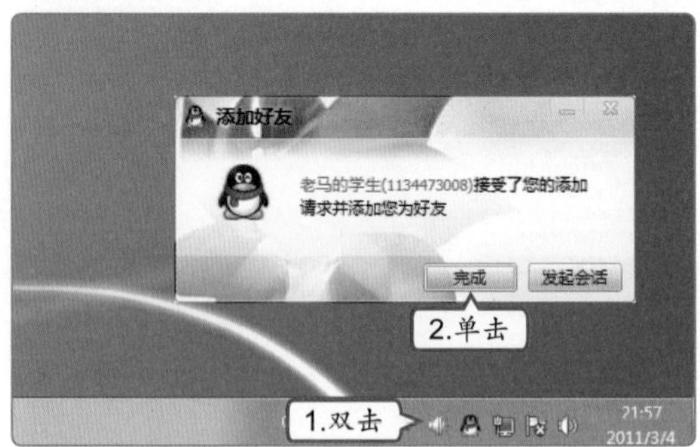

10 查看添加的好友

此时在QQ窗口的“我的好友”组中将出现所添加好友的头像和昵称。

操作提示：通过软键盘输入登录密码

在QQ2010工作界面的“密码”文本框中单击按钮，开启软键盘，然后在所需字符上单击鼠标即可输入密码。若密码中含有特殊符号，只需按【Shift】键即可切换至符号模式。

3 与好友进行文字聊天

成功添加好友后，在QQ窗口中双击需进行聊天的好友头像，即可在打开的聊天窗口中与好友进行网上聊天。在聊天时可以发送文字、表情和传送文件等，下面便详细介绍文字聊天和传送文件的操作方法。

高手指点

在好友头像上按住鼠标左键不放进行拖动，当鼠标指针变为形状时再释放鼠标，即可将该好友移至QQ窗口的朋友、同学、我的好友以及家人等不同分组中。

文字聊天

在QQ窗口中双击需进行聊天的好友头像，然后在打开的聊天窗口下方的文本框中输入具体的聊天内容，完成后单击发送(S)按钮或按【Ctrl+Enter】组合键，即可向好友发送信息。等待好友回复信息后，其回复内容也将显示在该聊天窗口上方。若是对方首先向自己发送聊天信息，那么任务栏的系统提示区中将闪烁显示该好友头像，双击头像即可打开聊天窗口进行交流。

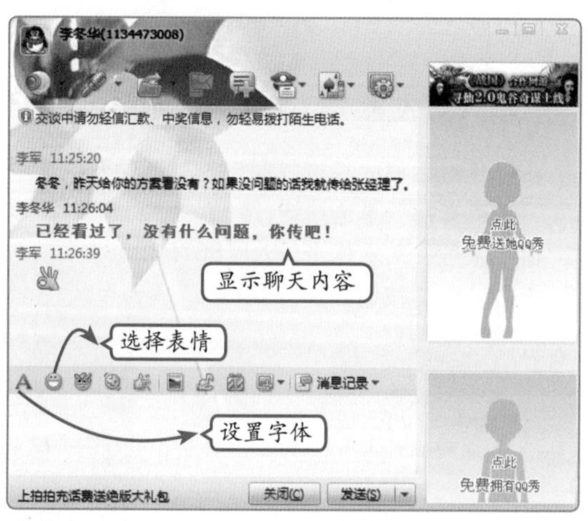

文件传送

若要通过QQ进行文件传送操作，则可单击聊天窗口上方的“传递文件”按钮，在打开的“打开”对话框中选择需传递的文件即可。若要传送文件夹，则需单击“传递文件”按钮右侧的按钮，在弹出的下拉列表中选择“发送文件夹”选项，然后在打开的对话框中选择需发送的文件夹。当好友向自己传递文件时，可单击聊天窗口右上方的“另存为”超链接，在打开的对话框中设置文件保存位置和名称即可。

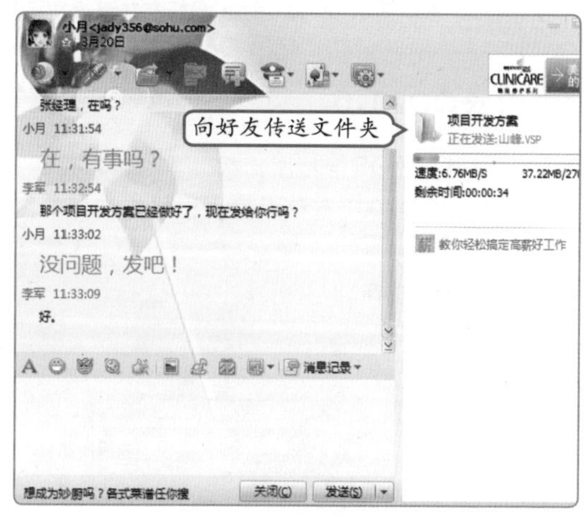

4 与好友进行音/视频聊天

QQ聊天软件还有一个重要功能，那就是与好友进行音频或视频聊天，其前提条件是双方都要拥有麦克风和摄像头设备。由于笔记本电脑本身就内置有麦克风和摄像头，所以就不需要再进行安装了。使用QQ与好友进行视频聊天的操作很简单，其操作方法为：双击需进行聊天的好友头像，然后单击聊天窗口上方的“开始视频会话”按钮，等待好友接受邀请后，在聊天窗口右侧将会显示好友的形象，此时即可进行视频聊天。如果想进行音频聊天，只需单击聊天窗口上方的“开始音频会话”按钮。

教你一招：设置视频选项

单击“开始视频会话”按钮右侧的按钮，在弹出的下拉列表中选择“视频设置”选项，打开“语音视频”对话框中的“视频”选项卡，在其中可以对画面质量、优先选项和预览效果进行设置。

补充两句

常用的聊天软件，除了腾讯QQ之外，还有Windows Live Message，简称MSN，它同样可以满足用户在移动互联网时代的沟通、社交和娱乐等诸多需求。

7.2.2 上机1小时：添加QQ好友并进行文字聊天

本例将首先利用QQ添加好友，然后与好友进行网上交流，通过练习进一步巩固前面所学的相关知识。

上机目标

- **巩固添加好友的相关操作方法。**
- **进一步掌握与好友进行文字聊天并发送和接收文件的操作。**

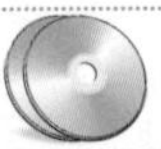

教学演示\第7章\添加QQ好友并进行文字聊天

1 登录QQ2010

1. 双击桌面上的QQ快捷图标。
2. 在打开的QQ2010窗口中输入已经申请好的账号和密码。
3. 单击 登录 按钮。

2 查找好友

成功登录QQ后，在显示的QQ窗口中单击“查找”按钮。

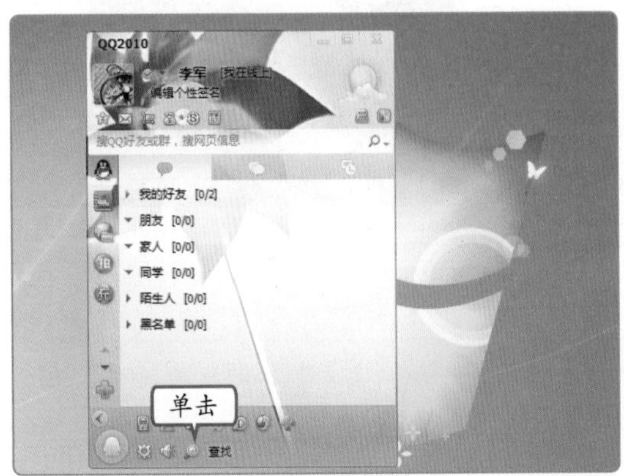

3 输入好友账号

1. 在打开对话框的“查找联系人”选项卡中选中“精确查找”单选按钮。
2. 在“账号”文本框中输入“867532587”。
3. 单击 查找 按钮。

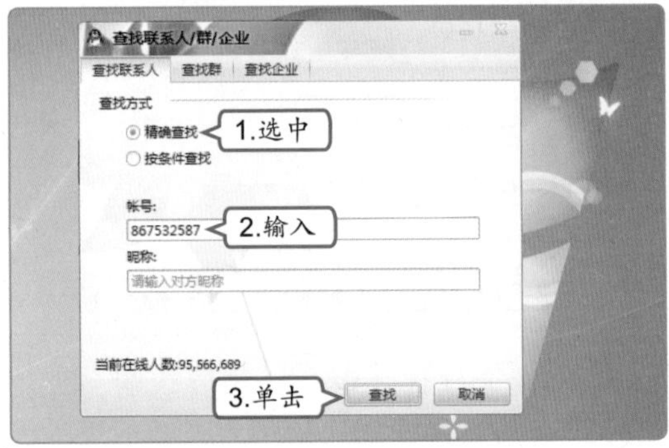

4 添加好友

在打开的对话框中将显示找到的好友并且呈选中状态，单击对话框下方的 添加好友 按钮。

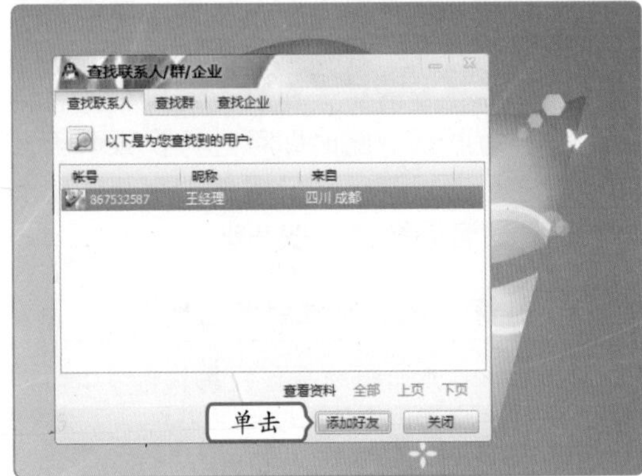

高手指点 在显示查找到的好友列表框中选择相应的好友后，单击对话框底部的“查看资料”超链接，即可在打开的对话框中查看所选好友的详细信息，如手机、邮箱、电话以及个人说明等。

5 输入验证信息

1. 打开“添加好友”对话框，在“请输入验证信息”文本框中输入“商务部（小李）”。
2. 在“备注姓名”文本框中输入“王绍华”。
3. 单击 确定 按钮。

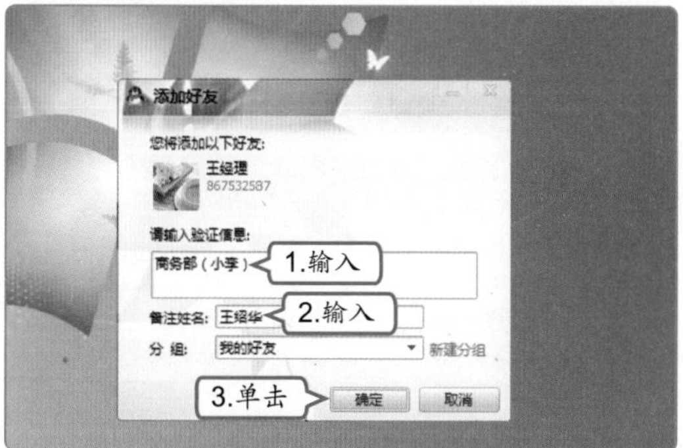

6 成功发送添加请求

在打开的对话框中提示等待对方确认，依次单击 关闭 按钮，关闭打开的对话框。

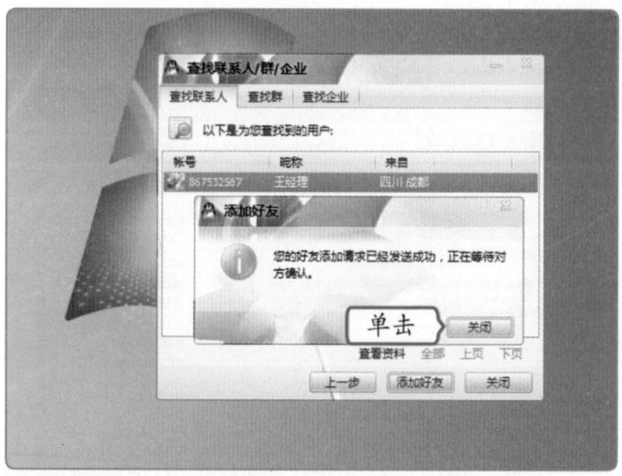

7 确认添加信息

1. 等待对方成功完成添加操作后，双击系统提示区中不停闪烁的图标。
2. 在打开的对话框中单击 完成 按钮。

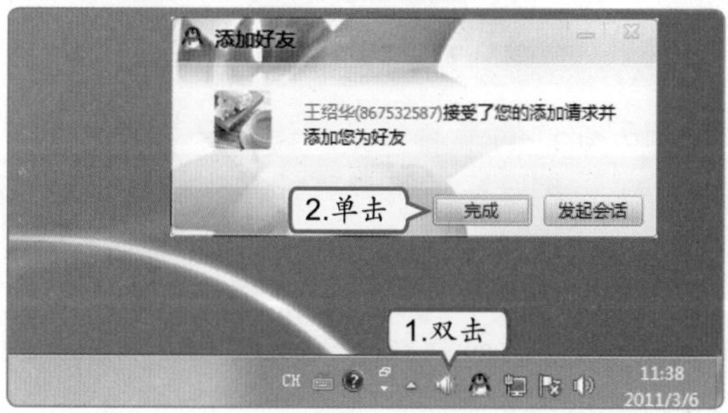

8 双击好友头像

在QQ窗口的“我的好友”组中找到并双击姓名为“王绍华”的好友头像。

9 发送聊天信息

1. 在聊天窗口下方的文本框中输入所需文本。
2. 单击 发送(S) 按钮。

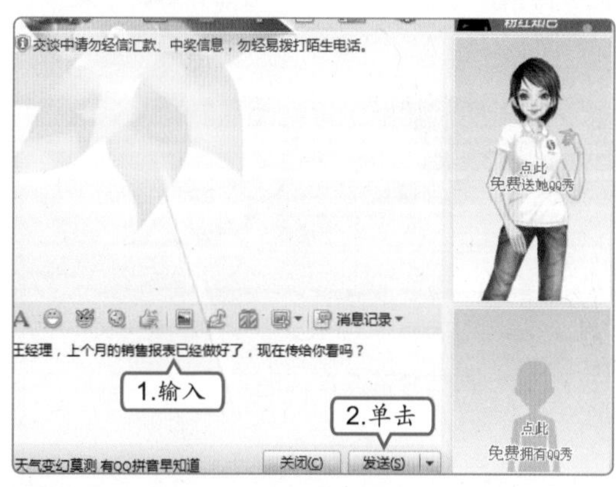

10 查看好友回复信息

发送后的消息将显示在聊天窗口中，当好友回复消息后，即可在其中查看具体的回复内容。

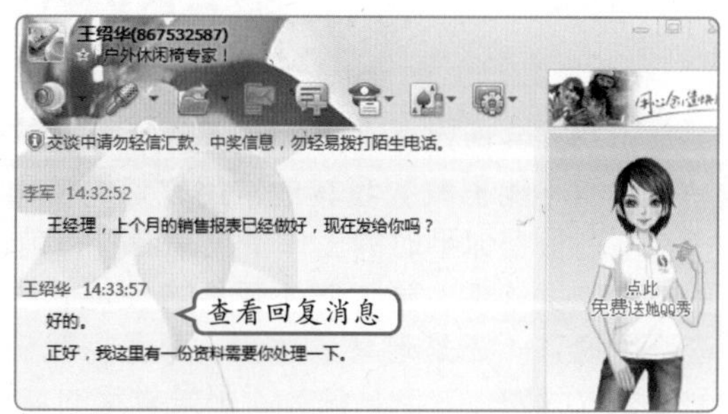

补充两句

在打开的确认添加信息对话框中单击 发起会话 按钮，可直接打开聊天窗口。

11 发送文件

1. 单击聊天窗口上方的“传送文件”按钮。
2. 打开“打开”对话框，在其中选择需发送的文件，这里选择“销售报表”选项。
3. 单击打开(O)按钮。

12 等待好友接收

此时，聊天窗口右侧将显示文件发送请求，等待好友成功接收文件后，将出现成功发送文件的提示信息。

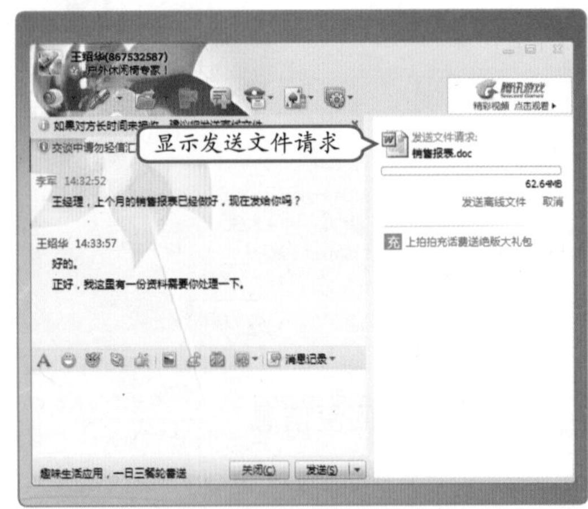

13 接收文件

当好友向自己发送文件时，单击聊天窗口右侧的“另存为”超链接。

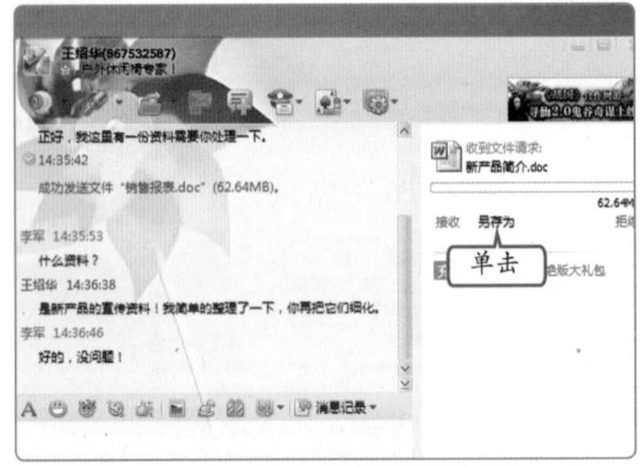

14 保存接收的文件

1. 打开“另存为”对话框，在“保存在”下拉列表框中选择“文档”选项。
2. 单击保存(S)按钮即可开始接收文件。

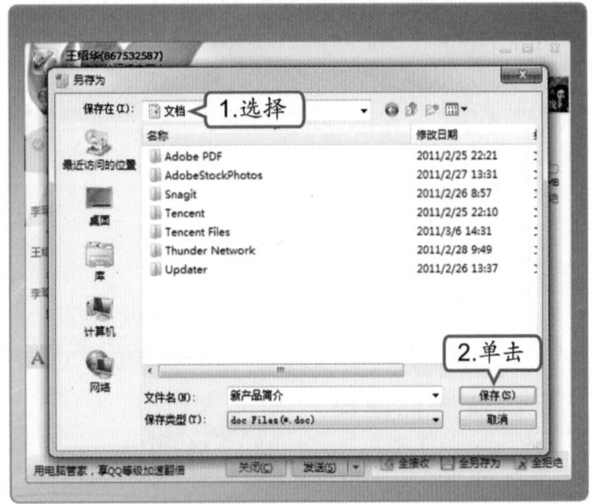

7.3 用Foxmail收/发电子邮件

小李高兴地对老马说：“通过对腾讯QQ这个聊天软件的学习，真是让我受益匪浅。老马，你能不能再教教我其他常用软件的使用方法呢？”老马笑了笑说：“常用软件倒是很多，不过根据你平时的工作情况来看，目前最适合你使用的应该是Foxmail。这是一款专业的邮件收发软件，通过它不仅能方便地管理邮件内容，而且还能保证邮件的安全性！”小李听后说：“还是老马了解我，那我们就一言为定，周末的时候我就去你家，到时你可要耐心教教我哟！”老马说：“那是肯定的！”

高手指点 在接收好友发送的文件或文件夹时，若单击“接收”超链接，将会把该文件或文件夹保存到默认的路径中。

7.3.1 学习1小时

学习目标

- 了解什么是电子邮件。
- 熟悉添加和配置账号的方法。
- 掌握收取、查看、回复和发送电子邮件的基本操作。
- 灵活运用电子邮件的管理功能。

1 什么是电子邮件

电子邮件是一种通过Internet传送文字和图片信息的数字化通信服务，它具有速度快、收发准确、内容丰富以及费用低等优点。其组成格式为：用户名@电子邮件服务器，如lifeng1984.happy@gmail.com中的lifeng1984.happy即为电子邮箱的用户名，gmail.com则为此邮箱的电子邮件服务器。在进行收发电子邮件的操作之前，首先需要了解一些关于收发邮件时涉及的常用“术语”。

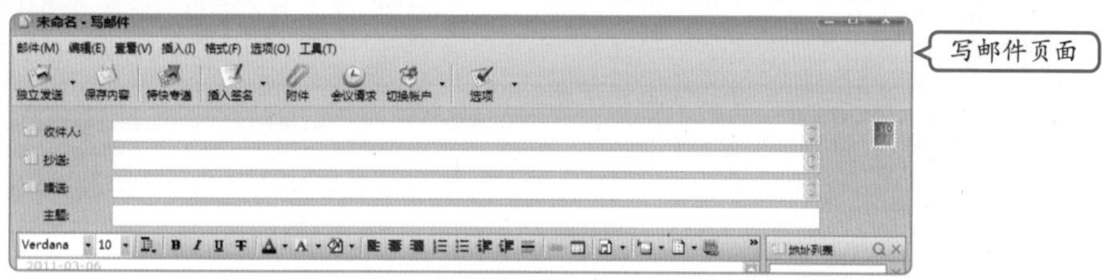

收件人

接收电子邮件的用户。

抄送

抄送就是将电子邮件同时发送给收件人以外的其他用户，在使用抄送功能时，添加的多个邮件地址之间需要使用“;”符号进行分隔。例如，将邮件同时发送给其他3个用户，在“抄送”栏中输入的邮件地址为123@163.com;ouw@126.com;ioqy@163.com。

主题

电子邮件的标题。

发件人

发送电子邮件的用户。

暗送

暗送表示隐藏收件人的邮件地址，虽然“暗送”栏中的邮件地址都会收到邮件，但其他收信人无法看到暗送中的邮件地址。例如，将邮件发送给lie@163.com并暗送给opu@126.com，则邮件的收件人lie@163.com 并不知道该信也同时发送给了opu@126.com。

附件

与电子邮件一起发送给收件人的其他各种文件。

2 添加和配置账号

在使用Foxmail收发电子邮件之前，需要先创建相应的邮箱账户。下面将以使用Foxmail 6.5创建一个用户账户为例进行讲解，其具体操作如下。

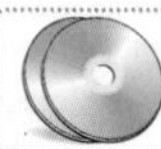

教学演示\第7章\添加和配置账号

补充两句

Foxmail是一款免费软件，它具有功能强大和操作人性化等特点，其官方下载地址为http://fox.foxmail.com.cn。

1 启动Foxmail软件

1. 单击“开始”按钮。
2. 在打开的“开始”菜单中选择【所有程序】/【Foxmail】/【Foxmail】命令，启动Foxmail软件。

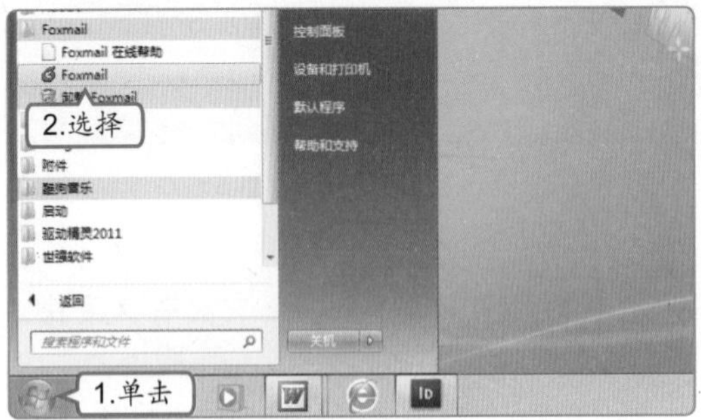

2 创建新的用户账户

1. 打开“向导”对话框，在“电子邮件地址”文本框中输入收发邮件时所用的电子邮箱。
2. 在“密码”文本框中输入登录该邮箱的密码。
3. 单击下一步(X) >按钮。

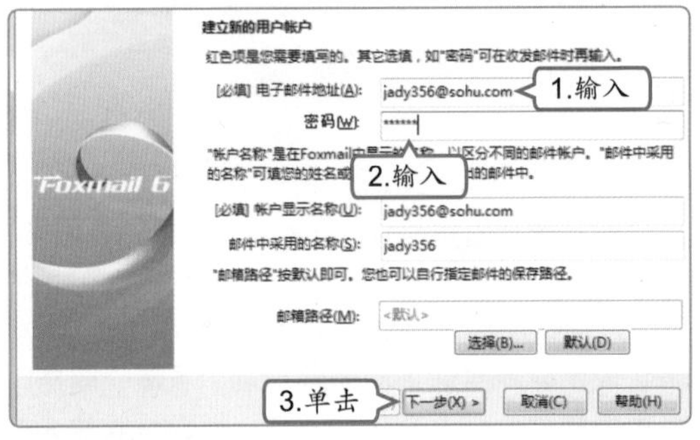

3 设置账户名称

1. 在打开界面的“邮件账户”文本框中输入在Foxmail中显示的名称，这里输入“柳婷婷”。
2. 单击下一步(X) >按钮。

4 测试创建的账户

1. 在打开的界面中单击测试帐户设置(T)...按钮。
2. 打开“测试账户设置”对话框，并显示相关的测试结果，完成测试后单击其中的“关闭”按钮。

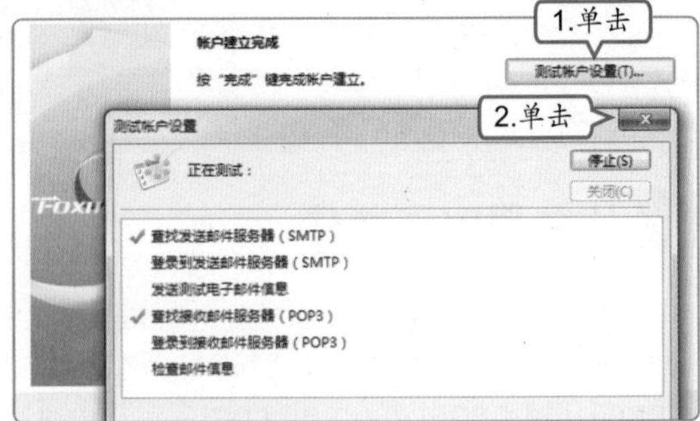

5 完成账户创建

返回“账户建立完成”界面，在其中单击选择图片(S)按钮，可为创建的用户账户设置显示在邮件中的图片。这里保持默认设置，单击完成按钮。

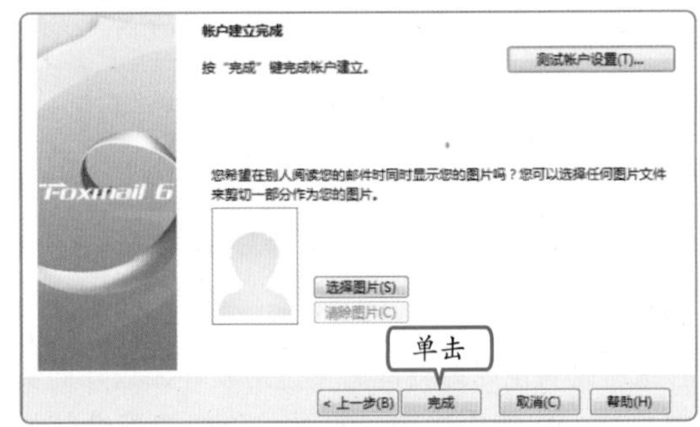

6 查看创建的用户账户

自动进入Foxmail软件的工作界面，并在左侧的列表框中显示新创建的用户账户，此时即可进行邮件收/发操作。

高手指点 成功创建用户账户后，在打开的Foxmail工作界面中选择【邮箱】/【新建本地邮件夹】命令，可以新建如同事、朋友和亲人等邮件夹，便于分门别类地存放不同类型的邮件。

3 电子邮件的收取与发送

使用Foxmail工具软件来收取和发送电子邮件是最基本也是最常用的操作，下面便分别介绍接收和发送电子邮件的具体操作方法。

（1）收取电子邮件

使用Foxmail软件接收电子邮件的具体操作方法为：进入Foxmail工作界面后，在其左侧的Foxmail列表框中选择需收取邮件的用户账户，然后单击功能区中的“收取”按钮，此时将打开收取邮件的进度对话框，如右图所示。完成收取操作后用户账户自动显示为展开状态，在其中显示了收件箱、发件箱、已发送邮件箱、垃圾收件箱和废件箱5个选项，并且将在桌面右下角打开一个提示对话框，提示收到的新邮件总数。

（2）发送电子邮件

使用Foxmail软件发送电子邮件的操作与使用一般邮箱发送邮件的操作有所不同，下面便以使用Foxmail 6.5向lifeng1984.happy@163.com邮箱账户发送邮件为例进行讲解，其具体操作如下。

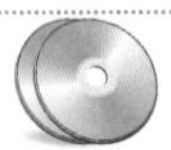

教学演示\第7章\发送电子邮件

1 准备撰写邮件

1. 进入Foxmail工作界面后，在其左侧的Foxmail列表框中选择要发送邮件的账户，这里选择jady356@sohu.com。
2. 单击功能区中的“撰写”按钮。

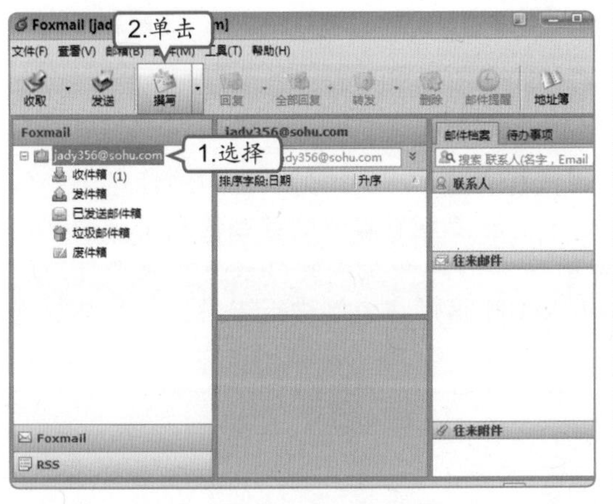

2 输入邮件内容

1. 打开“写邮件”窗口，在“收件人”文本框中输入收件人的地址，这里输入“lifeng1984.happy@163.com”。
2. 在“主题”文本框中输入邮件的标题。
3. 在空白的文档编辑区中输入邮件的正文内容。

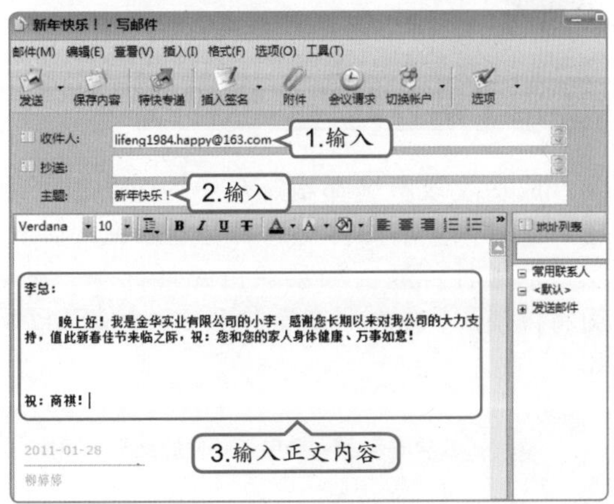

补充两句

成功安装Foxmail软件后，第一次运行时系统会自动启动向导程序，引导用户添加第一个账户。若要添加其他账户，只需选择Foxmail工作界面中的【邮箱】/【新建邮箱账户】命令即可。

3 设置字体样式

1. 利用鼠标选择文本编辑区中输入的文本。
2. 在“字体”下拉列表框中选择所需样式，这里选择“幼圆”选项。
3. 在“字号”下拉列表框中选择14选项。

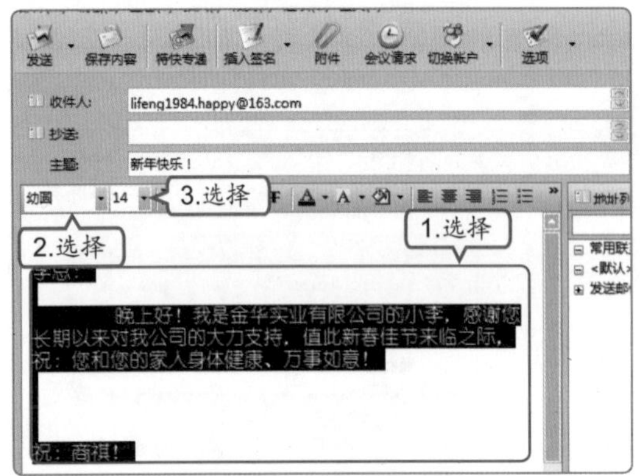

4 设置背景颜色

1. 单击“背景颜色”按钮右侧的按钮。
2. 在弹出的下拉列表中选择最喜欢的颜色图标。
3. 在文本编辑区中任意单击鼠标取消当前文本的选中状态。

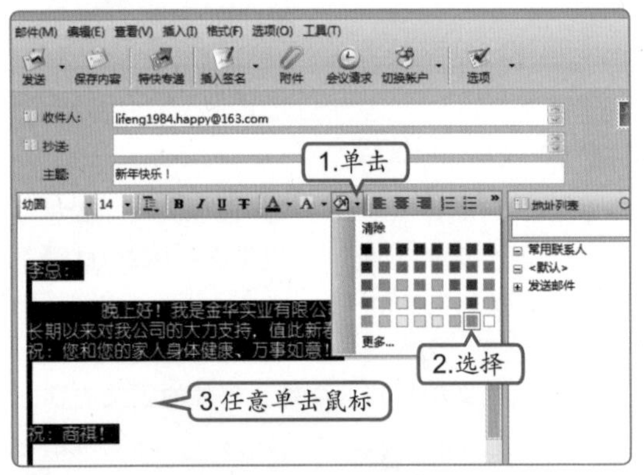

5 添加附件

1. 单击功能区中的“附件”按钮。
2. 打开“打开”对话框，在其中选择需发送的文档或图片等，这里选择发送一份Word文档。
3. 单击 打开(O) 按钮。

6 发送邮件

完成邮件编辑后，单击功能区中的“发送”按钮，即可立即发送邮件，并显示邮件的发送进度。成功发送后将自动关闭该提示对话框，返回Foxmail工作界面。

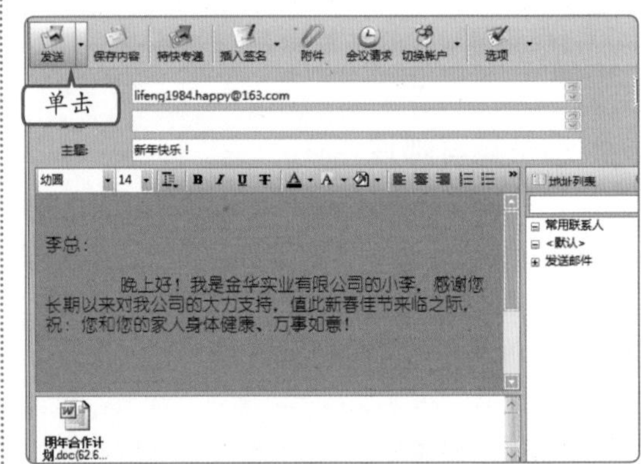

第7章

4 电子邮件的查看与回复

成功收取所选邮箱账户中的电子邮件后，用鼠标单击Foxmail列表框中的任意一个信箱，此时相应的邮件信息将会显示在邮件预览框中。若要查看邮件的详细信息，则需单击相应的邮件标题。如果双击邮件标题，则会弹出独立的邮件阅读窗口来显示该邮件。下面将以使用Foxmail查看并回复jady356@sohu.com邮箱账户为例进行讲解，其具体操作如下。

教学演示\第7章\电子邮件的查看与回复

高手指点 在撰写邮件时，可以单击功能区中“撰写”按钮右侧的按钮，在弹出的下拉列表中选择所需的信纸样式。

1 选择所需邮箱账户

打开Foxmail工作界面后，在左侧的Foxmail列表框中选择需查看邮件的用户账户，这里选择jady356@sohu.com。

2 打开收件箱

1. 单击用户账户右侧的“展开”按钮⊞。
2. 在展开的列表中选择“收件箱”选项。

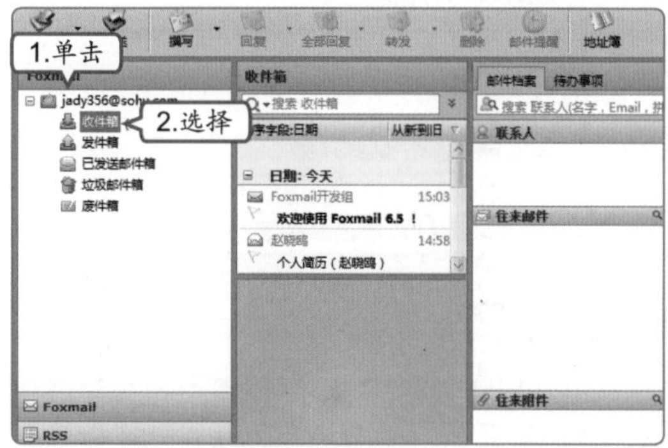

3 查看邮件内容

在中间的邮件预览框中选择要查看的邮件，这里单击标题为“赵晓鸥”的邮件，在下方的列表框中便显示了该邮件的全部内容。

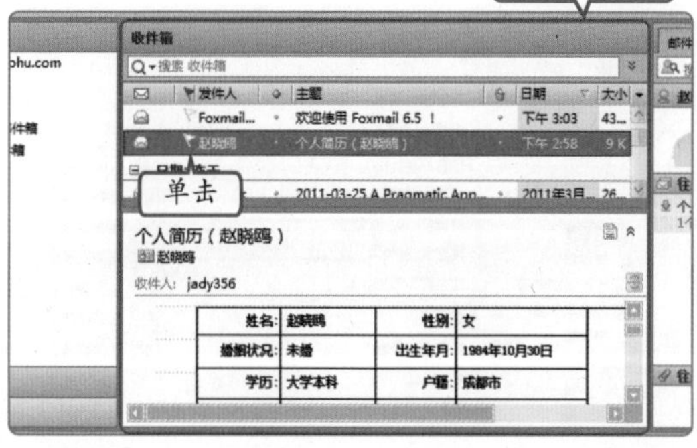

4 选择信纸

1. 单击功能区中“全部回复”按钮右侧的▾按钮。
2. 在弹出的下拉列表中选择【信纸】/【商务信纸】/【淡雅】选项。

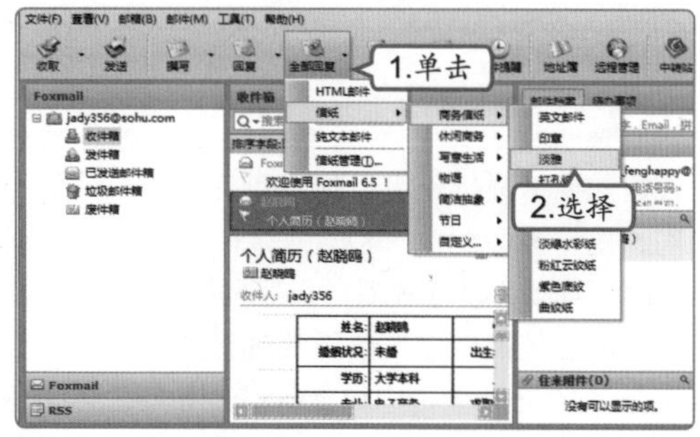

5 输入回复内容

在打开的“写邮件”窗口中自动显示了“收件人”、“主题”和正文内容，然后在文档编辑区中输入需回复的内容。

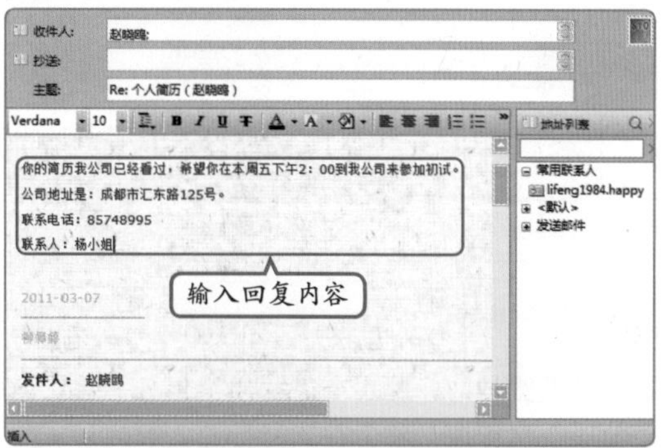

6 发送回复的邮件

确认回复内容无误后，单击功能区中的“发送”按钮，弹出“发送邮件”对话框，成功发送后将自动返回Foxmail工作界面。

第7章

用鼠标拖动邮件预览框的左、右边界，可以调整框体显示的大小。

补充两句

5 电子邮件的管理

在Foxmail中可以添加多个邮箱账户，与此同时，邮件数量就会逐渐多起来，因此掌握邮件管理功能是非常重要的。对电子邮件的管理包括分组、排序、复制、移动、删除以及保存等操作，以便使邮件存放更符合用户的使用需求。下面便详细介绍使用Foxmail 6.5来管理电子邮件的方法。

邮件分组

默认的情况下，邮件预览框中显示的邮件会按“日期”要素进行分组，其中包括今天、昨天、上周和更早4个类别。这样当邮件夹中堆积多封邮件时，可以方便地找到自己所需要的邮件。当然，也可以将邮件按其他要素进行分组，其操作方法为：单击菜单栏中的查看(V)按钮，在弹出的下拉菜单中选择“排序”命令，再在弹出的子菜单中选择所需的命令即可，如联系人、主题、大小以及标签等。

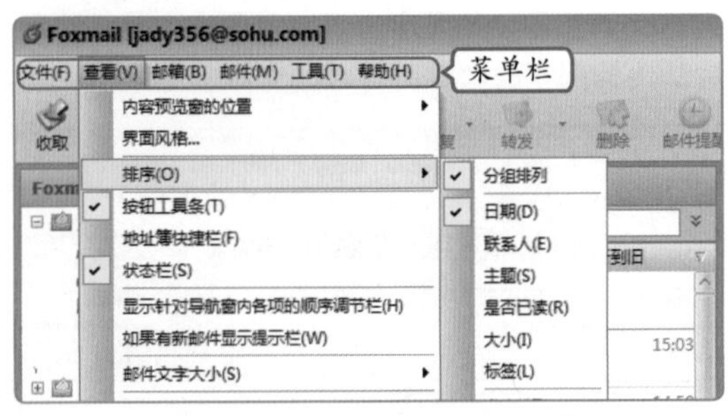

邮件排序

在邮件预览框的标题栏中，利用鼠标任意单击其中的一个列标题，将会在该列标题右侧出现一个▲标记，再次单击该标题时，其中的▲标记将变为▼形状，两次单击后的排列顺序是恰好相反的。如下图所示为单击“收件人”标题后系统显示的排列顺序。

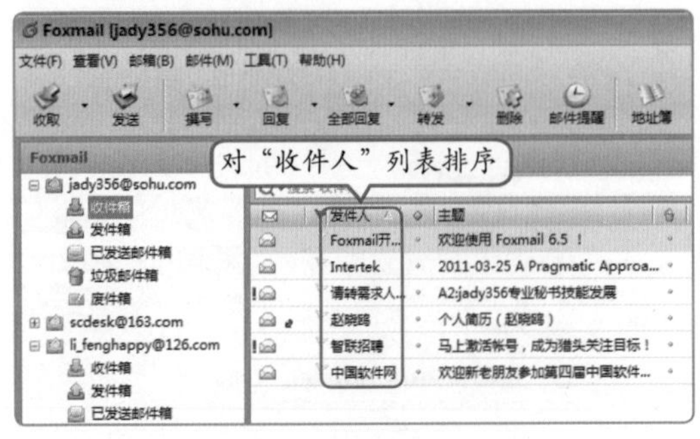

搜索邮件

当收件箱中堆积了很多邮件时，要想快速找到所需邮件，就需要使用Foxmail提供的邮件查找功能。在邮件预览框的顶部有一个“搜索栏”，执行搜索操作时，只需在其文本框中输入要查找的内容，然后按【Enter】键，稍后便在下方的列表框中显示搜索结果。若进行精确搜索，则可单击“搜索栏”右侧的≫按钮，在展开的文本框中输入详细的搜索条件，然后按【Enter】键。

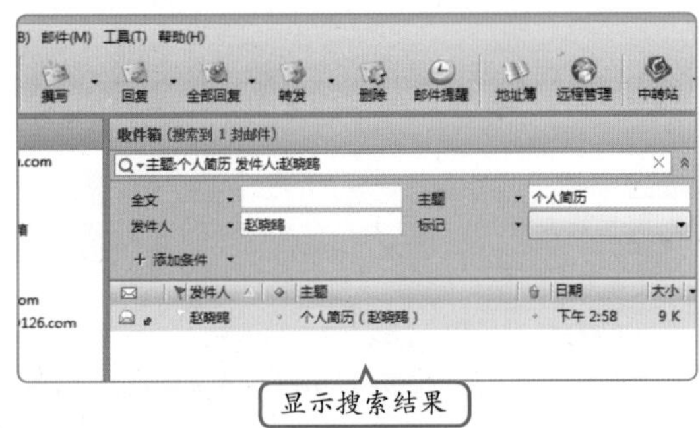

标记邮件

在Foxmail中可以给邮件添加7种不同类型的标签，使用标签可以帮助用户快速找到同类的邮件。为邮件添加标签的方法为：选择需进行标记的邮件后，单击菜单栏中的邮件(M)按钮，在弹出的下拉菜单中选择“设置标签为”命令，然后再在弹出的子菜单中选择所需命令，如重要资料、公司文件、朋友来信以及业务往来等。

高手指点 在邮件预览框的列标题上单击鼠标右键，在弹出的快捷菜单中可以对预览框中显示的邮件进行分组和排序设置。

第7章

复制邮件

在Foxmail工作界面的邮件预览框中选择需复制的一封或多封邮件，然后单击菜单栏中的邮件(M)按钮，在弹出的下拉菜单中选择“复制到”命令，打开“邮件夹”对话框。在“请选择邮件夹”列表中选择目标邮件夹后，单击确定按钮即可完成邮件复制操作。

移动邮件

移动邮件和复制邮件的操作十分相似，移动邮件的操作方法为：在Foxmail工作界面的邮件预览框中选择需移动的一封或多封邮件后，单击菜单栏中的邮件(M)按钮，在弹出的下拉菜单中选择“移动到”命令，再在打开的“邮件夹”对话框中选择目标邮件夹，然后单击确定按钮即可。

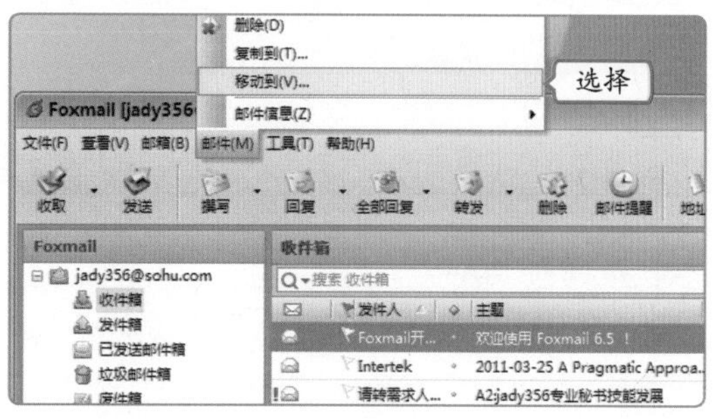

删除邮件

删除邮件的操作很简单，即在需删除的邮件上单击鼠标右键，然后在弹出的快捷菜单中选择“删除”命令。但是，这种方法只是把邮件转移到了Foxmail的“废件箱”中，并没有真正从硬盘上将其删除。若想彻底删除所选邮件，可以在选择要删除的邮件后，先按住【Shift】键不放，然后再按【Delete】键。此时，会打开一个“警告”对话框，在其中单击是(Y)按钮即可。

保存邮件

保存邮件是指将一封或多封邮件以文本的形式保存在磁盘中，以方便随时查看。其操作方法为：在邮件预览框中选择需保存的一封或多封邮件，然后按【Ctrl+S】组合键或单击菜单栏中的文件(F)按钮，在弹出的下拉菜单中选择“保存为文本”命令，再在打开的“另存为”对话框中设置该邮件的保存路径和文件名，完成后单击保存(S)按钮，即可将所选邮件保存为相应的文本文件。

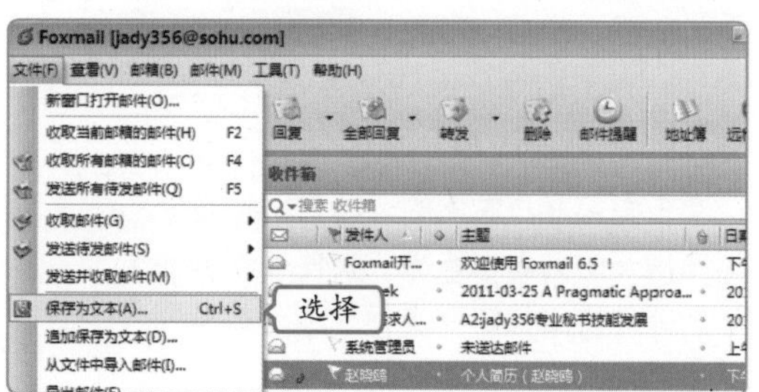

操作提示：快速移动邮件技巧

首先在邮件预览框中选择需进行移动的一封或多封邮件，然后在其上按住鼠标左键不放，拖动鼠标将其移至Foxmail列表框中的目标邮件夹后再释放鼠标，在弹出的“确认”对话框中单击是(Y)按钮即可完成邮件的移动操作。

操作提示：快速复制邮件技巧

在Foxmail邮件预览框中选择需复制的邮件后，按住【Ctrl】键不放，然后拖动鼠标将其移至Foxmail列表框中的目标邮件夹后再释放鼠标，最后在弹出的“确认”对话框中单击是(Y)按钮，即可完成邮件的复制操作。

补充两句

标签只是为了方便用户管理账户中的多封邮件，在发送邮件时所添加的标签并不会随邮件一起发送出去。

7.3.2 上机1小时：利用Foxmail回复并管理电子邮件

本例将使用Foxmail 6.5回复jady356@sohu.com邮箱账户中的邮件，然后对该账户中的邮件进行管理，通过练习进一步巩固电子邮件的回复与管理的相关操作。

上机目标

- **巩固在Foxmail中查看并回复电子邮件的操作方法。**
- **进一步掌握管理电子邮件的使用方法。**

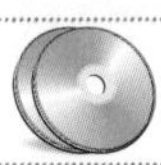

教学演示\第7章\利用Foxmail回复并管理电子邮件

1 选择邮箱账户

1. 双击桌面上的快捷图标，进入Foxmail工作界面。
2. 在左侧的Foxmail列表框中选择jady356@sohu.com选项。

2 查看未读邮件

1. 单击邮箱账户左侧的“展开”按钮⊞。
2. 在展开的列表中选择“收件箱”邮件夹。
3. 在邮件预览框中双击标题为“旅游简介”的电子邮件。

3 选择信纸

1. 查看完邮件内容后，单击“旅游简介”窗口中“回复”按钮右侧的按钮。
2. 在弹出的下拉列表中选择【信纸】/【写意生活】/【悠闲海】选项。

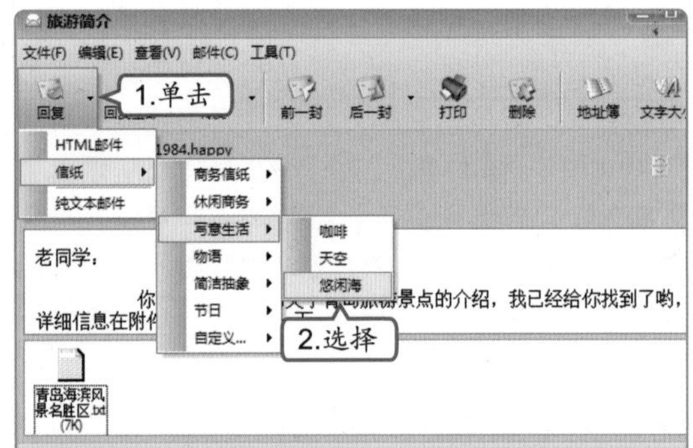

4 设置字体样式

1. 在文档编辑区的“字体”下拉列表框中选择“楷体”选项。
2. 在“字号”下拉列表框中选择14。
3. 单击“粗体”按钮**B**。

高手指点 附件中显示的内容需保存到磁盘中后才能查阅，其操作方法为：在显示的附件上单击鼠标右键，在弹出的快捷菜单中选择“保存为”命令，再在打开的对话框中进行保存设置。

第7章

5 输入回复内容

1. 在文档空白编辑区中输入需回复的文本。
2. 单击“插入表情图标”按钮😀。
3. 在弹出的表情列表框中选择“电话”选项。

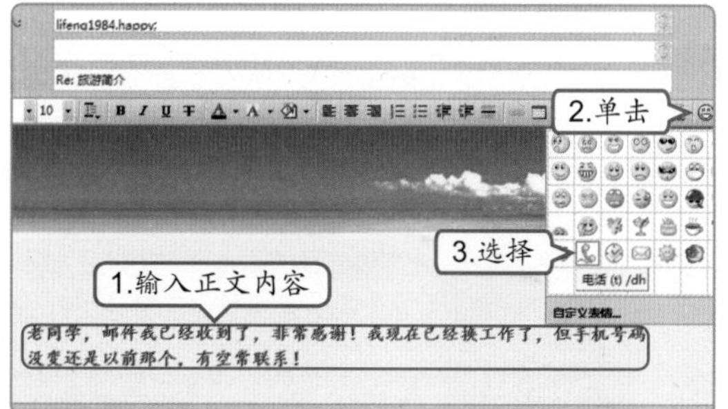

6 发送邮件

确认输入内容无误后，单击“发送”按钮，在打开的“发送邮件”提示对话框中显示了发送进度，完成后自动返回Foxmail工作界面。

7 删除邮件

按住【Ctrl】键不放，然后在邮件预览框中选择要删除的邮件，并在其上单击鼠标右键，在弹出的快捷菜单中选择“删除”命令。

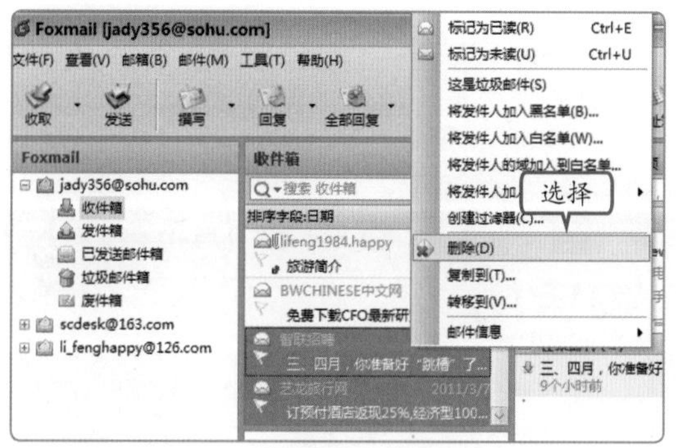

8 标记邮件

1. 选择邮件预览框中标题需进行标记的邮件。
2. 单击菜单栏中的邮件(M)按钮。
3. 在弹出的下拉菜单中选择【设置标签为】/【朋友来信】命令。

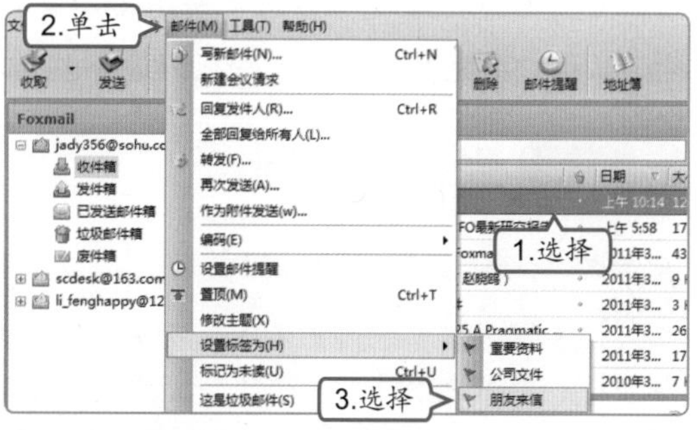

9 邮件分组

1. 单击菜单栏中的查看(V)按钮。
2. 在弹出的下拉菜单中选择【排序】/【分组排列】命令。
3. 用相同的方法选择【排序】/【标签】命令。

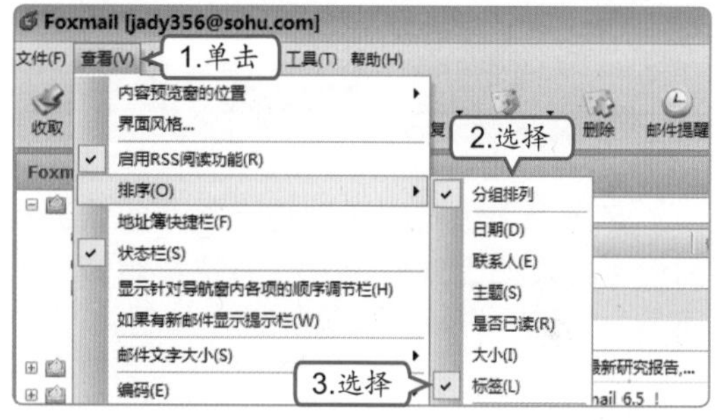

10 保存邮件

选择需保存的邮件后，按【Ctrl+S】组合键，打开“另存为”对话框，在其中进行相应的保存设置后，单击保存(S)按钮。

补充两句

如果只是将邮件移到“废件箱”邮件夹，那么在选择需删除的邮件后，直接按【Delete】键即可。

7.4 通过网络进行电子商务

“老马，公司让我去选购一台扫描仪，你说哪个品牌的商品性价比较高呢？”小李问，老马回答道：“就在网上选购吧，不仅节省时间，而且可选资源更多，价格也更便宜，足不出户就能买到称心如意的商品。”小李惊奇地问：“网上可以购买扫描仪？”老马笑着说：“当然了，在网上不仅可以购物，而且还能预订机票、酒店和求职等！”“太棒了！你快教教我吧！”小李已经迫不及待地想要学习了……

7.4.1 学习1小时

学习目标

- 熟悉网上购物的操作流程。
- 了解网上预订的方法。
- 掌握网上求职与招聘的基本操作。

1 网上购物

淘宝网是目前最著名的购物网站之一，在该网站上可以购买到几乎所有实际生活中能买到的商品。下图所示为网上购物的大致流程。

开通网上银行需要到当地某个银行办理，具体的办理流程工作人员会详细讲解。开通后即可在网站上注册账号，方法与申请电子邮箱的过程类似。下面以在“淘宝”网上购买商品为例进行讲解，其具体操作如下。

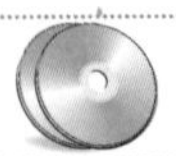

教学演示\第7章\网上购物

1 输入网址

启动IE 8浏览器，在地址栏中输入淘宝网的网址“www.taobao.com”，然后按【Enter】键。

2 单击“请登录”超链接

在打开的淘宝网首页上方单击“请登录”超链接。

第7章

高手指点 在淘宝网注册时，提交申请后需要在填写的邮箱中打开淘宝网发送的邮件，并在其中单击 完成注册 按钮才能最终完成注册操作。

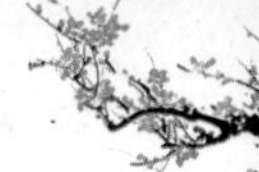

3 输入登录信息

1. 在打开的网页中输入申请的账户名和密码。
2. 单击 登录 按钮。

4 选择购买商品类型

返回到淘宝网首页，在其中单击需购买商品的类型，这里单击"耗材"超链接。

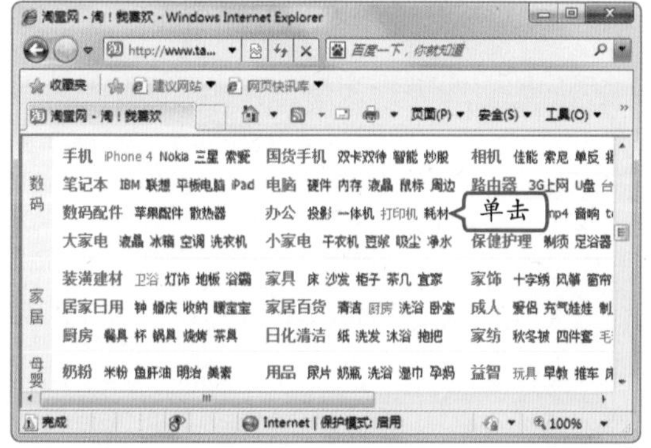

5 选择耗材种类

在打开的网页中单击需购买耗材的种类，这里单击"硒鼓/粉盒"栏中的"一体机适用"超链接。

6 选择品牌

在打开的网页中选择需购买的耗材品牌，这里单击"HP/惠普"超链接。

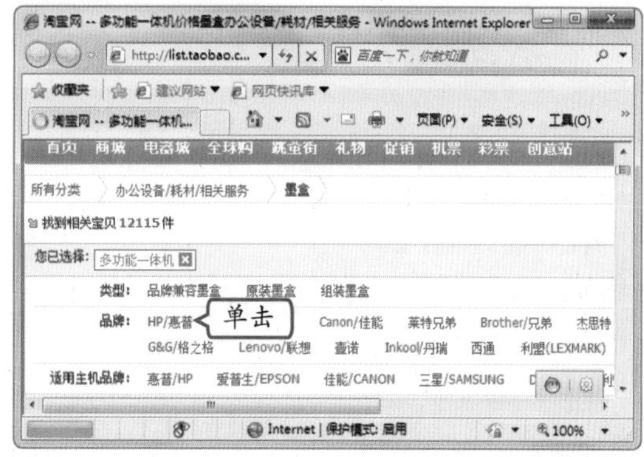

7 选择商品

在打开的网页中选择根据设置条件搜索到的商品，这里单击如图所示的超链接。

8 查看商品信息

在打开的网页中查看商品的详细信息，包括参数、价格和邮费等，并选择"评价详情"选项卡。

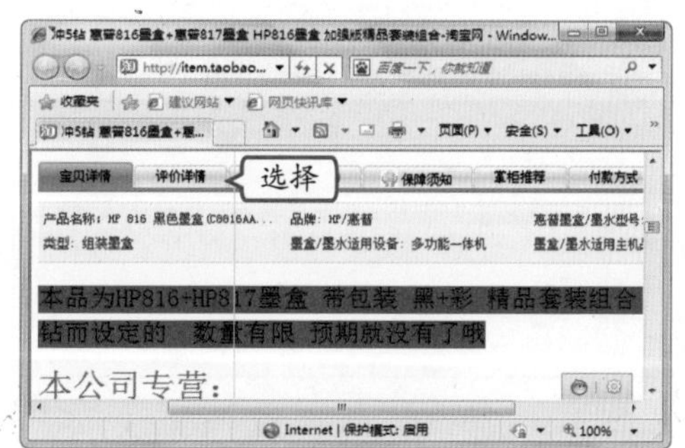

补充两句

在淘宝网中还可根据商品价格、卖家信用或最近成交日期等参数排列搜索到的商品，也可设置价格区间或商品关键字来搜索商品。

第7章

9 查看用户评价

在网页中将显示已购买此商品的用户对商品或卖家的客观评价，从中可参考此商品的好坏。

10 购买商品

确认无误后，可单击当前网页上方的 立刻购买 按钮。

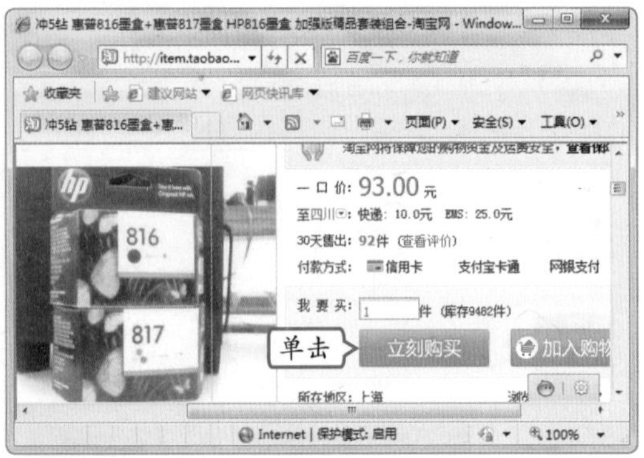

11 设置收货地址和联系方式

在打开的网页中根据指示填写收货地址以及联系信息。

12 填写购买信息

在打开的网页中根据指示设置购买数量、运送方式等信息。

13 提交订单

在网页下方单击 确认无误，购买 按钮，然后选择网上银行支付货款即可等待商品送货上门。

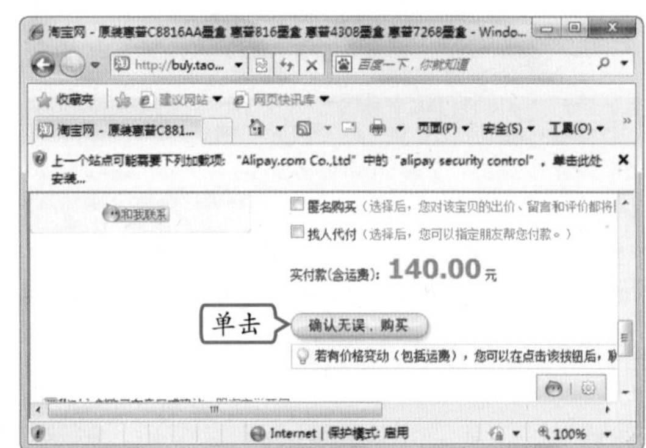

操作提示：加强网上交易安全

若网页中出现要求安装某加载项的信息，则可单击该对象进行安装，其作用是用来加强网上交易安全，确保买卖顺利进行。

第7章

高手指点 如果购买的商品选择的是货到付款的方式，则不必开通网上银行，只需收到商品后支付现金给送货员即可。

2 网上预订

目前许多网站都提供了在线预订机票和酒店的业务，从而为人们节省了大量的时间和精力。机票和酒店的预订操作基本相同，下面以预订机票为例进行介绍，其大致流程如下图所示。

下面以在携程旅行网上预订国内机票为例讲解网上预订机票的方法，其具体操作如下。

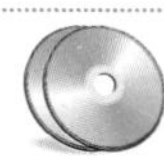

教学演示\第7章\网上预订

1 打开携程旅行网

启动IE 8浏览器，在地址栏中输入“www.ctrip.com”，然后按【Enter】键。

2 选择预订对象

在打开的网页上方单击“国内机票”超链接。

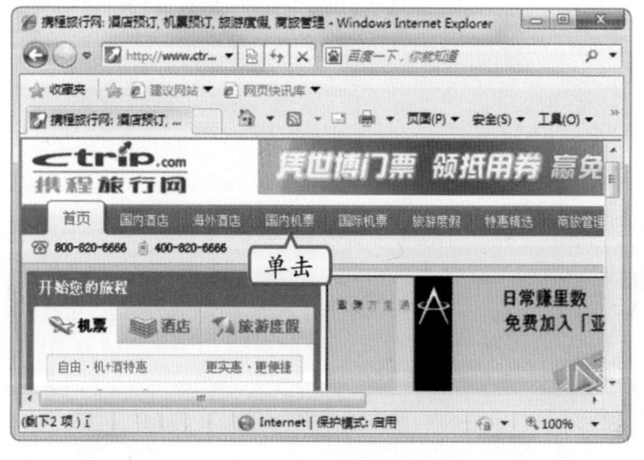

3 设置所需机票条件

在打开的网页左侧设置机票类型、出发和到达的城市以及出发日期。

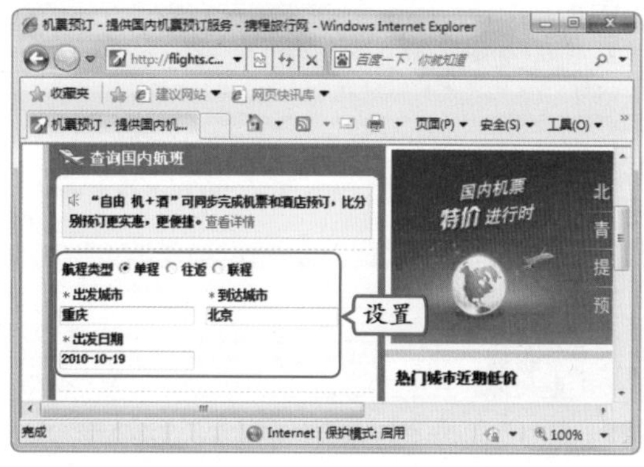

4 查询航班

1. 继续设置乘客人数和仓位等级。
2. 完成后单击 查询航班 按钮。

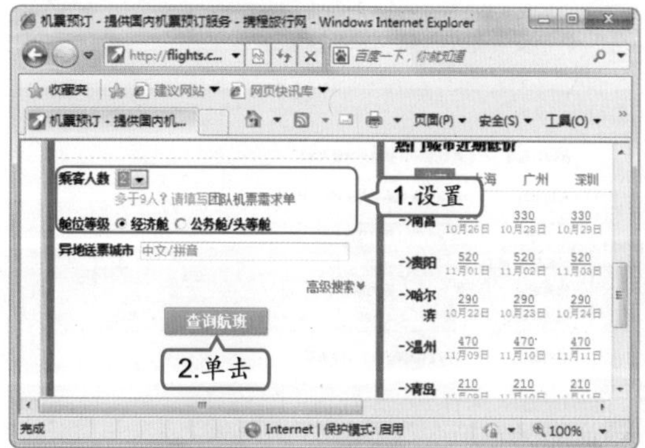

补充两句

网上交易一定要选择著名的网站，如淘宝网、拍拍网、易趣网等购物网站，或携程旅行网、艺龙旅行网等预订网站，一些不知名的网站最好不要进行交易。

5 预订机票

找到搜索结果中符合自己需求的信息，单击其右侧的 预订 按钮。

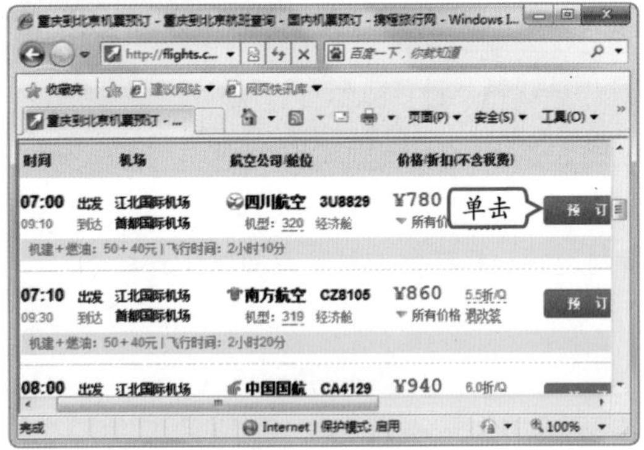

6 填写乘客信息

在打开的网页中根据指示填写相应的乘客信息（多位乘客则需填写多个信息）。

7 设置送货方式

在打开的网页中设置机票的获取方式，这里设置为配送方式，并填写相应的地址和配送时间。

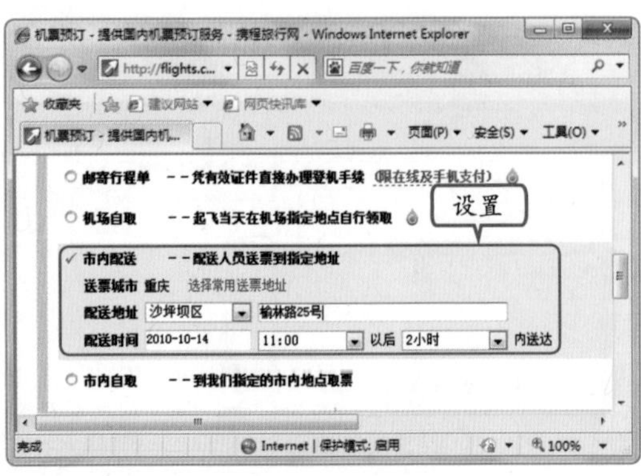

8 设置支付方式

在打开的网页中设置支付方式，若没有开通网上银行，则可设置为现金支付，即货到付款。

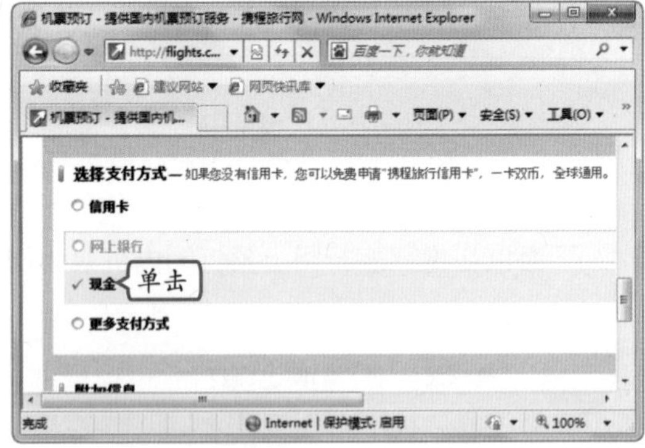

9 设置附加信息

1. 在打开的网页中设置出票日期。
2. 完成后单击 下一步 按钮。

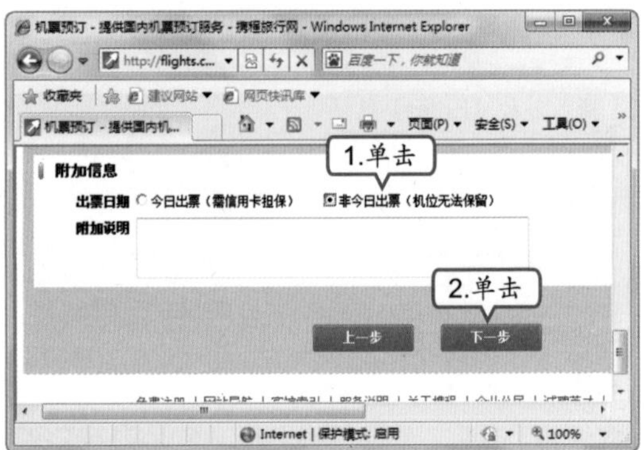

10 提交订单

在打开的网页中显示填写的订单明细，确认无误后单击下方的 提交订单 按钮即可。

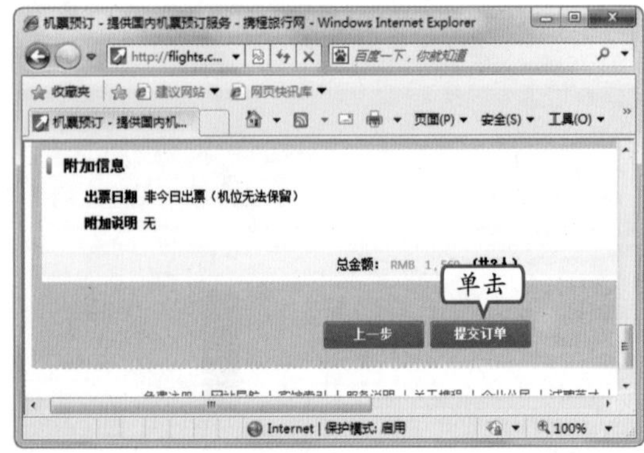

高手指点 网上交易填写的订单是具有法律效力的，只要提交了订单，则供求双方都必须承担相应的法律责任，因此不可胡乱进行网上交易。

3 网上招聘

网上招聘已经逐渐成为许多公司或企业首选的招聘人才的方式，这种方式不仅节省了公司成本，而且无时间和地域的限制，大大提高了选中人才的记录。网上招聘的大致流程如下图所示。

下面以在中华英才网发布招聘信息为例讲解网上招聘的方法，其具体操作如下。

教学演示\第7章\网上招聘

1 输入网址

启动IE 8浏览器，在其地址栏中输入“www.chinahr.com”，然后按【Enter】键。

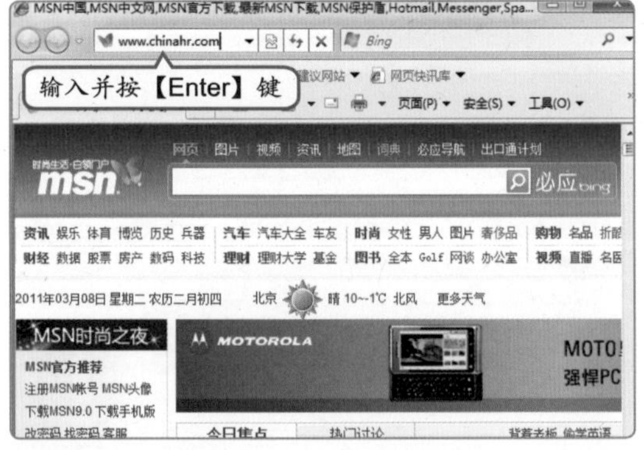

2 会员注册

在打开的网页右上方单击企业会员注册按钮进行企业会员注册。

3 设置会员信息

在打开的网页中根据指示设置公司名称、所在地、联系方式等信息。

4 设置用户名和密码

1. 继续设置用户名和登录密码。
2. 单击接受协议并注册按钮。

网上注册或填写其他信息时，可以掌握一个原则进行填写，以节省时间，即带有“*”符号的项目为必填项目，其余可根据自己喜好选择填写。

补充两句

第7章

5 填写基本信息

在打开的网页中填写公司简称、公司性质等会员信息。

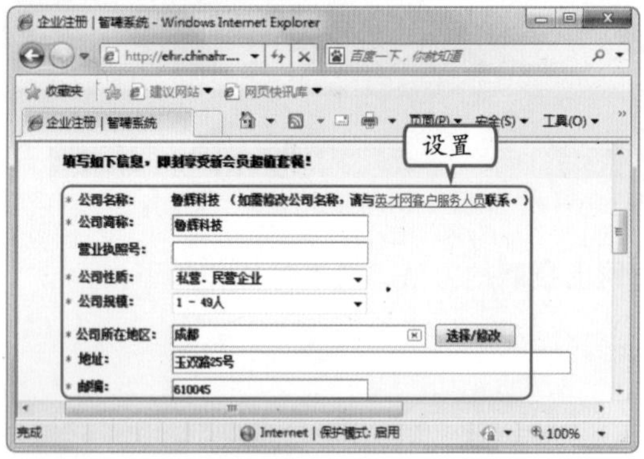

6 填写简介信息

继续在该网页中设置公司所属行业以及公司的大致简介。

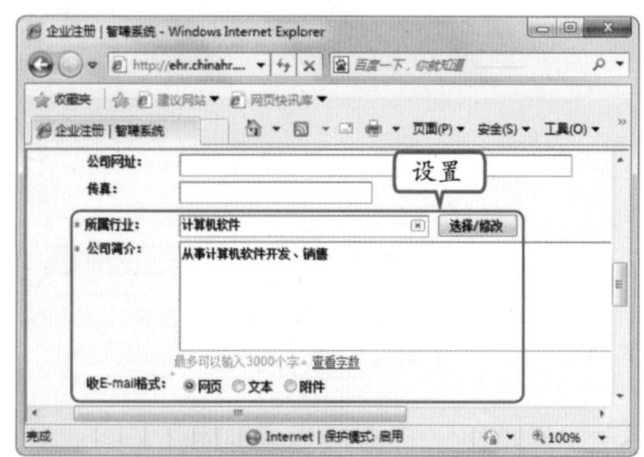

7 填写联系方式

1. 继续设置公司的详细联系方式。
2. 单击 确定 按钮。

8 注册成功

在打开的网页中提示注册成功，单击下方的"英才智聘系统"超链接。

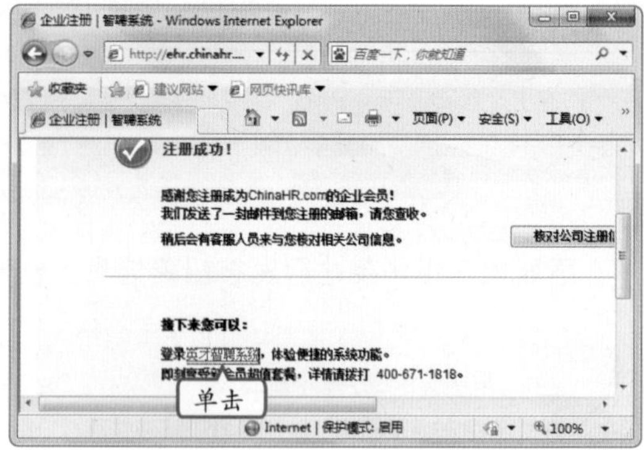

9 增加职位

在打开的网页中将显示目前投递到公司的简历情况，单击下方的**新增职位**按钮。

10 填写职位信息

在打开的网页中填写职位名称、职位有效期、招聘人数等信息。

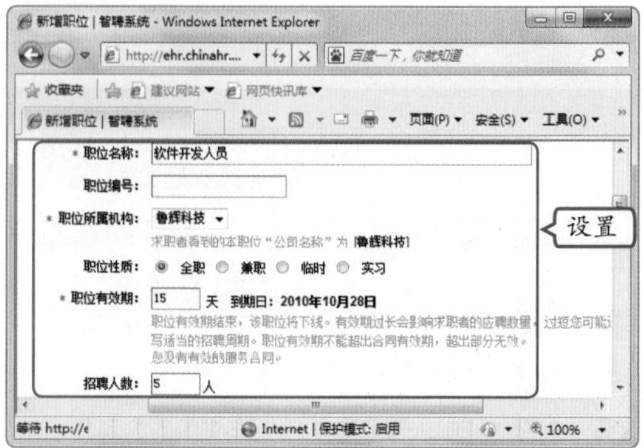

高手指点 在增加职位的网页中单击 查看应聘简历 按钮，可查看所有投递到公司的应聘简历的详细情况。

11 填写应聘者要求信息

继续在该网页中填写应聘者的要求信息，如工作经验、学历、语言要求等。

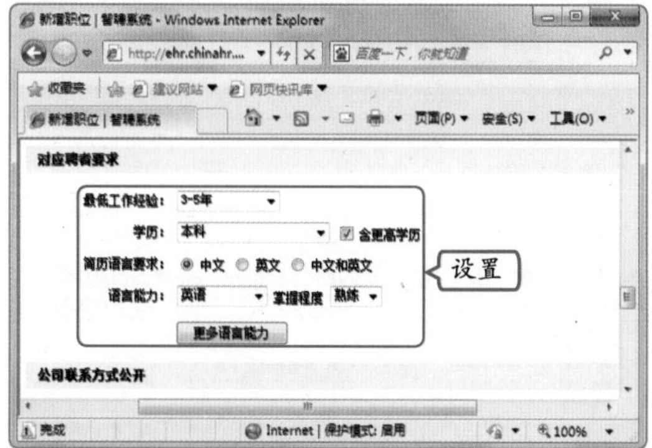

12 进入下一步操作

完成该网页中其他信息的填写或设置后，单击网页右下角的 下一步 按钮。

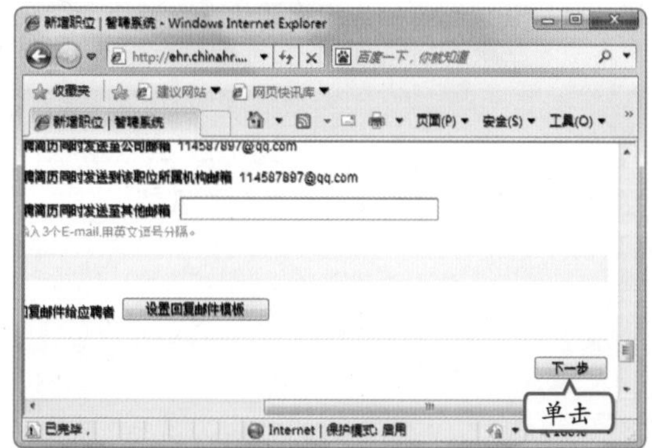

13 填写职位信息

在打开的网页中填写职位的薪资、其他待遇或福利等信息。

14 发布职位信息

完成其他信息的填写后，单击网页右下角的 发布该职位 按钮，将其发布到网上以供浏览。

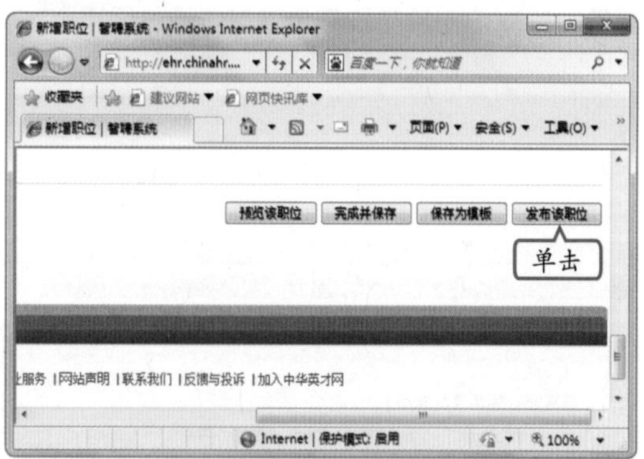

4 网上求职

随着Internet的飞速发展，网上求职已经成为一种趋势，不过在进行网上求职之前首先应该选择相应的求职网站并注册成为会员，其操作方法与网上招聘相似。下面将以在智联招聘网站上申请关于“行政”方面的职位为例讲解网上求职的方法，其具体操作如下。

教学演示\第7章\网上求职

补充两句

为了便于求职者更容易搜索到公司的职位信息，在设置职位或公司性质等信息时，应表述准确或利用网站推荐的相关信息进行设置。

1 打开“新用户注册”网页

1. 在IE 8浏览器的地址栏中输入“www.zhaopin.com”，然后按【Enter】键。
2. 在打开的“智联招聘”网页中单击“新用户注册”超链接。

2 成功注册会员

在打开的“新用户注册”网页中，根据向导提示网页依次填写个人基本情况、教育经历和工作经历等，完成输入后将打开如下图所示的网页。

3 输入职位要求

1. 单击网页中的“首页”超链接。
2. 在返回的智联招聘首页的“搜索工作”栏中选择满足自己需求的搜索条件。
3. 单击搜索按钮。

4 查看职位描述

稍后将显示符合条件的职位信息。如果对某个职位感兴趣，可以单击对应的“职位描述”超链接，将展开该职位的详细描述信息。若想申请该职位，单击下方的立即申请按钮即可进行申请。

7.4.2 上机1小时：在网上购买打印机

本例将在淘宝网上为公司购买一台打印机，通过练习进一步熟悉网上购物的整个流程和基本操作方法。

上机目标

- 进一步熟悉网上购物的整个流程。
- 进一步掌握网上购物的具体操作方法。

教学演示\第7章\在网上购买打印机

高手指点 单击搜索结果网页中的“职位名称”超链接，在展开的职位描述页面中不但可以查看职位的详细描述，而且还可以查看公司性质、公司规模、学历要求和月薪等。

1 登录网站

启动IE 8浏览器并登录到淘宝网，单击网页上方的“请登录”超链接。

2 输入登录信息

1. 在打开的网页中输入账户名和密码信息。
2. 单击 登录 按钮。

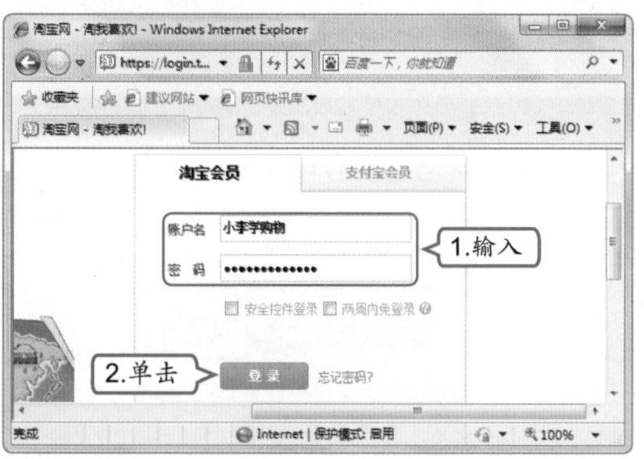

3 选择商品种类

在打开的网页中单击“办公”栏右侧的“打印机”超链接。

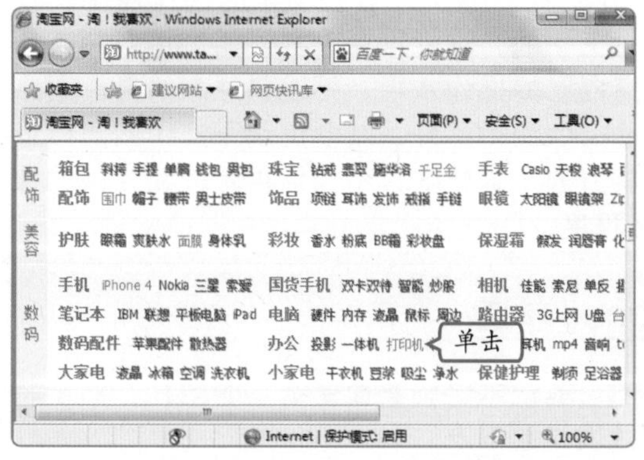

4 选择打印机类型

在打开的网页中单击右侧“喷墨打印机”栏中的“爱普生”超链接。

5 设置搜索条件

1. 在打开的网页中设置价格范围为0-1000。
2. 单击 确定 按钮。

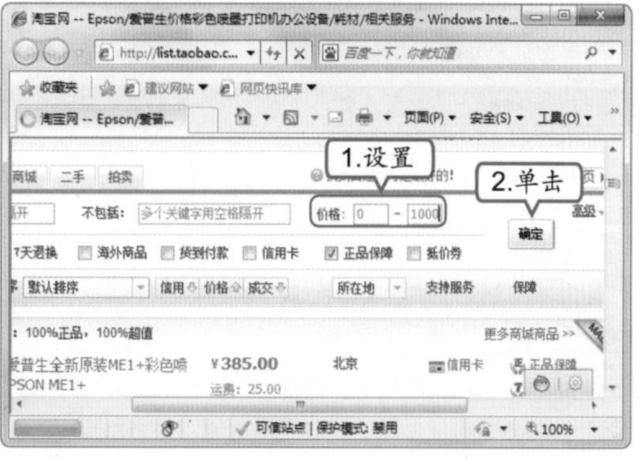

6 挑选商品

打开符合搜索条件的商品网页，单击如图所示的商品超链接。

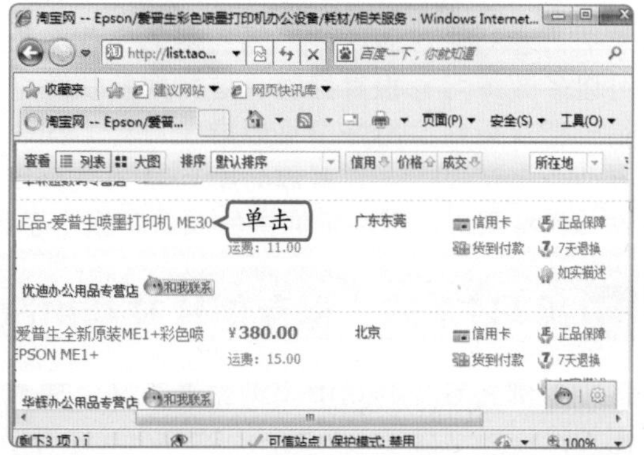

补充两句

网上购物建议选择具有“正品保障”、“7天退货”等服务的商家，这样可以提高自己购买到货真价实的商品的概率。

7 选择购买套餐和数量

1. 在打开的网页中了解完商品信息后，可选择卖家提供的套餐并设置购买数量。
2. 设置完成后单击 立刻购买 按钮。

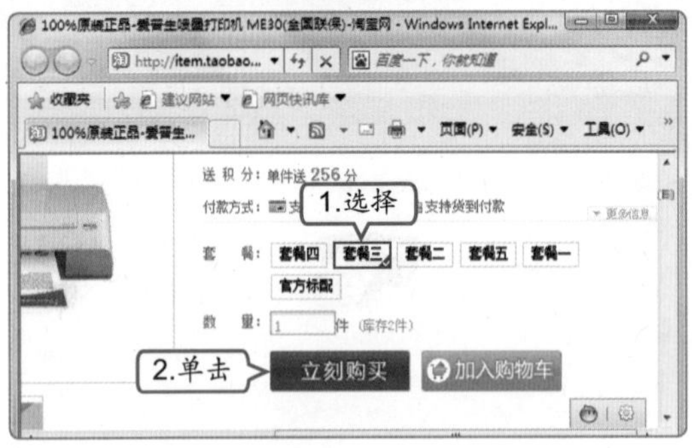

8 填写信息并购买

在打开的网页中填写自己的收货地址、送货方式、联系方式后，单击 确认无误，购买 按钮。

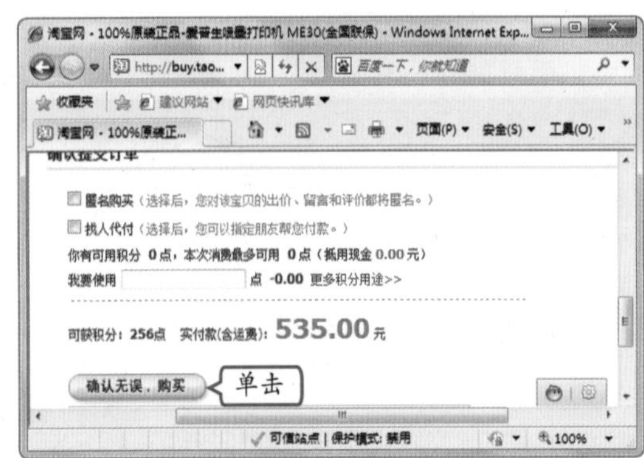

9 选择银行

1. 在打开的网页中选择网上银行付费方式。
2. 单击 下一步 按钮。

10 付款

在打开的网页中单击 登录到网上银行付款 按钮，然后根据提示进行网上付款即可。

7.5 跟着视频做练习

学习了这么多上网方面的知识，小李有大开眼界的感觉。看到小李的操作还不是很熟练，老马便对他说："其实网上操作是很容易上手的，难就难在怎样才能运用自如，你可以多做练习，积累经验，这样才能快速地提高自己的操作水平。不过要注意的是，网络是一把双刃剑，用好了可以方便自己、提高自己，但用得不好，就会沉溺于其中的虚拟世界。"小李说："你就放心吧！我还是有自控能力的。这样吧，不如你再考考我相关的操作，我看看自己到底把你讲的知识掌握到了什么程度。"

1 练习1小时：保存图片并利用Foxmail发送

本例将首先利用IE 8浏览器在网上搜索关于"笔记本电脑桌面壁纸"的图片，然后将图片保存到磁盘中，再利用Foxmail软件将该图片发送给好友。

高手指点 常用的求职网站，除了前面介绍的智联招聘网站外，还有前程无忧网站（www.51job.com）等。

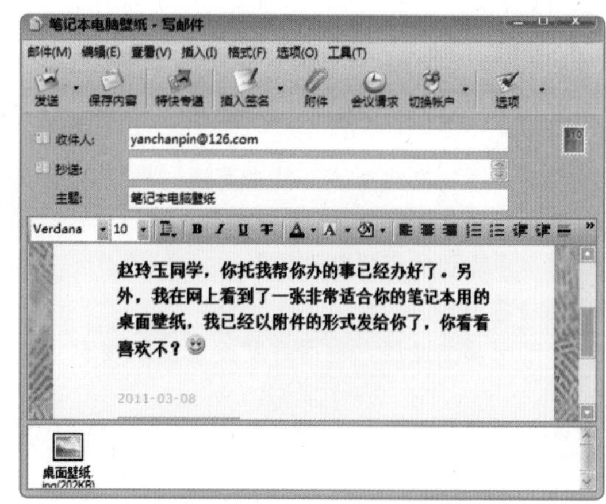

视频演示\第7章\保存图片并利用Foxmail发送

操作提示：

1. 启动IE 8浏览器，利用“谷歌”搜索引擎搜索“笔记本电脑桌面壁纸”图片的相关信息。
2. 在搜索结果网页中浏览到自己喜欢的图片后，在其上单击鼠标右键，然后在弹出的快捷菜单中选择“图片另存为”命令。
3. 在打开的对话框中设置保存信息。
4. 启动Foxmail软件，在Foxmail列表框中选择邮箱账户。
5. 单击“撰写”按钮右侧的按钮，在弹出的下拉列表中选择信纸样式。
6. 输入收件人地址、主题和正文内容，并将正文字号设置为12、加粗。
7. 单击“附件”按钮，在打开的对话框中选择所需图片，完成后单击按钮即可。

2 练习1小时：通过QQ与客户交流并下载资料

本例将首先利用QQ与客户进行业务交流，了解客户意图后在网上搜索关于“有机食物”的资料，并下载或保存与“有机食物”相关的文字、图片或文件。

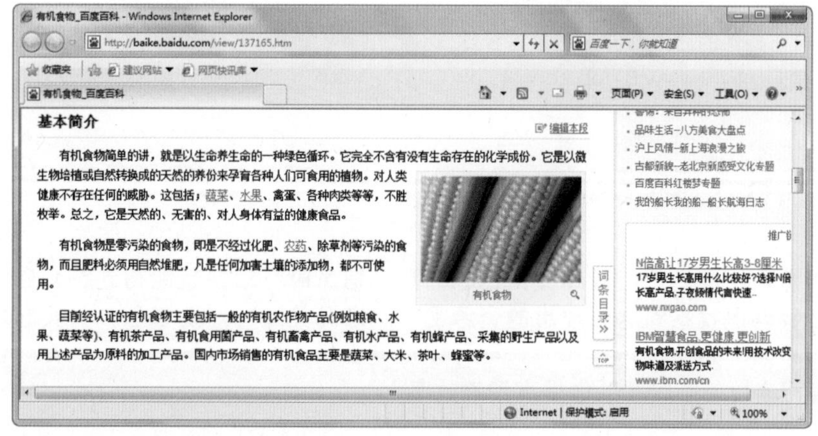

视频演示\第7章\通过QQ与客户交流并下载资料

网上有一些极具诱惑性的下载链接，但往往这些下载链接单击后就会成为网上病毒、木马等进入电脑的途径，因此一定要谨慎操作。 补充两句

操作提示：

1. 启动QQ软件，获取客户QQ账号并将其添加为好友。
2. 与客户进行在线交流，其中可适时地发送表情图片活跃聊天氛围。
3. 将客户需要的资料文件传递给对方。
4. 接收客户发送的资料。
5. 启动IE 8浏览器，利用百度搜索引擎搜索“有机食物”的相关信息。
6. 利用保存文字、图片的方法将觉得有价值的信息保存到电脑中。
7. 若搜索到的资料需要下载获得，则找到正确的下载链接后，在其上单击鼠标右键，然后在弹出的快捷菜单中选择“目标另存为”命令。
8. 在打开的“另存为”对话框中设置保存信息。

3 练习1小时：在网上预订酒店并发送求职信

本例将首先在艺龙旅游网上注册账户，然后登录该账户预订需要的酒店。接着在前程无忧网上注册会员，然后在其上搜索职位信息并对自己钟意的职位发送求职信。

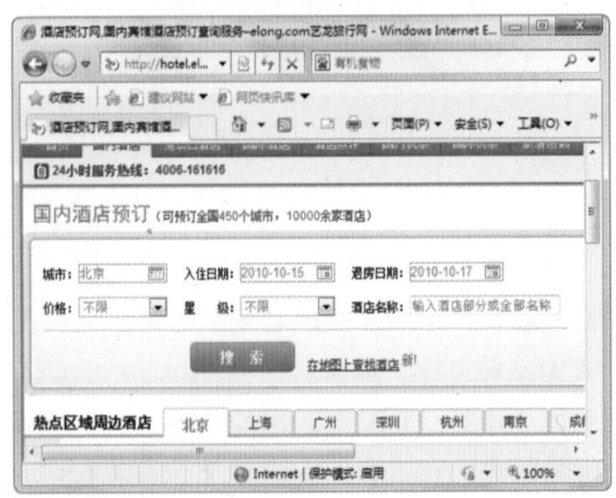

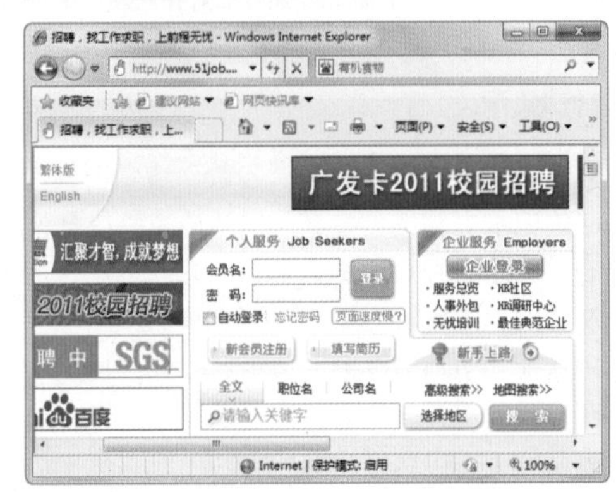

操作提示：

1. 利用IE 8浏览器登录到艺龙旅游网（www.elong.com）。
2. 注册该网站的账户并重新登录到该网站。
3. 通过搜索查看上海3星级以上的酒店情况。
4. 选择符合自己条件的结果，并进行预订操作。
5. 登录到前程无忧网（www.51job.com）。
6. 在该网站上注册会员，并详细填写简历内容。
7. 在网站中搜索职位信息并发送求职信。

视频演示\第7章\在网上预订酒店并发送求职信

7.6 秘技偷偷报——网上搜索技巧

小李着急地问老马：“看你搜索自己需要的信息时，很快就能得到符合自己预期的结果，为什么我老是找不到这些理想的资源呢？”老马笑道：“别着急，其实利用搜索引擎搜索时可以按照一定的技巧操作，这样可以提高工作效率。这样吧，我现在就告诉你一些常见的百度搜索技巧，以帮助你提高搜索效率。”

1 关键词的输入技巧

巧妙地输入关键词，可以极大地提高搜索结果准确率。关键词的输入技巧首先就是尽

高手指点 百度搜索引擎提供的“百度百科”板块是非常有用的帮手，在百度网首页单击“百科”超链接，然后输入需搜索的信息，即可得到比较前沿的知识。

量把自己需要输入的信息简化，但不能舍弃重点。例如，要搜索关于打印机老是打印出错的资源，直接输入“打印机老是打印出错”得到的结果就不是很理想，此时可将其提炼为“打印出错”，则会获得更多需要的搜索结果。另外，合理利用多个关键词也是提高搜索效率的有效方法之一，例如搜索“爱普生打印机”，可在其中添加空格将其分成两个关键词，即“爱普生 打印机”。这样得到的效果往往会更好。因为前者显示的结果是必须符合“爱普生打印机”这6个字连在一起的网页，而后者则是只需满足“爱普生”或“打印机”3个字连在一起即可。

2 专业报告的搜索技巧

在办公中经常需要搜索具有权威性的、信息量大的专业报告或论文，以便为自己的调研提供准确的资料。此时可利用“filetype:”这种方式快速找到需要的资源。其原理在于重要文档在Internet上存在的方式一般都不是网页格式，而是以Office文档或PDF文档的形式存在。因此利用“filetype：”这个语法便可限制搜索对象的格式。如要搜索某方面的评估报告，则可输入“××评估报告 filetype:doc”或“××评估报告 filetype:pdf”。

3 办公范文的搜索技巧

在办公中也会经常制作大量的办公文件，如果对某些文件的格式或内容不清楚，则可通过搜索来获取需要的信息，此时可利用“intitle:”语法结合所需范文内容来快速搜索范文。例如，搜索市场调查报告的范文，由于这类文件往往会包含“市场”、“需求”等字眼，因此可输入“市场 需求 intitle:调查报告”来搜索。再如搜索工作总结的范文，由于这类文件一般会有“第一”、“第二”等罗列的字眼，因此可输入“第一 第二 第三 intitle:工作总结”来搜索。

4 下载办公软件的搜索技巧

办公时需要利用到相当多的辅助软件，此时如何提高搜索软件下载地址的效率便是许多电脑办公人员的一大难题。其实有两种方法可以快速搜索到需要的软件下载地址，一种是以“软件名 下载”的方式搜索，如需要下载QQ聊天软件，则可输入“QQ聊天软件 下载”来搜索。另一种方法是以“site:”语法来搜索，该语法可以在指定的网站搜索，例如想在天空软件网搜索金山词霸的下载地址，则可输入“金山词霸 site:skycn.com”来加快搜索速度。

5 企业或机构官方网站的搜索技巧

在日常办公中，很多时候都需要到企业或机构的官方网站上查找自己需要的资料。如果不知道该企业或机构的官方网站的地址，就需要通过搜索引擎来搜索获得。在这种情况下，通过企业或机构的中文名称查找网站是最直接的一种方式。利用该企业或机构在网络用户中最为广泛称呼的名称作为关键词进行搜索，一般就能得到想要的结果。如搜索新浪网的官方网站，则直接输入“新浪”即可。对于不是很知名的企业或机构，则可利用“名称 官方网站”或“名称 官网”的方式来搜索企业或机构的官方网站。

补充两句

这里介绍的都只是一些常用技巧，要想获取更多的搜索技巧，还应该在反复的操作过程中进行归纳和总结。

读书笔记

高手指点　实际上要想搜索到更为准确的结果，无论哪种搜索技巧，其共同点都是需要联想需搜索对象的共同特征，依据这个理念就能快速找到自己想要的资源。

第8章

维护笔记本电脑的操作系统

虽然不清楚什么是病毒，但小李有着很强烈的感觉：自己的笔记本电脑中毒了。他找到老马，给老马说了原因。老马想了想说："别着急，还不一定是中毒了呢，即便感染了病毒，也可以解决。对于初学者来说，中毒是很容易遇到的情况，别太担心了。使用笔记本电脑的过程中，本来就存在着许多安全隐患，如随意下载和接收未知文件、遗失系统重要数据、受到电脑病毒和木马的感染等，这些情况实际上都是操作系统出现了问题或故障。接下来我就给你讲讲怎样维护笔记本电脑的操作系统。"小李听完，小心翼翼地把自己的笔记本电脑抱到老马的手上，老马笑道："怎么？难道你害怕笔记本电脑上的病毒传染到你身上不成？"小李害羞地说："难道不会传染？吓死我了，看来我是得学学这方面的内容了，不然老是在你面前闹笑话。"

4 小时学知识

- 查杀病毒和木马
- 系统备份与还原
- 磁盘维护与管理
- Windows防火墙及自动更新

6 小时上机练习

- 查杀笔记本电脑中的木马
- 利用Ghost备份系统盘
- 清理系统盘并进行碎片整理
- 开启防火墙并手动更新系统
- 开启自动更新并整理磁盘碎片
- 查杀病毒和木马后进行备份

8.1 查杀病毒和木马

老马告诉小李："电脑病毒和木马是危害电脑的主要元凶，给很多企业和个人造成了难以估计的损失。接下来我就全方位地告诉你什么是病毒和木马、如何查杀病毒和木马以及怎样有效地预防它们，让你的笔记本电脑处于安全的操作环境。"

8.1.1 学习1小时

学习目标

- 了解病毒和木马的知识。
- 掌握利用金山毒霸查杀病毒的操作。
- 掌握利用360安全卫士查杀木马的方法。
- 了解并熟悉预防病毒和木马的知识。

1 认识病毒和木马

电脑病毒与木马是危害笔记本电脑最主要的因素之一，要查杀和预防它们，就应该了解它们的特点以及它们攻击电脑的方式。

（1）什么是病毒

电脑病毒是能够通过自身复制传播而产生破坏作用的一组程序，是一系列指令的集合。病毒可以寄生在系统启动区、设备驱动程序或操作系统的可执行文件等操作系统的任意文件上，并能够利用系统资源进行自我繁殖，达到破坏电脑系统的目的，其特性如下。

破坏性

病毒破坏系统主要体现在占用系统资源、破坏数据、干扰运行或造成系统瘫痪等，表现为CPU占用率为100%、鼠标无法移动、运行软件异常缓慢、死机等。

隐蔽性

病毒文件不像一般的文件，用户往往无法查找。当其处于静态时，往往寄生在U盘、硬盘的系统占用扇区或某些程序中，此时根本无法发现电脑已经中毒了。一旦开始活动，便为时已晚。

传染性

传染性是病毒最明显的特性之一。当在已中毒的电脑上对磁盘进行读写操作时，病毒便会将自身复制到被读写的磁盘或其他正在执行的程序中，并快速扩散开来，这样便更难查杀干净。

潜伏性

有些病毒需要满足一定条件时才开始起作用，满足条件之前就连专业的杀毒软件都很难将其从系统中找到。

（2）什么是木马

木马是指电脑黑客利用系统漏洞等创建的极具攻击或破坏性的文件。木马攻击系统的方式一般有如下几种。

高手指点　绝大多数的病毒只能破坏数据系统，但有极少数病毒还能损坏硬件，如CIH病毒便能够通过擦除电脑的BIOS指令使电脑无法正常运行或启动。

网络监听

接收本网段在同一条物理信道上传输的所有信息，从而截获通信的内容。

口令入侵

用一些软件解开已经得到但被加密的文件，然后黑客采用一种可以绕开或屏蔽口令保护作用的程序打开加密文件，获取他人的资源。

后门程序

将一个能完成特定任务的程序附着在某个正常程序中，一旦运行程序，依附在内的木马指令代码便被激活，并开始完成黑客指定的任务。

DOS攻击

用超出被攻击目标处理能力的大量数据包来消耗可用系统或带宽资源，致使网络服务或操作系统陷入瘫痪状态。

2 使用金山毒霸查杀病毒

电脑若不幸感染上了病毒，则可利用专业的杀毒软件进行查杀。下面以使用金山毒霸查杀病毒为例，介绍杀毒软件的一般使用方法，其具体操作如下。

教学演示\第8章\使用金山毒霸查杀病毒

1 启动金山毒霸

安装好金山毒霸后，双击桌面上的快捷启动图标启动该软件，在其操作界面中单击“快速扫描”按钮。

2 快速扫描系统文件

此时金山毒霸开始对操作系统中的重要文件进行病毒扫描，并在上方显示扫描进度。

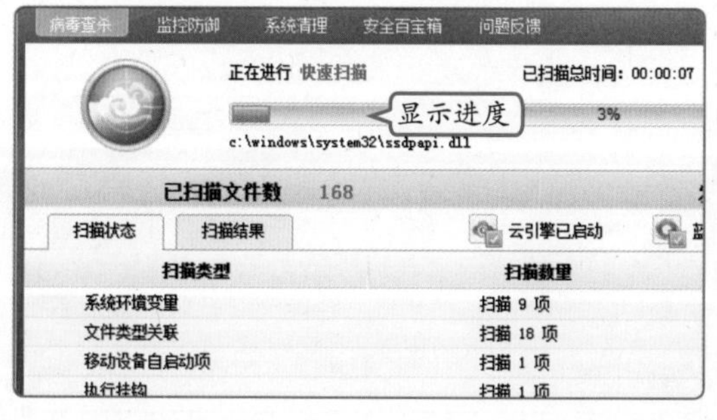

3 处理威胁文件

扫描结束后，若发现有威胁的文件，将显示在界面的列表框中，此时可单击右下方的立即处理按钮对威胁文件进行处理。

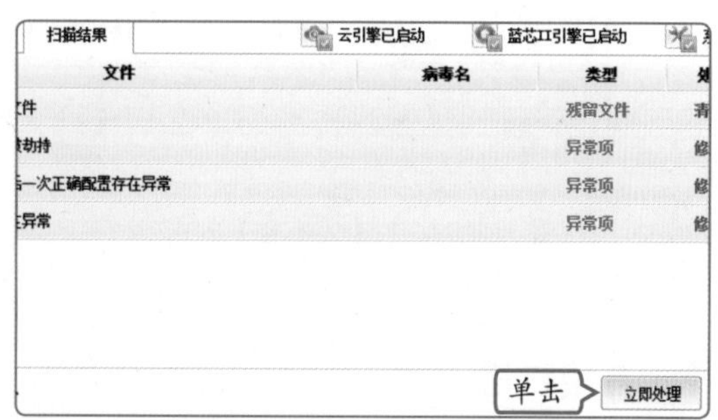

4 处理完成

处理结束后，将在操作界面中显示完成的相关信息，单击返回按钮即可。

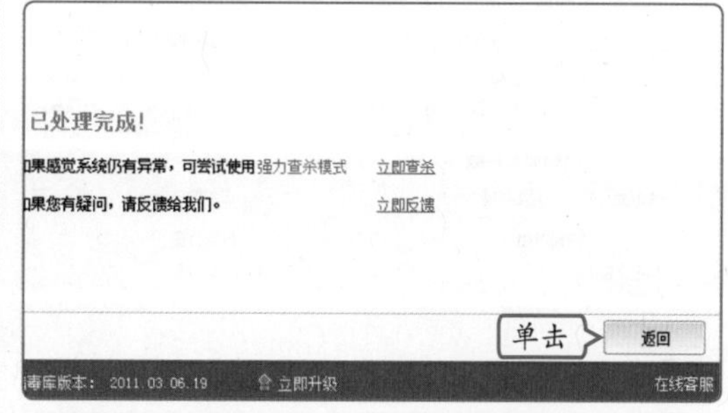

根据金山毒霸的提示，当处理了有威胁的文件后，若觉得操作系统仍不正常，则可单击“强力查杀模式”右侧的“立即查杀”超链接重新进行查杀操作。

补充两句

5 自定义查杀

返回到金山毒霸的操作界面，单击其中的“自定义扫描”按钮。

6 指定查杀范围

1. 在打开的对话框中选中C、D盘对应的复选框。
2. 单击 确定 按钮。

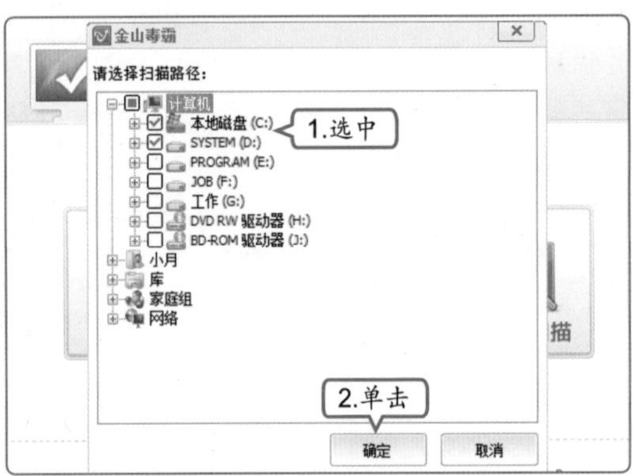

7 开始扫描

此时金山毒霸将对指定的此片区域进行文件扫描，结束后按前面介绍的方法进行处理即可。

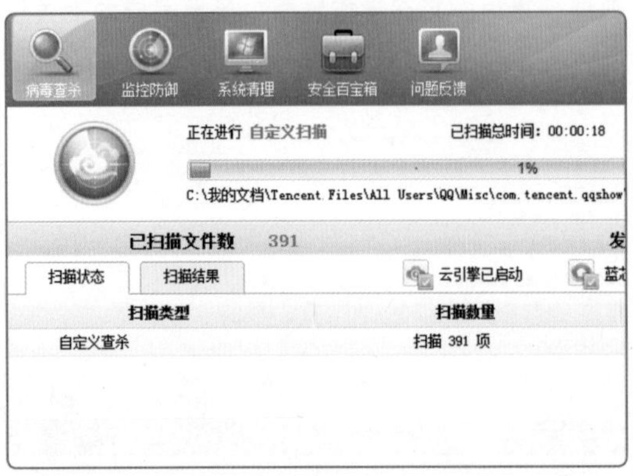

8 监控防御

处理完威胁文件后，返回到金山毒霸的操作界面，单击上方的“监控防御”按钮。

9 开启保护功能

单击“下载与聊天保护”选项右侧的 已关闭 按钮开启该功能的保护防御措施。

10 开启其他保护功能

此时“下载与聊天保护”选项便显示为已开启状态，用相同方法开启或关闭其他功能即可。

高手指点 防御功能开启越多，系统就越安全，但同时越多的防御功能也势必会占用更多的系统性能，因此对于配置不高的电脑来讲，应根据自己的操作习惯和环境有选择地开启某些防御措施。

11 升级病毒库

单击操作界面下方的“立即升级”超链接。

12 快速升级

启动金山毒霸的在线升级程序，单击其中的快速升级按钮。

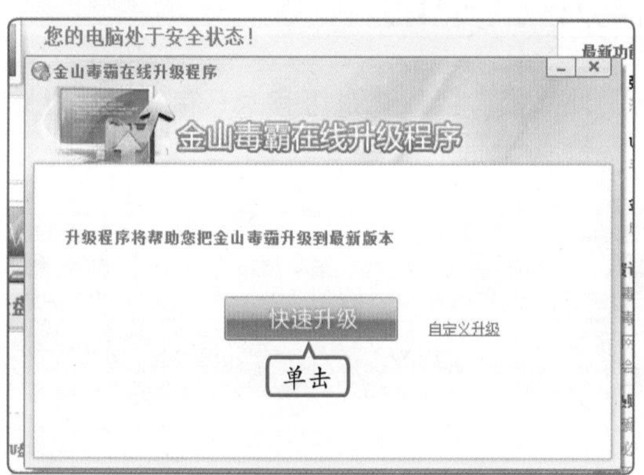

13 自动升级病毒库

此时金山毒霸将开始检查更新，并下载相关的病毒库文件。这些过程完全自动，只需等待即可。

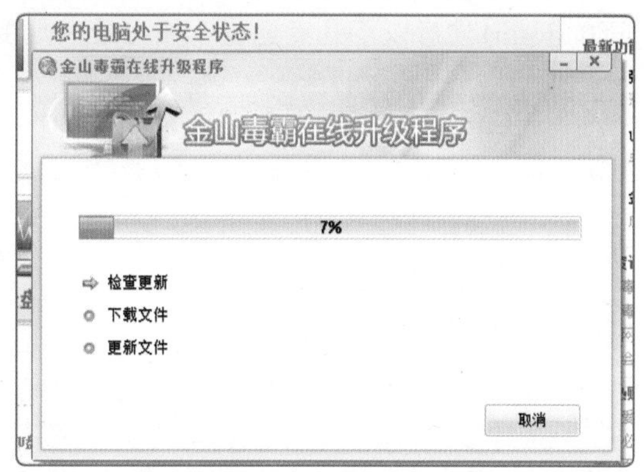

操作提示：退出金山毒霸

关闭金山毒霸后并没有退出该软件，若要将其完全关闭，需在任务栏右侧的该任务图标上单击鼠标右键，在弹出的快捷菜单中选择“退出”命令。

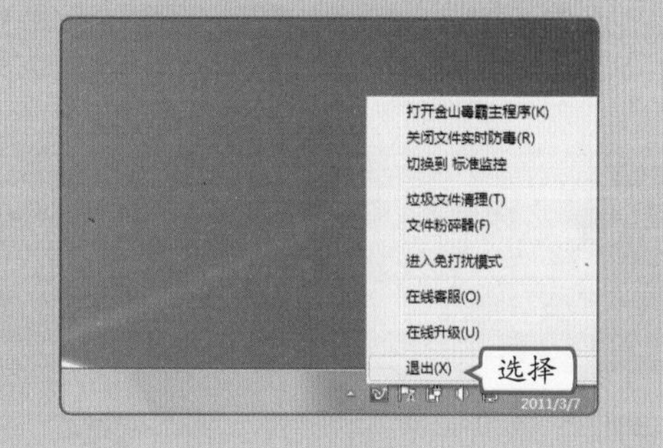

3 使用360安全卫士查杀木马

360安全卫士是目前使用范围最广的木马查杀软件之一，通过在其官方网站（http://www.360.cn/）上下载安装便可免费使用。使用该软件查杀木马的方法为：选择【开始】/【所有程序】/【360安全卫士】/【360安全卫士】命令启动该软件，选择“查杀木马”选项卡，在其中选择某个查杀方式，并根据提示进行文件扫描和处理即可。整个过程与利用金山毒霸查杀病毒的操作非常相似。

第8章

补充两句

由于病毒程序每天都会发生变化，因此及时升级病毒库才能同步查杀到最新型的电脑病毒，这个操作是很有必要的。

4 预防病毒和木马的攻击

尽管目前的杀毒软件功能越来越强大，但也不能完全依赖它来查杀病毒，对于病毒和木马而言，应该做到防患于未然。尽管病毒与木马的形态千变万化，但只要在平时操作笔记本电脑时注意以下几点建议，便可最大限度地降低笔记本电脑感染到它们的几率。

安装杀毒软件

将杀毒软件安装到笔记本电脑上并启用软件，这样可以保证在访问网页或其他外部存储设备时随时监视病毒和木马的入侵。

洁身自好

目前的网站到处都有诱人的信息和内容，这些地方正好是病毒和木马最好的栖身之所。一旦经不住诱惑的人单击或访问了这种信息，便给木马和病毒以可乘之机。因此浏览网页时一定要洁身自好，这样可以大大减少病毒与木马的入侵机会。

及时扫描外部设备

日常操作中使用移动存储设备的机会很多，将这些设备插入到笔记本电脑的接口后，特别是第一次使用某设备时，一定要对其进行病毒查杀。

操作谨慎

不要轻易相信或接收一些QQ消息、电子邮件或下载未知文件。这些对象也常常是病毒和木马的巧妙伪装，当一定要使用这些文件时，最好用杀毒软件提前对其进行病毒查杀。

8.1.2 上机1小时：查杀笔记本电脑中的木马

本例将利用360安全卫士对笔记本电脑进行文件扫描，以检查是否有木马存在。通过此练习进一步掌握360安全卫士的使用方法。

上机目标

- 巩固利用360安全卫士快速扫描系统的方法。
- 进一步掌握利用360安全卫士扫描指定区域内文件的操作。

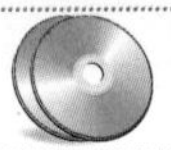

教学演示\第8章\查杀笔记本电脑中的木马

1 启动360安全卫士

选择【开始】/【所有程序】/【360安全卫士】/【360安全卫士】命令。

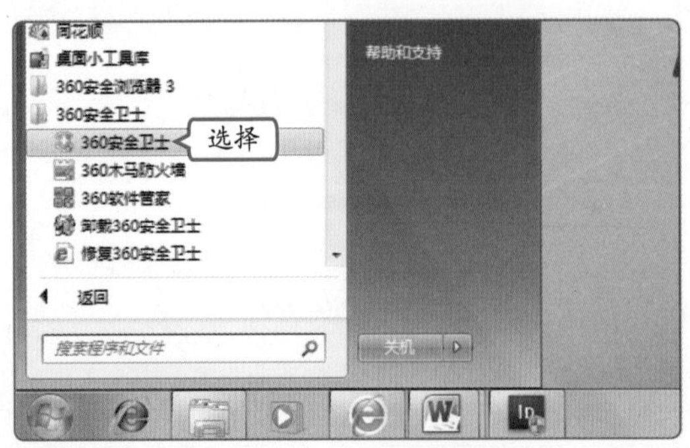

2 选择功能

启动360安全卫士，默认显示“常用”界面，选择下方的“查杀木马”选项卡。

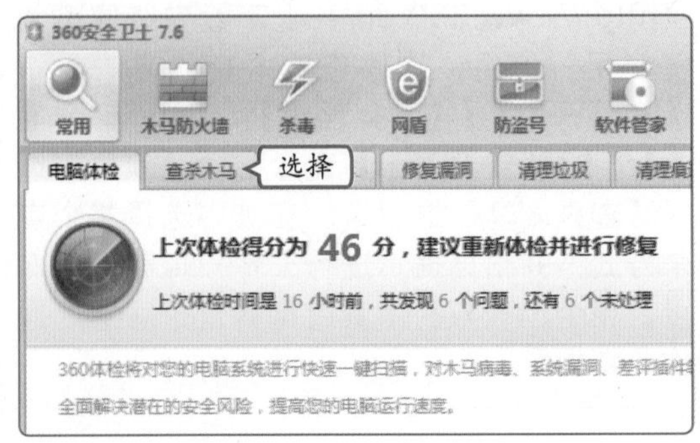

高手指点 目前大多数病毒或木马查杀软件都具备移动设备的扫描功能，即一旦发现有移动设备连接到电脑上后，就会自动对其进行扫描，此时一定要耐心等待其完成扫描，再使用其中的文件。

3 快速扫描

在显示的界面中选择“快速扫描”选项以快速对系统关键位置进行扫描。

4 显示扫描进度

此时360安全卫士将自动对系统的开机启动项、内存等关键位置进行扫描并显示进度。

5 暂停扫描

单击界面右下方的暂停扫描按钮可暂停扫描，以便做其他操作。

6 完成扫描

扫描结束后，若发现有威胁的文件可根据提示进行处理，这里单击返回按钮。

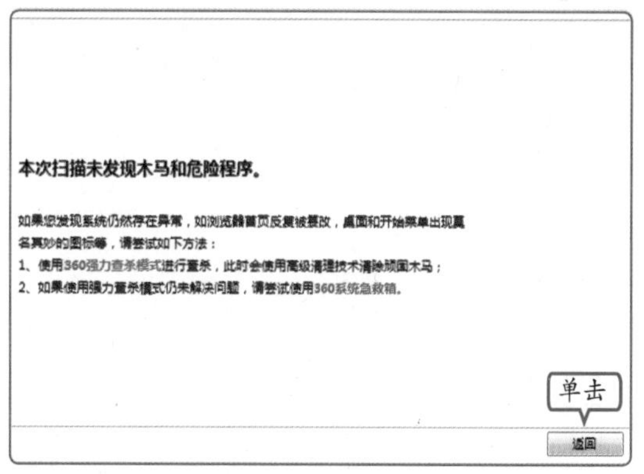

7 自定义扫描

返回到360的主操作界面，选择“自定义扫描”选项。

8 指定扫描区域

1. 在打开的对话框中选中E盘对应的复选框。
2. 单击开始扫描按钮。

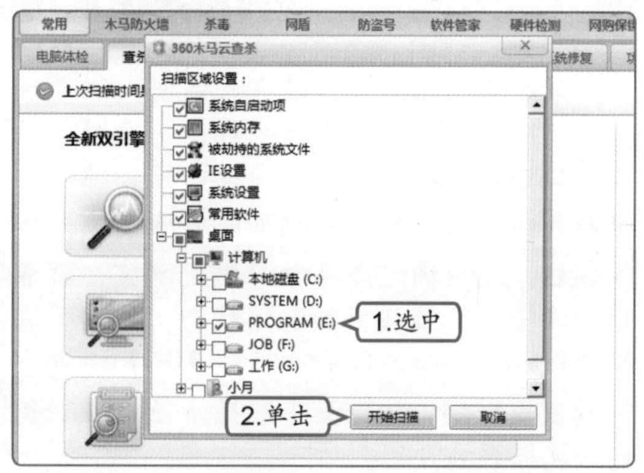

第8章

“全盘扫描”功能可对笔记本电脑上安装的整个操作系统及其上的所有文件资源进行完整扫描，但速度会很慢，建议在非短期内定期使用一次此功能。

补充两句

9 扫描指定区域

此时将对指定的E盘内的所有文件进行扫描并显示扫描进度。

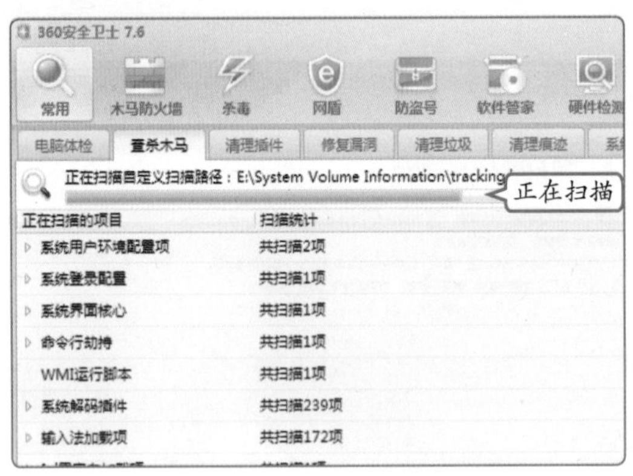

10 完成扫描

扫描结束后，若发现有威胁的文件可根据提示进行处理，这里单击 返回 按钮。

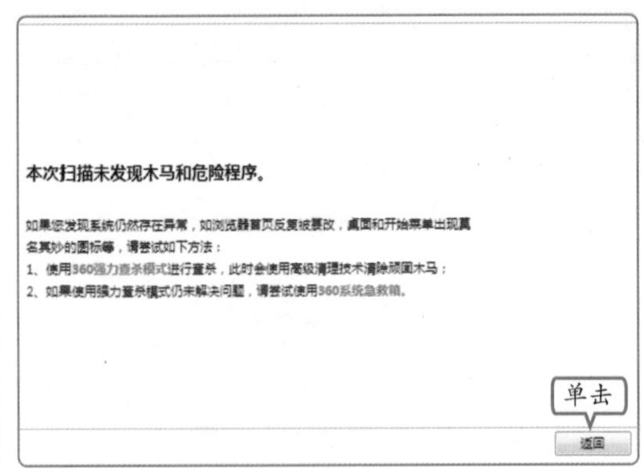

8.2 系统备份与还原

“什么叫做系统备份与还原呢？”小李不解地问，老马告诉他：“你知道文件备份吧，其实系统备份的原理与它是一样的，不过需要通过不同的方法来实现。将系统备份后，一旦系统出现了问题，便可利用备份的文件将系统还原，这就避免了重装系统的麻烦。”“原来是这样，那应该怎样备份与还原系统呢？”小李问，老马说：“对于笔记本电脑来说，一般有3种方法可以实现，下面我就逐一给你介绍。”

8.2.1 学习1小时

学习目标

- **了解笔记本电脑自带的系统恢复功能。**
- **熟悉操作系统自带的系统还原功能。**
- **掌握利用Ghost备份与还原系统的方法。**

1 笔记本电脑自带的系统恢复功能

某些笔记本电脑厂商在产品出厂时便预装了用于备份与恢复系统的软件，这类软件一般只用于该厂商的产品，针对性较强。当具有此功能的笔记本电脑上的操作系统出现问题后，便可通过按某一个指定键位，就能轻松将操作系统恢复到出厂状态，如某款联想笔记本电脑就可在启动时按【F9】键调出一键恢复程序，根据其中的指示便可轻松备份或还原系统。

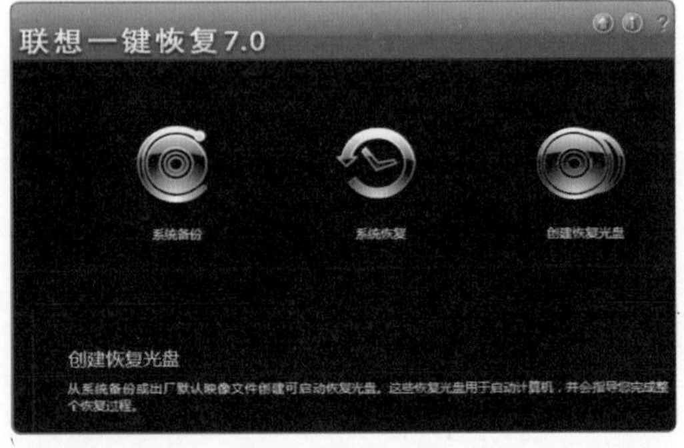

高手指点

不同品牌的笔记本电脑启动一键还原功能的按键不一定相同，如联想为【F9】键、东芝为【F10】键等。

2 Windows 7自带的系统还原功能

Windows 7操作系统也自带有还原系统的功能，利用它便可对操作系统进行备份和还原，其具体操作如下。

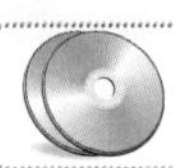

教学演示\第8章\Windows 7自带的系统还原功能

1 打开“系统”窗口

在“开始”菜单的“计算机”命令上单击鼠标右键，在弹出的快捷菜单中选择“属性”命令。

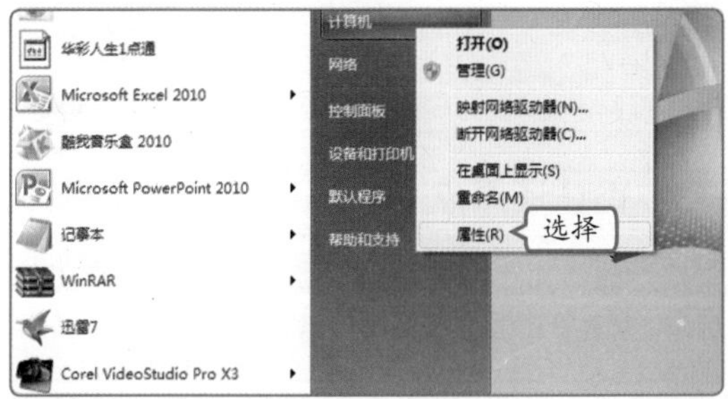

2 系统高级设置

在打开的“系统”窗口中单击左侧的“高级系统设置”超链接。

3 设置系统保护属性

在打开的“系统属性”对话框中选择“系统保护”选项卡。

4 创建还原点

在显示的对话框下方单击 创建(C)... 按钮，准备为系统盘创建还原点。

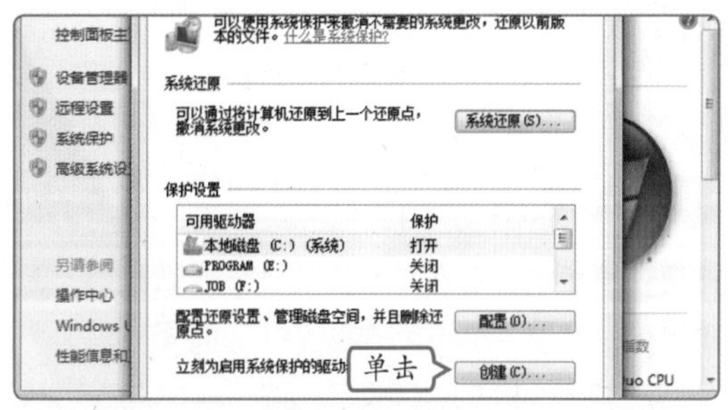

5 设置还原点名称

1. 在打开的对话框中输入还原点名称，这里输入“清理注册表”。
2. 单击 创建(C) 按钮。

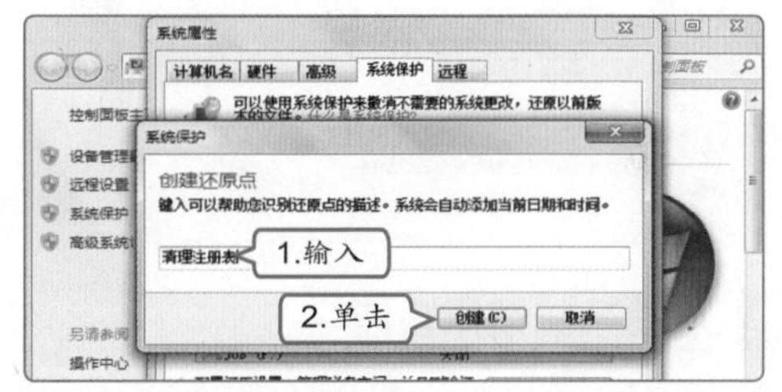

6 正在创建还原点

此时将在打开的对话框中提示正在创建还原点，耐心等待即可。

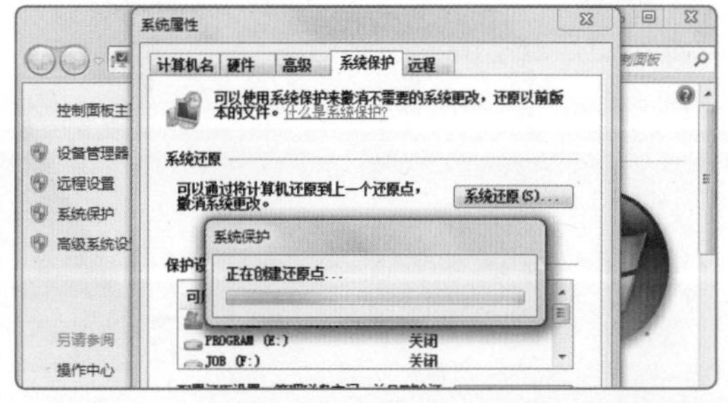

补充两句

创建系统还原点时一定要保证操作系统是完全正常的，否则即便是还原系统仍然会出现问题。这样的系统还原就完全没有起到效果。

7 创建成功

在打开的对话框中提示还原点创建成功，单击 关闭(O) 按钮即可。

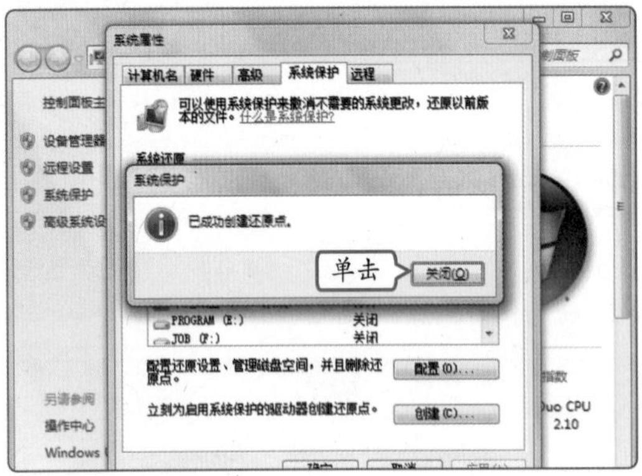

8 系统还原

若要还原系统，可在“系统属性”对话框的“系统保护”选项卡中单击 系统还原(S)... 按钮。

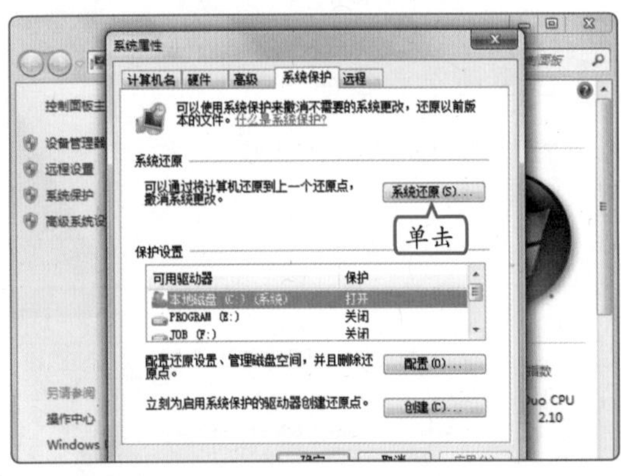

9 启动系统还原功能

打开“系统还原”对话框，单击下方的 下一步(N) > 按钮。

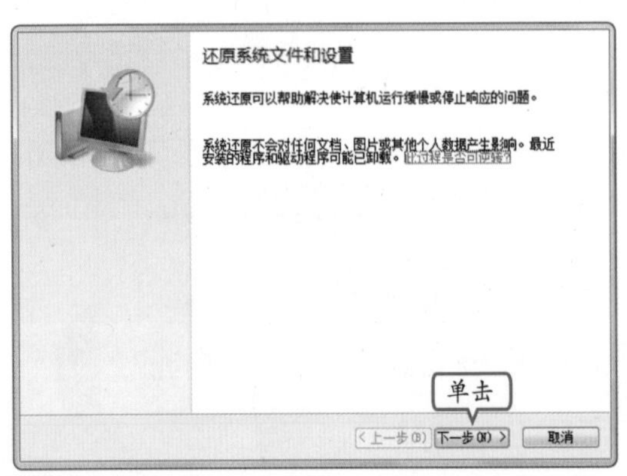

10 选择还原点

1. 在打开的界面中选择已有的还原点。
2. 单击 下一步(N) > 按钮。

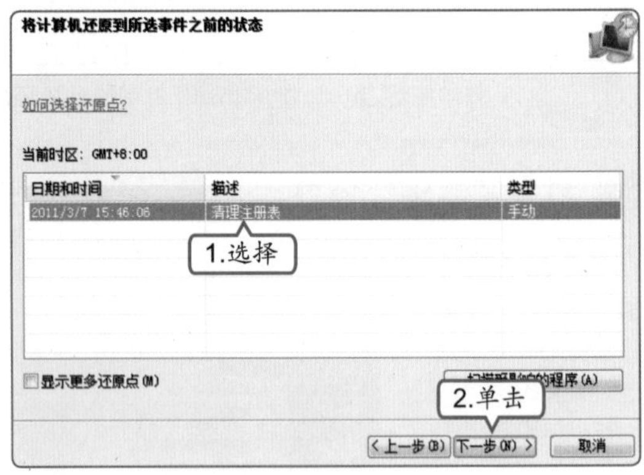

11 确认还原点

在打开的界面中可重新确认所选择的还原点，然后单击 完成 按钮即可对系统进行还原。

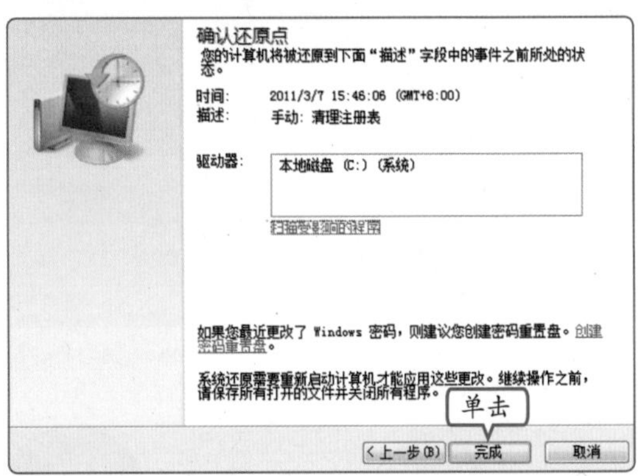

操作提示：查看还原前后状态

在确认还原点的对话框中若单击“扫描受影响的程序”超链接，系统将显示出还原前后有改变的程序，这更加便于用户清楚还原前后系统的变化。

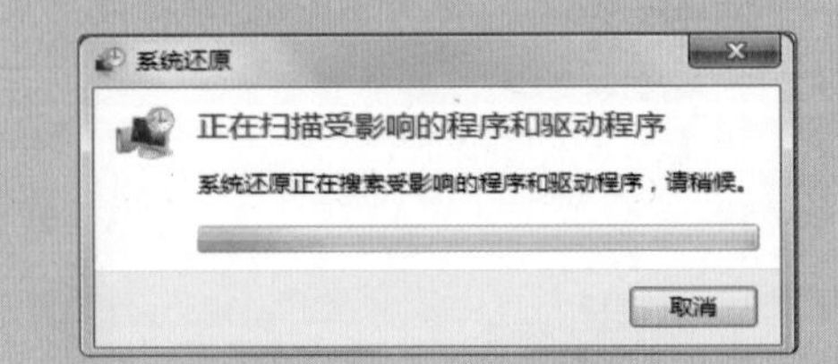

高手指点 若电脑中安装了多个操作系统，则在“系统属性”对话框的“系统保护”选项卡中应先选择需还原的操作系统对应的选项。

3 使用Ghost备份与还原系统

Ghost是一款非常优秀的备份与还原系统的软件，下面便介绍使用该软件备份与还原系统的方法。

(1) 备份系统

利用Ghost备份系统的方法为：在笔记本电脑上安装Ghost软件，利用系统安装盘或其他启动盘进入DOS操作系统，通过输入“Ghost”启动软件，然后利用键盘方向键选择相应命令进行备份即可。整个备份过程将涉及“选择备份命令”、“选择硬盘”、“选择分区”、“设置保存位置和名称”和“设置备份方式”等操作。

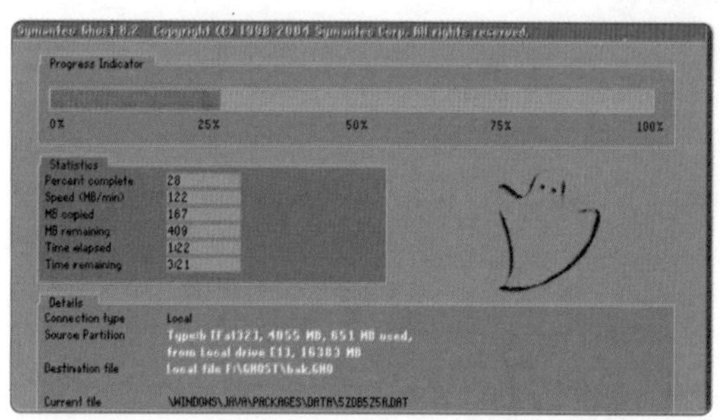

(2) 还原系统

当需要还原系统时，则可利用Ghost将备份的文件进行还原，其具体操作如下。

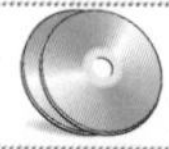

教学演示\第8章\还原系统

1 启动Ghost

进入DOS操作系统并启动Ghost，利用方向键选择local/Partition/From Image命令，然后按【Enter】键。

2 选择备份文件

1. 在打开的界面中利用【Tab】键激活下拉列表框并选择备份的文件。
2. 激活 Open 按钮并按【Enter】键。

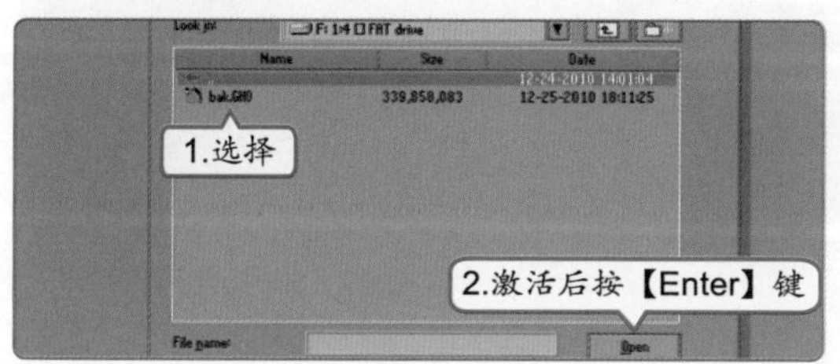

3 确认选择的备份文件

在打开的界面中将显示所选备份文件的相关信息，确认所选备份文件正确后，按【Enter】键即可。

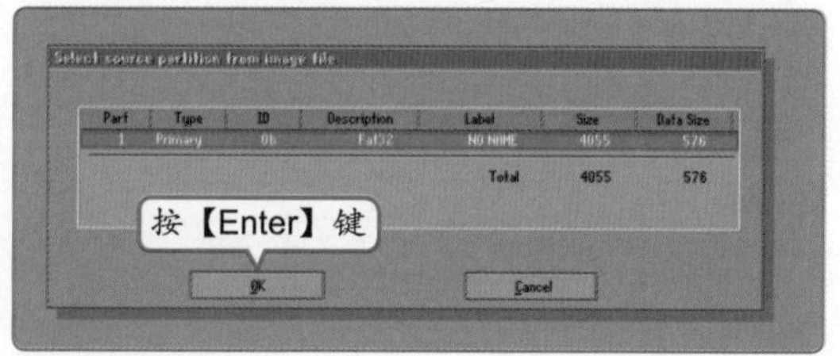

4 选择硬盘

在打开的界面中选择需还原系统所在的硬盘，这里由于只有一个硬盘选项，因此直接按【Enter】键。

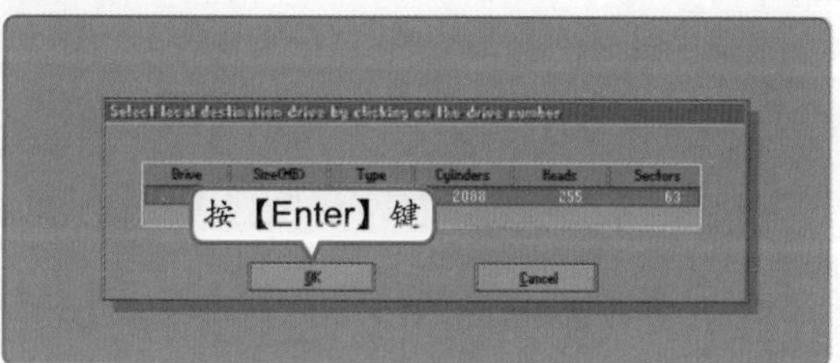

第8章

补充两句

一般来说，大多数Ghost版本都不支持鼠标操作，因此应熟练掌握利用【Tab】键激活参数、利用方向键选择对象等操作。

5 选择分区

1. 在打开的界面中选择需还原到的磁盘分区。
2. 激活 OK 按钮并按【Enter】键。

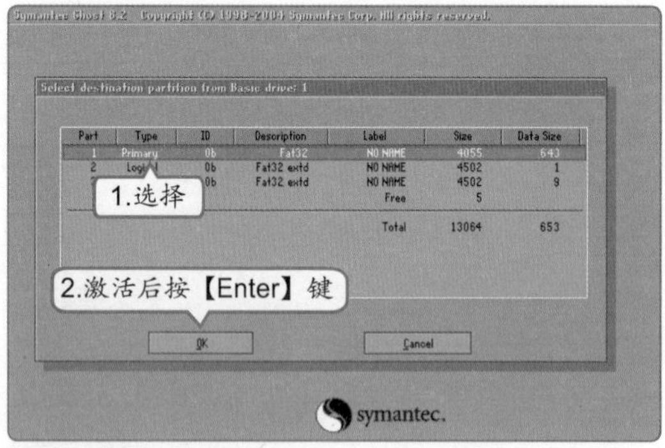

6 确认还原

在打开的界面中利用【Tab】键激活 Yes 按钮，然后按【Enter】键。

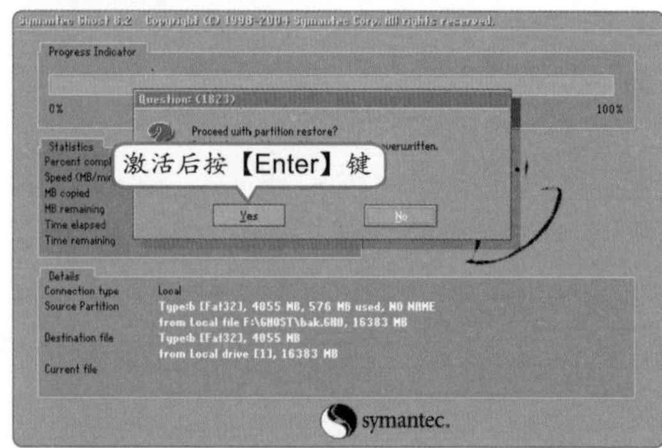

7 开始还原系统

在打开的界面中开始利用所选备份文件对系统进行还原，并显示进度。

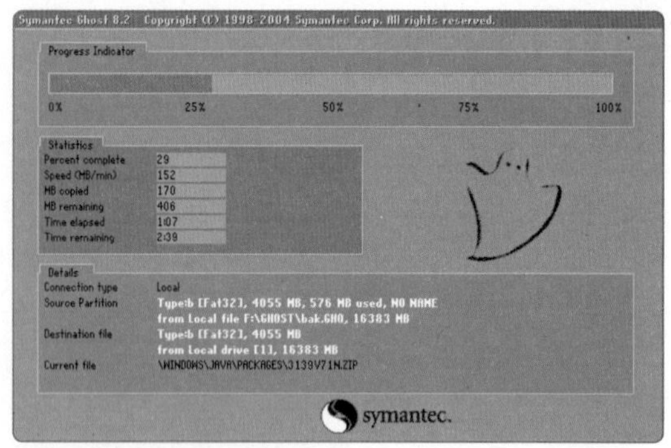

8 完成还原操作

结束后在打开的界面中按【Enter】键重启笔记本电脑即可。

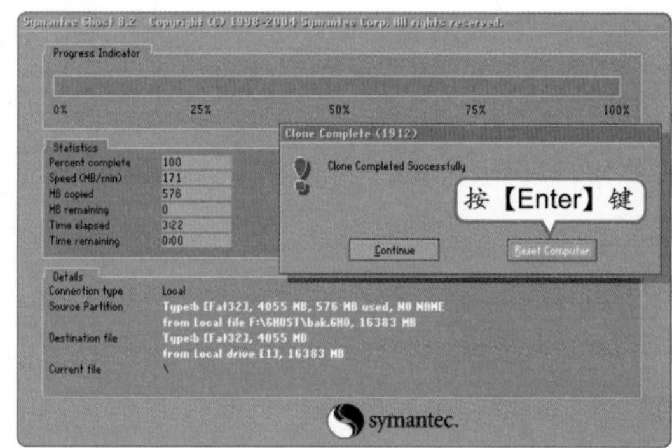

操作提示：返回Ghost主界面

若激活还原结束后显示 Continue 按钮并按【Enter】键，则可返回Ghost主界面而不会重新启动电脑，这样便可继续其他的Ghost操作。

8.2.2 上机1小时：利用Ghost备份系统盘

本例将通过对系统盘进行备份的操作来练习Ghost软件备份功能的使用。

上机目标

- **进一步熟悉在DOS操作环境下选择和激活参数的方法。**
- **掌握利用Ghost软件备份系统的操作。**

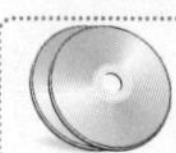

教学演示\第8章\利用Ghost备份系统盘

高手指点 退出Ghost后，在DOS操作系统中按【Ctrl+Alt+Delete】组合键可重启笔记本电脑。

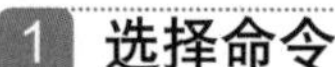

1 选择命令

在DOS操作环境下启动Ghost，利用方向键选择local/Partition/To Image命令，然后按【Enter】键。

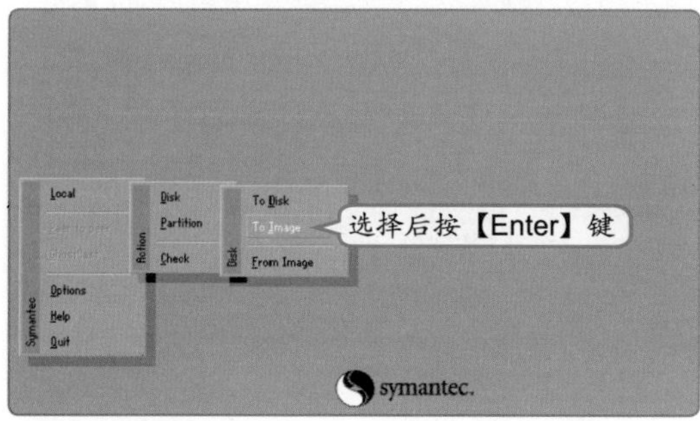

2 选择硬盘

在打开的界面中选择系统需备份到的硬盘，由于这里只安装了一个硬盘，因此直接按【Enter】键。

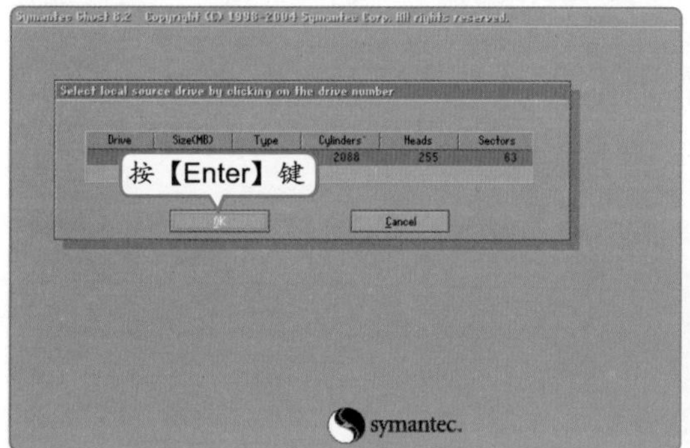

3 选择分区

在打开的界面中默认选择第1个分区，直接按【Enter】键。

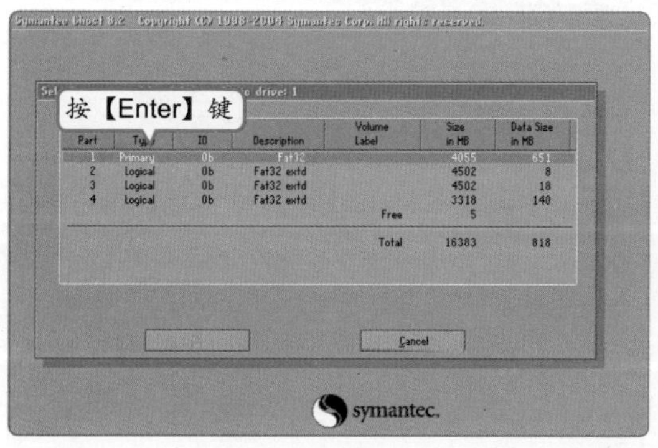

4 设置保存位置和名称

1. 利用【Tab】键激活“保存位置”下拉列表框，按【↓】键弹出下拉列表，并选择F盘。
2. 激活名称下拉列表框并输入文件保存名称。
3. 激活 Save 按钮并按【Enter】键。

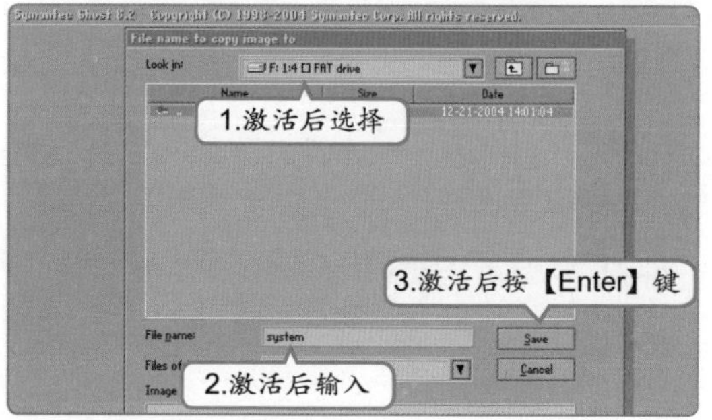

5 选择备份方式

在打开的界面中保持默认设置，直接按【Enter】键。

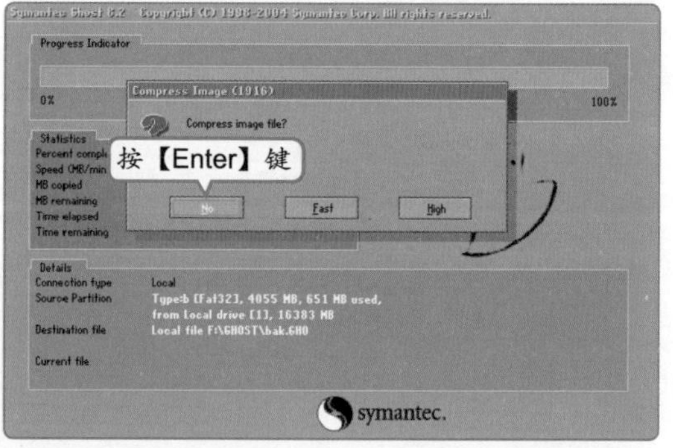

6 确认备份

在打开的界面中利用【Tab】键激活 Yes 按钮，并按【Enter】键。

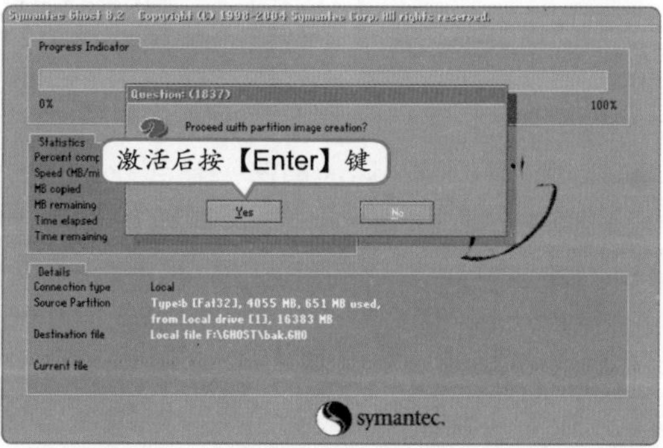

补充两句

Ghost提供了3种备份方式，其中No表示不压缩备份文件，Fast表示快速压缩备份文件，High表示高度压缩备份文件。

7 开始备份

此时Ghost软件将开始备份所选分区，并显示备份进度。

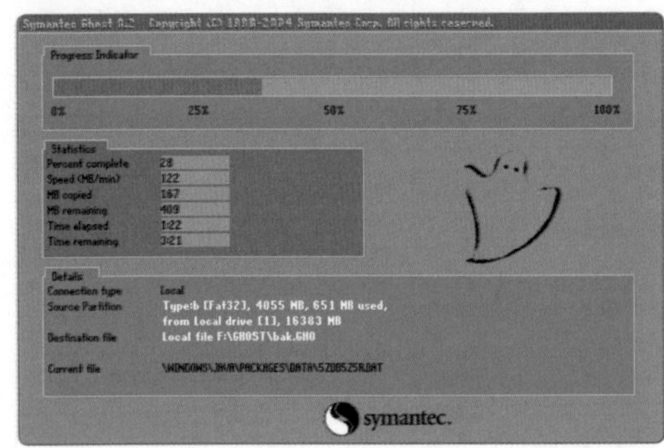

8 完成备份

结束后直接按【Enter】键完成备份操作，之后退出Ghost并重启电脑即可。

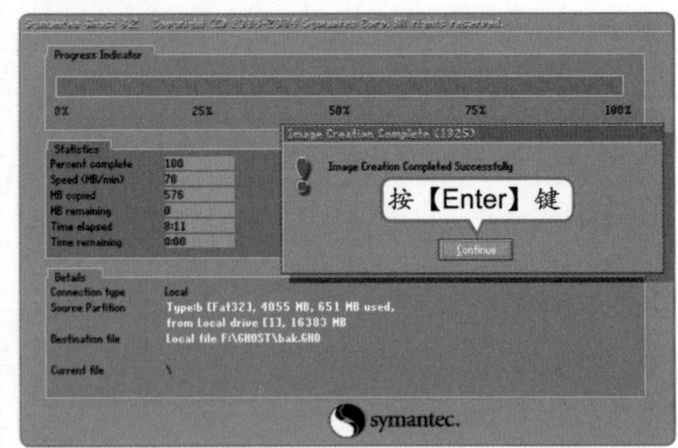

8.3 磁盘维护与管理

“老马，你能把Windows 7优化大师的安装程序给我用一下吗？我电脑上的安装程序掉了，又无法上网，这样就不能清理垃圾文件了，真伤脑筋。”老马笑道：“没有优化大师也能清理垃圾文件，也能对磁盘进行各种维护操作啊。”小李不信，非要老马教他几招。下面我们就看看老马又要告诉小李哪些操作。

8.3.1 学习1小时

学习目标

- 熟悉并掌握格式化磁盘的方法。
- 了解扫描磁盘的操作。
- 熟练掌握清理磁盘的方法。
- 熟悉整理磁盘碎片的操作。

1 格式化磁盘

格式化磁盘是指在物理驱动器（磁盘）的所有数据区上写零的操作过程，这是一种纯物理操作，能对硬盘介质做一致性检测，并标记出不可读和坏的扇区。格式化磁盘后原来位于该区域中的所有文件数据都将丢失。在Windows 7中格式化磁盘的方法为：在“计算机”窗口的某个盘符图标上单击鼠标右键，在弹出的快捷菜单中选择“格式化”命令，再在打开的对话框中设置是否快速格式化，然后单击开始(S)按钮即可。

高手指点　在Ghost主界面中选择Quit命令即可退出此软件。

2 磁盘扫描

当笔记本电脑经常出现死机或系统频繁出错时，就应该考虑是否是磁盘出现了故障。此时可使用Windows自带的磁盘检测程序进行检测并修复，其具体操作如下。

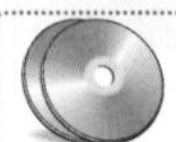

教学演示\第8章\磁盘扫描

1 选择"属性"命令

在"计算机"窗口的F盘对应的图标上单击鼠标右键，在弹出的快捷菜单中选择"属性"命令。

2 打开"工具"选项卡

打开相应盘符的属性对话框，选择"工具"选项卡。

3 检查错误

在显示的选项卡中单击"查错"栏中的 开始检查(C)... 按钮。

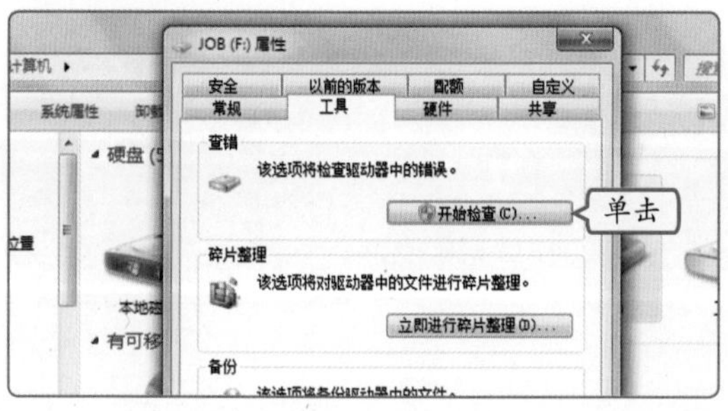

4 设置检查选项

在打开的对话框中默认其中选中的复选框，直接单击 开始(S) 按钮。

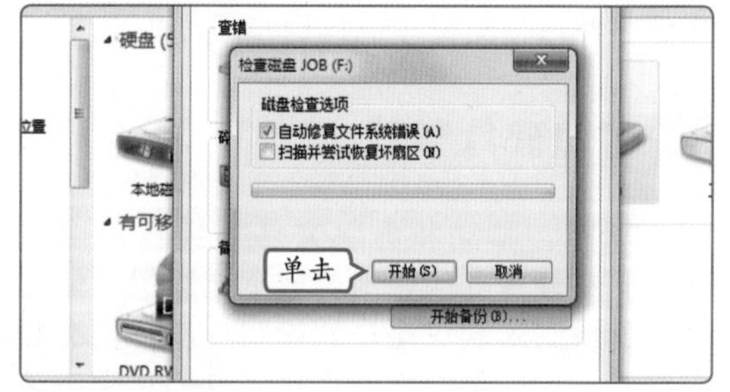

5 开始检查

此时系统将根据设置对所选盘符进行检查，并在对话框中显示检查进度。

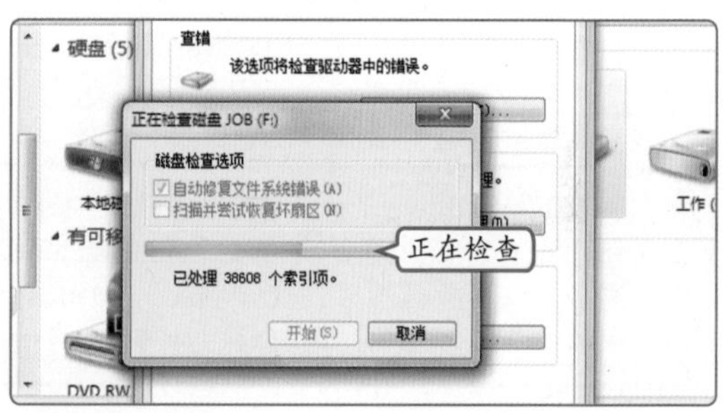

6 完成检查

检查完毕后，在打开的提示对话框中单击 关闭(C) 按钮即可。

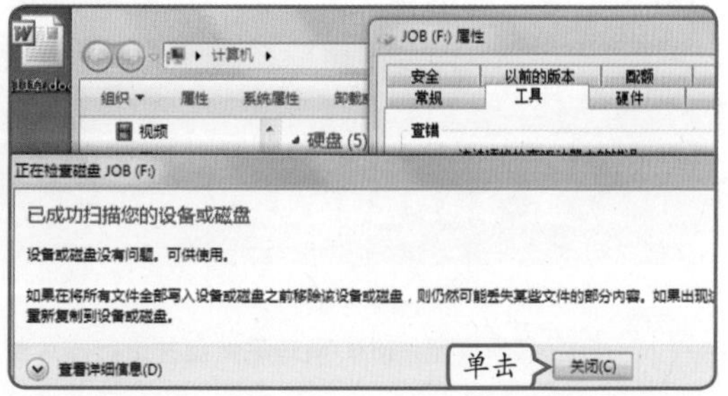

补充两句

若需检查的磁盘中有某个文件正处于使用状态，则Windows 7操作系统是不允许进行检查的，若要检查，只能强制删除打开的内容。

3 磁盘清理

垃圾文件和临时文件是操作电脑过程中不可避免会产生的一类文件，它们会占用系统资源或磁盘空间，从而影响电脑运行的流畅和稳定。利用Windows 7操作系统中自带的磁盘清理工具就可轻易对这些文件进行清理，而不需要借助第三方软件。其方法为：在需清理的磁盘图标上单击鼠标右键，在弹出的快捷菜单中选择“属性”命令，再在打开对话框的“常规”选项卡中单击 磁盘清理(D) 按钮，然后根据提示进行操作即可。

4 磁盘碎片整理

复制、移动和删除文件等操作可能会使存储在硬盘上的数据变成不连续的存储碎片，这样既不利于磁盘的读写，又会浪费磁盘空间，因此需定期对这些磁盘碎片进行整理。其方法为：在需进行碎片整理的磁盘图标上单击鼠标右键，在弹出的快捷菜单中选择“属性”命令，再在打开的对话框中选择“工具”选项卡，然后单击 立即进行碎片整理(D)... 按钮，并根据提示进行操作即可。

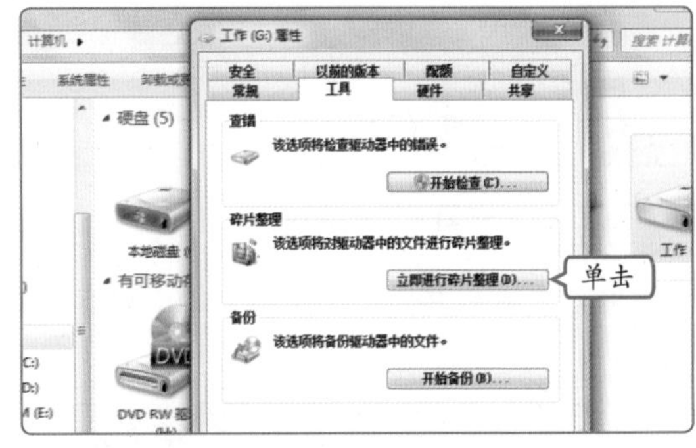

教你一招：备份文件

利用Windows 7自带的备份功能还可快速对整个磁盘中的文件资源进行备份，其方法为：在任意盘符图标上单击鼠标右键，在弹出的快捷菜单中选择“属性”命令，再在打开的对话框中选择“工具”选项卡，然后单击 开始备份(B)... 按钮，此时将打开“备份和还原”窗口，在其中单击“设置备份”超链接，即可根据打开的提示对话框进行文件备份操作。

8.3.2 上机1小时：清理系统盘并进行碎片整理

本例将对笔记本电脑的系统盘进行清理和碎片整理操作，通过练习巩固这两种Windows 7自带的维护工具的使用方法。

上机目标

- 进一步掌握清理磁盘的操作。
- 进一步熟悉整理磁盘碎片的方法。

教学演示\第8章\清理系统盘并进行碎片整理

高手指点 进行磁盘碎片整理的过程中最好不要在电脑中进行其他操作，否则整理程序有可能会重新开始，从而延长整理时间，严重时还会导致死机。

1 选择“属性”命令

打开“计算机”窗口，在C盘图标上单击鼠标右键，在弹出的快捷菜单中选择“属性”命令。

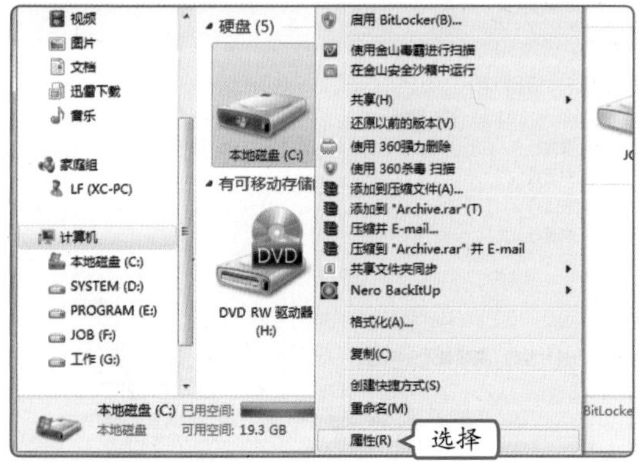

2 磁盘清理

1. 选择C盘属性对话框中的“常规”选项卡。
2. 单击其中的 磁盘清理(D) 按钮。

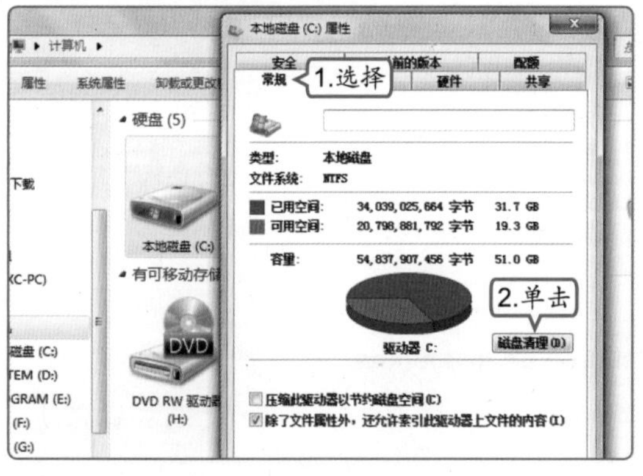

3 计算清理后释放的空间

打开“磁盘清理”对话框，此时系统将通过计算预计清理后能释放的空间大小。

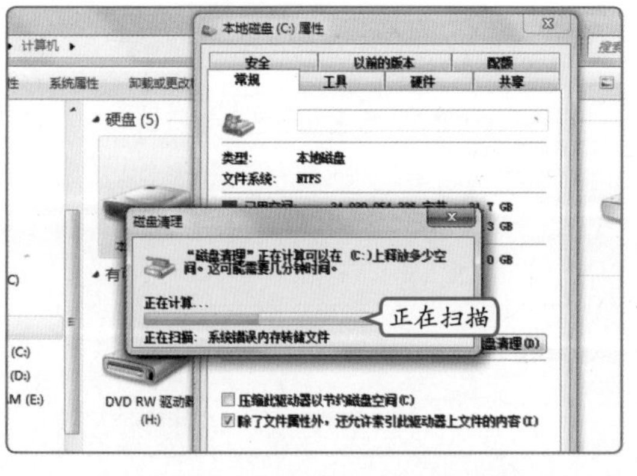

4 设置清理对象

1. 在打开的对话框中选中“临时文件”复选框。
2. 单击 确定 按钮。

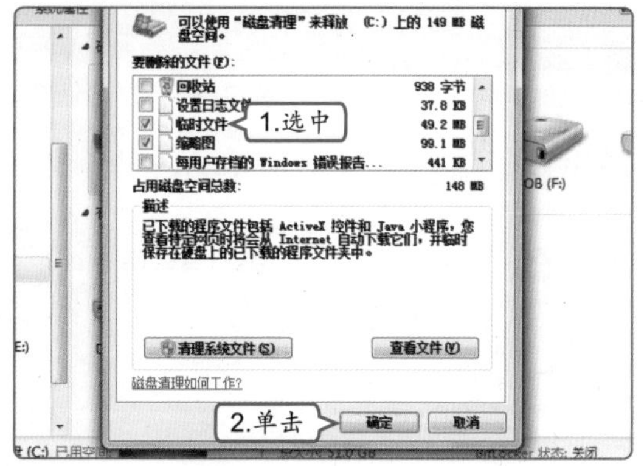

5 确认删除

在打开的提示对话框中单击 删除文件 按钮确认永久删除清理出来的文件。

6 开始清理

此时将在打开的“磁盘清理”对话框中显示清理进度，待该对话框关闭即表示清理结束。

补充两句

系统自带的磁盘清理工具与其他第三方清理软件相比，虽然功能没有这些软件强大，但对Windows 7的兼容性却无疑是最好的。

7 整理碎片

1. 在已打开的属性对话框中选择“工具”选项卡。
2. 单击 立即进行碎片整理(D)... 按钮。

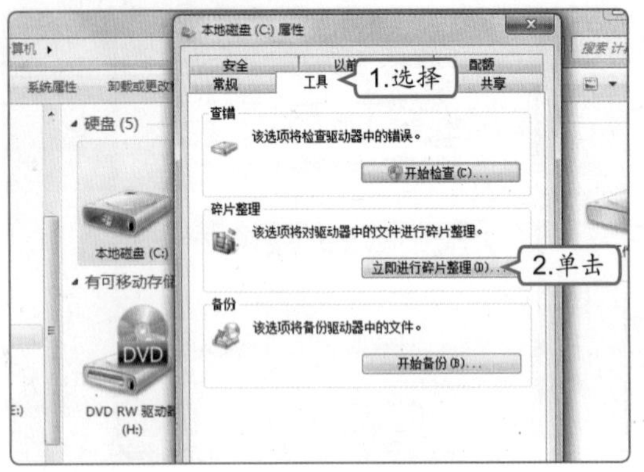

8 分析磁盘

在打开的对话框中单击 分析磁盘(A) 按钮，对C盘进行分析。

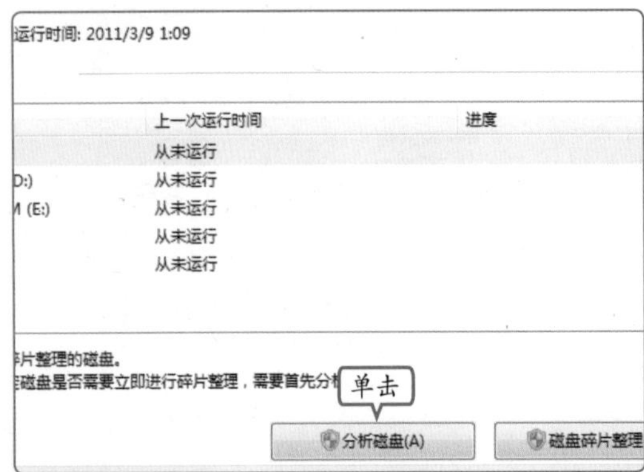

9 开始分析

此时Windows 7操作系统将开始对C盘进行分析，并显示分析进度。

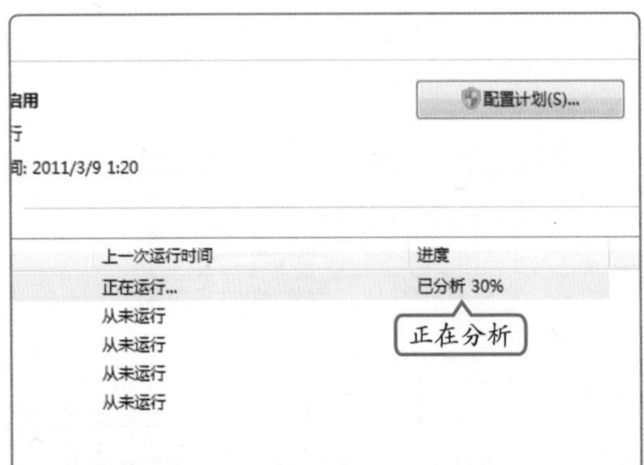

10 整理碎片

当磁盘分析结束后，即可单击 磁盘碎片整理(D) 按钮开始碎片整理。

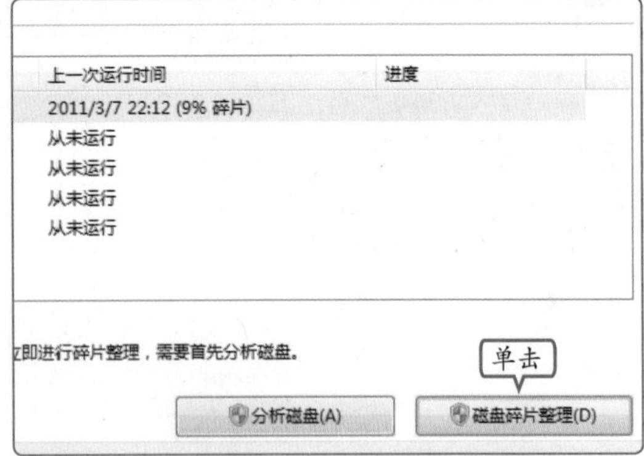

11 开始整理

此时系统将运行碎片整理程序，并显示整理的具体进程。

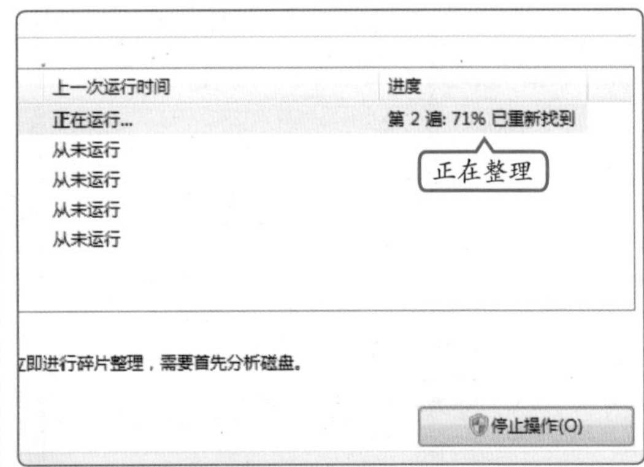

12 完成整理

整理完成后，可在对话框中看到显示的碎片百分比为0。

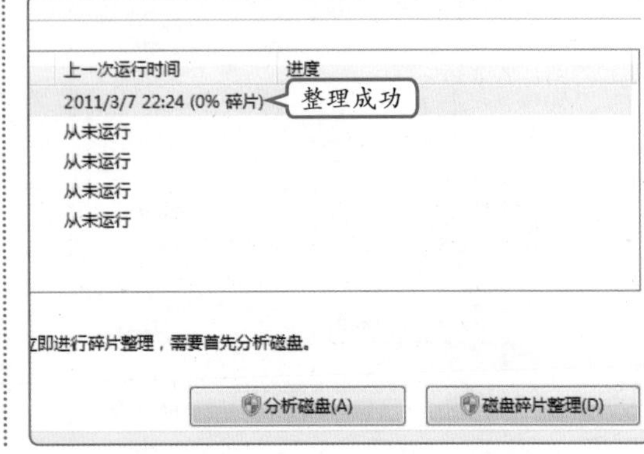

高手指点 Windows 7允许直接对磁盘进行碎片整理，而无须进行分析。不过通过分析后可以确定该磁盘是否需要进行碎片处理。

8.4　Windows防火墙及自动更新

老马想考考小李："知道什么是防火墙吗？"小李答道："就是让电脑不受外部攻击的工具吧。"老马大吃一惊，完全没想到小李会对防火墙有所了解，只听小李说："不过我仅仅是听说而已，完全不知道该如何使用。"老马说："没关系，接下来我就告诉你它的使用方法，另外再教你怎样对系统进行自动更新。"

8.4.1 学习1小时

学习目标

- 掌握开启与关闭防火墙的方法。
- 熟悉启用防火墙访问规则和设置入站连接的方法。
- 掌握在Windows 7操作系统中自动更新与手动更新的操作。
- 了解并熟悉管理更新记录的操作。

1 开启与关闭Windows防火墙

防火墙是一个由软件和硬件设备组合而成、在内部网和外部网之间、专用网与公共网之间的界面上构造的保护屏障，可以有效地保护系统安全。在Windows 7中开启与关闭防火墙的方法为：选择【开始】/【控制面板】命令，在"控制面板"窗口中单击"系统和安全"超链接。在打开的"系统和安全"窗口中单击"Windows 防火墙"超链接。此时将打开"Windows 防火墙"窗口，单击左侧的"打开或关闭Windows防火墙"超链接，最后在打开的窗口中选中启用或关闭防火墙对应的单选按钮，并单击 确定 按钮。

2 启用访问规则并设置入站连接

Internet在为用户带来方便的同时，也为病毒、木马、间谍软件等恶意程序提供了传播平台。因此要想有效地保护笔记本电脑系统的安全，首先应该对Internet的连接进行严格的管理，防火墙便是一种有效的防御手段。开启了防火墙后，并不代表系统已经安全，还应该根据日常操作中可能会用到的访问规则来开启相应的功能，并设置入站连接。下面便介绍这些操作的实现方法，其具体操作如下。

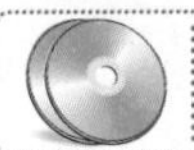

教学演示\第8章\启用访问规则并设置入站连接

在防火墙的"自定义设置"窗口中若选中"启用Windows防火墙"单选按钮，还可设置防火墙阻止程序运行的方式，包括阻止所有程序和阻止程序时发出通知两种方案。 补充两句

1 选择设置对象

在"Windows防火墙"窗口左侧单击"允许程序或功能通过Windows防火墙"超链接。

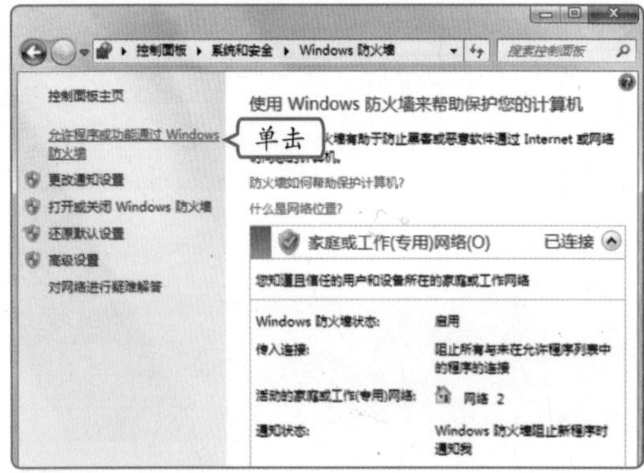

2 更改设置

打开"允许的程序"窗口，单击上方的「更改设置(N)」按钮。

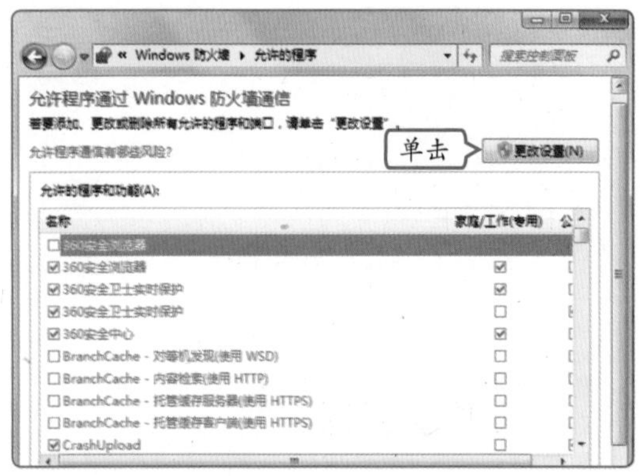

3 设置允许访问的程序及网络

1. 在下方的列表框中选中"暴风影音"复选框。
2. 单击「确定」按钮允许该程序访问专用网络。

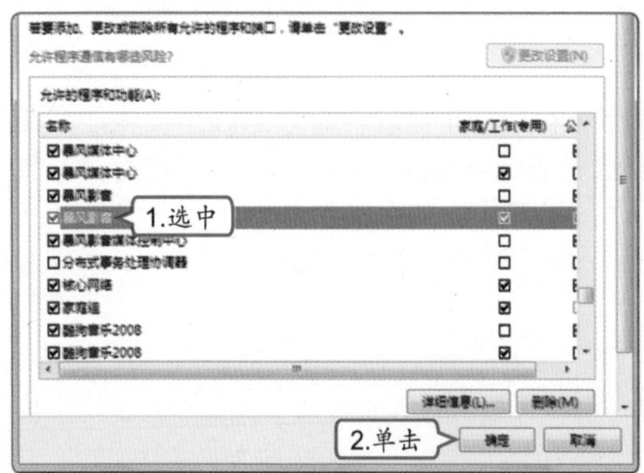

4 设置防火墙

返回"Windows防火墙"窗口，单击左侧的"高级设置"超链接。

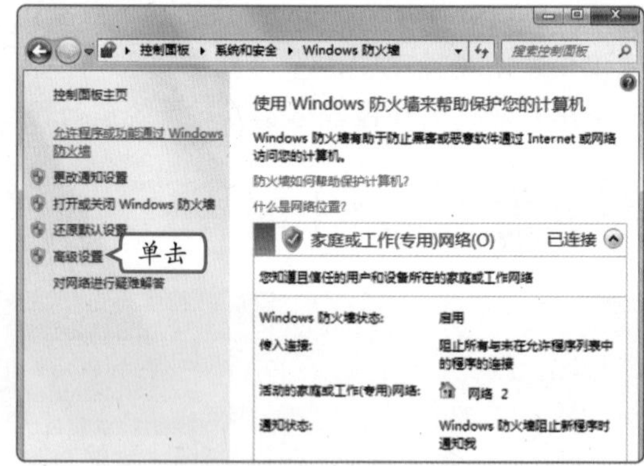

5 选择设置对象

打开"高级安全Windows防火墙"对话框，选择左侧的"入站规则"选项。

6 新建规则

在右侧的"操作"列表框中单击"新建规则"超链接。

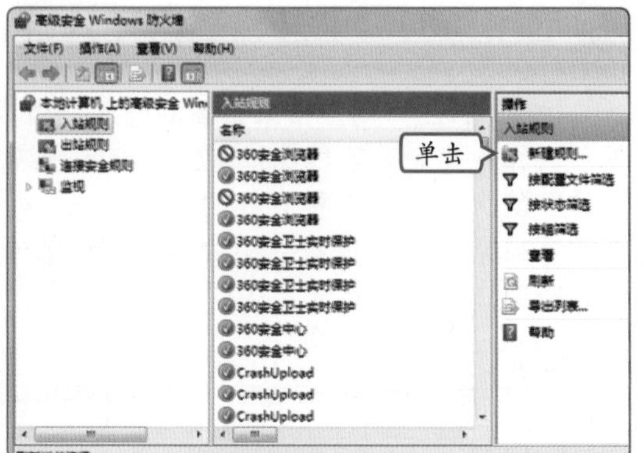

高手指点 一般来说，除了特殊情况下需要入站连接操作外，不应随意开放入站规则，否则在不清楚该规则的具体作用的情况下，容易成为其他黑客攻击电脑的漏洞。

第8章

7 设置规则类型

1. 在打开的界面中选中“端口”单选按钮。
2. 单击 下一步(N) > 按钮。

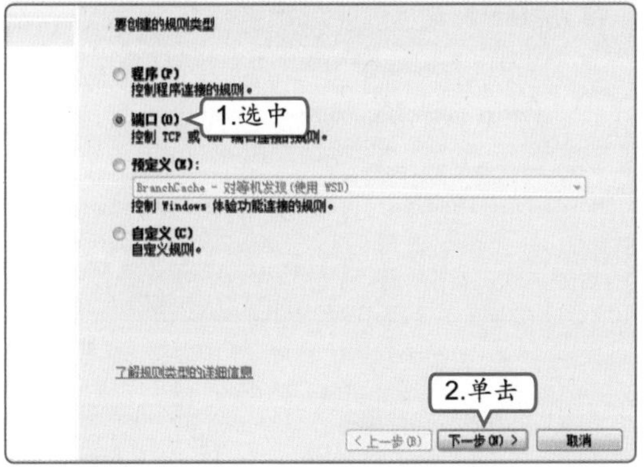

8 设置协议

1. 在打开的界面中选中TCP单选按钮。
2. 接着选中下方的“特定本地端口”单选按钮。

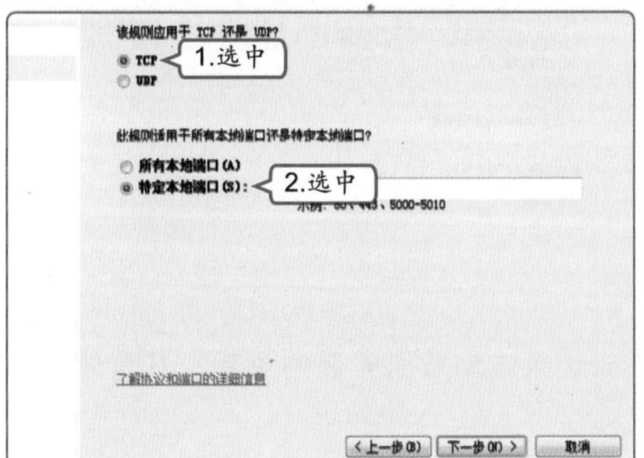

9 设置端口

1. 在文本框中输入端口号，如“32”。
2. 单击 下一步(N) > 按钮。

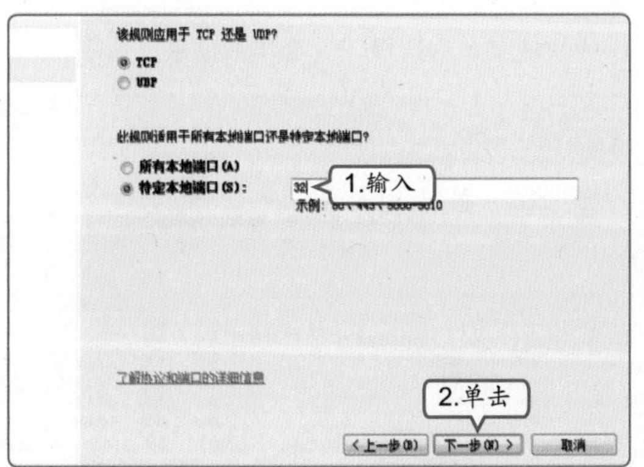

10 设置操作

1. 在打开的界面中选中“允许连接”单选按钮。
2. 单击 下一步(N) > 按钮。

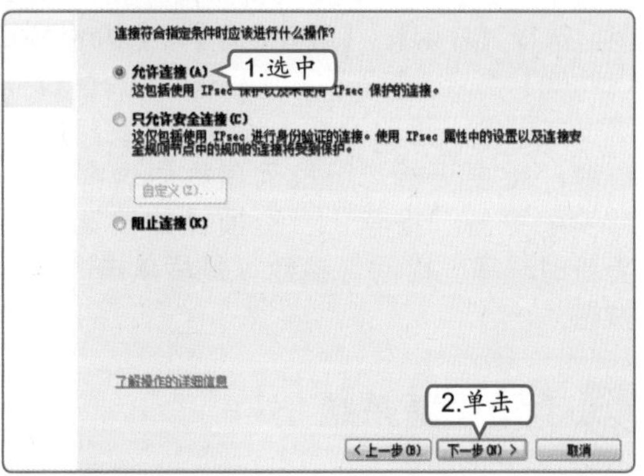

11 配置文件

1. 在打开的界面中选中所有复选框。
2. 单击 下一步(N) > 按钮。

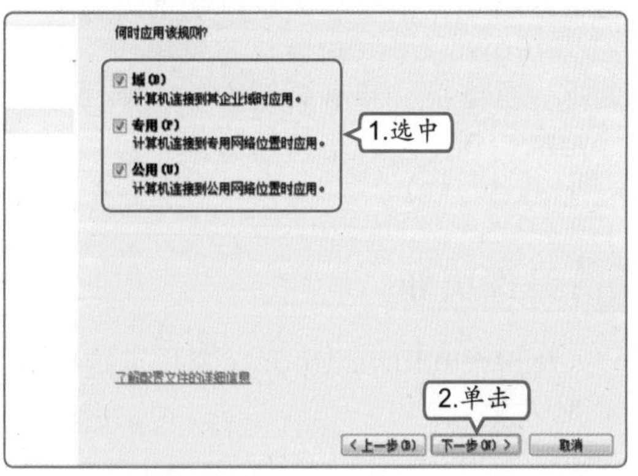

12 设置规则名称

1. 在打开的界面中输入规则名称和描述内容。
2. 单击 完成(F) 按钮。

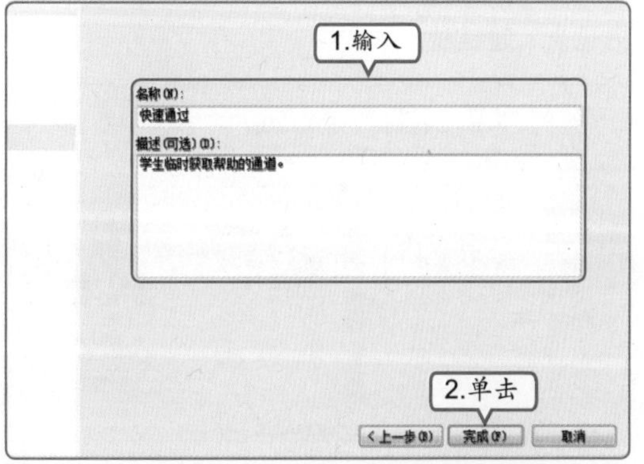

补充两句

设置端口时，若选中“所有本地端口”单选按钮，则可最大限度地方便内部网络访问，但同时也会增加不安全因素进入系统的风险性。

3 自动更新系统

Windows 7具有自动更新功能，开启后便能自动检查并下载安装更新文件。其方法为：选择【开始】/【所有程序】/【Windows Update】命令，打开Windows Update窗口，单击左侧的“更改设置”超链接，在打开窗口的“重要更新”下拉列表框中选择“自动安装更新（推荐）”选项，并设置自动更新的频率、时间等参数，最后单击 确定 按钮。

4 手动更新系统

自动更新虽然方便，但有时电脑需要做其他操作时，若系统正在更新就会占用更多的资源，使电脑运行过慢。因此可在休息时手动对系统进行更新，这样就不会影响工作和学习。手动更新系统的方法为：在Windows Update窗口左侧单击“检查更新”超链接，若有更新文件，则可单击  按钮，并根据向导提示进行安装即可。

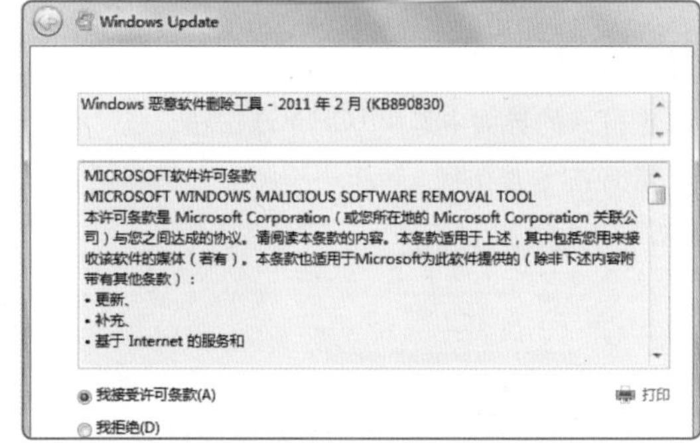

5 管理更新

利用Windows Update窗口可随时查看更新记录或卸载已安装的更新，其具体操作如下。

教学演示\第8章\管理更新

1 查看更新记录

在Windows Update窗口左侧单击“查看更新历史记录”超链接。

2 查看详细信息

在列表框中某个更新记录上单击鼠标右键，在弹出的快捷菜单中选择“查看详细信息”命令。

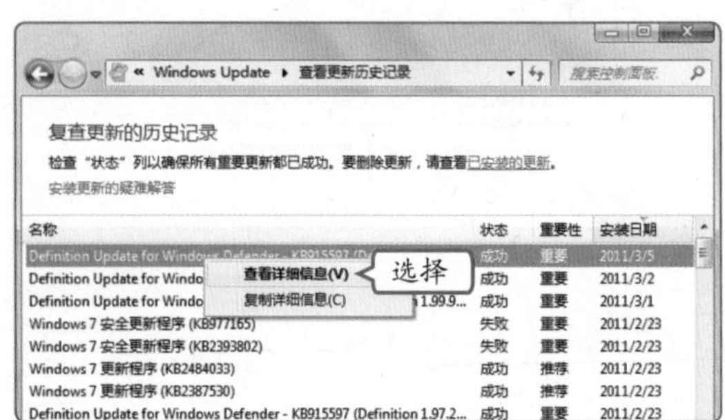

高手指点 在设置自动更新的窗口下方选中“软件通知”栏中的复选框，还可检查和更新Microsoft公司开发的软件。

3 显示详细信息

在打开的对话框中即可查看更新的详细信息，完成后单击 关闭(C) 按钮。

4 查看已安装的更新

返回到之前的窗口，单击上方的“已安装的更新”超链接。

5 选择更新

1. 在打开的窗口中选择需卸载的更新信息。
2. 单击 卸载 按钮。

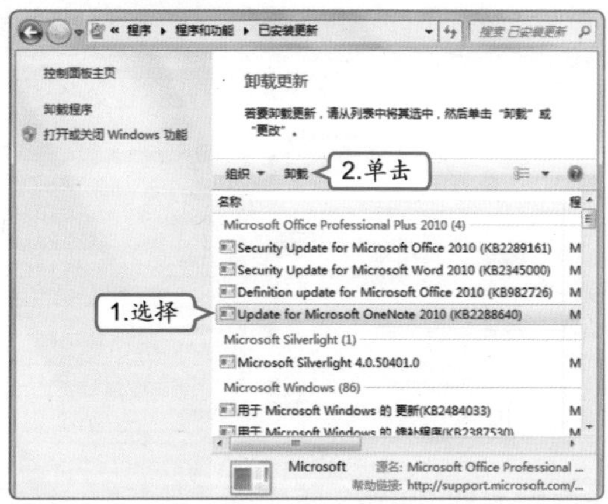

6 确认卸载

打开“卸载”对话框，提示是否卸载所选更新，单击 卸载(U) 按钮即可。

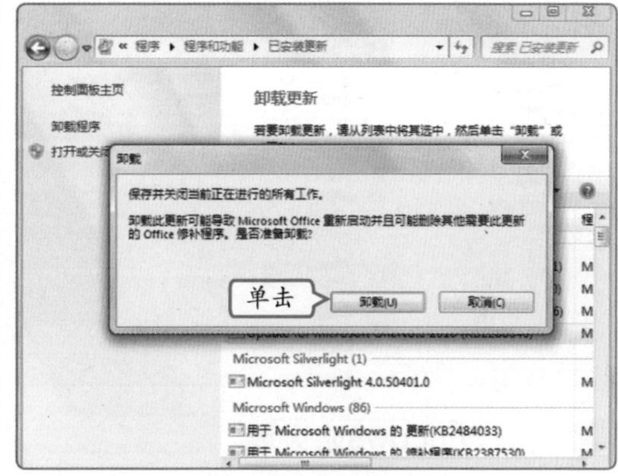

8.4.2 上机1小时：开启防火墙并手动更新系统

本例将通过开启笔记本电脑上的Windows防火墙并手动更新系统的操作，来练习相关知识的具体实现方法。

上机目标

- **进一步掌握Windows防火墙的开启方法。**
- **巩固手动更新系统的操作。**

教学演示\第8章\开启防火墙并手动更新系统

补充两句

对于自己不清楚的更新文件，建议不要轻易将其从系统中卸载，特别是Windows系统的更新文件，卸载后可能会导致系统出现问题，严重时还可能致使系统崩溃。

1 设置系统和安全

打开“控制面板”窗口，单击“系统和安全”超链接。

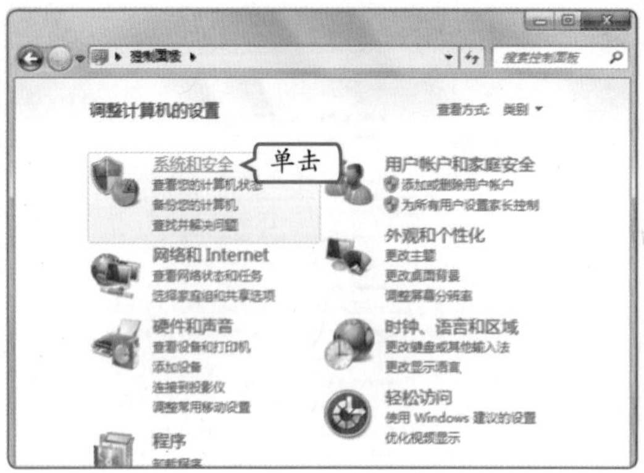

2 设置Windows 防火墙

打开“系统和安全”窗口，单击“Windows 防火墙”超链接。

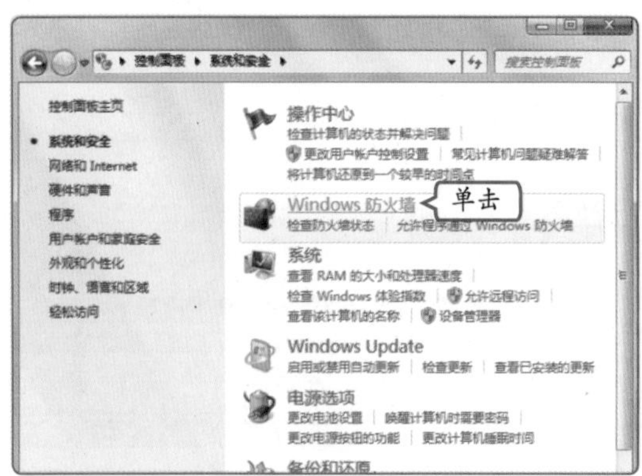

3 打开Windows防火墙

打开“Windows防火墙”窗口，单击左侧的“打开或关闭Windows防火墙”超链接。

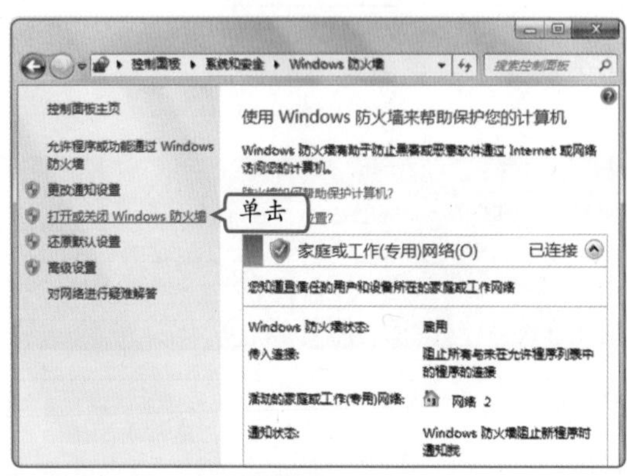

4 开启防火墙

1. 选中所有的“启用Windows防火墙”单选按钮。
2. 单击 确定 按钮。

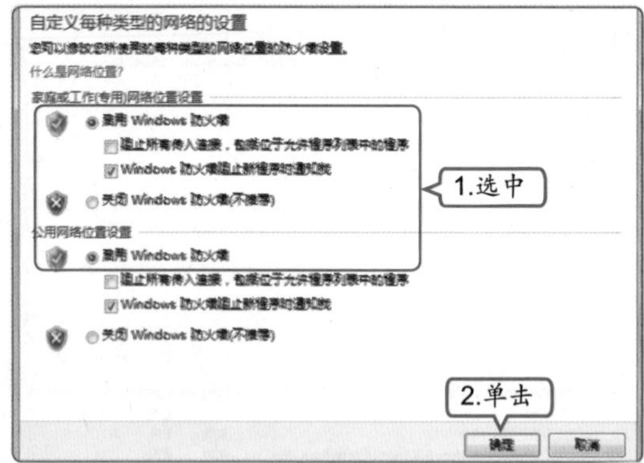

5 启动Windows升级程序

选择【开始】/【所有程序】命令，在弹出的菜单中选择Windows Update命令。

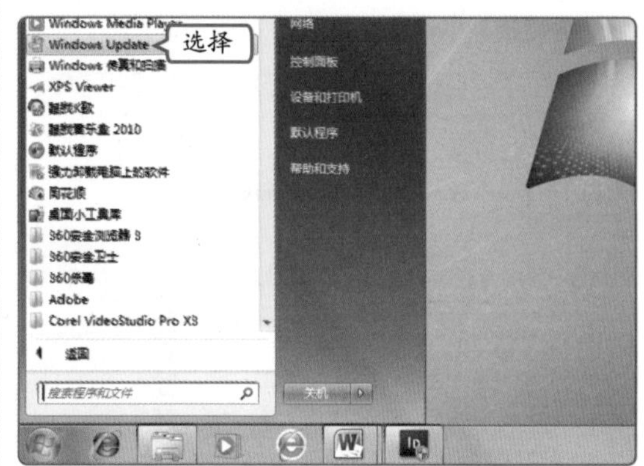

6 检查更新

打开Windows Update窗口，单击左侧的“检查更新”超链接。

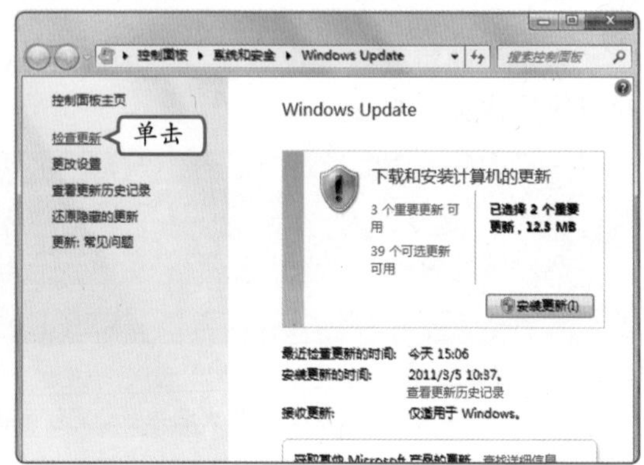

高手指点 若检查到的更新有许多项时，还需首先选中安装的更新对应的单选按钮，再进行安装操作。

7 开始检查更新

此时Windows操作系统将开始对更新进行检查，并在窗口中显示相应信息。

8 安装更新

检查结束后，若存在可更新的文件，则可单击 安装更新(I) 按钮。

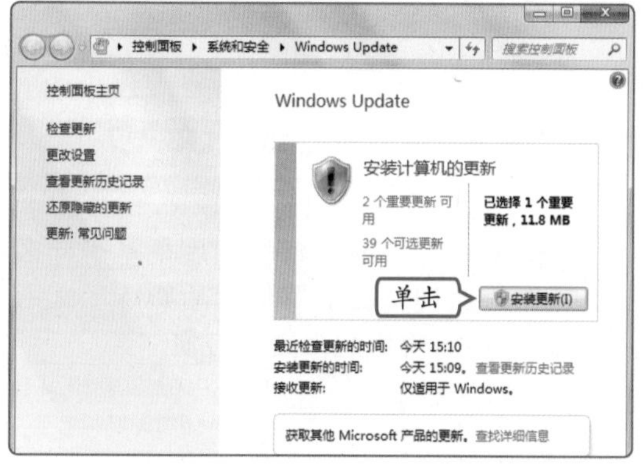

9 同意许可条款

1. 选中“我接受许可条款”单选按钮。
2. 单击 确定 按钮。

10 成功安装

此时系统将开始安装更新文件，完成后将在窗口中提示成功安装的信息。

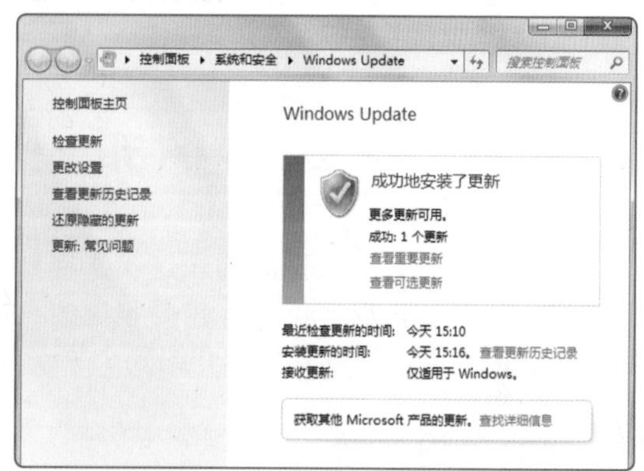

8.5 跟着视频做练习

鉴于本章知识对系统的重要性，老马特地安排了两个练习让小李来操作，让他再次巩固所学的知识。小李胸有成竹，拍着胸脯大声说：“你就放心吧！我一定圆满完成你交给我的作业。”

1 练习1小时：开启自动更新并整理磁盘碎片

本例将首先开启Windows 7操作系统中的自动更新功能，并设置自动更新的频率和时间，接着利用系统自带的磁盘碎片整理工具整理电脑上的每个磁盘分区。通过本次练习进一步巩固自动更新的开启与设置以及整理磁盘碎片的方法。

视频演示\第8章\开启自动更新并整理磁盘碎片

补充两句

根据安装更新的不同，操作可能会有所不同，如有的更新会要求在安装完成后重启电脑，有的更新会要求设置其他安装参数等。

操作提示：

1. 通过"开始"菜单启动Windows Update程序。
2. 设置系统的更新方式为"自动更新"、频率为"每周日"、时间为8:00。
3. 通过打开计算机的属性对话框启动磁盘碎片整理工具。
4. 对每个磁盘分区进行分析，然后依次进行碎片整理。

2 练习1小时：查杀病毒和木马后进行备份

本例将分别利用金山毒霸和360安全卫士对系统进行病毒和木马的查杀，然后进入DOS操作环境利用Ghost备份系统盘。通过练习重点掌握自定义查杀病毒、木马以及利用Ghost备份系统的操作。

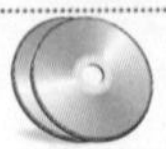

教学演示\第8章\查杀病毒和木马后进行备份

操作提示：

1. 启动金山毒霸，利用"自定义扫描"功能扫描系统盘文件并进行查杀病毒操作。
2. 启动360安全卫士，利用"自定义扫描"功能扫描系统盘文件并进行木马查杀操作。
3. 进入DOS操作环境并启动Ghost软件。
4. 利用其备份系统的功能将系统盘以beifen为名保存在D盘根目录下。

8.6 秘技偷偷报——与备份相关的技巧

小李似乎对系统备份的知识还不是很熟悉，于是问老马："系统备份到底是基于什么原理呢？"老马告诉他："你需要掌握的只是备份操作，原理什么的等你以后熟练了之后我再告诉你。不过我可以给你介绍几个关于备份的技巧，让你使用起来更加方便。"

1 何时备份系统

初学者往往习惯于在安装了系统后马上进行备份，觉得这样就比重装系统方便了。其实此时备份系统，待需要恢复的时候，尽管系统可以快速安装，但系统上的软件、驱动程序等同样需要手动安装，花费的时间也不少。因此建议备份系统最好在安装了系统、驱动程序、常用软件后再进行备份，这样恢复后的系统同样是安装了前面所说的所有对象。

2 使用MaxDos

MaxDos是一款实用的工具软件，它集成了Ghost、Fdisk等在DOS下使用的软件，将其安装到系统上后，启动系统时就可选择命令进入该软件，并从中选择需要的工具。

3 合理创建还原点

当需要在系统中安装不确定的大型软件或安全性未知的软件时，建议利用Windows自带的还原功能建立还原点，然后再进行安装。安装后一旦出现错误，便可将其还原到该还原点位置，这样就能最大限度地减小损失。

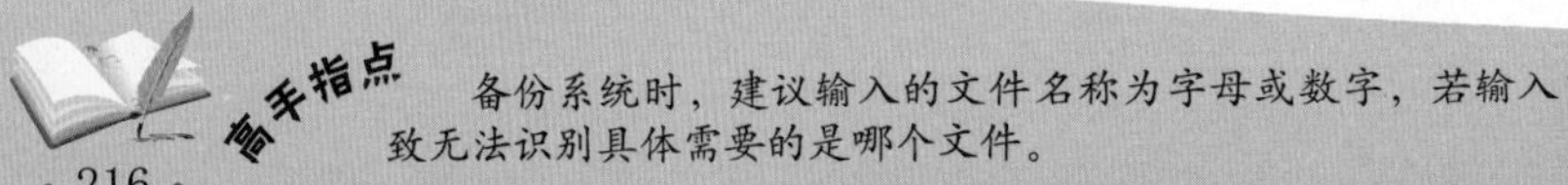

高手指点 备份系统时，建议输入的文件名称为字母或数字，若输入中文，则在恢复时会出现乱码，导致无法识别具体需要的是哪个文件。

第9章

笔记本电脑的升级与日常维护

小李最近发现自己的笔记本电脑性能有所下降，同事告诉他笔记本电脑本来就是消耗品，一般用不了多久就得换代了。小李听后忧心忡忡地跑去问老马。老马告诉他："别担心，笔记本电脑并不像他们说得那样差劲，只要你操作得当、保养得好，就能用很长时间。即便到时笔记本电脑的硬件配置跟不上系统和软件的需求，也可对其中的某些硬件进行升级。"小李听后如释重负，忙向老马打听笔记本电脑升级与日常维护的方法，老马对他说："别着急，我接下来就会详细给你介绍关于笔记本电脑的升级以及日常维护保养的各种方法，掌握了这些知识，就能最大限度地延长笔记本电脑的使用寿命。"小李乐得合不拢嘴："我一定认真学习，让我的笔记本电脑'长命百岁'，呵呵……"

2小时学知识

- 笔记本电脑的升级
- 笔记本电脑的日常维护

3小时上机练习

- 升级笔记本电脑的CPU
- 清理笔记本电脑的灰尘
- 升级并清洁电脑

9.1 笔记本电脑的升级

小李疑惑地问老马："笔记本电脑真的可以升级吗？"老马笑道："这有什么不可能的，笔记本电脑就像台式电脑一样，都是由各种硬件设备组合在一起，区别就是体积的大小不同而已。下面我就给你详细地介绍升级笔记本电脑的方法。"

9.1.1 学习1小时

学习目标

- **了解并熟悉升级笔记本电脑的CPU、硬盘和内存条的方法。**
- **了解升级笔记本电脑的光驱、散热器和电池的方法。**
- **了解升级笔记本电脑的鼠标、键盘和音箱的方法。**

1 升级CPU

CPU又称中央处理器，是笔记本电脑中的核心配件，尽管其体积很小，却是笔记本电脑的运算核心和控制核心。笔记本电脑中的所有操作都由CPU负责读取、翻译和执行。换句话说，CPU的好坏直接决定着笔记本电脑的性能。因此当CPU不能满足操作需要时，就可以将其升级，方法为：将笔记本电脑背面的螺丝拆卸下来，然后翻转笔记本电脑，从正面拆卸键盘，并取下风扇，即可见到CPU。将CPU附近的螺丝拆卸并小心取下CPU，最后按照相反的顺序更换更好的CPU即可。

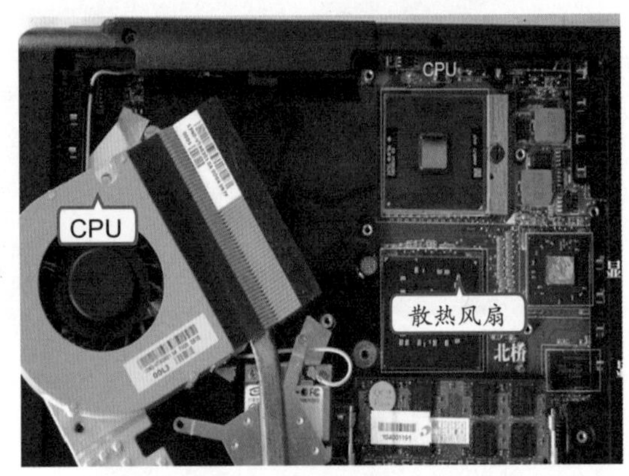

2 升级硬盘

硬盘主要用来存储数据，升级硬盘即增加其存储容量。不过升级硬盘也不是选择的容量越大越好，应根据自己的需要选择合适的容量类型。目前主流的笔记本电脑硬盘容量为160~320G。升级笔记本电脑硬盘的方法为：卸下笔记本电脑背部的几颗螺丝钉和盖板，然后找到硬盘托架，小心地将硬盘从中取下，最后将新硬盘仔细放回托架上并插入到相应的插槽里即可。

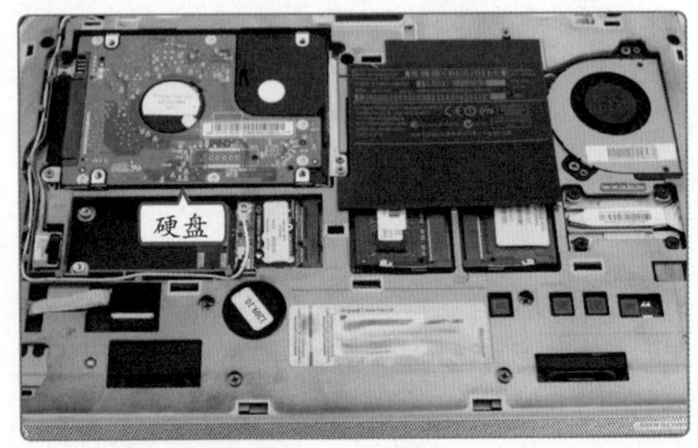

高手指点 笔记本电脑的硬盘具有体积小、厚度薄、功耗低、防震等特点。目前主流的笔记本电脑硬盘大小为2.5寸，有的甚至小到1.8寸。

3 升级内存条

内存条的大小是影响笔记本电脑性能的另一个重要因素之一，现在的主流笔记本电脑至少要配备容量为2G或以上的内存条。若笔记本电脑内存容量不足，便可考虑升级，升级内存条的方法非常简单，只需一根小号十字螺丝刀，将笔记本电脑背部的内存条盖板卸下，然后扳动内存条两侧的卡扣即可将其取下，而安装时则是反向操作，先将内存条斜插入插槽，然后向下按到卡扣卡住内存条即可。

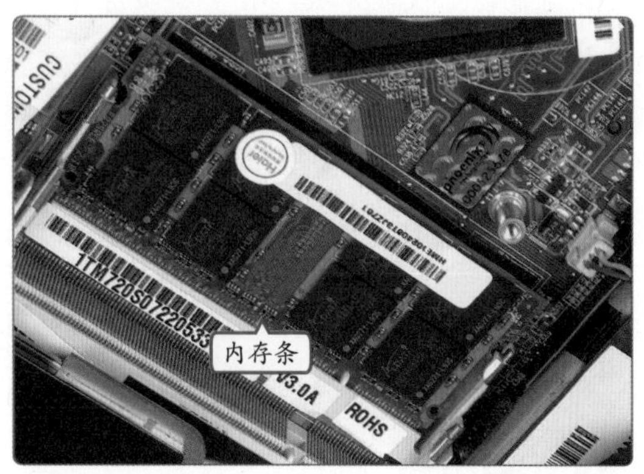

4 升级光驱

随着笔记本电脑在多媒体应用方面的比重越来越大，一些标配为普通DVD光驱或康宝光驱的笔记本电脑就不能胜任更高的多媒体制作要求了，此时就可以将其升级为专门的刻录光驱。升级光驱的过程主要就是更换光驱的面板，首先将笔记本电脑上光驱底部的固定螺丝拆卸，将光驱抽出，然后用小别针把光驱的托盘手动推出，并拆下面板，最后把固定簧片安装到光驱上即可。

5 升级散热器

笔记本电脑的散热性是衡量其品质好坏的重要指标之一，散热功能的优劣直接影响笔记本电脑的使用寿命和操作性。即便是轻薄型的笔记本电脑，也应考虑其散热问题。如果觉得自己的笔记本电脑散热性能不佳，则可考虑为其配置专业的笔记本电脑散热器来解决问题。下面介绍两款散热器以供参考。

"酷冷至尊旋翼"散热器

酷冷至尊旋翼笔记本电脑散热器中间部分采用大面积冲孔金属网，配备一个可调控的14cm大风扇，将散热性能发挥至极致。金属网的四个角落均设有防滑胶垫，防止笔记本电脑滑落。散热器四周凹凸的橡胶材质，符合人体工程学原理。此散热器带了4个USB接口，可连接笔记本电脑直接供电，完全满足扩展需求。该散热器设有可调控的5个档位，可随意调整角度。人性化设计、实用性强以及性价比高是这款散热器的最大优势。

第9章

补充两句

升级内存条时要了解笔记本电脑采用的内存条型号以及主板支持的容量。如DDR 266的笔记本电脑可以选择DDR 333的内存条来升级，而DDR2 667则可以和DDR2 533内存条通用。

"九州风神玄风轮"散热器

九州风神玄风轮使用的是20cm散热风扇，布置在散热底座的正中间，对笔记本电脑这块区域的温度控制非常理想。风扇最高转速接近800RPM，使用噪音量不到30分贝。提供了两个USB接口、一大一小两个支架，可根据笔记本电脑使用者的使用习惯、坐姿、视角随意调整角度。外观使用了黑色金属网格覆盖表面，触感冰凉，可以起到极佳的散热效果，而且金属网格面积极大，可以很好地与外界冷空气进行交换。

6 升级电池

笔记木电池内部由电芯和保护板组成，电芯负责蓄电工作，保护板负责安全工作。电芯属于消耗品，每用一次都会造成容量上的衰减，它的好坏直接决定笔记本电脑电池的好坏。当发生电池续航时间变短、电池无法使用、突然掉电或充不满电的情况时，就可以考虑升级电池了，方法为：取下笔记本电脑电池，将其拆开更换其中的电芯即可。

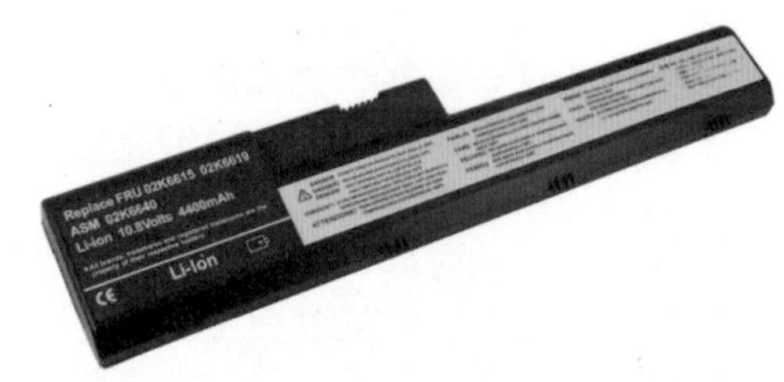

7 升级鼠标

虽然笔记本电脑由触摸板来控制操作，但其工作效率显然没有使用鼠标更高，但有线鼠标往往会降低笔记本电脑的便携性，因此一般来说，为了体现笔记本电脑的便携性，往往都会将其升级为无线鼠标，对于商务人士或移动办公的用户来说更是如此。对于普通用户来讲，无线鼠标也会比有线鼠标更加方便。

右图所示为一款Logitech公司生产的M215无线鼠标，它采用小巧的外观设计，两侧的灰色线条勾勒出鼠标的整体轮廓，给人流畅的感觉。鼠标顶部有电量指示灯设计，一般使用中不会亮起，只有在电亮不足时才会提醒使用者。电池仓位于鼠标正面尾端，只要按下电池仓开关，就能轻松打开。M215采用的是1节5号AA电池，可以持续使用数月。电池仓内还设计了接收器的收纳槽，避免发生接收器丢失的情况。

高手指点 笔记本电脑的散热器正常情况下一般只能使笔记本电脑的温度降低1℃~2℃，购买时应根据自己笔记本电脑的散热区域选择散热器的风扇区域。

8 升级键盘

虽然笔记本电脑的键盘设计越来越科学，但是由于键盘面积的限制，好多特殊键位都被忽略了，对于很多用户而言使用起来就有所不便，此时可考虑对键盘进行升级，包括升级外接键盘和外接小键盘两种选择。

外接键盘

如果不习惯使用笔记本电脑的键盘进行操作，则可考虑购买一款外接键盘来代替，选购时一要考虑键盘键位，二要考虑在任何地方都便于操作的键盘，即仿生学键盘。这类键盘采用自然的仿生学曲线，使手指在按键时移动距离更小，可以减轻手腕的疲劳，适合随时随地操作笔记本电脑的特点。

外接小键盘

笔记本电脑的键盘与标准键盘相比，最大的区别在于省去了小键盘，若对于经常使用小键盘的人员来说，就显得非常不便。此时可专门配备一个外接的小键盘，这样不仅方便了日常操作，也便于携带。

9 升级音箱

笔记本电脑内置的音箱限于设备的局限性，音质效果很一般，对于追求好音质效果的用户而言，则可考虑购买一款音箱来享受更好的影音效果。目前有许多便携性的小音箱，不仅体积小、重量轻，音质较笔记本电脑内置的音箱而言，也有明显的提高，是不错的选择。

9.1.2 上机1小时：升级笔记本电脑的CPU

本例将通过对笔记本电脑的CPU进行升级来巩固该硬件设备的具体升级方法。

上机目标

- **进一步熟悉笔记本电脑CPU的升级方法。**

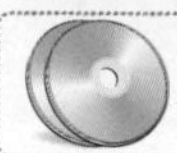

教学演示\第9章\升级笔记本电脑的CPU

补充两句

外接键盘也有无线键盘，这更能配合笔记本电脑的便携性以及无线鼠标，为电脑操作提供最大的便利。

1 拆卸笔记本电脑背面机壳

将笔记本电脑翻转，利用适当大小的螺丝刀将其背面机壳上的所有螺丝拆卸下来。

2 拆卸键盘

将笔记本电脑翻转到正面，将键盘部分小心地拆卸下来。

3 拆卸CPU风扇

重新翻转到笔记本电脑背部，将其散热的CPU风扇拆卸下来。

4 拆卸CPU

将风扇下方的CPU小心地从其插槽中拔除。

5 更换CPU

将需升级的CPU准备好，可适当地在其与散热风扇的接触面涂抹硅胶。

6 插入CPU

将升级的CPU重新插入CPU插槽，然后按照相反的操作组装笔记本电脑即可。

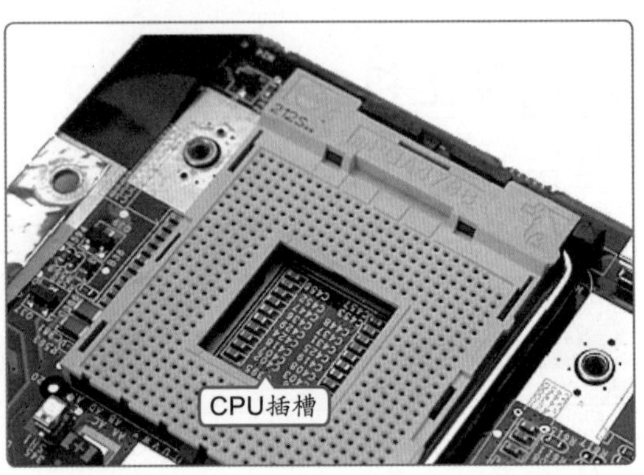

高手指点 相对于笔记本电脑的内存条和硬盘来说，笔记本电脑的CPU可选项更小，价格也更高，因此若没有特别的需求，可首先通过升级内存条来改善笔记本电脑的性能。

9.2 笔记本电脑的日常维护

老马看着小李的笔记本电脑直摇头，小李不解，问他怎么了，老马说："笔记本电脑是精密的电子设备，要想延长它的使用寿命，就应该坚持良好的使用习惯，并定期进行日常维护和保养。不过我看你的笔记本电脑，灰尘也太多了吧！"小李忙解释道："这都怪我不知道这方面的重要，你快给我讲讲吧，我也好给它清洁清洁。"

9.2.1 学习1小时

学习目标

- **熟悉并掌握笔记本电脑显示屏的日常维护。**
- **熟悉笔记本电脑机身的日常维护。**
- **熟悉笔记本电脑鼠标和键盘的日常维护。**
- **了解并熟悉良好的笔记本电脑使用习惯。**

1 显示屏的日常维护

显示屏是笔记本电脑重要的输出部分，一旦显示屏出现问题，不仅会为查看其上的图像带来麻烦，而且会影响视力。考虑到显示屏制作材质的敏感性，对其进行日常维护可从以下几个方面入手。

使用保护膜

显示屏保护膜是专为保护笔记本电脑的显示屏等对象而使用的，其制作工艺越来越高，不仅可以有效地保护显示屏不受伤害，而且还具有防辐射等功能。贴上保护膜后完全不会影响显示屏的输出品质。

不宜触摸显示屏

有的用户在使用笔记本电脑的过程中，习惯用手指、笔杆等物体直接接触显示屏的表面，其实这种做法是非常错误的，虽然显示屏表面可以抵抗一定的压力，但如果遇到强压或尖锐物体的情况，轻则会导致其表面出现异物而影响视觉，重则会直接损坏显示屏，使其出现坏点并会逐步扩大。实际操作中若需要指明显示屏的某个位置，可以在尽量不接触其表面的情况下进行操作。

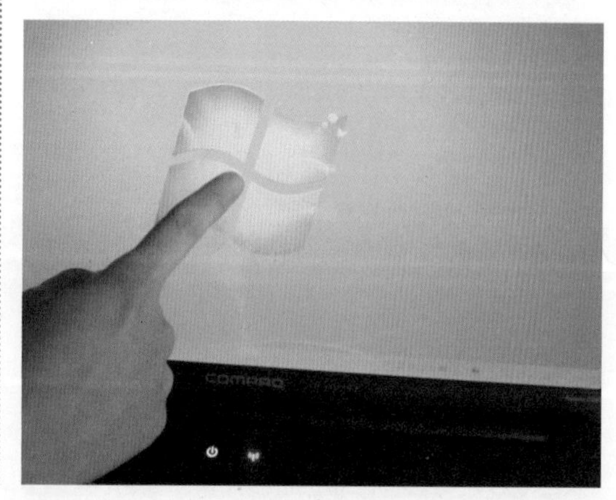

补充两句

使用笔记本电脑时，若直接将液晶屏合拢，会默认将笔记本电脑设置为睡眠状态以节省电源消耗。

注意叠合笔记本电脑

不使用笔记本电脑后，若在叠合时发现无法完全闭合，则有可能是键盘上或手托上有其他物件忘记清理导致的。此时若强行叠合显示屏，不仅无法完全合拢，而且过大的压力会直接导致显示屏损坏，严重时会使液晶屏破裂。

定期清理显示屏

长期使用笔记本电脑后，显示屏上往往会附着各种杂物，如灰尘、唾液以及其他物体等，若置之不理，不仅会影响显示屏上显示的内容，而且长此以往会很难将其上的杂物清洁干净。建议应定期利用专业的显示屏清洁液进行清理。

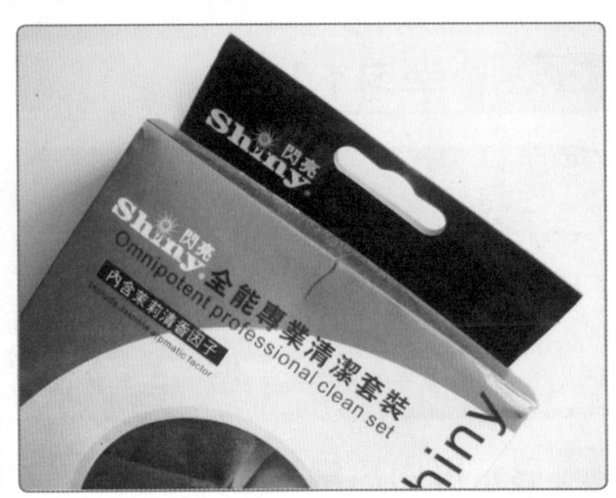

2 笔记本电脑机身的日常维护

笔记本电脑的机身，特别是外壳具有保护电脑、散热以及美化笔记本电脑等多种优点，因此对它的日常维护也是不容马虎的。

定期清理机身

笔记本电脑机身上的各个位置都是灰尘积聚的场所，如机身外壳、手托区域等。一旦长时间不进行清理，就会让笔记本电脑始终处于脏乱的状况，操作者在这种情况下使用电脑的心情可想而知。另外，灰尘过多后便会逐步蔓延到机身内部，直接危害主板电路。由于笔记本电脑的外壳一般不如显示屏敏感，因此清理时只要用一般的抹布轻轻擦拭即可。

机身上不宜放置各种物体

有的用户喜欢将一些小物体放在笔记本电脑的机身上，觉得这样在操作电脑时便能随手获取，这种习惯是很不好的。例如将原子笔放在键盘与显示屏的交界处，这样一旦不小心碰到原子笔时，就有可能使笔头划伤显示屏。另外就是不要感觉笔记本电脑外壳够坚硬，就将其当作放置重物的场所，长期下来就有可能会导致笔记本电脑外壳磨损而产生变形。

高手指点 目前出现了许多个性化的外壳彩贴，将其贴在笔记本电脑的外壳上可以使自己的电脑更加个性化，不过选择时要考虑彩贴是否会影响外壳的散热性。

3 鼠标的日常维护

鼠标虽然属于笔记本电脑的外接设备，但由于其使用频率很高，因此这里还是需要介绍一下对它的日常维护方法。

注意按键力度

鼠标是极度敏感的光电设备，其按键次数都有一定的寿命。在日常操作时一定要注意按键力度，过大的力量会缩短鼠标的使用寿命。

清理鼠标

鼠标仍然是灰尘喜欢积聚的场所，当灰尘过多时，就有可能降低其灵敏度。此时可利用专门的清洗液擦洗鼠标上的激光二极管和光敏三极管。

4 键盘的日常维护

笔记本电脑的键盘维护主要是灰尘的清理，下面介绍几种常见的维护方法。

使用键盘保护膜

键盘保护膜是最佳的保护键盘不受灰尘侵袭的工具，购买一款同一型号的笔记本电脑键盘保护膜，然后将其贴在键盘上，能最有效地防止灰尘入侵，不过缺点在于键盘的按键手感会大幅下降，且散热性降低。

利用工具清理键盘

清理键盘灰尘的工具主要有软刷和键盘吸尘器等。当键盘上的灰尘不多时，可考虑购买一个专门用于清扫笔记本电脑键盘键位之间灰尘的小软刷，轻轻地对键位表面和键位之间的空隙进行清扫。若需要更好的效果，则可考虑购买一款小巧实用的键盘吸尘器。利用它可以吸出键位之间不易打扫的灰尘。

补充两句：清理鼠标时不要忘了清理鼠标垫，当鼠标垫上的灰尘积聚过多时，不仅容易弄脏操作者，而且对鼠标的灵敏度也有一定影响。

5 建立良好的使用习惯

每个人都有不同的使用笔记本电脑的习惯，好的习惯可以延长笔记本电脑的使用寿命，不好的习惯则会将使用寿命缩短。下面指出并纠正一些常见的操作习惯，让笔记本电脑在良好的环境下发挥最大的功能。

不宜在双腿上使用笔记本电脑

对于喜欢在车上或旅途中使用笔记本电脑的用户来说，往往会将笔记本电脑放在双腿上使用，觉得这样既不占用空间，又非常方便。实际上这种操作是错误的，其造成的后果不仅会导致笔记本电脑散热不理想，而且长此以往对人体自身也会带来一定程度的伤害。

不宜进食

在使用笔记本电脑时，一边进食一边使用笔记本电脑的习惯是不正确的。这种习惯可能导致食物残渣掉入键盘，当堆积的残渣较多时，轻则会造成键盘手感变差，重则会影响键盘正常使用。

良好的外部设备清理习惯

当笔记本电脑上连接有很多外部设备时，就一定要养成良好的使用习惯，将这些鼠标的连接线或数据线进行清理。如果任由这些外设的连接线随意放置，不仅会增加管理外部移动设备的难度，而且一旦误拔除将会造成还在进行数据传递的设备导致数据丢失的情况发生，严重时还会使外部设备失效，因此一定要有序地放置各种连接线。

敲击键盘的力量适度

许多用户在使用笔记本电脑时，往往会大力敲击键盘，特别是敲击【Enter】键和空格键时，由于情绪的因素会使用比平时大出许多的敲击力度。大力击键会让键位中的弹簧承受过大的冲击力，让键位过早的损坏，而一旦一个键位损坏后就会导致更换整个键盘，得不偿失。

高手指点 关闭笔记本电脑后不宜马上开机，因为笔记本电脑在短时间内受到频繁脉冲的电压冲击，就有可能损伤其中的集成电路，而且对硬盘的使用寿命也会有影响。

妥善放置笔记本电脑

笔记本电脑使用完以后，最好将其断电后放置到电脑包中妥善保存，以减少灰尘的侵入。

水杯不能离笔记本电脑过近

一旦水杯中的液体不小心洒落到键盘上，就有可能烧毁笔记本电脑的主板等电路。

光盘不宜长期放在光驱中

光盘长期放在光驱中，会导致光驱每过一段时间便进行检测，从而产生高热量影响光驱寿命。

操作笔记本电脑时不宜吸烟

烟灰不仅容易掉落到键盘缝隙中且不易打扫，未熄灭的烟灰或烟蒂更有可能损伤笔记本电脑。

不能将外壳和手托作为工具使用

笔记本电脑的外壳和手托虽然坚硬，但也不能用它们来挤压其他物体。

手上不宜戴尖锐物件

手表、手链等坚硬的金属制品有可能会在操作时磨损笔记本电脑的手托区域，影响美观。

补充两句

如果习惯一边喝水一边使用笔记本电脑，建议可以将杯子放在比笔记本电脑位置更低的地方，或把杯子放在电脑左侧，距离笔记本电脑10cm以外的位置。

9.2.2 上机1小时：清理笔记本电脑的灰尘

本例将通过对笔记本电脑上的灰尘进行清理来加深维护笔记本电脑的印象。

上机目标

- 进一步熟悉清理笔记本电脑各部位灰尘的操作。

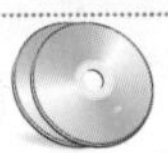

教学演示\第9章\清理笔记本电脑的灰尘

1 断电

关闭笔记本电脑并拔掉电源适配器插头，取出镶嵌在笔记本电脑上的电池，使笔记本电脑处于断电状态。

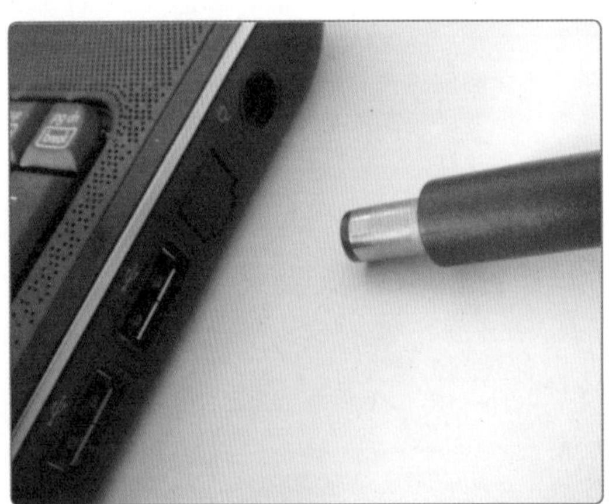

2 清理键盘灰尘

利用专业的小软刷小心且仔细地清理键盘区域各键位及其键位缝隙之间的灰尘（可一边清理一边将灰尘吹走）。

3 清理拐角

用小软刷继续在不易擦拭的笔记本电脑区域进行清理，如笔记本电脑的各个插口、显示屏下方的转角处和电池插槽等。

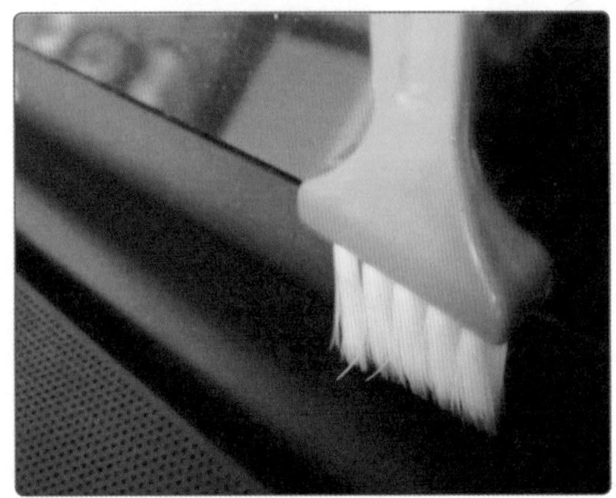

4 喷洒清洗液

将专业的显示屏清洗液喷洒少量在专门的显示屏清洁抹布上。

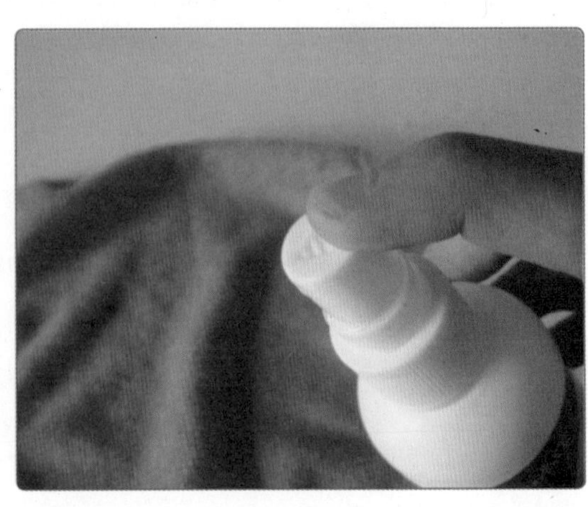

高手指点 利用软刷清理笔记本电脑显示屏附近的区域时，应小心不要刷到显示屏上，否则软刷也会将其划伤。

5 清理显示屏

将喷有清洗液的专业抹布轻轻在笔记本电脑的显示屏上进行擦拭，清理其上的各种灰尘和污渍。

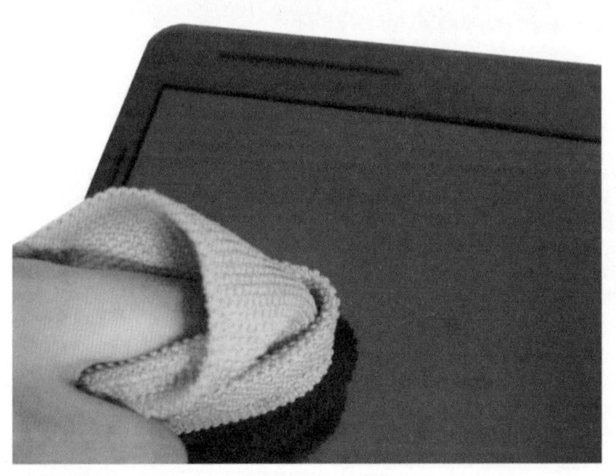

6 清理手托区域

利用柔软的抹布反复擦拭笔记本电脑的手托区域，以清除掉上方各种污迹，如灰尘、果汁和汤汁等。

7 清理键盘污垢

继续利用清理手托区域的抹布擦除键盘上无法用软刷清理掉的污垢。

8 清理外壳灰尘

轻轻将笔记本电脑的显示屏合拢，然后利用沾有清洁剂的柔软抹布擦拭笔记本电脑的外壳，清除上面的污垢和灰尘，完成本例操作。

9.3 跟着视频做练习1小时：升级并清洁电脑

小李对于升级笔记本电脑非常感兴趣，吵着叫老马让他实践实践，老马告诉他：“别只顾升级，忘了我给你介绍的笔记本电脑的日常维护知识。这样吧，你试试升级笔记本电脑的内存条，然后对笔记本电脑进行“大扫除”，我看看你到底掌握了多少知识。”

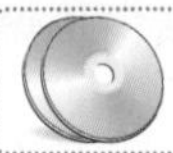

视频演示\第9章\升级并清洁电脑

补充两句：清洁笔记本电脑时，可按照从内到外的顺序来进行，这样可以尽量避免无用的操作。

操作提示：

1. 拆开笔记本电脑背面的机壳，并拔出内存条。
2. 将新的内存条插入到相应插槽中并安装好笔记本电脑的机壳。
3. 将笔记本电脑关闭并断电，然后对键盘区域进行清理。
4. 对手托区进行清理。
5. 清洁笔记本电脑的显示屏。
6. 清理笔记本电脑的外壳。
7. 清理外接鼠标及鼠标垫。

9.4 秘技偷偷报——笔记本电脑硬件组成

小李对老马说："我想进一步了解笔记本电脑的硬件组成，这样便于以后对笔记本电脑进行升级操作。"老马笑道："没问题，我可以把一些笔记本电脑的主要硬件给你讲讲，你可要做好笔记。"

1 外壳

笔记本电脑的外壳既能保护机身，又能进行散热，是重要的硬件组成部分。目前的笔记本电脑外壳用料主要有合金外壳和碳塑外壳两种。合金外壳主要分铝镁合金和钛合金；碳塑外壳则包括碳纤维、聚碳酸酯PC和ABS工程塑料等。选购外壳主要可以从重量、美观、硬度等方面考虑。

2 CPU

CPU是笔记本电脑的核心部件，目前主流的笔记本电脑配备的CPU基本上是Inter公司和AMD公司开发的。其中Inter公司的笔记本电脑CPU主要包括酷睿、奔腾和赛扬3种架构。若要考虑升级CPU，至少应选择酷睿架构的处理器。

3 显示屏

笔记本电脑的显示屏主要有LCD和LED之分，它是笔记本电脑的关键硬件之一，约占整个笔记本电脑制作成本的1/4。LED显示屏具有耗电少、使用寿命长、成本低、亮度高、故障少、视角大和可视距离远等特点，是未来显示屏的趋势。

4 硬盘

选购硬盘应从厚度、转速、接口类型来考虑。标准的笔记本电脑硬盘有9.5mm、12.5mm和17.5mm 3种厚度。而主流笔记本电脑的硬盘转速以5400转为主。

5 内存条

选购笔记本电脑的内存条应考虑体积、容量、速度、耗电量和散热性等方面。一般来说笔记本电脑只配备有两个内存条插槽，而类型大致包括"紧凑外形双列直插内存模块（SODIMM）、双倍数据传输率同步动态随机存取内存（DDR SDRAM）和单数据传输率同步随机存取内存（SDRAM）等。

高手指点 笔记本电脑因为具有可携带性，所以有内置变压器，尤其是出国时国内外的额定电压不相同时，就必须靠这个变压器返回作用，使笔记本电脑的适用范围和寿命都大大增加。

第10章

笔记本电脑的安全与加密

最近，老马发现小李在不到一个月的时间内就重装了两次笔记本电脑的操作系统。老马心里就有点纳闷了，操作系统一般情况下是不容易出现问题的，怎么小李用起来就这么不顺呢？于是，老马决定找到小李弄明白问题所在，也好帮小李及时解决。小李说："上个星期，我把电脑借给了一个朋友使用，可是他不小心将其中的一个文件篡改了，使得笔记本电脑无法正常启动，所以我才重装！"老马听后说道："原来是没有对笔记本电脑的系统安全进行设置，才导致出现这样的问题。不过没关系，我这就再教教你关于笔记本电脑的安全与加密方面的知识，包括BIOS安全设置、Windows密码安全设置、Windows系统安全设置以及笔记本电脑的数据安全等。"

3 小时学知识

- 笔记本电脑的防盗措施
- 笔记本电脑的系统安全
- 笔记本电脑的数据安全

2 小时学知识

- 设置开机密码并更改系统安全级别
- 加密重要邮件并隐藏所在硬盘分区

10.1 学习1小时：笔记本电脑的防盗措施

老马对小李说："无论是笔记本电脑中的数据，还是笔记本电脑本身，我们都应做好各种安全与防盗措施，否则会带来意想不到的损失。首先就来学习如何防止笔记本电脑被盗。"小李说："这个我知道，在电脑城中销售笔记本电脑的展台上，商家都会为每台电脑安上防盗锁，你要说的就是这个物品吗？"老马笑着说："嗯，但你只说对了一半，现在，专门用于笔记本电脑的防盗物品，除了你刚才所说的防盗锁外，还有指纹锁、防盗卡和保险箱等。接下来，我就一一给你介绍这些物品的用途和使用方法。"

学习目标

- **熟悉防盗锁和报警锁的使用方法。**
- **了解指纹锁和防盗卡的使用方法。**
- **学会使用笔记本电脑的保险箱。**

10.1.1 使用防盗锁

对于笔记本电脑来说，目前普遍使用的防盗装置就是防盗锁。它分为机械锁和密码锁两种，如右图所示为机械式的防盗锁，配备相应的钥匙。几乎所有的笔记本电脑机身上都预留了一个防盗锁孔，将防盗锁的一端插入锁孔，另一端通过防盗线绕在难以移动的物体上，这样就能达到最基本的防窃要求。防盗锁的优点在于操作简单，价钱也便宜，但其防盗指数并不高，只能作为最基本的防盗设施使用。

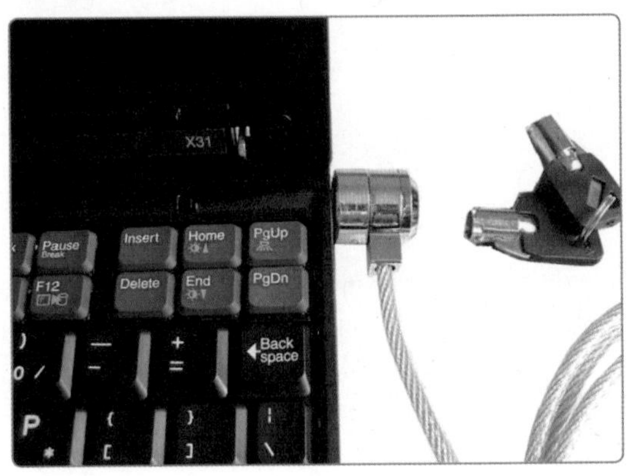

10.1.2 使用指纹锁

指纹锁是指利用笔记本电脑提供的指纹识别功能来增加其防盗系数。新用户在开启该功能之前，首先需要安装购买笔记本电脑时附赠的指纹识别程序光盘，然后再注册指纹，即可启动指纹开机功能。现在很多笔记本电脑都内置了指纹识别功能，搭配内嵌的指纹识别软件，只需使用手指触摸笔记本电脑中的指纹识别器就能够开机，完全解决了输入密码的麻烦。

高手指点　如果笔记本电脑没有内置指纹识别功能，则可以购买接口为PCMCIA或USB的指纹识别卡，指纹识别卡的使用方法与内置指纹系统基本相同。

10.1.3 使用报警器

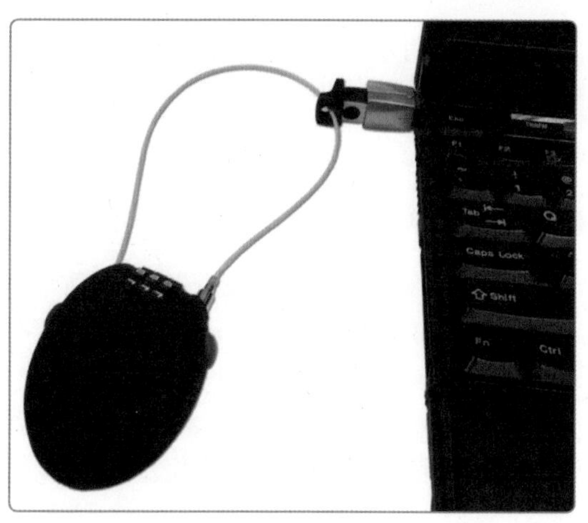

与防盗锁相比，报警器的安全系数更高，因为笔记本电脑安装的防盗报警器配备有一个小喇叭，一旦有人非法移动笔记本电脑，就会发出刺耳的报警声和出现闪烁的红灯，便能引起周围人群的注意。使用报警器时首先将笔记本电脑牢固地锁在桌上，锁身从绳套中穿出，接到笔记本电脑的锁孔，锁住锁头即可保证笔记本安全。如果主人想移动自己的笔记本电脑，只要将配好的钥匙插进报警器，移动时便不会发出报警声。不过报警器的价格相对于防盗锁来说要贵一些，但安全性却高很多。

10.1.4 使用防盗卡

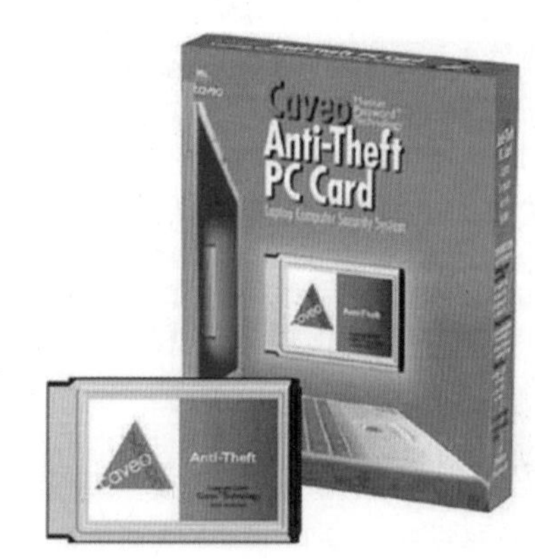

笔记本电脑的防盗卡一般采用PCMCIA接口，它包括运动感应器、分析运动的处理器和报警发生器等几个部分。启动笔记本电脑中的防盗卡后，通过内部的运动感应器可以记录用户移动和行走的距离，如果超过防盗距离就会发出宏量的警报声。另外，如果盗贼偷走了笔记本电脑，运动检测警报器可以用密码保护硬盘，即给笔记本电脑中的硬盘进行加密操作。如果此时盗贼试图使用该笔记本电脑，密码保护访问和加密的硬盘会阻止他复制任何数据。

10.1.5 使用保险箱

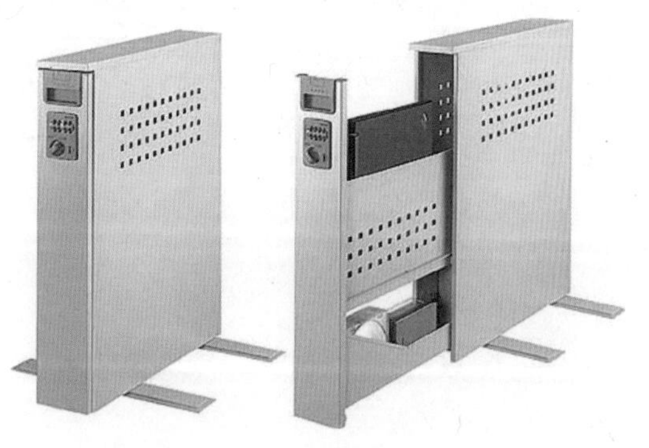

为了最大程度地保护笔记本电脑，可以专门为其配备一款保险箱。笔记本电脑保险箱的种类有很多，但它们基本上都具有以下特点：材质采用铝镁合金，强度高、通风效果良好、具备防盗报警功能以及密码锁功能等，有的保险箱中还配备有相应的抽屉，以便存放笔记本电脑的配件。保险箱的安全系数固然最高，但其成本也较大，用户还是需要根据自己的实际情况，来决定是否选择配置这种设施。

补充两句

报警器可以与防盗锁一起使用，以此来增加笔记本电脑的防盗系数。使用时只需首先安装好防盗锁，然后再将报警器缠绕在防盗锁上即可。

10.2 学习1小时：笔记本电脑的系统安全

老马告诉小李，现在，不论是在公司还是家里大部分人群都选择使用笔记本电脑，我们在享受其带来的便利时，更应该重视其安全问题。无论是从软件还是数据的角度来说，保护笔记本电脑的系统安全都是必需之事。小李频频点头说："就是，这一点我深有体会。老马，你就别再卖关子了，赶紧进入正题吧！"老马说："那好，我们现在就开始学习笔记本电脑系统安全方面的知识。"

学习目标

- **熟悉笔记本电脑中的BIOS安全设置。**
- **了解Windows密码安全的设置方法。**
- **掌握Windows系统安全的基本设置方法。**

10.2.1 BIOS安全设置

BIOS是英文Basic Input/Output System的缩写，它是一个用于为电脑提供最低级、最直接的硬件控制的程序，是电脑启动和操作的基础。BIOS的安全设置主要是指为笔记本电脑设置开机密码，在进行设置之前，首先应该进入到BIOS的主界面。笔记本电脑根据生产厂商的不同，用于进入BIOS的快捷键也各不相同，但大多数快捷键都是F1或F2等。下面便以设置惠普笔记本电脑的开机密码为例进行讲解，其具体操作如下。

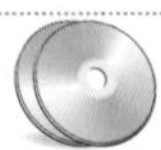

教学演示\第10章\BIOS安全设置

1 选择设置密码的权限

1. 启动笔记本电脑，按下【F2】键进入BIOS主界面，然后按【→】键选择Security选项卡。
2. 按【↓】键选择Change User Password选项，然后按【Enter】键。

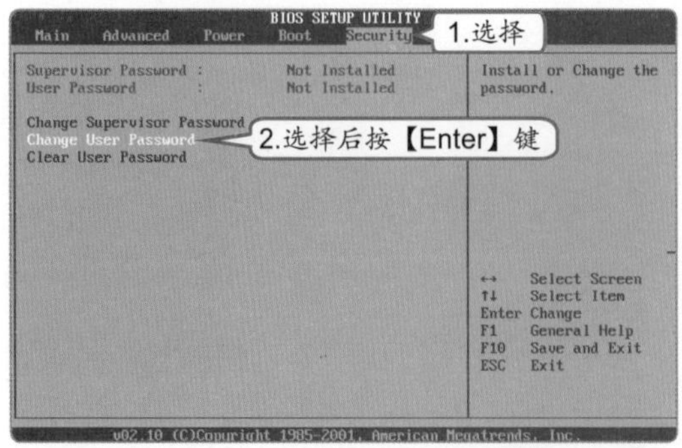

2 输入开机密码

打开要求设置密码的提示对话框，在其中输入需设置的密码，然后按【Enter】键。

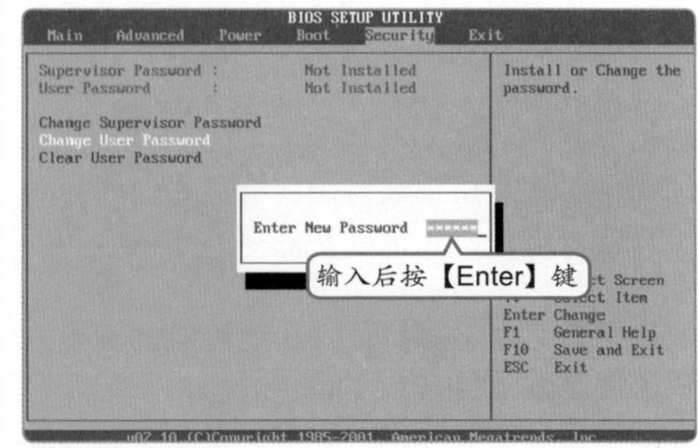

高手指点

为BIOS设置密码后，若想取消加密设置，则可在BIOS主界面的Security选项卡中选择Clear User Password选项，然后在打开的对话框中按【Enter】键。

3 确认输入的密码

打开重新输入密码以便确认的提示对话框，在其中输入相同的密码，然后按【Enter】键。

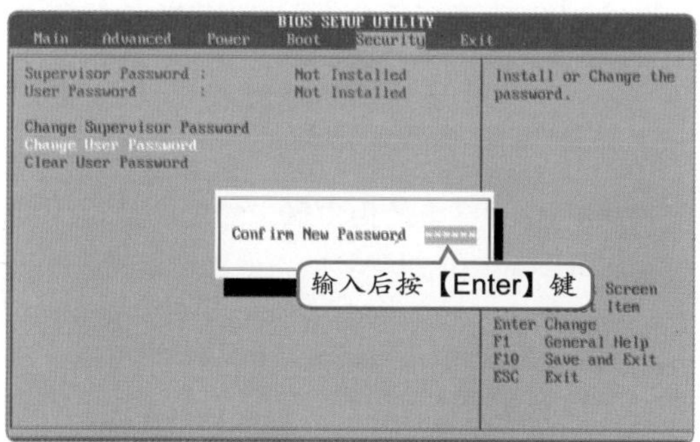

4 完成设置

打开提示完成密码设置的对话框，直接按【Enter】键即可完成设置。

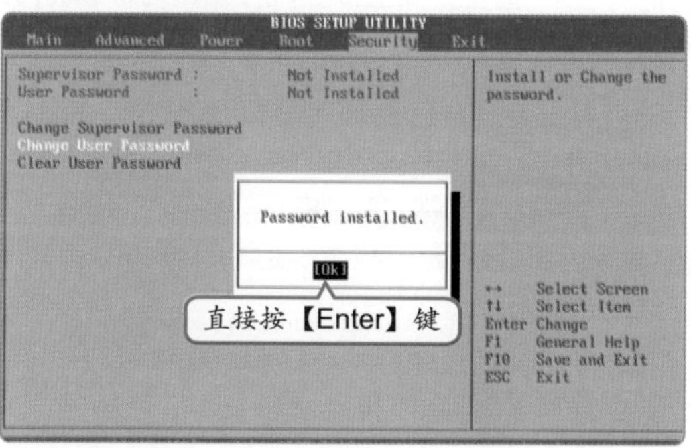

5 保存设置

1. 按键盘上的【→】键，选择Exit选项卡。
2. 按【↓】键，选择Exit Saving Changes选项，然后按【Enter】键。

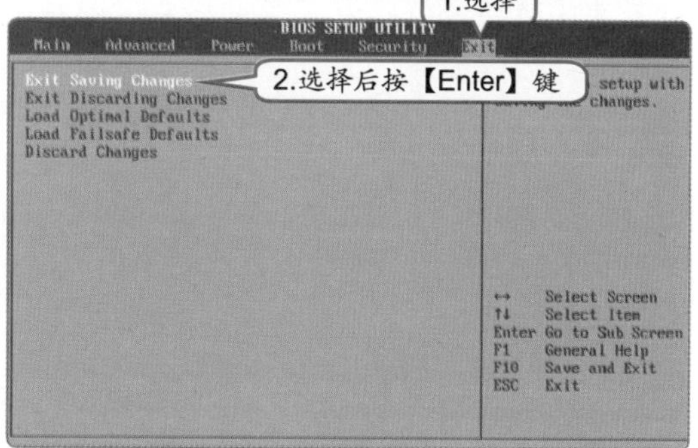

6 退出BIOS设置界面

打开提示保存更改并退出BIOS提示对话框，按【Enter】键即可完成所有设置。

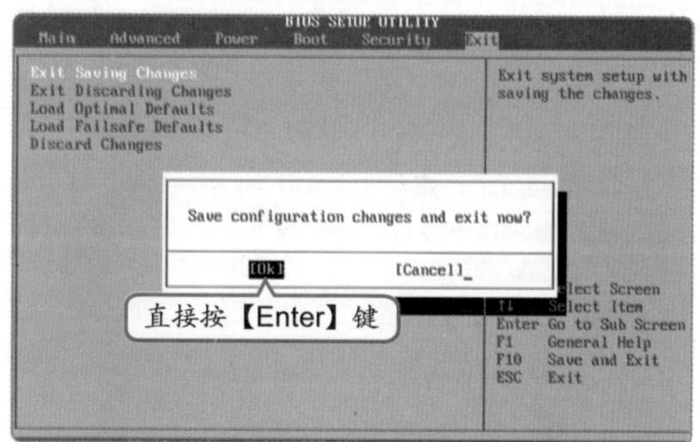

10.2.2 Windows密码安全设置

通过密码保护笔记本电脑是最基本的操作，而在Windows 7操作系统中设置管理员账户的密码更是重中之重，因为管理员账户拥有足够高的权限掌控整个Windows。为管理员创建密码时，最好是创建强密码，同时还应该设置密码提示来帮助用户记住所创建的强密码，如右图所示。强密码应该包括大/小写字母、数字、键盘上的符号以及空格等，并且不能低于6位数。此外，如果是个人笔记本电脑，最好是将用户管理中的Guest账户关闭，任何时候都不允许他人登录到Windows系统。

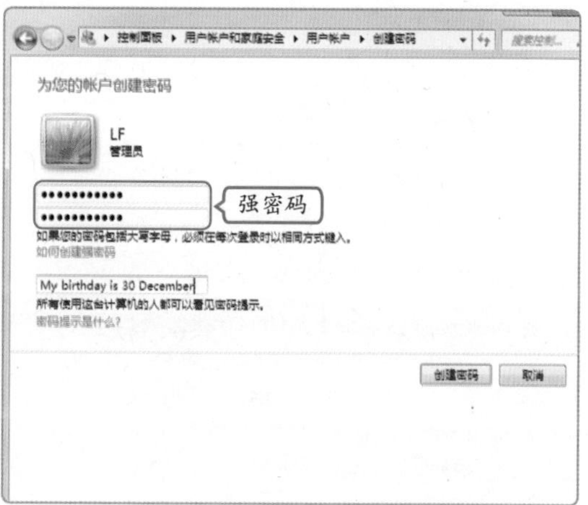

在笔记本电脑BIOS中的User Password和Supervisor Password密码都可以限制他人进入系统，唯一的差别在于后者拥有完全修改BIOS设置的权利，而前者则没有。

补充两句

10.2.3 Windows系统安全设置

笔记本电脑中经常存储着大量的资料，一旦笔记本电脑出现系统故障，可能会导致数据丢失或损坏等无法弥补的损失。特别是从数据的角度来讲，丢失笔记本电脑可能花费的成本要比笔记本电脑本身还多很多。因此，下面将介绍几种常用的保护Windows系统安全的措施，以供参考。

禁止远程协助

Windows 7提供了“远程协助”功能，它允许用户在使用电脑时如果遇到了困难，可以通过MSN或QQ向好友发出远程协助邀请，来帮助自己解决问题。而开启“远程协助”功能后，很可能会受到某些病毒的攻击，因此，不到万不得已时最好不要使用该功能。关闭远程协助的方法为：在“我的电脑”图标上单击鼠标右键，在弹出的快捷菜单中选择“属性”命令，打开“系统”窗口，然后单击左侧的“远程设置”超级链接，在打开的“系统属性”对话框中取消选中“允许远程协助连接这台计算机”复选框即可。

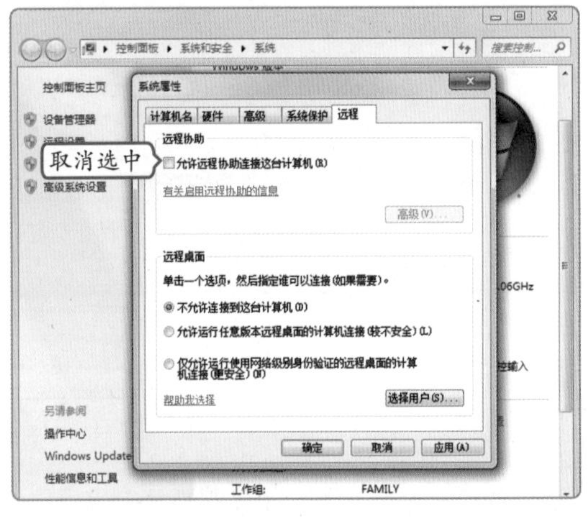

提升系统安全级别

利用Windows 7中的用户账户控制功能（User Account Control，UAC），可以帮助用户提升笔记本电脑中系统的安全级别。UAC的安全级别从高到低分为4种，其中安全级别越高，UAC功能对话框的弹出频率也会越频繁，操作起来就要复杂一些。设置系统安全级别的方法为：打开“用户账户控制设置”窗口后，利用鼠标拖动左侧的滑块▭即可更改系统级别。从高到低分为始终通知、仅在程序尝试对我的计算机进行更改时通知我、仅当程序尝试更改计算机时通知我(不降低桌面亮度)、从不通知4种可以选择。

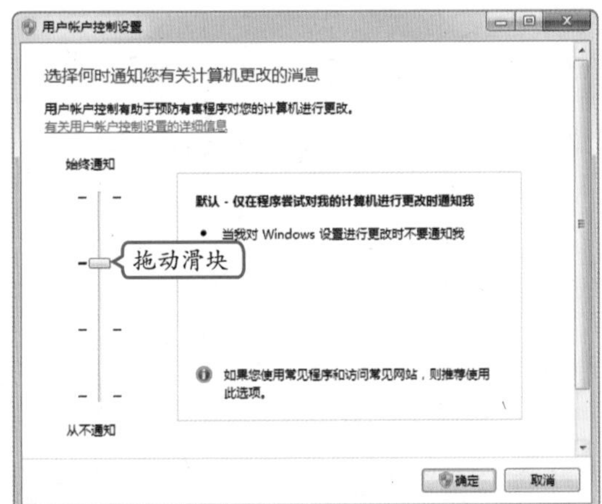

教你一招：删除个人隐私

浏览网页的过程中，会在地址栏留下曾经访问的网址，某些用户名和密码会保留在Cookie中，这些都会泄露个人隐私，因此必须进行删除。其方法为：在IE 8浏览器中选择【工具】/【Internet选项】命令，打开“Internet选项”对话框中的“常规”选项卡，在其中单击 删除(D)... 按钮，然后在打开的对话框中选中所需复选框，再次单击 删除(D)... 按钮。

教你一招：清除上网痕迹

在IE 8浏览器中除了可以清理个人隐私外，还提供了另一种不留任何痕迹上网的方法，即隐私浏览（Inprivate Browsing）。使用该模式上网后，浏览器中就不会再储存任何浏览记录，真正实现上网无痕的目的，使用起来更加放心。无痕上网的操作方法为：选择【安全】/【Inprivate浏览】命令，开启InPrivate模式，此时即可实现无痕上网。

高手指点 如果觉得每次都要手动删除个人隐私比较麻烦，则可在“Internet选项”对话框的“常规”选项卡中选中“退出时删除浏览历史记录”复选框，然后单击 确定 按钮。

关闭网络发现功能

在Windows 7中开启网络发现功能后，不仅可以找到网络上的其他电脑和设备，同时也将自己暴露在网络中，这就使共享文件和打印机变得更加容易。但是，如果长时间无须资源共享时，最好暂时关闭网络发现功能。其方法为：在“控制面板”窗口中单击“查看网络状态和任务”超链接，然后在打开的“网络和共享中心”窗口中单击“更改高级共享设置”超链接，打开“高级共享设置”窗口，在其中选中“关闭网络发现”单选按钮，最后单击“保存修改”按钮。

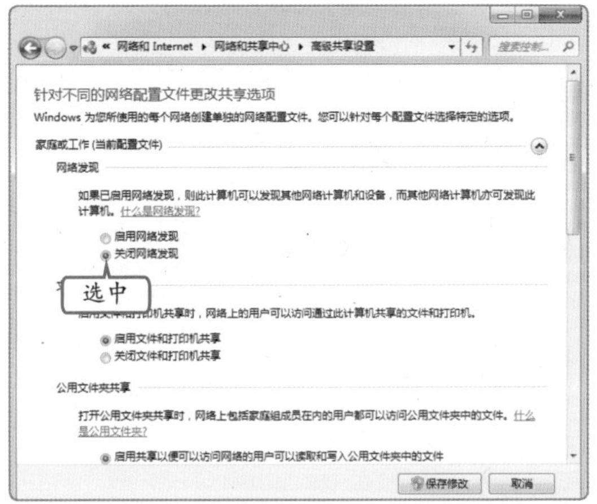

使用反间谍工具

为了防止用户受到间谍软件和流氓软件的侵害，可以使用Windows 7中集成的免费反间谍工具——Windows Defender。通过Windows Defender对系统进行检测，让流氓软件无处藏身。其操作方法为：在“开始”菜单的搜索框中输入“Windows Defender”，然后按【Enter】键进入Windows Defender主页，在其中单击“扫描”按钮即可对系统进行快速扫描。扫描结束后，如果有流氓软件则会出现提示对话框，然后根据提示执行删除操作即可。

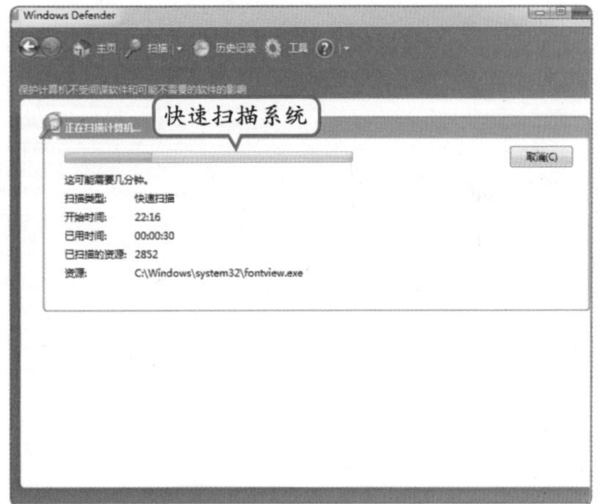

10.3　学习1小时：笔记本电脑的数据安全

不知不觉，小李跟着老马学习使用笔记本电脑已有近两个月的时间了，老马问小李：“通过这么长时间的学习，你肯定收获不少吧！”小李笑笑说：“那是当然，这么长时间以来，我最应该感谢的人就是你了！”老马说：“跟我就用不着这么客气了，你在干嘛呢？”小李说：“我正在复制公司的一些重要邮件准备带回家保存，你也知道这些资料要是被泄漏的话我的责任可就大了，我可担不起呀。”老马说：“何必这么麻烦呢？你直接对这些重要邮件进行加密不就能保证它们的安全了吗？每次使用时，再利用密码口令将其打开，这样不是更加方便。”小李说：“有这么好的方法，老马，你赶紧教教我吧！”

学习目标

- **掌握隐藏与显示硬盘分区的操作方法。**
- **熟悉加密QQ聊天记录的基本操作。**
- **学会如何对重要的电子邮件进行加密。**

补充两句

保障笔记本电脑中的系统安全，除了前面介绍的几种方法外，还可以利用第三方软件，如360安全卫士和上网安全助手等工具软件来为系统修补漏洞，这也是保护系统安全的方法之一。

10.3.1 隐藏硬盘分区

笔记本电脑中的数据都是保存在各个硬盘分区中的，为了保证电脑中数据的安全性，可以将一些存储重要数据的硬盘分区隐藏起来，使他人无法查看和使用。下面将以隐藏笔记本电脑中分区名为E的硬盘分区为例进行讲解，其具体操作如下。

教学演示\第10章\隐藏硬盘分区

1 运行regedit命令

1. 按【⊞+R】组合键，打开“运行”对话框，然后在“打开”文本框中输入“regedit”。
2. 单击 确定 按钮。

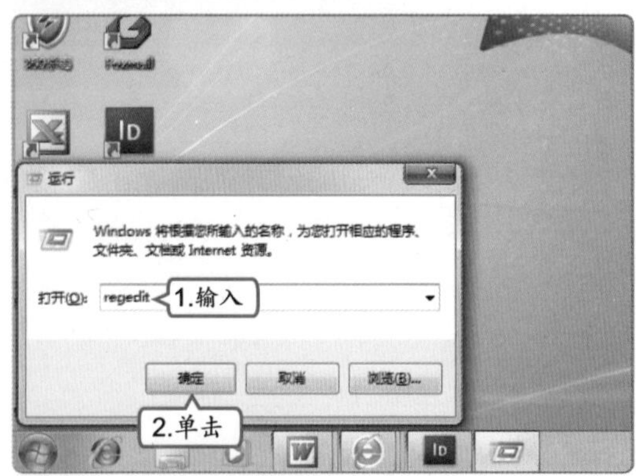

2 展开Explorer目录

打开“注册表编辑器”窗口，单击左侧窗格中的▷按钮，依次展开【HKEY_CURRENT_USER】/【SoftWare】/【Microsoft】/【Windows】/【CurrentVersion】/【Policies】/【Explorer】目录。

3 新建二进制值

在右侧窗格的空白区域单击鼠标右键，然后在弹出的快捷菜单中选择【新建】/【二进制值】命令。

4 为新建值命名

此时，在右侧窗格中会增加一个名称为“新值#1”的二进制值，将其中的名称更改为NoDrives，然后按【Enter】键。

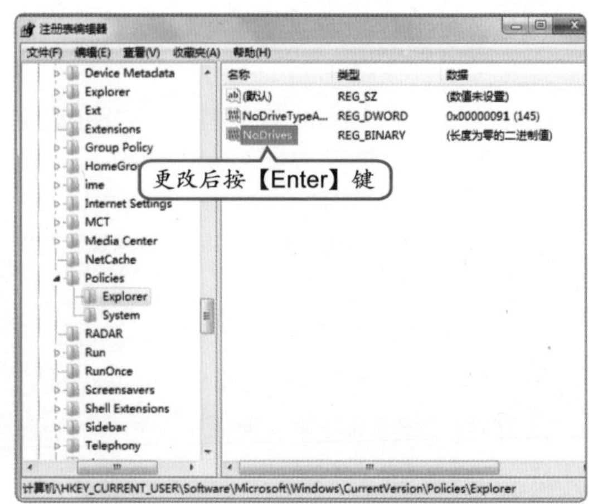

高手指点 在“注册表编辑器”窗口中选择【编辑】/【新建】/【二进制值】命令，也可在当前窗口的空白区域新建一个二进制值。

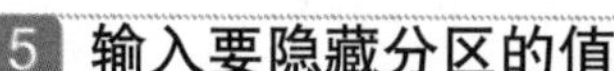

5 输入要隐藏分区的值

1. 双击NoDrivers值。
2. 打开“编辑二进制数值”对话框，在“数值数据”栏中输入需隐藏硬盘分区对应的值，这里输入“10 00 00 00”。
3. 单击 确定 按钮。

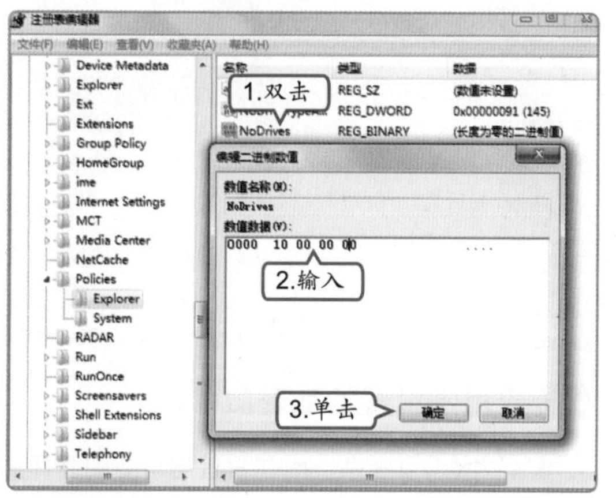

6 查看隐藏后的效果

双击桌面上的“计算机”快捷图标，打开“计算机”窗口，此时窗口右侧的“硬盘”栏中只显示“C盘”和“D盘”两个硬盘分区，原来的“E盘”分区已隐藏消失。

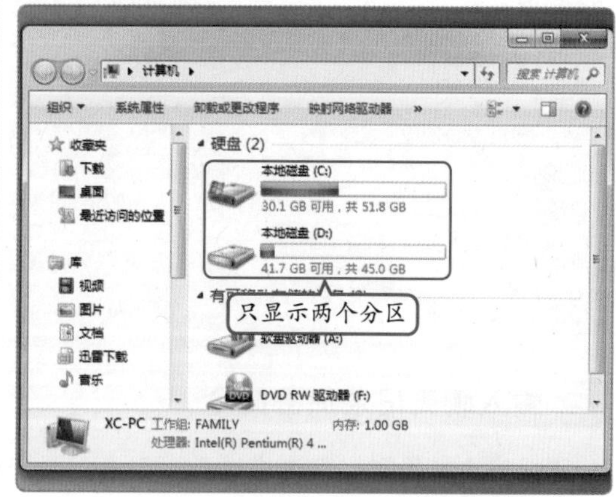

10.3.2 显示硬盘分区

隐藏硬盘分区后，若想再次查看该分区中的数据，就需要把隐藏的分区显示出来。其具体操作方法为：首先打开“注册表编辑器”窗口，然后展开【HKEY_CURRENT_USER】/【SoftWare】/【Microsoft】/【Windows】/【CurrentVersion】/【Policies】/【Explorer】目录，最后在名为NoDrives的键值上单击鼠标右键，在弹出的快捷菜单中选择“删除”命令，即可将隐藏的硬盘分区再次显示出来。

10.3.3 加密QQ聊天记录

利用腾讯QQ进行网上聊天后，该程序会将所有的聊天记录保存在安装该软件时设置的文件夹中，以方便用户日后查阅。为了不让他人随意查阅自己的聊天记录，可以对该记录进行加密处理。通过QQ软件为聊天记录加密码的操作是比较简单的，下面将以为QQ2010聊天软件中的聊天记录加密码为例进行讲解，其具体操作如下。

教学演示\第10章\加密QQ聊天记录

补充两句

每个QQ号码只要在笔记本电脑中登录过一次，就会在QQ程序子目录下产生一个文件夹和一些文件，这些文件和文件夹就是用于管理和保存关于该号码的聊天记录等信息资料。

1 选择“安全和隐私”命令

1. 成功登录QQ后，单击其界面左下角的“主菜单”按钮。
2. 在弹出的菜单中选择【系统设置】/【安全和隐私】命令。

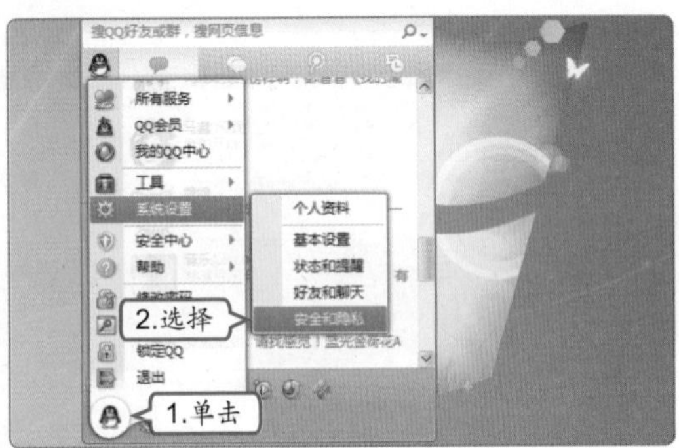

2 输入聊天记录加密口令

1. 在“安全和隐私”列表中选择“消息记录安全”选项。
2. 选中右侧的“启用消息记录加密”复选框。
3. 分别在“口令”文本框和“确认”文本框中输入相同的密码。

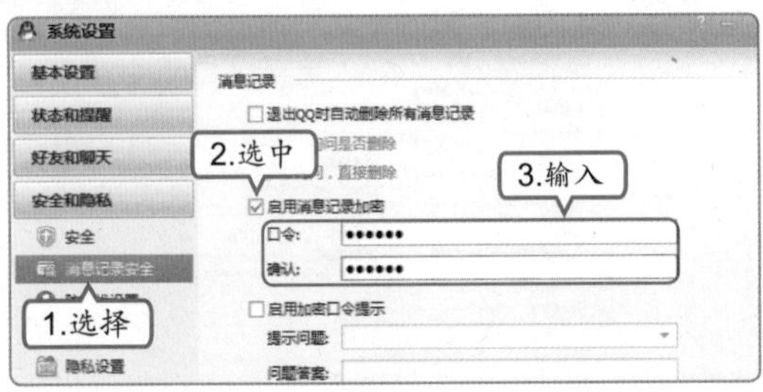

3 设置加密口令提示

1. 选中“启用加密口令提示”复选框。
2. 在“提示问题”下拉列表框中选择“您的真名是什么？”选项。
3. 在“问题答案”文本框中输入“李玉儿”。
4. 单击 确定 按钮。

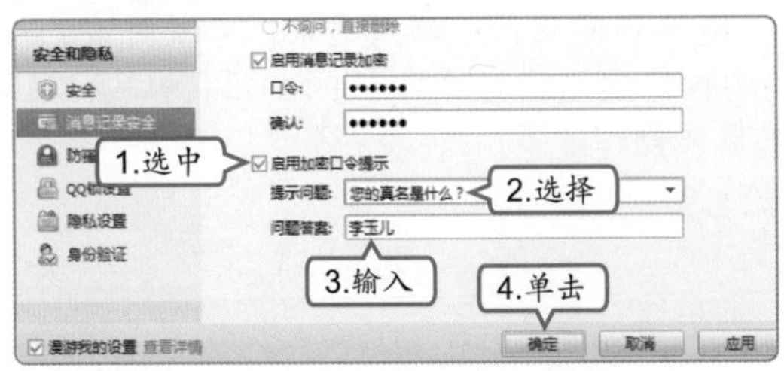

4 退出QQ程序

在QQ主界面中单击“关闭”按钮，退出QQ程序。

5 应用刚设置的加密口令

1. 重新启动QQ程序，刚才设置的口令便立即生效，要求用户输入消息密码，在正确输入密码之后才可以顺利进入聊天软件。
2. 单击 确定 按钮登录到QQ主界面。

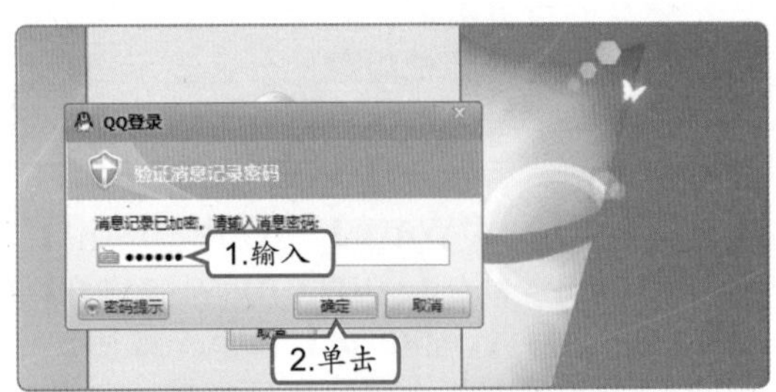

操作提示：用密码提示登录QQ

在为自己的QQ设置消息记录加密操作后，如果忘记了消息记录密码，则可单击提示对话框中的 密码提示 按钮，在打开的“问题答案”文本框中输入正确答案后，单击 确定 按钮，同样可以成功登录到QQ主界面，前提是已经设置口令提示。

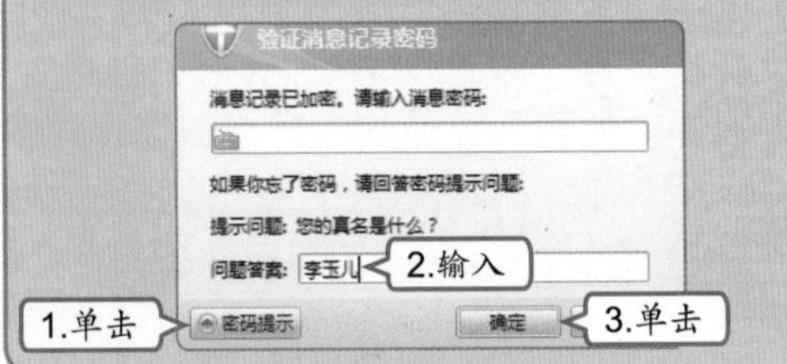

高手指点 在QQ好友头像上单击鼠标右键，在弹出的快捷菜单中选择【消息记录】/【查看本地消息】命令，可在打开的“消息管理器”窗口中查阅与该好友在本机上的所有聊天记录。

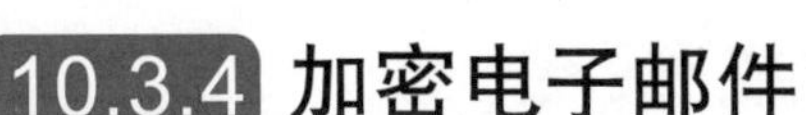

10.3.4 加密电子邮件

电子邮件无论是在工作中还是在生活中都给使用者带来了极大的方便，但有些恶意程序或黑客木马等会故意窃取电子邮件以窥视其中的内容。为了保证个人隐私和重要资料的安全，可以对电子邮件进行加密处理。下面将以加密重要电子邮件为例进行讲解，其具体操作如下。

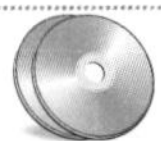

教学演示\第10章\加密电子邮件

1 打开“设置”对话框

1. 打开Foxmail窗口后，单击菜单栏中的工具(T)按钮。
2. 在弹出的下拉菜单中选择“系统设置”命令，打开“设置”对话框。

2 打开“高级”对话框

1. 选择“设置”对话框中的“安全”选项卡。
2. 在“发送安全邮件”栏中单击高级(A)...按钮，打开“高级”对话框。

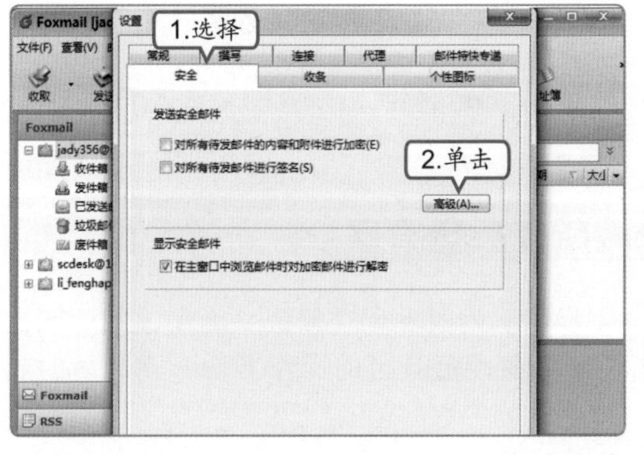

3 设置参数

1. 在“加密邮件”栏中选中“发送加密邮件时总是加密给自己”复选框。
2. 在“签名邮件”栏中选中“签名前对邮件进行编码（模糊签名）”复选框。
3. 单击确定按钮。

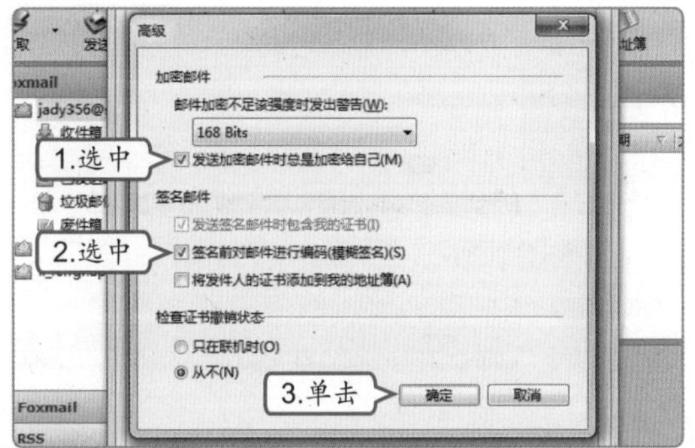

4 设置发送安全邮件

1. 返回“设置”对话框中的“安全”选项卡，在其中选中“对所有待发邮件的内容和附件进行加密”和“对所有待发邮件进行签名”复选框。
2. 单击确定按钮完成设置。

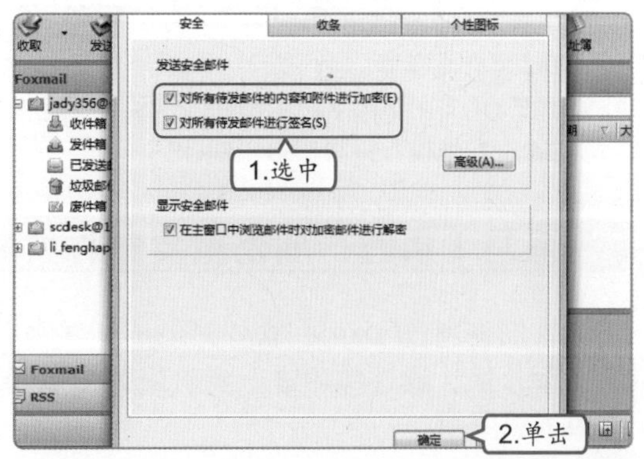

补充两句

电子邮件签名是一种类似写在纸上的普通的物理签名，它是使用了公钥加密领域的技术实现，用于鉴别数字信息的方法。

10.4 跟着视频做练习

一下子学习了这么多关于笔记本电脑安全与加密的知识，弄得小李有点“吸收”不了。老马看出了小李的心事，便对他说：“其实，这部分知识理解起来要相对难一些，特别是系统安全那一块，你根本就不用着急，只要多多练习就能很快掌握它们了。”小李听后说：“我知道接下来应该怎么做了，你就多给我出几道练习题吧！这周末我要好好练练。”老马笑着点了点头。

1 练习1小时：设置开机密码并更改系统安全级别

本例将首先进入BIOS主界面，为笔记本电脑设置开机密码，然后再通过“控制面板”窗口来更改Windows 7系统的安全级别。通过练习进一步巩固本章所讲的知识，完成后的效果如下图所示。

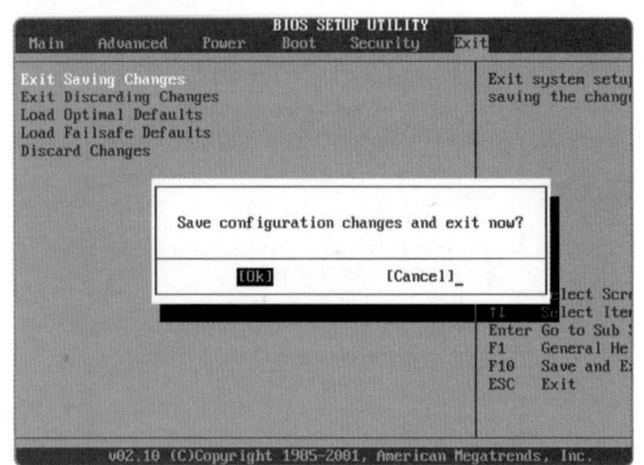

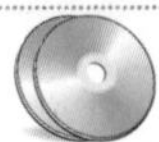

视频演示\第10章\设置开机密码并更改系统安全级别

操作提示：

1. 启动笔记本电脑后按【F2】键进入BIOS主界面，并切换至Security选项卡。
2. 选择Change Supervisor Password选项后按【Enter】键。
3. 成功设置开机密码后返回Security选项卡，并切换到Exit选项卡。
4. 选择Exit Saving Changes选项，然后按【Enter】键保存密码后退出BIOS。
5. 在“用户账户和家庭安全”窗口中单击“用户账户”超链接。
6. 在打开的窗口中单击“更改用户账户控制设置”超链接，打开“用户账户控制设置”窗口，在其中将系统安全级别设置为“始终通知”。
7. 单击[确定]按钮。

2 练习1小时：加密重要邮件并隐藏所在硬盘分区

本例将通过Foxmail软件对电子邮件进行加密操作，同时利用注册表来隐藏该邮件所在的硬盘分区。通过练习进一步巩固加密电子邮件和隐藏硬盘分区的操作方法，完成后的效果如下图所示。

高手指点 一般情况下，在BIOS主界面中利用键盘上的【→】键和【←】键可以横向选择选项卡；【↑】和【↓】键可以选择某一选项卡中的各个参数。

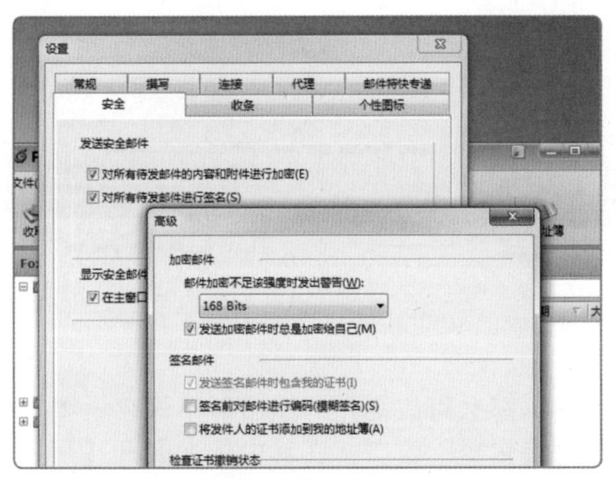

视频演示\第10章\加密重要邮件并隐藏所在硬盘分区

操作提示：

1. 进入Foxmail主界面后选择【工具】/【系统设置】命令。
2. 选中“安全”选项卡的“发送安全邮件”栏中的两个复选框。
3. 打开“高级”对话框，在其中选中“发送加密邮件时总是加密给自己”复选框。
4. 依次单击 确定 按钮应用设置。
5. 在打开的对话框中输入“regedit”，然后单击 确定 按钮。
6. 打开“注册表编辑器”窗口，选择Explorer选项后单击鼠标右键，在弹出的快捷菜单中选择【新建】/【二进制值】命令。
7. 进行重命名操作后，双击NoDrives值。
8. 在打开的“编辑二进制数值”对话框中进行相应的设置后，单击 确定 按钮。

10.5　秘技偷偷报——保护Windows系统技巧

老马把小李叫到身边，问他：“通过练习，现在对于笔记本电脑的安全与加密知识应该有更深的理解了吧？”小李说要比以前稍好一点。老马心里明白只是靠做练习题来加强小李对知识的理解是远远不够的，于是对小李说：“我准备再告诉你一些保护Windows系统的技巧，让你能尽快地掌握Windows系统安全设置这一知识点。”

1 禁用“开始”菜单

在Windows 7中集成了组策略的功能，通过该功能可以设置各种软件和用户策略，以便增强Windows系统的安全性。首先打开“运行”对话框，在其中输入“gpedit.msc”后按【Enter】键，打开“本地组策略编辑器”窗口。在其中依次展开【用户配置】/【管理模板】/【“开始”菜单和任务栏】目录，此时，在右侧的策略列表框中提供了任务栏和“开始”菜单的相关策略。

在禁用“开始”菜单命令时，其右侧列表框中提供了删除“文档”、“音乐”、“网络”以及“图片”等策略。清理“开始”菜单时，只需将不需要的菜单项所对应的策略启用即可。具体操作方法为：在策略列表框中用鼠标单击要启用的菜单选项，这里单击“从「开始」菜单中删除‘运行’菜单”菜单项，然后单击列表框左上角的“策略设置”超链接。

补充两句

NoDrives数值是按一定的规律进行设置的，如隐藏A盘，其十进制数为1，转换成十六进制数为01，那么NoDrivers数值为01 00 00 00。

打开"从「开始」菜单中删除'运行'菜单"对话框，在其中选中"已启用"单选按钮，然后单击确定按钮，即可将"运行"菜单从"开始"菜单中删除。用相同的方法，可以将"开始"菜单或任务栏中的其他策略启用。

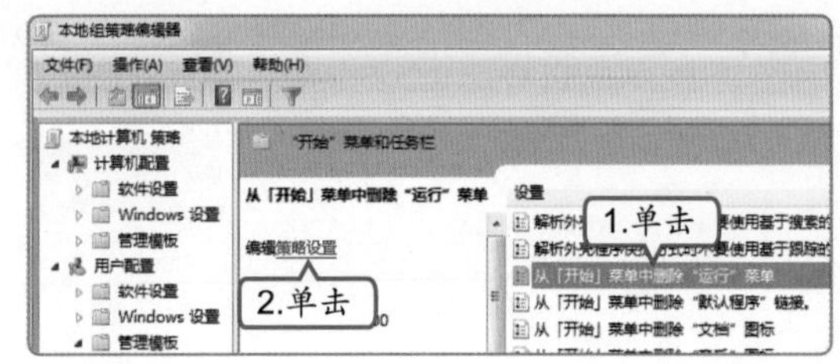

2 禁止对桌面进行某些设置

如果不希望笔记本电脑的桌面被他人随意设置，那么可以启用"退出时不保存设置"这一策略，其具体操作方法为：打开"本地组策略编辑器"窗口，在其中依次展开【用户配置】/【管理模板】/【桌面】目录，在右侧的策略列表框中双击"退出时不保存设置"选项，在打开的对话框中选中"已启用"单选按钮，然后单击确定按钮即可。当启用这个设置后，其他用户此时再对桌面上进行某些设置后是无法保存的，如图标、打开窗口的位置、任务栏的位置以及调整任务栏大小等。

3 使用Windows BitLocker

使用BitLocker驱动器加密，可以阻止未授权的用户访问该驱动器下的所有文件，从而能更好地保护笔记本电脑中的数据安全。但是，该功能仅在Windows 7旗舰版和企业版中才有。使用BitLocker的方法为：在"系统和安全"窗口中单击"管理BitLoker"超链接，在打开的窗口中选择要加密的盘符，然后单击该盘符对应的"启用BitLocker"超链接。此时，系统会提示正在初始化驱动器，稍作等待后，在打开的窗口中设置驱动器加密的密码，然后单击下一步(N)按钮，选择存储恢复密钥的方式，最后单击启动加密(E)按钮即可。

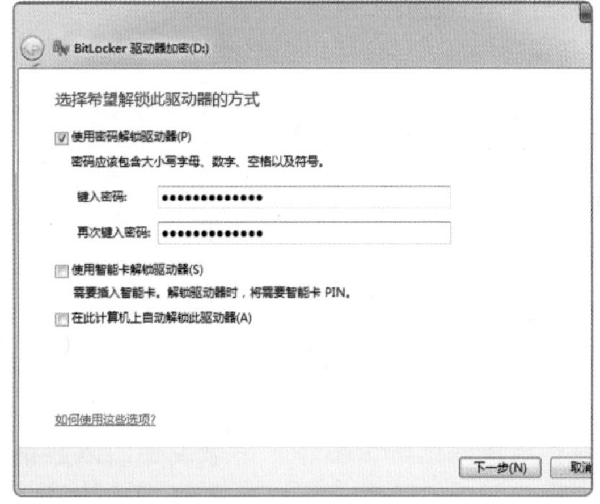

读书笔记

第10章

高手指点　在使用BitLocker进行驱动器加密时，最好选择"将恢复密钥保存到USB闪存驱动器"的存储方式，这样才能更加稳妥地保存恢复密钥。